U0730013

全国中级注册安全工程师职业资格考试辅导教材

安全生产法律法规

全国中级注册安全工程师职业资格考试辅导教材编写委员会　编写

中国建筑工业出版社
中国城市出版社

图书在版编目（CIP）数据

安全生产法律法规 / 全国中级注册安全工程师职业
资格考试辅导教材编写委员会编写. — 北京：中国城市
出版社，2022.8（2023.8重印）

全国中级注册安全工程师职业资格考试辅导教材

ISBN 978-7-5074-3534-4

Ⅰ. ①安… Ⅱ. ①全… Ⅲ. ①安全生产法-中国-资
格考试-教材 Ⅳ. ①D922.54

中国版本图书馆 CIP 数据核字（2022）第 179807 号

责任编辑：张国友 牛 松
责任校对：张惠雯

全国中级注册安全工程师职业资格考试辅导教材

安全生产法律法规

全国中级注册安全工程师职业资格考试辅导教材编写委员会 编写

*

中国建筑工业出版社、中国城市出版社出版、发行（北京海淀三里河路 9 号）

各地新华书店、建筑书店经销

北京鸿文瀚海文化传媒有限公司制版

北京市密东印刷有限公司印刷

*

开本：787 毫米×1092 毫米 1/16 印张：19½ 字数：485 千字

2022 年 11 月第一版 2023 年 8 月第二次印刷

定价：**40.00** 元

ISBN 978-7-5074-3534-4

（904500）

前　　言

自 2002 年注册安全工程师制度实施以来，安全生产形势发生了深刻变化，对注册安全工程师制度建设提出了新要求。2016 年 12 月印发的《中共中央 国务院关于推进安全生产领域改革发展的意见》和《安全生产法》对加强安全生产监督管理，完善注册安全工程师职业资格制度做出了明确要求。2017 年 11 月原国家安全生产监督管理总局联合人力资源和社会保障部印发了《注册安全工程师分类管理办法》，对注册安全工程师的分级分类、考试、注册、配备使用、职称对接、职责分工等作出了新规定。

《注册安全工程师职业资格制度规定》和《注册安全工程师职业资格考试实施办法》出台，注册安全工程师改革由此开始。此次改革主要是在总结实践经验基础上，按照新的法规制度要求进行的，有利于加强安全生产领域专业化队伍建设，有利于防范遏制重特大生产安全事故发生，推动安全生产形势持续稳定好转。《注册安全工程师职业资格制度规定》将注册安全工程师设置为高级、中级、初级三个级别，划分为煤矿安全、金属非金属矿山安全、化工安全、金属冶炼安全、建筑施工安全、道路运输安全、其他安全（不包括消防安全）七个专业类别。

作为一项被纳入国家职业资格考试目录的专业考试，越来越多的企业开始注重安全生产，安全管理人才也日益被重视。为了帮助广大参加中级注册安全工程师职业资格考试的考生复习备考，我们组织了有多年教学和培训经验的老师编写了"全国中级注册安全工程师职业资格考试辅导教材"系列图书，编写老师对命题要点做了深层次的剖析与总结，凝聚了考试命题的题源和考点，能够提升备考效率 50%。

本套丛书包括公共科目和专业科目，其中公共科目为《安全生产法律法规》《安全生产管理》《安全生产技术基础》，专业科目为《建筑施工安全生产专业实务》《化工安全生产专业实务》《其他安全生产专业实务》。

本套丛书能有效帮助考生快速掌握考试内容，特别适宜那些没有时间和精力深入系统学习考试用书的考生。

本书在编写过程中，虽然几经斟酌和讨论，但由于时间所限，难免存在疏漏和不妥之处，恳请读者指正。

目　　录

第一章　安全生产相关国家政策

第一节　习近平法治思想概述

考点　习近平法治思想概述

序号	项目	内容
1	根本立场	以人民为中心是新时代坚持和发展中国特色社会主义的根本立场。习近平法治思想的根本立足点是坚持以人民为中心，坚持法治为人民服务。 　　坚持以人民为中心，回答了在当代中国"法治为了谁、依靠谁、保障谁"的根本问题。在全面依法治国的实践当中，人民是依法治国的主体和力量源泉
2	核心要义	习近平法治思想的核心要义和理论精髓，集中体现为习近平总书记在中央全面依法治国工作会议上提出并系统阐述的"十一个坚持"： 　　（1）坚持党对全面依法治国的领导； 　　（2）坚持以人民为中心； 　　（3）坚持中国特色社会主义法治道路； 　　（4）坚持依宪治国、依宪执政； 　　（5）坚持在法治轨道上推进国家治理体系和治理能力现代化； 　　（6）坚持建设中国特色社会主义法治体系； 　　（7）坚持依法治国、依法执政、依法行政共同推进，法治国家、法治政府、法治社会一体建设； 　　（8）坚持全面推进科学立法、严格执法、公正司法、全民守法； 　　（9）坚持统筹推进国内法治和涉外法治； 　　（10）坚持建设德才兼备的高素质法治工作队伍； 　　（11）坚持抓住领导干部这个"关键少数"
3	时代特征	（1）贯穿改革创新的时代精神。 　　（2）彰显公平正义的时代价值。 　　（3）紧扣国家治理现代化的时代主题。 　　（4）诠释了"百年未有之大变局"背景下法治建设的时代使命

第二节　国家领导人有关安全生产讲话

📝 考点　国家领导人有关安全生产讲话

序号	项目	内容
1	2013年6月6日国家领导人就做好安全生产工作作出重要指示	习近平强调，要始终把人民生命安全放在首位，以对党和人民高度负责的精神完善制度、强化责任、加强管理、严格监管，把安全生产责任制落到实处，切实防范重特大安全生产事故的发生
2	中共中央总书记、国家主席、中央军委主席习近平针对2013年11月22日山东青岛输油管线泄漏引发重大爆燃事故作出重要批示	习近平指出，各级党委和政府、各级领导干部要牢固树立安全发展理念，始终把人民群众生命安全放在第一位。各地区各部门、各类企业都要坚持安全生产高标准、严要求，招商引资、上项目要严把安全生产关，加大安全生产指标考核权重，实行安全生产和重大安全生产事故风险"一票否决"。责任重于泰山。要抓紧建立健全安全生产责任体系，党政一把手必须亲力亲为、亲自动手抓。要把安全责任落实到岗位、落实到人头，坚持管行业必须管安全、管业务必须管安全，加强督促检查、严格考核奖惩、全面推进安全生产工作
3	2016年1月国家领导人在中共中央政治局常委会会议上发表重要讲话	习近平对加强安全生产工作提出5点要求： （1）必须坚定不移保障安全发展，狠抓安全生产责任制落实。要强化"党政同责、一岗双责、失职追责"。坚持以人为本、以民为本。 （2）必须深化改革创新，加强和改进安全监管工作，强化开发区、工业园区、港区等功能区安全监管，举一反三，在标准制定、体制机制上认真考虑如何改革和完善。 （3）必须强化依法治理，用法治思维和法治手段解决安全生产问题，加快安全生产相关法律法规制定修订，加强安全生产监管执法，强化基层监管力量、着力提高安全生产法治化水平。 （4）必须坚决遏制重特大事故频发势头，对易发重特大事故的行业领域采取风险分级管控、隐患排查治理双重预防性工作机制，推动安全生产关口前移、加强应急救援工作、最大限度减少人员伤亡和财产损失。 （5）必须加强基础建设，提升安全保障能力，针对城市建设、危旧房屋、玻璃幕墙、渣土堆场、尾矿库、燃气管线、地下管廊等重点隐患和煤矿、非煤矿山、危化品、烟花爆竹、交通运输等重点行业以及游乐、"跨年夜"等大型群众性活动，坚决做好安全防范，特别是要严防踩踏事故发生

第三节 有关安全生产的重要文件

考点 有关安全生产的重要文件

一、《中共中央 国务院关于推进安全生产领域改革发展的意见》

序号	项目		内容
1	总体要求	指导思想	全面贯彻党的十八大和十八届三中、四中、五中、六中全会精神，以邓小平理论、"三个代表"重要思想、科学发展观为指导，深入贯彻习近平总书记系列重要讲话精神和治国理政新理念新思想新战略，进一步增强"四个意识"，紧紧围绕统筹推进"五位一体"总体布局和协调推进"四个全面"战略布局，牢固树立新发展理念，坚持安全发展，坚守发展决不能以牺牲安全为代价这条不可逾越的红线，以防范遏制重特大生产安全事故为重点，坚持安全第一、预防为主、综合治理的方针，加强领导、改革创新、协调联动、齐抓共管，着力强化企业安全生产主体责任、着力堵塞监督管理漏洞、着力解决不遵守法律法规的问题，依靠严密的责任体系、严格的法治措施、有效的体制机制、有力的基础保障和完善的系统治理，切实增强安全防范治理能力，大力提升我国安全生产整体水平，确保人民群众安康幸福、共享改革发展和社会文明进步成果
		基本原则	(1) 坚持安全发展。 (2) 坚持改革创新。 (3) 坚持依法监管。 (4) 坚持源头防范。 (5) 坚持系统治理
2	五项制度		(1) 加快落实安全生产责任制。 (2) 着力完善安全生产监管监察体制。 (3) 大力推进安全生产依法治理。 (4) 建立安全生产预防控制体系。 (5) 加强安全生产基础保障能力建设

二、《关于加强全社会安全生产宣传教育工作的意见》

序号	项目	内容
1	安全生产宣传教育重点工作	(1) 重点做好安全发展观念的宣传教育。 (2) 重点做好安全生产形势任务的宣传教育。 (3) 重点做好安全生产措施和经验的宣传教育。 (4) 重点做好安全生产法治的宣传教育。 (5) 重点做好安全生产知识技能的宣传教育。 (6) 重点做好生产安全事故的警示教育
2	宣传工作格局	(1) 加大主流媒体宣传教育工作力度。 (2) 加大行业媒体宣传教育工作力度。 (3) 加大安全生产网站群建设力度。 (4) 加大安全生产新媒体建设力度

续表

序号	项目	内容
3	安全生产宣传教育"七进"	推进安全生产宣传教育进企业，进学校，进机关，进社区，进农村，进家庭，进公共场所
4	保障措施	（1）强化组织领导。 （2）强化制度建设。 （3）强化队伍建设。 （4）强化经费投入

三、《关于推进城市安全发展的意见》

序号	项目		内容
1	总体要求	指导思想	全面贯彻党的十九大精神，以习近平新时代中国特色社会主义思想为指导，紧紧围绕统筹推进"五位一体"总体布局和协调推进"四个全面"战略布局，牢固树立安全发展理念，弘扬生命至上、安全第一的思想，强化安全红线意识，推进安全生产领域改革发展，切实把安全发展作为城市现代文明的重要标志，落实完善城市运行管理及相关方面的安全生产责任制，健全公共安全体系，打造共建共治共享的城市安全社会治理格局，促进建立以安全生产为基础的综合性、全方位、系统化的城市安全发展体系，全面提高城市安全保障水平，有效防范和坚决遏制重特大安全事故发生，为人民群众营造安居乐业、幸福安康的生产生活环境
		基本原则	（1）坚持生命至上、安全第一。 （2）坚持立足长效、依法治理。 （3）坚持系统建设、过程管控。 （4）坚持统筹推动、综合施策
		总体目标	到2020年，城市安全发展取得明显进展，建成一批与全面建成小康社会目标相适应的安全发展示范城市；在深入推进示范创建的基础上，到2035年，城市安全发展体系更加完善，安全文明程度显著提升，建成与基本实现社会主义现代化相适应的安全发展城市。持续推进形成系统性、现代化的城市安全保障体系，加快建成以中心城区为基础，带动周边、辐射县乡、惠及民生的安全发展型城市，为把我国建成富强民主文明和谐美丽的社会主义现代化强国提供坚实稳固的安全保障
2	城市安全发展的途径		（1）加强城市安全源头治理。 （2）健全城市安全防控机制。 （3）提升城市安全监管效能。 （4）强化城市安全保障能力

四、安全生产"十四五"规划

序号	项目	内容
1	基本原则	（1）系统谋划，标本兼治。 （2）源头防控，精准施治。 （3）深化改革，强化法治。 （4）广泛参与，社会共治

序号	项目	内容
2	织密风险防控责任网络	(1) 深化监管体制改革。 (2) 压实党政领导责任。 (3) 夯实部门监管责任。 (4) 强化企业主体责任。 (5) 严肃目标责任考核
3	优化安全生产法治秩序	(1) 健全法规规章体系。 (2) 加强标准体系建设。 (3) 创新监管执法机制。 (4) 提升行政执法能力
4	筑牢安全风险防控屏障	(1) 优化城市安全格局。 (2) 严格安全生产准入。 (3) 强化安全风险管控。 (4) 精准排查治理隐患
5	强化应急救援处置效能	(1) 夯实企业应急基础。 (2) 提升应急救援能力。 (3) 提高救援保障水平
6	统筹安全生产支撑保障	(1) 加快专业人才培养。 (2) 强化科技创新引领。 (3) 推进安全信息化建设
7	构建社会共治安全格局	(1) 提高全民安全素质。 (2) 推动社会协同治理。 (3) 深化安全交流合作
8	实施安全提升重大工程	(1) 重大安全风险治理工程。 (2) 监管执法能力建设工程。 (3) 安全风险监测预警工程。 (4) 救援处置能力建设工程。 (5) 科技创新能力建设工程。 (6) 安全生产教育实训工程
9	健全规划实施保障机制	(1) 明确任务分工。 (2) 加大政策支持。 (3) 推进试点示范。 (4) 强化监督评估

第二章 安全生产法律基础知识

扫码免费观看
基础直播课程

第一节 法律基础知识

考点1 法的概念

一、法的本质

序号	项目	内容
1	非马克思主义法学关于法本质的观点	（1）意志说、理性说、正义说。意志说把法的本质归结为意志，可分为：神意论，即将法的本质归结为神的意志；公意论，即将法的本质认为是公共意志或共同意志。理性说认为法的本质体现了上帝的理性、人的理性和本性。正义说把法的本质归结为正义，即法应体现善和公正。 （2）权力说、规范说、工具说。权力说把法的本质认为是国家对臣民的命令，法是掌握主权者的命令，如不服从就以制裁的威胁作后盾。规范说把法的本质认为是一种规范或规则，是一个社会决定什么行为应受公共权力加以惩罚或强制而直接或间接使用的一种特殊的行为规范或规则。工具说把法的本质认为是达到某种目的的工具
2	马克思主义法学关于法本质的观点	马克思主义认为法是统治阶级意志的体现，这个意志的内容是由统治阶级的物质生活条件决定的，是阶级社会的产物，说明了法的本质的根本属性是由阶级性、物质性、社会性等多样性组成，法的这三个根本属性对说明法的本质是缺一不可的
3	我国	当前，我国正在努力实现国家各项工作法治化。向着建设法治中国不断前进。正确认识法的本质，对于我们自觉坚持、扎实推进依法治国意义重大。我们应以辩证的思维，全面理解法的本质。 （1）法是主观性与客观性的统一。 （2）法是阶级性与共同性的统一。 （3）法是利益性与正义性的统一

二、法的特征

法作为上层建筑，具有如下 4 个基本特征：
（1）法是调整人们行为的规范。
（2）法是由国家制定或认可并具有普遍的约束力。
（3）法通过规定人们的权利和义务来调整社会关系。
（4）法通过一定的程序由国家强制力保证实施。

三、法的要素

序号	项目		内容
1	法的要素		（1）法的要素是指法的现象是由哪些因素或部分组成的。法的构成要素主要是规范。 （2）一般说来，法由法律概念、法律原则、法律技术性规定以及法律规范四个要案构成。 （3）法的主体是法律规范
2	法律规则的逻辑构成	模式	行为模式大体上可分为三类： （1）可以这样行为； （2）应该这样行为； （3）不应该这样行为。 这三种行为规范就意味有三种法律规范： （1）授权性法律规范； （2）命令性法律规范； （3）禁止性法律规范。 授权性法律规范赋予人们权利，而且是受法律保护的。命令性法律规范和禁止性法律规范规定的义务人们必须遵守，不遵守就意味着违法犯罪，法律就要惩罚违法犯罪的行为，以确保法律的权威。所以，后两类法律规范又可合称为义务性规范
		法律后果	法律后果大体上可分为两类： （1）肯定性法律后果，即法律承认这种行为合法、有效并加以保护以至奖励。 （2）否定性法律后果，即法律不予承认，加以撤销以至制裁
3	法律规则的分类	行为模式	根据不同的行为模式，可分为授权性法律规范、命令性法律规范和禁止性法律规范
		效力的强弱程度	根据法的效力的强弱程度，可分为强行性规范，即不问个人意愿如何，必须加以适用的规范。任意性规范，即适用与否由个人自行选择的规范
		内容是否确定	从法律规范的内容是否确定，可分为确定性规范，即明确规定一定行为，不必再援用其他规则。委托性规范、即这种规范本身未规定行为规则，而规定委托（授权）其他机关加以规定。准用性规范，即并未规定行为规则，而规定参照、援用其他法律条文或其他法规

四、法的渊源

序号	项目	内容
1	宪法	当代中国法的渊源主要为以宪法为核心的各种制定法。 宪法是国家的根本法，具有最高的法律地位和法律效力。宪法的特殊地位和属性，体现在4个方面： （1）宪法规定国家的根本制度、国家生活的基本准则。宪法所规定的是国家生活中最根本、最重要的原则和制度，因此宪法成为立法机关进行立法活动的法律基础，宪法被称为"母法""最高法"。宪法不能代替普通法律。 （2）宪法具有最高法律效力，即具有最高的效力等级，是其他法的立法依据或基础，其他法的内容或精神必须符合或不得违背宪法的规定或精神，否则无效。 （3）宪法的制定与修改有特别程序。我国宪法草案是由宪法修改委员会提请全国人民代表大会审议通过的。 （4）宪法的解释、监督均有特别规定

续表

序号	项目	内容
2	法律	(1) 法律的地位和效力低于宪法而高于其他法，是法的形式体系中的二级大法。 (2) 法律是行政法规、地方性法规和行政规章的立法依据或基础，行政法规、地方性法规和行政规章不得违反法律，否则无效。 (3) 法律分为基本法律和基本法律以外的法律两种。 (4) 基本法律由全国人大制定和修改，在全国人大闭会期间，全国人大常委会也有权对其进行部分补充和修改，但不得同其基本原则相抵触
3	行政法规	(1) 行政法规专指最高国家行政机关即国务院制定的规范性文件。 (2) 行政法规的法律地位和法律效力次于宪法和法律，但高于地方性法规、行政规章。 (3) 行政法规在中华人民共和国领域内具有约束力。这种约束力体现在两个方面： ①具有约束国家行政机关自身的效力； ②具有约束行政管理相对人的效力
4	地方性法规	(1) 地方性法规是指地方国家权力机关依照法定职权和程序制定和颁布的、施行于本行政区域的规范性文件。 (2) 地方性法规的法律地位和法律效力低于宪法、法律、行政法规，但高于地方政府规章。 (3) 根据我国宪法和立法法等有关法律的规定，地方性法规由省、自治区、直辖市的人民代表大会及其常务委员会，在不同宪法、法律、行政法规相抵触的前提下制定，报全国人大常委会和国务院备案。 (4) 省、自治区的人民政府所在地的市、经济特区所在地的市和经国务院批准的较大的市的人民代表大会及其常委会根据本市的具体情况和实际需要，在不同宪法、法律、行政法规和本省、自治区的地方性法规相抵触前提下，可以制定地方性法规，报所在的省、自治区的人民代表大会常务委员会批准后施行
5	自治法规	(1) 自治法规是民族自治地方的权力机关所制定的特殊的地方规范性法律文件，即自治条例和单行条例的总称。 (2) 自治区的自治条例和单行条例报全国人大常委会批准后生效。自治州、自治县的自治条例和单行条例，报省或自治区人大常委会批准后生效，并报全国人大常委会备案。 (3) 自治条例和单行条例在我国法的渊源中是低于宪法、法律的一种形式
6	行政规章	(1) 行政规章是有关行政机关依法制定的事关行政管理的规范性文件的总称。分为部门规章和政府规章两种。 (2) 部门规章是国务院所属部委根据法律和国务院行政法规、决定、命令，在本部门的权限内，所发布的各种行政性的规范性文件，亦称部委规章。其地位低于宪法、法律、行政法规，不得与它们相抵触。 (3) 政府规章是有权制定地方性法规的地方人民政府根据法律、行政法规制定的规范性文件，亦称地方政府规章。政府规章除不得与宪法、法律、行政法规相抵触外，还不得与上级和同级地方性法规相抵触
7	国际条约	国际条约指两个或两个以上国家或国际组织间缔结的确定其相互关系中权利和义务的各种协议，是国际交往的一种最普遍的法的渊源或法的形式
8	其他法源	除上述法的渊源外，在中国还有这样几种成文的法的渊源： (1) "一国两制"条件下特别行政区的规范性文件。 (2) 中央军事委员会制定的军事法规和军内有关方面制定的军事规章。 (3) 有关机关授权别的机关所制定的规范性文件

五、法的分类

序号	划分依据	分类
1	创制和适用主体	根据法的创制和适用主体不同为标准，可以把法分为国内法和国际法
2	效力、内容和制定程序	根据法的效力、内容和制定程序不同为标准，可以把法分为根本法和普通法
3	适用范围	根据法的适用范围的不同为标准，可以把法分为一般法和特别法
4	法律规定的内容	根据法律规定的内容的不同为标准，可以把法分为实体法和程序法
5	创制和表达形式	根据法律的创制和表达形式不同为标准，可以把法分为成文法和不成文法
6	意识形态	根据国家的意识形态不同为标准，可以把法分为社会主义法和资本主义法

考点2 法的作用

一、法的规范作用

序号	项目		内容
1	指引作用	对个人行为的指引	对个人行为的指引有两种： （1）个别指引（或称个别调整），即通过一个具体的指示就具体的人和情况的指引。 （2）规范性指引（或称规范性调整），即通过一般的规则就同类的人或情况的指引
		确定的指引和有选择的指引	（1）确定的指引是指人们必须根据法律规范的指引而行为。 （2）有选择的指引是指人们对法律规范所指引的行为有选择余地，法律容许人们自己决定是否这样行为
2	评价作用		（1）对他人行为的评价。 （2）法律是一种评价准则
3	教育作用		通过法的实施而对一般人今后的行为所发生的影响
4	预测作用		法律的预测作用，或者说法律有可预测性的特征，即依靠作为社会规范的法律，人们可以预先估计到他们之间将如何行为
5	强制作用		这种规范作用的对象是违法者的行为

二、法的社会作用

（1）维护秩序，促进建设与改革开放，实现富强、民主与文明。

（2）根据一定的价值准则分配利益，确认和维护社会成员的权利和义务。

（3）为国家机关及其公职人员执行任务的行为提供法律依据，并对他们滥用权力或不尽职责的行为实行制约。

（4）预防和解决社会成员之间以及与国家机关之间或国家机关之间的争端。

（5）预防和制裁违法犯罪行为。

（6）为法律本身的运作与发展提供制度和程序。

三、法的局限性

（1）法律并不是调整社会关系的唯一手段。

（2）法的稳定性、抽象性与现实生活多变性、具体化存有矛盾。

（3）法的作用的发挥，需要其他各种条件的配合。

考点3　法律体系与法的效力

一、法律体系

序号	项目	内容
1	概念	法律体系是按照一定的原则和标准划分的同类法律规范组成法律部门而形成一个有机联系的整体，即部门法体系。 　法律体系的外部结构表现为宪法、基本法律、法律、地方性法规以及有法律效力的解释等，其主干是各种部门
2	特征	（1）法的体系的结构具有高度的组织性。 （2）法的体系结构的确立，是以社会结构为基础、以法律自身的规律为中介。 （3）法律体系结构的发展具有历史的连续性和继承性。 （4）法律体系的结构具有一定的开放性
3	我国现行法律体系	我国社会主义法律体系主要包括的法律部门：宪法；行政法；财政法；民法；经济法；劳动法；婚姻法；刑法；诉讼法；国际法

二、法的效力

序号	项目		内容
1	概念		（1）从广义上说，法的效力是泛指法律的约束力。 （2）狭义上的法的效力，是指法律的具体生效的范围，对什么人、在什么地方和在什么时间适用的效力
2	效力层次	体制	我国现行立法体制是"一元、两级、多层次、多类别"
		主要内容	上位法的效力高于下位法。 （1）宪法规定了国家的根本制度和根本任务，是国家的根本法，具有最高的法律效力。 （2）法律效力高于行政法规、地方性法规、规章。 （3）行政法规效力高于地方性法规、规章。 （4）地方性法规效力高于本级和下级地方政府规章。 （5）自治条例和单行条例依法对法律、行政法规、地方性法规作变通规定的，在本自治地方适用自治条例和单行条例的规定。 （6）部门规章与地方政府规章之间具有同等效力，在各自的权限范围内施行
			在同一位阶的法之间，特别规定优于一般规定，新的规定优于旧的规定

续表

序号	项目	内容
3	效力范围	法的时间效力
		法的空间效力
		法对人的效力： （1）属人主义。 （2）属地主义。 （3）保护主义。 （4）以属地主义为主，与属人主义、保护主义相结合的"折衷主义"，这是近代以来多数国家所采用的原则，我国也是如此

考点4　法的实施

一、法的执行

序号	项目	内容
1	特点	（1）法的执行是以国家的名义对社会进行全面管理，具有国家权威性。 （2）法的执行的主体，是国家行政机关及其公职人员。 （3）法的执行具有国家强制性，行政机关执行法律的过程同时是行使执法权的过程。 （4）法的执行具有主动性和单方面性
2	主要原则	（1）依法行政的原则。 （2）讲求效能的原则

二、法的适用

序号	项目	内容
1	主体	法的适用主体是指行使司法权的司法机关，按照我国现行法律体制和司法体制，司法权一般包括审判权和检察权，审判权由人民法院行使，检察权由人民检察院行使。人民法院和人民检察院是我国法的适用主体
2	特点	（1）法的适用是由特定的国家机关及其公职人员，按照法定职权实施法律的专门活动，具有国家权威性。 （2）法的适用是司法机关以国家强制力为后盾实施法律的活动，具有国家强制性。 （3）法的适用是司法机关依照法定程序，运用法律处理案件的活动，具有严格的程序性及合法性。 （4）法的适用必须有表明法的适用结果的法律文书，如判决书、裁定书和决定书等
3	适用要求	正确、合法、及时

三、法律监督

序号	项目	内容
1	法律监督的意义	（1）法律监督是维护社会主义法制的统一和尊严的重要措施。 （2）法律监督是制约权力滥用的基本手段。 （3）法律监督是社会主义法治建设的重要方面，是完善社会主义法治建设的内在要求

续表

序号	项目		内容
2	法律监督的构成	主体	法律监督的主体是国家机关、社会组织和公民
		客体	法律监督的客体是指监督谁或者说谁被监督
		内容	法律监督的内容包括： （1）国家立法机关行使国家立法权和其他职权的行为； （2）国家司法机关行使司法权的行为； （3）国家行政机关行使国家行政权的行为； （4）共产党依法治政和各民主党派依法参与国家政治生活和社会生活的行为； （5）普通公民的法律行为

第二节　中国特色社会主义法治体系和依法行政

考点　依法行政

一、依法行政的目标

（1）建设法治政府是我国依法行政的基本目标。

（2）法治政府应当是有限政府、服务政府、阳光政府、诚信政府、效能政府和责任政府。

二、依法行政的基本要求

序号	项目	内容
1	合法行政	合法行政要求任何行政职权的行使皆不得有悖于法律，行政职权的运用必须符合法律条文的规定，不能与之相抵触。其具体要求是： （1）主体资格合法； （2）行为内容合法； （3）行为程序合法
2	合理行政	合理行政，是指政府实施行政管理，应当遵循公平、公正的原则。 合理行政的具体要求是： （1）公平、公正对待公民、法人或其他组织； （2）行使自由裁量权应符合法律目的； （3）切实遵循比例原则
3	程序正当	程序正当的核心，是要通过合适的程序安排根除和避免那些可能导致不公正结果的因素。程序正当的具体要求是： （1）行政公开； （2）听取意见、说明理由； （3）保障公民、法人或其他组织的知情权、参与权和救济权； （4）政府公务人员作为利害关系人应当回避
4	高效便民	高效是手段，便民是目的。高效便民的具体要求是： （1）遵守时限； （2）积极履行职责； （3）提高办事效率和服务质量

续表

序号	项目	内容
5	诚实守信	诚实守信，是指政府公布的信息应当全面、准确、真实。在依法行政实践中，诚实守信的具体要求是： （1）严格依法履约践诺； （2）政府应提供全面、准确、真实的信息； （3）严守信赖保护原则
6	权责统一	依法做到执法有保障、有权必有责、用权受监督、违法受追究、侵权需赔偿。权利与义务统一、职权与职责统一是法律的基本规则。权责统一的具体要求是： （1）政府依法履行职责要有相应的执法手段。 （2）政府违法或不当行为应担责

第三节　安全生产立法及安全生产法律体系的基本框架

考点　我国安全生产法律体系的基本框架

一、安全生产法律体系的特征

（1）法律规范的调整对象和阶级意志具有统一性。
（2）法律规范的内容和形式具有多样性。
（3）法律规范的相互关系具有系统性。

二、安全生产法律体系的基本框架

序号	项目		内容
1	上位法与下位法	法律	法律是安全生产法律体系中的上位法，居于整个体系的最高层级，其法律地位和效力高于行政法规、地方性法规、部门规章、地方政府规章等下位法
		法规	安全生产法规分为行政法规和地方性法规。 （1）行政法规。安全生产行政法规的法律地位和法律效力低于有关安全生产的法律，高于地方性安全生产法规、地方政府安全生产规章等下位法。 （2）地方性法规。地方性安全生产法规的法律地位和法律效力低于有关安全生产的法律、行政法规，高于地方政府安全生产规章
		规章	安全生产行政规章分为部门规章和地方政府规章。 （1）部门规章。国务院有关部门依照安全生产法律、行政法规的规定或者国务院的授权制定发布的安全生产规章与地方政府规章之间具有同等效力，在各自的权限范围内施行。 （2）地方政府规章。地方政府安全生产规章是最低层级的安全生产立法，其法律地位和法律效力低于其他上位法，不得与上位法相抵触
		法定安全生产标准	（1）法定安全生产标准主要是指强制性安全生产标准。 （2）国家标准。安全生产国家标准是指国家标准化行政主管部门依照《标准化法》制定的在全国范围内适用的安全生产技术规范。 （3）行业标准。行业安全生产标准对同一安全生产事项的技术要求，可以高于国家安全生产标准，但不得与其相抵触

序号	项目	内容
2	一般法与特别法	（1）根据同一层级的法的适用范围不同，可以分为一般法与特别法。 （2）在同一层级的安全生产立法对同一类问题的法律适用上，应当适用特别法优于一般法的原则
3	综合性法与单行法	（1）综合性法不受法律规范层级的限制，而是将各个层级的综合性法律规范作为整体来看待，适用于安全生产的主要领域或者某一领域的主要方面。 （2）单行法的内容只涉及某一领域或者某一方面的安全生产问题

第三章 中华人民共和国安全生产法

第一节 立法目的、适用范围

考点 安全生产法的适用范围

序号	项目	内容
1	空间的适用	所有在中华人民共和国陆地、海域和领空的范围内从事生产经营活动的生产经营单位，必须依照《安全生产法》的规定进行生产经营活动
2	主体和行为的适用	法律所谓的"生产经营单位"，指从事生产经营活动的基本单元，即一切从事生产经营活动的企业、事业单位、个体经济组织和其他组织，既包括企业法人，也包括不具有企业法人资格的单位、事业单位、个人合伙组织、个体工商户等其他生产经营主体
3	排除适用	有关法律、行政法规对消防安全和道路交通安全、铁路交通安全、水上交通安全、民用航空安全以及核与辐射安全、特种设备安全另有规定的，适用其规定。 需要理解的要点： （1）《安全生产法》确定的安全生产领域基本的方针、原则、法律制度和新的法律规定是其他法律、行政法规无法确定并且没有规定的，普遍适用于消防安全和道路交通安全、铁路交通安全、水上交通安全、民用航空安全以及核与辐射安全、特种设备安全。 （2）消防安全和道路交通安全、铁路交通安全、水上交通安全、民用航空安全以及核与辐射安全、特种设备安全现行的有关法律、行政法规已有规定的，不适用《安全生产法》。 （3）有关法律、行政法规对消防安全和道路交通安全、铁路交通安全、水上交通安全、民用航空安全以及核与辐射安全、特种设备安全没有规定的，适用《安全生产法》。 （4）今后制定和修订有关消防安全和道路交通安全、铁路交通安全、水上交通安全、民用航空安全以及核与辐射安全、特种设备安全的法律、行政法规时，也要符合《安全生产法》确定的基本方针原则、法律制度和法律规范，不应抵触。 在我国安全生产法律体系中，《安全生产法》的法律地位和法律效力是最高的。 《安全生产法》是我国第一部安全生产领域的基本法律

第二节　基本规定

考点 1　安全生产的方针

序号	项目	内容
1	方针	坚持安全第一、预防为主、综合治理的方针
2	事故预防体现的"六先"	（1）安全意识在先。 （2）安全投入在先。 （3）安全责任在先。 （4）建章立制在先。 （5）事故预防在先。 （6）监督执法在先

考点 2　安全生产工作机制

安全生产工作实行管行业必须管安全、管业务必须管安全、管生产经营必须管安全，强化和落实生产经营单位主体责任与政府监管责任，建立生产经营单位负责、职工参与、政府监管、行业自律和社会监督的机制。

考点 3　生产经营单位的安全生产责任

《安全生产法》第 4 条规定，生产经营单位必须遵守本法和其他有关安全生产的法律、法规，加强安全生产管理，建立健全全员安全生产责任制和安全生产规章制度，加大对安全生产资金、物资、技术、人员的投入保障力度，改善安全生产条件，加强安全生产标准化、信息化建设，构建安全风险分级管控和隐患排查治理双重预防机制，健全风险防范化解机制，提高安全生产水平，确保安全生产。

平台经济等新兴行业、领域的生产经营单位应当根据本行业、领域的特点，建立健全并落实全员安全生产责任制，加强从业人员安全生产教育和培训，履行本法和其他法律、法规规定的有关安全生产义务。

考点 4　生产经营单位主要负责人的安全责任

一、生产经营单位主要负责人及其基本职责

序号	项目	内容
1	生产经营单位主要负责人	（1）生产经营单位主要负责人必须是生产经营单位生产经营活动的主要决策人。 （2）生产经营单位主要负责人必须是实际领导、指挥生产经营单位日常生产经营活动的决策人。在一般情况下，生产经营单位主要负责人是其法定代表人。

续表

序号	项目	内容
1	生产经营单位主要负责人	（3）生产经营单位主要负责人必须是能够承担生产经营单位安全生产工作全面领导责任的决策人。当董事长或者总经理长期缺位（因生病、学习等情况不能主持全面领导工作）时，将由其授权或者委托的副职或者其他人主持生产经营单位的全面工作。在这种情况下，发生安全生产违法行为或者生产安全事故需要追究责任，将长期缺位的董事长或者总经理作为责任人既不合情理又难以执行，只能追究其授权或者委托主持全面工作的实际负责人的法律责任
2	生产经营单位主要负责人的安全生产基本职责	《安全生产法》第21条规定，生产经营单位的主要负责人对本单位安全生产工作负有下列职责： （1）建立健全并落实本单位全员安全生产责任制，加强安全生产标准化建设； （2）组织制定并实施本单位安全生产规章制度和操作规程； （3）组织制定并实施本单位安全生产教育和培训计划； （4）保证本单位安全生产投入的有效实施； （5）组织建立并落实安全风险分级管控和隐患排查治理双重预防工作机制，督促、检查本单位的安全生产工作，及时消除生产安全事故隐患； （6）组织制定并实施本单位的生产安全事故应急救援预案； （7）及时、如实报告生产安全事故

二、生产经营单位主要负责人的法律责任

（1）《安全生产法》第93条规定，生产经营单位的决策机构、主要负责人或者个人经营的投资人不依照本法规定保证安全生产所必需的资金投入，致使生产经营单位不具备安全生产条件的，责令限期改正，提供必需的资金；逾期未改正的，责令生产经营单位停产停业整顿。

有前款违法行为，导致发生生产安全事故的，对生产经营单位的主要负责人给予撤职处分，对个人经营的投资人处二万元以上二十万元以下的罚款；构成犯罪的，依照刑法有关规定追究刑事责任。

（2）《安全生产法》第94条规定，生产经营单位的主要负责人未履行本法规定的安全生产管理职责的，责令限期改正，处二万元以上五万元以下的罚款；逾期未改正的，处五万元以上十万元以下的罚款，责令生产经营单位停产停业整顿。

生产经营单位的主要负责人有前款违法行为，导致发生生产安全事故的，给予撤职处分；构成犯罪的，依照刑法有关规定追究刑事责任。

生产经营单位的主要负责人依照前款规定受刑事处罚或者撤职处分的，自刑罚执行完毕或者受处分之日起，五年内不得担任任何生产经营单位的主要负责人；对重大、特别重大生产安全事故负有责任的，终身不得担任本行业生产经营单位的主要负责人。

（3）《安全生产法》第106条规定，生产经营单位与从业人员订立协议，免除或者减轻其对从业人员因生产安全事故伤亡依法应承担的责任的，该协议无效；对生产经营单位的主要负责人、个人经营的投资人处二万元以上十万元以下的罚款。

（4）《安全生产法》第110条规定，生产经营单位的主要负责人在本单位发生生产安全事故时，不立即组织抢救或者在事故调查处理期间擅离职守或者逃匿的，给予降级、撤职的处分，并由应急管理部门处上一年年收入百分之六十至百分之一百的罚款；对逃匿的处十五日以下拘留；构成犯罪的，依照刑法有关规定追究刑事责任。

生产经营单位的主要负责人对生产安全事故隐瞒不报、谎报或者迟报的，依照前款规定处罚。

考点5　工会在安全生产工作中的地位和权利

序号	项目	内容
1	工会在安全生产工作中的地位	（1）工会依法对安全生产工作进行监督。 （2）生产经营单位的工会依法组织职工参加本单位安全生产工作的民主管理和民主监督，维护职工在安全生产方面的合法权益。生产经营单位制定或者修改有关安全生产的规章制度，应当听取工会的意见
2	工会对"三同时"的监督	工会有权对建设项目的安全设施与主体工程同时设计、同时施工、同时投入生产和使用进行监督，提出意见
3	工会对作业场所的监督	工会对生产经营单位违反安全生产法律、法规，侵犯从业人员合法权益的行为，有权要求纠正；发现生产经营单位违章指挥、强令冒险作业或者发现事故隐患时，有权提出解决的建议，生产经营单位应当及时研究答复；发现危及从业人员生命安全的情况时，有权向生产经营单位建议组织从业人员撤离危险场所，生产经营单位必须立即作出处理
4	工会对事故调查的监督	工会有权依法参加事故调查，向有关部门提出处理意见，并要求追究有关人员的责任

考点6　各级人民政府的安全生产职责

（1）国务院和县级以上地方各级人民政府应当根据国民经济和社会发展规划制定安全生产规划，并组织实施。安全生产规划应当与国土空间规划等相关规划相衔接。

（2）各级人民政府应当加强安全生产基础设施建设和安全生产监管能力建设，所需经费列入本级预算。

（3）县级以上地方各级人民政府应当组织有关部门建立完善安全风险评估与论证机制，按照安全风险管控要求，进行产业规划和空间布局，并对位置相邻、行业相近、业态相似的生产经营单位实施重大安全风险联防联控。

（4）《安全生产法》第9条规定，国务院和县级以上地方各级人民政府应当加强对安全生产工作的领导，建立健全安全生产工作协调机制，支持、督促各有关部门依法履行安全生产监督管理职责，及时协调、解决安全生产监督管理中存在的重大问题。

（5）乡镇人民政府和街道办事处，以及开发区、工业园区、港区、风景区等应当明确负责安全生产监督管理的有关工作机构及其职责，加强安全生产监管力量建设，按照职责对本行政区域或者管理区域内生产经营单位安全生产状况进行监督检查，协助人民政府有关部门或者按照授权依法履行安全生产监督管理职责。

考点7　安全生产综合监管部门与专项监管部门的职责分工

《安全生产法》第10条规定，国务院应急管理部门对全国安全生产工作实施综合监督管理；县级以上地方各级人民政府应急管理部门依照本法，对本行政区域内安全生产工作实施综合监督管理。

国务院交通运输、住房和城乡建设、水利、民航等有关部门依照本法和其他有关法律、行政法规的规定，在各自的职责范围内对有关行业、领域的安全生产工作实施监督管理；县级以上地方各级人民政府有关部门依照本法和其他有关法律、法规的规定，在各自的职责范围内对有关行业、领域的安全生产工作实施监督管理。对新兴行业、领域的安全生产监督管理职责不明确的，由县级以上地方各级人民政府按照业务相近的原则确定监督管理部门。

应急管理部门和对有关行业、领域的安全生产工作实施监督管理的部门，统称负有安全生产监督管理职责的部门。负有安全生产监督管理职责的部门应当相互配合、齐抓共管、信息共享、资源共用，依法加强安全生产监督管理工作。

《安全生产法》第12条规定，国务院有关部门按照职责分工负责安全生产强制性国家标准的项目提出、组织起草、征求意见、技术审查。国务院应急管理部门统筹提出安全生产强制性国家标准的立项计划。国务院标准化行政主管部门负责安全生产强制性国家标准的立项、编号、对外通报和授权批准发布工作。国务院标准化行政主管部门、有关部门依据法定职责对安全生产强制性国家标准的实施进行监督检查。

考点8　安全生产专业机构的规定

一、安全生产专业服务的特征及服务机构的业务范围

序号	项目	内容
1	法律依据	《安全生产法》第15条规定，依法设立的为安全生产提供技术、管理服务的机构，依照法律、行政法规和执业准则，接受生产经营单位的委托为其安全生产工作提供技术、管理服务。 生产经营单位委托前款规定的机构提供安全生产技术、管理服务的，保证安全生产的责任仍由本单位负责
2	安全生产专业服务的特征	（1）独立性。 （2）服务性。 （3）客观性。 （4）有偿性。 （5）专业性
3	安全生产专业服务机构的业务范围	生产经营活动中的安全生产专业服务的范围和主要业务包括： （1）矿山和用于生产、储存危险物品的建设项目，应当按照国家有关规定进行安全预评价、设计审查和竣工验收； （2）安全设施必须与主体工程"三同时"； （3）安全设备、特种设备、劳动防护用品、安全工艺、危险物品、重大危险源和作业现场安全管理等。 专业服务还有企业自主提出的市场需求，如安全检测检验、安全生产标准化建设、企业安全管理方案、企业安全文化建设、企业安全管理水平评估、安全教育培训、应急预案编制与演练等方面

二、安全生产专业服务机构以及专业人员的权利、义务和责任

序号	项目	内容
1	权利	（1）依法从事的安全生产专业服务工作受法律保护，具有不受侵犯的权利。任何单位和个人均无权干预、剥夺、阻碍其合法活动的权利。 （2）有权依照法律、法规和规章、标准的规定，从事授权范围内的有关安全生产业务。 （3）接受政府、部门的委托或生产经营单位的聘请，按照委托和约定的有关事项从事安全生产专业服务。 （4）有权拒绝从事非法或者服务范围以外的安全生产专业服务。 （5）有依法收取专业服务报酬和费用的权利
2	义务	（1）具备法定条件，依法取得安全生产专业服务资质。 （2）在法律、行政法规规定的行业、领域和业务范围内，按照执业准则，从事合法的、真实的专业服务，不得从事欺诈和虚假的服务。 （3）严格按照政府、部门和生产经营单位的委托或者约定，完成所承担的安全生产专业服务事项。 （4）接受政府有关主管部门对其进行的检查监督。 （5）合理地确定服务报酬和收费标准，不得非法牟利
3	责任	安全生产专业服务机构以及专业人员不得有下列行为： （1）违反法规标准的规定开展安全生产专业服务的； （2）不再具备资质条件或者资质过期从事安全生产专业服务的； （3）超出资质认可业务范围，从事法定的安全生产专业服务的； （4）出租、出借资质证书的； （5）出具虚假或者重大疏漏的专业服务报告的； （6）违反有关法规标准规定，更改或者简化专业服务程序和相关内容的； （7）冒用他人名义或者允许他人冒用本人名义提供安全生产专业服务报告和原始记录中签名的； （8）不接受资质认可机关及其下级部门监督抽查的。 安全生产专业服务机构以及专业人员要对其承担的服务工作的合法性、真实性负责，并对其违法犯罪行为承担相应的法律责任

考点 9　生产安全事故责任追究

序号	项目	内容
1	法律依据	《安全生产法》第 16 条规定，国家实行生产安全事故责任追究制度，依照本法和有关法律、法规的规定，追究生产安全事故责任单位和责任人员的法律责任
2	生产安全事故的分类	按照引发事故的直接原因进行分类，生产安全事故分为自然灾害事故和人为责任事故两大类。《安全生产法》规定要实行责任追究的，是指人为责任事故。因此，必须依法实行生产安全事故责任追究制度。这项制度包括安全生产责任制的建立、安全生产责任的落实和违法责任的追究 3 项内容
3	事故责任主体	（1）按照安全生产的生产主体和监管主体划分，事故责任主体包括发生生产安全事故的生产经营单位的责任人员和对发生生产安全事故负有监管职责的有关人民政府及其有关部门的责任人员。 （2）发生生产安全事故的生产经营单位的责任人员包括应负法律责任的生产经营单位主要负责人、主管人员、管理人员和从业人员。 （3）负有监管职责的有关人民政府及其有关部门的责任人员包括对生产安全事故负有失职、渎职和应负领导责任的各级人民政府领导人，负有安全生产监督管理职责部门的负责人、安全生产监督管理和行政执法人员等

序号	项目		内容
4	法律责任追究	行政责任	（1）追究行政责任通常以行政处分和行政处罚两种方式来实施。 （2）行政处分包括警告、记过、记大过、降级、撤职、开除等
		刑事责任	（1）刑事责任是指责任主体实施刑事法律禁止的行为所应承担的法律后果。 （2）刑事责任与行政责任的区别： ①责任内容不同，负刑事责任的行为要比负行政责任的行为社会危害性更大； ②行为人是否承担刑事责任，只能由司法机关依照刑事诉讼程序决定； ③负刑事责任的责任主体常被处以刑罚

📝 考点 10 安全生产标准、宣传教育、科技进步与奖励

序号	项目	内容
1	安全生产标准	国务院有关部门应当按照保障安全生产的要求，依法及时制定有关的国家标准或者行业标准，并根据科技进步和经济发展适时修订。 生产经营单位必须执行依法制定的保障安全生产的国家标准或者行业标准。
2	安全生产宣传教育	各级人民政府及其有关部门应当采取多种形式，加强对有关安全生产的法律、法规和安全生产知识的宣传，增强全社会的安全生产意识
3	安全生产科技进步	国家鼓励和支持安全生产科学技术研究和安全生产先进技术的推广应用，提高安全生产水平
4	安全生产奖励	国家对在改善安全生产条件、防止生产安全事故、参加抢险救护等方面取得显著成绩的单位和个人，给予奖励

第三节 生产经营单位的安全生产保障

📝 考点 1 从事生产经营活动应当具备的安全生产条件

序号	项目	内容
1	生产经营单位是生产经营活动的基本单元	在中华人民共和国领域内从事生产经营活动的单位的安全生产，适用《安全生产法》。这里所称的生产经营单位，是指从事各类生产经营活动的基本单元，具体包括： （1）各类生产经营企业。 ①依法设立的生产经营企业。 ②从事生产经营活动的公司。 （2）合伙企业。 （3）个体工商户。 （4）其他生产经营单位。其他生产经营单位主要有： ①从事生产经营活动的事业单位。 ②安全生产专业服务机构。 ③安全生产社会团体

序号	项目	内容
2	法定安全生产基本条件	《安全生产法》第20条规定，生产经营单位应当具备本法和有关法律、行政法规和国家标准或者行业标准规定的安全生产条件；不具备安全生产条件的，不得从事生产经营活动。 　　对法定安全生产基本条件的界定，应当把握下列3点： 　　(1) 各类生产经营单位的安全条件千差万别，法律不宜也难以作出统一的规定，《安全生产法》仅是作出了原则性规定。 　　(2) 相关安全生产立法中规定的安全生产条件，也是生产经营单位必须遵循的行为规范。国家对矿山企业、建筑施工企业和危险化学品、烟花爆竹、民用爆炸物品生产企业（以下统称企业）实行安全生产许可制度。企业取得安全生产许可证，应当具备下列安全生产条件： ①建立健全安全生产责任制，制定完备的安全生产规章制度和操作规程； ②安全投入符合安全生产要求； ③设置安全生产管理机构，配备专职安全生产管理人员； ④主要负责人和安全生产管理人员经考核合格； ⑤特种作业人员经有关业务主管部门考核合格，取得特种作业操作资格证书； ⑥从业人员经安全生产教育和培训合格； ⑦依法参加工伤保险，为从业人员缴纳保险费； ⑧厂房、作业场所和安全设施、设备、工艺符合有关安全生产法律、法规、标准和规程的要求； ⑨有职业危害防治措施，并为从业人员配备符合国家标准或者行业标准的劳动防护用品； ⑩依法进行安全评价； ⑪有重大危险源检测、评估、监控措施和应急预案； ⑫有生产安全事故应急救援预案、应急救援组织或者应急救援人员，配备必要的应急救援器材、设备； ⑬法律、法规规定的其他条件。 　　(3) 安全生产条件是生产经营活动中始终都要具备，并需不断改进完善的

📝 考点2　生产经营单位主要负责人的安全生产职责

序号	项目		内容
1	建立健全并落实本单位全员安全生产责任制，加强安全生产标准化建设	主要负责人	生产经营单位主要负责人对本单位的安全生产全面负责，负责安全生产重大事项的决策并组织实施
		有关负责人	生产经营单位可以设置安全分管负责人，协助主要负责人对安全生产专职负责
		安全管理机构负责人及其安全管理人员	生产经营单位专设或者指定的负责安全管理机构的负责人、安全管理人员，应当按照分工，负责日常安全管理工作
		班组长	(1) 班组长是生产经营作业的直接执行者，负责一线安全生产管理，责任重大。 (2) 班组长应当检查、督促从业人员遵守安全生产规章制度和操作规程，遵守劳动纪律，不违章指挥、不强令工人冒险作业，对本班组的安全生产负责
		岗位职工	从业人员在作业过程中，应当严格落实岗位安全责任，遵守本单位的安全生产规章制度和操作规程，服从管理，正确佩戴和使用劳动防护用品

续表

序号	项目	内容
2	组织制定并实施本单位安全生产规章制度和操作规程	建章立制是生产经营单位搞好安全生产，实现科学管理的重要手段
3	组织制定并实施本单位安全生产教育和培训计划	（1）具有高安全素质和技能的从业人员，是保证生产经营活动安全进行的前提。 （2）生产经营单位的安全生产教育和培训计划是根据本单位安全生产状况、岗位特点、人员结构制定，有针对性地规定单位负责人、职能部门负责人、车间主任、班组长、安全生产管理人员、特种作业人员以及其他从业人员的安全生产教育和培训的统筹安排，包括经费保障、教育培训内容以及组织实施措施等内容。 （3）安全生产教育和培训计划是提高从业人员安全素质和安全操作技能的重要保障
4	保证本单位安全生产投入的有效实施	法律规定生产经营单位主要负责人保证安全生产投入的有效实施： （1）要求生产经营单位主要负责人必须支持必要的安全生产投入，不得拒绝投入或者减少投入； （2）要求生产经营单位主要负责人对列入预算的安全资金必须管好用好，不得不用、少用或者挪用； （3）要求生产经营单位主要负责人必须检查、监督安全生产投入的使用情况和使用效果，达到保障安全生产的预期效果
5	组织建立并落实安全风险分级管控和隐患排查治理双重预防工作机制，督促、检查本单位的安全生产工作，及时消除生产安全事故隐患	生产经营单位主要负责人作为生产经营活动的组织指挥者，对本单位安全生产工作负有领导责任，应组织建立并落实安全生产风险分级管控和隐患排查治理双重预防工作机制，并经常性地对本单位的安全生产工作进行督促、检查，对检查中发现的问题及时解决，对存在的生产安全事故隐患及时予以排除
6	组织制定并实施本单位的生产安全事故应急救援预案	依照法律的规定，生产经营单位必须事先制定并落实生产安全事故应急救援预案，而其组织制定并组织实施的职责应由生产经营单位主要负责人履行
7	及时、如实报告生产安全事故	如果故意不报告或者隐瞒事故的人员伤亡和财产损失，或者报告虚假情况的，要追究发生事故的生产经营单位主要负责人的法律责任

考点3 安全生产资金投入的规定

序号	项目	内容
1	生产经营单位安全投入的标准	生产经营单位应当具备的安全生产条件所必需的资金投入，由生产经营单位的决策机构、主要负责人或者个人经营的投资人予以保证，并对由于安全生产所必需的资金投入不足导致的后果承担责任
2	安全投入的决策和保障	（1）按照公司法成立的股份制公司、有限责任公司，由其决策机构董事会或者股东会决定安全投入的资金。 （2）非公司制生产经营单位，由其主要负责人决定安全投入的资金。 （3）个人投资并由他人管理的生产经营单位，由其投资人即股东决定安全投入的资金

序号	项目	内容
3	安全投入不足的法律责任	《安全生产法》规定，生产经营单位的决策机构、主要负责人或者个人经营的投资人不依照本法规定保证安全生产所必需的资金投入，致使生产经营单位不具备安全生产条件的，责令限期改正，提供必需的资金；逾期未改正的，责令生产经营单位停产停业整顿。 有前款违法行为，导致发生生产安全事故的，对生产经营单位的主要负责人给予撤职处分，对个人经营的投资人处二万元以上二十万元以下的罚款；构成犯罪的，依照刑法有关规定追究刑事责任
4	高危生产经营单位安全投入的提取标准及使用	有关生产经营单位应当按照规定提取和使用安全生产费用，专门用于改善安全生产条件。安全生产费用在成本中据实列支。安全生产费用提取、使用和监督管理的具体办法由国务院财政部门会同国务院应急管理部门征求国务院有关部门意见后制定

考点 4　安全生产管理机构和安全生产管理人员的配置和职责

序号	项目	内容
1	配置	《安全生产法》第 24 条规定，矿山、金属冶炼、建筑施工、运输单位和危险物品的生产、经营、储存、装卸单位，应当设置安全生产管理机构或者配备专职安全生产管理人员。 前款规定以外的其他生产经营单位，从业人员超过 100 人的应当设置安全生产管理机构或者配备专职安全生产管理人员，从业人员在 100 人以下的应当配备专职或者兼职的安全生产管理人员
2	职责	《安全生产法》第 25 条规定，生产经营单位的安全生产管理机构以及安全生产管理人员履行下列职责： （1）组织或者参与拟订本单位安全生产规章制度、操作规程和生产安全事故应急救援预案； （2）组织或者参与本单位安全生产教育和培训，如实记录安全生产教育和培训情况； （3）组织开展危险源辨识和评估，督促落实本单位重大危险源的安全管理措施； （4）组织或者参与本单位应急救援演练； （5）检查本单位的安全生产状况，及时排查生产安全事故隐患，提出改进安全生产管理的建议； （6）制止和纠正违章指挥、强令冒险作业、违反操作规程的行为； （7）督促落实本单位安全生产整改措施。 生产经营单位可以设置专职安全生产分管负责人，协助本单位主要负责人履行安全生产管理职责

考点 5　生产经营单位主要负责人、安全生产管理人员考核合格与注册安全工程师的规定

序号	项目	内容
1	生产经营单位主要负责人、安全生产管理人员考核合格	（1）生产经营单位的主要负责人和安全生产管理人员必须具备与本单位所从事的生产经营活动相应的安全生产知识和管理能力。 （2）危险物品的生产、经营、储存、装卸单位以及矿山、金属冶炼、建筑施工、运输单位的主要负责人和安全生产管理人员，应当由主管的负有安全生产监督管理职责的部门对其安全生产知识和管理能力考核合格

续表

序号	项目	内容
2	注册安全工程师的规定	（1）危险物品的生产、储存、装卸单位以及矿山、金属冶炼单位应当有注册安全工程师从事安全生产管理工作。 （2）鼓励其他生产经营单位聘用注册安全工程师从事安全生产管理工作。 （3）注册安全工程师按专业分类管理，具体办法由国务院人力资源和社会保障部门、国务院应急管理部门会同国务院有关部门制定

考点6 从业人员安全生产教育和培训的规定

序号	项目	内容
1	从业人员	（1）生产经营单位应当对从业人员进行安全生产教育和培训，保证从业人员具备必要的安全生产知识，熟悉有关的安全生产规章制度和安全操作规程，掌握本岗位的安全操作技能，了解事故应急处理措施，知悉自身在安全生产方面的权利和义务。 （2）未经安全生产教育和培训合格的从业人员，不得上岗作业
2	劳务派遣	（1）生产经营单位使用被派遣劳动者的，应当将被派遣劳动者纳入本单位从业人员统一管理，对被派遣劳动者进行岗位安全操作规程和安全操作技能的教育和培训。 （2）劳务派遣单位应当对被派遣劳动者进行必要的安全生产教育和培训
3	接收实习生	（1）生产经营单位接收中等职业学校、高等学校学生实习的，应当对实习学生进行相应的安全生产教育和培训，提供必要的劳动防护用品。 （2）学校应当协助生产经营单位对实习学生进行安全生产教育和培训
4	档案管理	生产经营单位应当建立安全生产教育和培训档案，如实记录安全生产教育和培训的时间、内容、参加人员以及考核结果等情况
5	新工艺、新技术、新材料	生产经营单位采用新工艺、新技术、新材料或者使用新设备，必须了解、掌握其安全技术特性，采取有效的安全防护措施，并对从业人员进行专门的安全生产教育和培训

考点7 特种作业人员的资格和范围

序号	项目	内容
1	资格	生产经营单位的特种作业人员必须按照国家有关规定经专门的安全作业培训，取得相应资格，方可上岗作业
2	范围	（1）特种作业人员的范围由国务院应急管理部门会同国务院有关部门确定。 （2）特种作业大致包括： ①电工作业。 ②焊接与热切割作业。 ③高处作业。 ④制冷与空调作业。 ⑤煤矿安全作业。 ⑥金属非金属矿山安全作业。 ⑦石油天然气安全作业。 ⑧冶金（有色）生产安全作业。 ⑨危险化学品安全作业。 ⑩烟花爆竹安全作业。 ⑪国务院有关主管部门确定的其他特种作业

📝 **考点8　建设项目安全设施"三同时"和安全评价的规定**

序号	项目	内容
1	建设项目安全设施"三同时"	（1）生产经营单位新建、改建、扩建工程项目（以下统称建设项目）的安全设施，必须与主体工程同时设计、同时施工、同时投入生产和使用。 （2）安全设施投资应当纳入建设项目概算
2	安全评价	（1）矿山、金属冶炼建设项目和用于生产、储存、装卸危险物品的建设项目，应当按照国家有关规定进行安全评价。 （2）这里讲的建设项目的安全评价，主要是指在建设项目的可行性研究阶段的安全预评价，即根据建设项目可行性研究阶段报告的内容，运用科学的评价方法，分析和预测该建设项目存在的危险、危害因素的种类和危险、危害程度，提出合理可行的安全技术和管理对策，作为该建设项目初步设计中安全设计和建设项目安全管理、监察的重要依据。 （3）安全评价一般由生产经营单位委托取得相应资质的为安全生产提供技术服务的机构承担

📝 **考点9　建设项目安全设施设计、审查、施工和竣工验收的规定**

序号	项目	内容
1	设计	建设项目安全设施的设计人、设计单位应当对安全设施设计负责
2	审查	矿山、金属冶炼建设项目和用于生产、储存、装卸危险物品的建设项目的安全设施设计应当按照国家有关规定报经有关部门审查，审查部门及其负责审查的人员对审查结果负责
3	施工	矿山、金属冶炼建设项目和用于生产、储存、装卸危险物品的建设项目的施工单位必须按照批准的安全设施设计施工，并对安全设施的工程质量负责
4	竣工验收	矿山、金属冶炼建设项目和用于生产、储存、装卸危险物品的建设项目竣工投入生产或者使用前，应当由建设单位负责组织对安全设施进行验收；验收合格后，方可投入生产和使用。负有安全生产监督管理职责的部门应当加强对建设单位验收活动和验收结果的监督核查

📝 **考点10　安全警示标志、设备达标和管理的规定**

序号	项目	内容
1	安全警示标志	生产经营单位应当在有较大危险因素的生产经营场所和有关设施、设备上，设置明显的安全警示标志。 我国目前常用的安全警示标志，根据其含义，可分为4大类： （1）禁止标志，即圆形内画一斜杠，并用红色描绘成较粗的圆环和斜杠，表示"禁止"或"不允许"的含义。 （2）警告标志，即"△"，三角的背景用黄色，三角图形和三角内的图像均用黑色描绘，警告人们注意可能发生的各种危险。 （3）指令标志，即"○"，在圆形内配上指令含义的颜色——蓝色，并用白色描绘必须履行的图形符号，构成"指令标志"，要求到这个地方的人必须遵守。 （4）提示标志，以绿色为背景的长方几何图形，配以白色的文字和图形符号，并标明目标的方向，即构成提示标志

序号	项目	内容
2	达标	安全设备的设计、制造、安装、使用、检测、维修、改造和报废，应当符合国家标准或者行业标准
3	维护	（1）生产经营单位必须对安全设备进行经常性维护、保养，并定期检测，保证正常运转。维护、保养、检测应当作好记录，并由有关人员签字。 （2）生产经营单位不得关闭、破坏直接关系生产安全的监控、报警、防护、救生设备、设施，或者篡改、隐瞒、销毁其相关数据、信息

考点 11　特种设备的规定

序号	项目	内容
1	法律依据	（1）《安全生产法》规定，生产经营单位使用的危险物品的容器、运输工具，以及涉及人身安全、危险性较大的海洋石油开采特种设备和矿山井下特种设备，必须按照国家有关规定，由专业生产单位生产，并经具有专业资质的检测、检验机构检测、检验合格，取得安全使用证或者安全标志，方可投入使用。检测、检验机构对检测、检验结果负责。 （2）《特种设备安全法》规定，特种设备的生产（包括设计、制造、安装、改造、修理）、经营、使用、检验、检测和特种设备安全的监督管理，适用本法。 （3）《特种设备安全法》所称特种设备，是指对人身和财产安全有较大危险性的锅炉、压力容器（含气瓶）、压力管道、电梯、起重机械、客运索道、大型游乐设施、场（厂）内专用机动车辆，以及法律、行政法规规定适用本法的其他特种设备。 （4）铁路机车、海上设施和船舶、矿山井下使用的特种设备以及民用机场专用设备安全的监督管理，房屋建筑工地、市政工程工地用起重机械和场（厂）内专用机动车辆的安装、使用的监督管理，由有关部门依照《特种设备安全法》和其他有关法律的规定实施
2	注意事项	对海洋石油开采特种设备、矿山井下特种设备的检测、检验和生产，把握以下三点： （1）必须按照国家有关规定，由专业生产单位生产。 （2）必须经取得专业资质的检测、检验机构检测、检验合格，取得安全使用证或者安全标志，方可投入使用。 （3）检测、检验机构对检测、检验结果负责

考点 12　危及生产安全的工艺、设备淘汰的规定

（1）国家对严重危及生产安全的工艺、设备实行淘汰制度，具体目录由国务院应急管理部门会同国务院有关部门制定并公布。法律、行政法规对目录的制定另有规定的，适用其规定。

（2）省、自治区、直辖市人民政府可以根据本地区实际情况制定并公布具体目录，对前款规定以外的危及生产安全的工艺、设备予以淘汰。

（3）生产经营单位不得使用应当淘汰的危及生产安全的工艺、设备。

📖 考点 13   危险物品与重大危险源管理的规定

序号	项目	内容
1	危险物品管理的规定	（1）生产、经营、运输、储存、使用危险物品或者处置废弃危险物品，由有关主管部门依照有关法律、法规的规定和国家标准或者行业标准审批并实施监督管理。 （2）生产经营单位生产、经营、运输、储存、使用危险物品或者处置废弃危险物品，必须执行有关法律、法规和国家标准或者行业标准，建立专门的安全管理制度，采取可靠的安全措施，接受有关主管部门依法实施监督管理
2	重大危险源管理的规定	（1）生产经营单位对重大危险源应当登记建档，进行定期检测、评估、监控，并制定应急预案，告知从业人员和相关人员在紧急情况下应当采取应急措施。 （2）生产经营单位应当按照国家有关规定将本单位重大危险源及有关安全措施、应急措施报有关地方人民政府应急管理部门和有关部门备案。有关地方人民政府应急管理部门和有关部门应当通过相关信息系统实现信息共享

📖 考点 14   关于风险分级管控和事故隐患排查治理的规定

（1）生产经营单位应当建立安全风险分级管控制度，按照安全风险分级采取相应的管控措施。

（2）生产经营单位应当建立健全并落实生产安全事故隐患排查治理制度，采取技术、管理措施，及时发现并消除事故隐患。事故隐患排查治理情况应当如实记录，并通过职工大会或者职工代表大会、信息公示栏等方式向从业人员通报。其中，重大事故隐患排查治理情况应当及时向负有安全生产监督管理职责的部门和职工大会或者职工代表大会报告。

（3）县级以上地方各级人民政府负有安全生产监督管理职责的部门应当将重大事故隐患纳入相关信息系统，建立健全重大事故隐患治理督办制度，督促生产经营单位消除重大事故隐患。

注意事项：

（1）生产经营单位是事故隐患排查治理的责任主体。

（2）事故隐患排除治理情况通报。

（3）重大事故隐患"双报告"。

（4）负有安全生产监督管理职责的部门是事故排查治理的监管主体。负有安全生产监督管理职责的部门应当加强重大事故隐患治理过程中的监督检查，发现问题及时督促整改。对于迟迟未消除重大事故隐患的生产经营单位，应当依法责令其停产整顿，直至提请县级以上人民政府予以关闭。

📖 考点 15   生产设施、场所安全距离和紧急疏散的规定

《安全生产法》第 42 条规定，生产、经营、储存、使用危险物品的车间、商店、仓库不得与员工宿舍在同一座建筑物内，并应当与员工宿舍保持安全距离。

生产经营场所和员工宿舍应当设有符合紧急疏散要求、标志明显、保持畅通的出口、

疏散通道。禁止占用、锁闭、封堵生产经营场所或者员工宿舍的出口、疏散通道。

考点 16 爆破、吊装、动火、临时用电等危险作业现场安全管理与从业人员安全管理的规定

（1）《安全生产法》第 43 条规定，生产经营单位进行爆破、吊装、动火、临时用电以及国务院应急管理部门会同国务院有关部门规定的其他危险作业，应当安排专门人员进行现场安全管理，确保操作规程的遵守和安全措施的落实。

（2）《安全生产法》第 44 条规定，生产经营单位应当教育和督促从业人员严格执行本单位的安全生产规章制度和安全操作规程，并向从业人员如实告知作业场所和工作岗位存在的危险因素、防范措施以及事故应急措施。

考点 17 劳动防护用品的规定与交叉作业安全管理

序号	项目	内容
1	劳动防护用品的提供	生产经营单位必须为从业人员提供符合国家标准或者行业标准的劳动防护用品，并监督、教育从业人员按照使用规则佩戴、使用。 生产经营单位必须为从业人员提供符合国家标准或者行业标准的劳动防护用品，不得以货币或其他物品替代劳动防护用品
2	劳动防护用品的经费	生产经营单位应当安排用于配备劳动防护用品、进行安全生产培训的经费
3	交叉作业	两个以上生产经营单位在同一作业区域内进行生产经营活动，可能危及对方生产安全的，应当签订安全生产管理协议，明确各自的安全生产管理职责和应当采取的安全措施，并指定专职安全生产管理人员进行安全检查与协调

考点 18 生产经营项目、场所、设备发包或者出租的安全管理

序号	项目	内容
1	禁止性规定	（1）生产经营单位不得将生产经营项目、场所、设备发包或者出租给不具备安全生产条件或者相应资质的单位或者个人。 （2）矿山、金属冶炼建设项目和用于生产、储存、装卸危险物品的建设项目的施工单位应当加强对施工项目的安全管理，不得倒卖、出租、出借、挂靠或者以其他形式非法转让施工资质，不得将其承包的全部建设工程转包给第三人或者将其承包的全部建设工程肢解以后以分包的名义分别转包给第三人，不得将工程分包给不具备相应资质条件的单位
2	协调管理	生产经营项目、场所发包或者出租给其他单位的，生产经营单位应当与承包单位、承租单位签订专门的安全生产管理协议，或者在承包合同、租赁合同中约定各自的安全生产管理职责；生产经营单位对承包单位、承租单位的安全生产工作统一协调、管理，定期进行安全检查，发现安全问题的，应当及时督促整改

📝 考点 19　发生生产安全事故时生产经营单位主要负责人的职责

序号	项目	内容
1	报告	及时、如实报告生产安全事故
2	组织抢救	生产经营单位发生生产安全事故时，单位的主要负责人应当立即组织抢救，并不得在事故调查处理期间擅离职守。 生产经营单位主要负责人应当立即组织抢救，尽量减少人员伤亡和财产损失，防止事故扩大。必须坚守岗位、积极配合事故调查，不得在事故调查处理期间擅离职守

📝 考点 20　工伤保险与安全生产责任保险的规定

序号	项目		内容
1	工伤保险	法律规定	《安全生产法》第 51 条规定，生产经营单位必须依法参加工伤保险，为从业人员缴纳保险费。 《安全生产法》第 52 条规定，生产经营单位与从业人员订立的劳动合同，应当载明有关保障从业人员劳动安全、防止职业危害的事项，以及依法为从业人员办理工伤保险的事项。 生产经营单位不得以任何形式与从业人员订立协议，免除或者减轻其对从业人员因生产安全事故伤亡依法应承担的责任
		总结	（1）保障从业人员的人身安全，是生产经营单位义不容辞的责任。 （2）工伤保险是人身保障的经济基础。 （3）民事赔偿是工伤保险的必要补充。 （4）工伤保险与民事赔偿相互补充，不可替代
2	安全生产责任保险		《安全生产法》第 51 条规定，国家鼓励生产经营单位投保安全生产责任保险；属于国家规定的高危行业、领域的生产经营单位，应当投保安全生产责任保险。具体范围和实施办法由国务院应急管理部门会同国务院财政部门、国务院保险监督管理机构和相关行业主管部门制定

第四节　从业人员的安全生产权利和义务

📝 考点 1　从业人员的人身保障权利

序号	项目	内容
1	获得安全保障、工伤保险和民事赔偿的权利	（1）《安全生产法》第 52 条规定，生产经营单位与从业人员订立的劳动合同，应当载明有关保障从业人员劳动安全、防止职业危害的事项，以及依法为从业人员办理工伤保险的事项。 生产经营单位不得以任何形式与从业人员订立协议，免除或者减轻其对从业人员因生产安全事故伤亡依法应承担的责任。 （2）《安全生产法》第 56 条规定，生产经营单位发生生产安全事故后，应当及时采取措施救治有关人员。 因生产安全事故受到损害的从业人员，除依法享有工伤保险外，依照有关民事法律尚有获得赔偿的权利的，有权提出赔偿要求

续表

序号	项目	内容
2	得知危险因素、防范措施和事故应急措施的权利	《安全生产法》第53条规定，生产经营单位的从业人员有权了解其作业场所和工作岗位存在的危险因素、防范措施及事故应急措施
3	对本单位安全生产的批评、检举和控告的权利	（1）从业人员有权对本单位的安全生产工作提出建议。 （2）从业人员有权对本单位安全生产工作中存在的问题提出批评、检举、控告
4	拒绝违章指挥和强令冒险作业的权利	《安全生产法》第54条规定，从业人员有权拒绝违章指挥和强令冒险作业。生产经营单位不得因从业人员对本单位安全生产工作提出批评、检举、控告或者拒绝违章指挥、强令冒险作业而降低其工资、福利等待遇或者解除与其订立的劳动合同
5	紧急情况下的停止作业和紧急撤离的权利	《安全生产法》第55条规定，从业人员发现直接危及人身安全的紧急情况时，有权停止作业或者在采取可能的应急措施后撤离作业场所。生产经营单位不得因从业人员在前款紧急情况下停止作业或者采取紧急撤离措施而降低其工资、福利等待遇或者解除与其订立的劳动合同。 从业人员在行使这项权利的时候，必须明确四点： （1）危及从业人员人身安全的紧急情况必须有确实可靠的直接根据，凭借个人猜测或者误判而实际并不属于危及人身安全的紧急情况除外，该项权利不能被滥用。 （2）紧急情况必须直接危及人身安全，间接危及人身安全的情况不应撤离，而应采取有效的处理措施。 （3）出现危及人身安全的紧急情况时，首先是停止作业，然后要采取可能的应急措施；采取应急措施无效时，再撤离作业场所。 （4）该项权利不适用于某些从事特殊职业的从业人员，比如飞行人员、船舶驾驶人员、车辆驾驶人员等，根据有关法律、国际公约和职业惯例，在发生危及人身安全的紧急情况下，他们不能或者不能先行撤离从业场所或者岗位

考点2　从业人员的安全生产义务

序号	项目	内容
1	落实岗位安全责任的义务	《安全生产法》第57条规定，从业人员在作业过程中，应当严格落实岗位安全责任，遵守本单位的安全生产规章制度和操作规程，服从管理，正确佩戴和使用劳动防护用品
2	遵章守规、服从管理的义务	
3	正确佩戴和使用劳动防护用品的义务	
4	接受安全培训，掌握安全生产技能的义务	《安全生产法》第58条规定，从业人员应当接受安全生产教育和培训，掌握本职工作所需的安全生产知识，提高安全生产技能，增强事故预防和应急处理能力
5	发现事故隐患或者其他不安全因素及时报告的义务	《安全生产法》第59条规定，从业人员发现事故隐患或者其他不安全因素，应当立即向现场安全生产管理人员或者本单位负责人报告；接到报告的人员应当及时予以处理

📝 **考点3　被派遣劳动者的权利和义务**

序号	项目	内容
1	劳务派遣人员	劳务派遣人员是指与劳务派遣单位订立劳动合同，并被派遣到接受以劳务派遣形式用工的生产经营单位的人员
2	劳动合同	生产经营单位与从业人员订立的劳动合同，应当载明有关保障从业人员劳动安全、防止职业危害的事项，以及依法为从业人员办理工伤保险的事项
3	权利和义务	生产经营单位使用被派遣劳动者的，被派遣劳动者享有《安全生产法》规定的从业人员的权利，并应当履行《安全生产法》规定的从业人员的义务。 劳务派遣人员与生产经营单位的从业人员一样，享有从业人员的安全生产知情权等权利，同时履行相应的义务

第五节　安全生产的监督管理

📝 **考点1　负有安全生产监督管理职责的部门的行政许可职责**

一、负有安全生产监督管理职责的部门

《安全生产法》第10条规定，国务院应急管理部门依照本法，对全国安全生产工作实施综合监督管理；县级以上地方各级人民政府应急管理部门依照本法，对本行政区域内安全生产工作实施综合监督管理。

应急管理部门和对有关行业、领域的安全生产工作实施监督管理的部门，统称负有安全生产监督管理职责的部门。负有安全生产监督管理职责的部门应当相互配合、齐抓共管、信息共享、资源共用，依法加强安全生产监督管理工作。

二、负有安全生产监督管理职责的部门的行政许可职责

序号	项目		内容
1	分类分级监督管理		《安全生产法》第62条规定，县级以上地方各级人民政府应当根据本行政区域内的安全生产状况，组织有关部门按照职责分工，对本行政区域内容易发生重大生产安全事故的生产经营单位进行严格检查。 应急管理部门应当按照分类分级监督管理的要求，制定安全生产年度监督检查计划，并按照年度监督检查计划进行监督检查，发现事故隐患，应当及时处理
2	行政许可	规范行政许可行为	《安全生产法》第63条规定，负有安全生产监督管理职责的部门依照有关法律、法规的规定，对涉及安全生产的事项需要审查批准（包括批准、核准、许可、注册、认证、颁发证照等，下同）或者验收的，必须严格依照有关法律、法规和国家标准或者行业标准规定的安全生产条件和程序进行审查；不符合有关法律、法规和国家标准或者行业标准规定的安全生产条件的，不得批准或者验收通过。 对未依法取得批准或者验收合格的单位擅自从事有关活动的，负责行政审批的部门发现或者接到举报后应当立即予以取缔，并依法予以处理。 对已经依法取得批准的单位，负责行政审批的部门发现其不再具备安全生产条件的，应当撤销原批准

续表

序号	项目		内容
2	行政许可	特别规定	《安全生产法》第64条规定，负有安全生产监督管理职责的部门对涉及安全生产的事项进行审查、验收，不得收取费用；不得要求接受审查、验收的单位购买其指定品牌或者指定生产、销售单位的安全设备、器材或者其他产品

考点2　负有安全生产监督管理职责的部门依法监督检查时行使的职权

序号	项目	内容
1	现场检查权	进入生产经营单位进行检查，调阅有关资料，向有关单位和人员了解情况
2	当场处理权	对检查中发现的安全生产违法行为，当场予以纠正或者要求限期改正；对依法应当给予行政处罚的行为，依照《安全生产法》和其他有关法律、行政法规的规定作出行政处罚决定。 现场检查发现违法行为时，有两种情况应当分别处理： （1）不需要给予行政处罚的违法行为，有权当场纠正或者限期改正。 （2）对比较严重、应当给予行政处罚的违法行为，依法作出行政处罚决定。 除了法定当场实施处罚的少数轻微违法行为外，行政处罚通常不能当场作出决定
3	紧急处置权	对检查中发现的事故隐患，应当责令立即排除；重大事故隐患排除前或者排除过程中无法保证安全的，应当责令从危险区域内撤出作业人员，责令暂时停产停业或者停止使用相关设施、设备；重大事故隐患排除后，经审查同意，方可恢复生产经营和使用
4	查封扣押权	对有根据认为不符合保障安全生产的国家标准或者行业标准的设施、设备、器材以及违法生产、储存、使用、经营、运输的危险物品予以查封或者扣押，对违法生产、储存、使用、经营危险物品的作业场所予以查封，并依法作出处理决定。 这里讲的依法，是指依照《行政强制法》的有关规定。依照《行政强制法》第25条规定的期限和第27条规定的方式作出处理：对违法事实清楚、依法应当没收的非法财物予以没收；法律、行政法规规定应当销毁的，依法销毁；应当解除查封、扣押的，作出解除查封、扣押的决定

考点3　安全生产监督检查的要求

序号	项目	内容
1	执法行为的要求	《安全生产法》第67条规定，安全生产监督检查人员应当忠于职守，坚持原则，秉公执法。安全生产监督检查人员执行监督检查任务时，必须出示有效的行政执法证件；对涉及被检查单位的技术秘密和业务秘密，应当为其保密。 根据法律规定，安全生产监督检查在执法中应当达到下列要求： （1）坚持履行安全生产监督检查人员监管执法的行为准则，立党为公、执政为民，忠实于法律。不玩忽职守，不徇私情，不贪赃枉法。 （2）严格按照程序履行职责，规范执法，持证执法，保守秘密。 （3）监督检查不得影响被检查单位的正常生产经营活动
2	执法质量的要求	《安全生产法》第68条规定，安全生产监督检查人员应当将检查的时间、地点、内容、发现的问题及其处理情况，作出书面记录，并由检查人员和被检查单位的负责人签字；被检查单位的负责人拒绝签字的，检查人员应当将情况记录在案，并向负有安全生产监督管理职责的部门报告

序号	项目	内容
3	相互配合的要求	《安全生产法》第10条规定，国务院应急管理部门依照本法，对全国安全生产工作实施综合监督管理；县级以上地方各级人民政府应急管理部门依照本法，对本行政区域内安全生产工作实施综合监督管理。 国务院交通运输、住房和城乡建设、水利、民航等有关部门依照本法和其他有关法律、行政法规的规定，在各自的职责范围内对有关行业、领域的安全生产工作实施监督管理；县级以上地方各级人民政府有关部门依照本法和其他有关法律、法规的规定，在各自的职责范围内对有关行业、领域的安全生产工作实施监督管理。对新兴行业、领域的安全生产监督管理职责不明确的，由县级以上地方各级人民政府按照业务相近的原则确定监督管理部门。 负有安全生产监督管理职责的部门应当相互配合、齐抓共管、信息共享、资源共用，依法加强安全生产监督管理工作。 《安全生产法》第69条规定，负有安全生产监督管理职责的部门在监督检查中，应当互相配合，实行联合检查；确需分别进行检查的，应当互通情况，发现存在的安全问题应当由其他有关部门进行处理的，应当及时移送其他有关部门并形成记录备查，接受移送的部门应当及时进行处理

考点4　配合监督检查与拒不执行执法决定的规定

序号	项目	内容
1	配合监督检查	《安全生产法》第66条规定，生产经营单位对负有安全生产监督管理职责的部门的监督检查人员（以下统称安全生产监督检查人员）依法履行监督检查职责，应当予以配合，不得拒绝、阻挠
2	对拒不执行执法决定实施停电停供民用爆炸物品措施的规定	《安全生产法》第70条规定，负有安全生产监督管理职责的部门依法对存在重大事故隐患的生产经营单位作出停产停业、停止施工、停止使用相关设施或者设备的决定，生产经营单位应当依法执行，及时消除事故隐患。生产经营单位拒不执行，有发生生产安全事故的现实危险的，在保证安全的前提下，经本部门主要负责人批准，负有安全生产监督管理职责的部门可以采取通知有关单位停止供电、停止供应民用爆炸物品等措施，强制生产经营单位履行决定。通知应当采用书面形式，有关单位应当予以配合。 负有安全生产监督管理职责的部门依照前款规定采取停止供电措施，除有危及生产安全的紧急情形外，应当提前24小时通知生产经营单位。生产经营单位依法履行行政决定、采取相应措施消除事故隐患的，负有安全生产监督管理职责的部门应当及时解除前款规定的措施

考点5　行政监察与安全生产中介机构的监督管理

序号	项目	内容
1	行政监察机关的职责	《安全生产法》第71条规定，监察机关依照监察法的规定，对负有安全生产监督管理职责的部门及其工作人员履行安全生产监督管理职责实施监察
2	安全生产中介机构的监督管理	《安全生产法》第72条规定，承担安全评价、认证、检测、检验职责的机构应当具备国家规定的资质条件，并对其作出的安全评价、认证、检测、检验结果的合法性、真实性负责。资质条件由国务院应急管理部门会同国务院有关部门制定。 承担安全评价、认证、检测、检验职责的机构应当建立并实施服务公开和报告公开制度，不得租借资质、挂靠、出具虚假报告。 该处的"负责"有如下几方面的理解：

序号	项目	内容
2	安全生产中介机构的监督管理	（1）专业机构必须独立对自己所从事的中介服务的结果的合法性、真实性负责。 （2）专业机构对其违法从事安全评价、认证、检测、检验业务所造成的后果，应当承担相应的法律责任。 （3）要依法追究安全专业机构及其有关人员违法行为的法律责任

考点6　安全生产违法行为举报的规定

序号	项目	内容
1	受理	《安全生产法》第73条规定，负有安全生产监督管理职责的部门应当建立举报制度，公开举报电话、信箱或者电子邮件地址等网络举报平台，受理有关安全生产的举报；受理的举报事项经调查核实后，应当形成书面材料；需要落实整改措施的，报经有关负责人签字并督促落实。对不属于本部门职责，需要由其他有关部门进行调查处理的，转交其他有关部门处理。 涉及人员死亡的举报事项，应当由县级以上人民政府组织核查处理
2	社会举报	《安全生产法》第74条规定，任何单位或者个人对事故隐患或者安全生产违法行为，均有权向负有安全生产监督管理职责的部门报告或者举报。 因安全生产违法行为造成重大事故隐患或者导致重大事故，致使国家利益或者社会公共利益受到侵害的，人民检察院可以根据民事诉讼法、行政诉讼法的相关规定提起公益诉讼
3	奖励	《安全生产法》第76条规定，县级以上各级人民政府及其有关部门对报告重大事故隐患或者举报安全生产违法行为的有功人员，给予奖励。具体奖励办法由国务院应急管理部门会同国务院财政部门制定

考点7　安全生产社会监督、舆论监督与向社会公告的规定

序号	项目	内容
1	社会监督	《安全生产法》第75条规定，居民委员会、村民委员会发现其所在区域内的生产经营单位存在事故隐患或者安全生产违法行为时，应当向当地人民政府或者有关部门报告
2	舆论监督	《安全生产法》第77条规定，新闻、出版、广播、电影、电视等单位有进行安全生产公益宣传教育的义务，有对违反安全生产法律、法规的行为进行舆论监督的权利
3	对存在严重违法行为的生产经营单位向社会公告	《安全生产法》第78条规定，负有安全生产监督管理职责的部门应当建立安全生产违法行为信息库，如实记录生产经营单位及其有关从业人员的安全生产违法行为信息；对违法行为情节严重的生产经营单位及其有关从业人员，应当及时向社会公告，并通报行业主管部门、投资主管部门、自然资源主管部门、生态环境主管部门、证券监督管理机构以及有关金融机构。有关部门和机构应当对存在失信行为的生产经营单位及其有关从业人员采取加大执法检查频次、暂停项目审批、上调有关保险费率、行业或者职业禁入等联合惩戒措施，并向社会公示。 负有安全生产监督管理职责的部门应当加强对生产经营单位行政处罚信息的及时归集、共享、应用和公开，对生产经营单位作出处罚决定后7个工作日内在监督管理部门公示系统予以公开曝光，强化对违法失信生产经营单位及其有关从业人员的社会监督，提高全社会安全生产诚信水平

第六节　生产安全事故的应急救援与调查处理

考点1　国家应急能力建设、地方政府应急救援与生产经营单位的应急预案

序号	项目	内容
1	国家应急能力建设	加强生产安全事故应急救援能力建设，是保障应急救援工作开展，减少事故伤亡的重要手段。 　　《安全生产法》第79条规定，国家加强生产安全事故应急能力建设，在重点行业、领域建立应急救援基地和应急救援队伍，并由国家安全生产应急救援机构统一协调指挥；鼓励生产经营单位和其他社会力量建立应急救援队伍，配备相应的应急救援装备和物资，提高应急救援的专业化水平。 　　（1）建立全国统一的生产安全事故应急救援信息系统，及时调动应急救援资源，对应急救援的有效开展具有重要意义。 　　（2）为了便于资源和信息共享，按照应急工作统一领导、综合协调、分类管理、分级负责的原则，有必要建立全国统一的生产安全事故应急救援信息系统。 　　（3）《安全生产法》第79条规定，国务院应急管理部门牵头建立全国统一的生产安全事故应急救援信息系统，国务院交通运输、住房和城乡建设、水利、民航等有关部门和县级以上地方人民政府建立健全相关行业、领域、地区的生产安全事故应急救援信息系统，实现互联互通、信息共享，通过推行网上安全信息采集、安全监管和监测预警，提升监管的精准化、智能化水平。 　　（4）《突发事件应对法》第37条规定，国务院建立全国统一的突发事件信息系统
2	地方政府应急救援工作的职责	《安全生产法》第80条规定，县级以上地方各级人民政府应当组织有关部门制定本行政区域内生产安全事故应急救援预案，建立应急救援体系。 　　乡镇人民政府和街道办事处，以及开发区、工业园区、港区、风景区等应当制定相应的生产安全事故应急救援预案，协助人民政府有关部门或者按照授权依法履行生产安全事故应急救援工作职责
3	生产经营单位应急预案	（1）《安全生产法》第81条规定，生产经营单位应当制定本单位生产安全事故应急救援预案，与所在地县级以上地方人民政府组织制定的生产安全事故应急救援预案相衔接，并定期组织演练。 　　（2）综合应急预案从总体上规定事故的应急工作原则和程序，包括应急组织机构及职责、应急预案体系、事故风险描述、预警及信息报告、应急响应、保障措施、应急预案管理等内容。 　　（3）专项应急预案应当包括某一事故类型或者重要设施、重大危险源存在的风险分析、应急指挥机构及职责、处置程序和措施等内容。 　　（4）现场处置方案包括风险分析、应急指挥人员职责、处置程序和措施等内容

考点2　高危生产经营单位应急救援组织及装备、器材的规定

　　《安全生产法》第82条规定，危险物品的生产、经营、储存单位以及矿山、金属冶炼、城市轨道交通运营、建筑施工单位应当建立应急救援组织；生产经营规模较小的，可

以不建立应急救援组织，但应当指定兼职的应急救援人员。

危险物品的生产、经营、储存、运输单位以及矿山、金属冶炼、城市轨道交通运营、建筑施工单位应当配备必要的应急救援器材、设备和物资，并进行经常性维护、保养，保证正常运转。

考点3　发生生产安全事故后的报告和处置规定

序号	项目	内容
1	生产经营单位	《安全生产法》第83条规定，生产经营单位发生生产安全事故后，事故现场有关人员应当立即报告本单位负责人。 单位负责人接到事故报告后，应当迅速采取有效措施，组织抢救，防止事故扩大，减少人员伤亡和财产损失，并按照国家有关规定立即如实报告当地负有安全生产监督管理职责的部门，不得隐瞒不报、谎报或者迟报，不得故意破坏事故现场、毁灭有关证据。 根据《生产安全事故报告和调查处理条例》的规定，单位负责人接到事故报告后的上报时限为1小时内
2	负有安全生产监督管理职责的部门事故报告的职责	《安全生产法》第84条规定，负有安全生产监督管理职责的部门接到事故报告后，应当立即按照国家有关规定上报事故情况。负有安全生产监督管理职责的部门和有关地方人民政府对事故情况不得隐瞒不报、谎报或者迟报。 《生产安全事故报告和调查处理条例》第10条规定，应急管理部门和负有安全生产监督管理职责的有关部门接到事故报告后，应当依照下列规定上报事故情况，并通知公安机关、劳动保障行政部门、工会和人民检察院： （1）特别重大事故、重大事故逐级上报至国务院应急管理部门和负有安全生产监督管理职责的有关部门； （2）较大事故逐级上报至省、自治区、直辖市人民政府应急管理部门和负有安全生产监督管理职责的有关部门； （3）一般事故上报至设区的市级人民政府应急管理部门和负有安全生产监督管理职责的有关部门。 应急管理部门和负有安全生产监督管理职责的有关部门依照前款规定上报事故情况，应当同时报告本级人民政府。国务院应急管理部门和负有安全生产监督管理职责的有关部门以及省级人民政府接到发生特别重大事故、重大事故的报告后，应当立即报告国务院。 必要时，应急管理部门和负有安全生产监督管理职责的有关部门可以越级上报事故情况。 《生产安全事故报告和调查处理条例》第11条规定，应急管理部门和负有安全生产监督管理职责的有关部门逐级上报事故情况，每级上报的时间不得超过2小时。 《生产安全事故报告和调查处理条例》第13条规定，自事故发生之日起30日内，事故造成的伤亡人数发生变化的，应当及时补报。道路交通事故、火灾事故自发生之日起7日内，事故造成的伤亡人数发生变化的，应当及时补报
3	负有安全生产监督管理职责的部门组织事故救援的职责	《安全生产法》第85条规定，有关地方人民政府和负有安全生产监督管理职责的部门的负责人接到生产安全事故报告后，应当按照生产安全事故应急救援预案的要求立即赶到事故现场，组织事故抢救。 参与事故抢救的部门和单位应当服从统一指挥，加强协同联动，采取有效的应急救援措施，并根据事故救援的需要采取警戒、疏散等措施，防止事故扩大和次生灾害的发生，减少人员伤亡和财产损失。 事故抢救过程中应当采取必要措施，避免或者减少对环境造成的危害。 任何单位和个人都应当支持、配合事故抢救，并提供一切便利条件

考点4　生产安全事故调查处理的规定

序号	项目	内容
1	原则	事故调查处理应当按照科学严谨、依法依规、实事求是、注重实效的原则，及时、准确地查清事故原因，查明事故性质和责任，评估应急处置工作，总结事故教训，提出整改措施，并对事故责任单位和人员提出处理建议。事故调查报告应当依法及时向社会公布
2	时限	事故调查组应当自事故发生之日起60日内提交事故调查报告；特殊情况下，经负责事故调查的人民政府批准，提交事故调查报告的期限可以适当延长，但延长的期限最长不超过60日
3	评估	负责事故调查处理的国务院有关部门和地方人民政府应当在批复事故调查报告后1年内，组织有关部门对事故整改和防范措施落实情况进行评估，并及时向社会公开评估结果；对不履行职责导致事故整改和防范措施没有落实的有关单位和人员，应当按照有关规定追究责任
4	事故责任追究	生产经营单位发生生产安全事故，经调查确定为责任事故的，除了应当查明事故单位的责任并依法予以追究外，还应当查明对安全生产的有关事项负有审查批准和监督职责的行政部门的责任，对有失职、渎职行为的，依照《安全生产法》第90条的规定追究法律责任
5	事故统计和公布	县级以上地方各级人民政府应急管理部门应当定期统计分析本行政区域内发生生产安全事故的情况，并定期向社会公布

第七节　安全生产法律责任

考点1　安全生产法律责任的形式

序号	项目	内容
1	行政责任	（1）《安全生产法》规定的行政处罚，由应急管理部门和其他负有安全生产监督管理职责的部门按照职责分工决定。其中，根据《安全生产法》第95条、第110条、第114条的规定应当给予民航、铁路、电力行业的生产经营单位及其主要负责人行政处罚的，也可以由主管的负有安全生产监督管理职责的部门进行处罚。予以关闭的行政处罚，由负有安全生产监督管理职责的部门报请县级以上人民政府按照国务院规定的权限决定。给予拘留的行政处罚，由公安机关依照治安管理处罚的规定决定。 （2）《安全生产法》针对安全生产违法行为设定的行政处罚，共有责令停产停业整顿、责令停止建设、停止使用、罚款、没收违法所得、吊销证照、行政拘留、关闭等10多种
2	民事责任	（1）《安全生产法》第103条规定，生产经营单位将生产经营项目、场所、设备发包或者出租给不具备安全生产条件或者相应资质的单位或者个人的，责令限期改正，没收违法所得；违法所得十万元以上的，并处违法所得二倍以上五倍以下的罚款；没有违法所得或者违法所得不足十万元的，单处或者并处十万元以上二十万元以下的罚款；对其直接负责的主管人员和其他直接责任人员处一万元以上二万元以下的罚款；导致发生生产安全事故给他人造成损害的，与承包方、承租方承担连带赔偿责任。 （2）《安全生产法》第116条规定，生产经营单位发生生产安全事故造成人员伤亡、他人财产损失的，应当依法承担赔偿责任；拒不承担或者其负责人逃匿的，由人民法院依法强制执行

续表

序号	项目	内容
3	刑事责任	《刑法》有关安全生产违法行为的罪名，主要有重大责任事故罪、重大劳动安全事故罪、强令、组织他人违章冒险作业罪，危险作业罪，危险物品肇事罪，不报、谎报安全事故罪，提供虚假证明文件罪以及国家工作人员职务犯罪等

考点2　安全生产违法行为的责任主体及行政处罚的决定机关

序号	项目		内容
1	责任主体		（1）有关人民政府和负有安全生产监督管理职责的部门及其领导人、负责人。 （2）生产经营单位及其负责人、有关主管人员。 （3）生产经营单位的其他从业人员。 （4）安全生产专业服务机构和安全生产专业服务人员
2	决定机关	县级以上人民政府应急管理部门 县级以上人民政府其他负有安全生产监督管理职责的部门	（1）《安全生产法》第10条规定，国务院应急管理部门依照本法，对全国安全生产工作实施综合监督管理；县级以上地方各级人民政府应急管理部门依照本法，对本行政区域内安全生产工作实施综合监督管理。 （2）《安全生产法》第115条规定，本法规定的行政处罚，由应急管理部门和其他负有安全生产监督管理职责的部门按照职责分工决定
		县级以上人民政府	《安全生产法》第113条规定，生产经营单位存在下列情形之一的，负有安全生产监督管理职责的部门应当提请地方人民政府予以关闭，有关部门应当依法吊销其有关证照。生产经营单位主要负责人五年内不得担任任何生产经营单位的主要负责人；情节严重的，终身不得担任本行业生产经营单位的主要负责人： （1）存在重大事故隐患，一百八十日内三次或者一年内四次受到本法规定的行政处罚的； （2）经停产停业整顿，仍不具备法律、行政法规和国家标准或者行业标准规定的安全生产条件的； （3）不具备法律、行政法规和国家标准或者行业标准规定的安全生产条件，导致发生重大、特别重大生产安全事故的； （4）拒不执行负有安全生产监督管理职责的部门作出的停产停业整顿决定的
		公安机关	给予拘留的行政处罚，由公安机关依照治安管理处罚的规定决定

考点3　生产经营单位的安全生产违法行为及应负的法律责任

序号	项目	内容
1	《安全生产法》规定追究法律责任的生产经营单位的安全生产违法行为	（1）生产经营单位的决策机构、主要负责人或者个人经营的投资人不依照本法规定保证安全生产所必需的资金投入，致使生产经营单位不具备安全生产条件的。 （2）未按照规定设置安全生产管理机构或者配备安全生产管理人员、注册安全工程师的。 （3）危险物品的生产、经营、储存、装卸单位以及矿山、金属冶炼、建筑施工、运输单位的主要负责人和安全生产管理人员未按照规定经考核合格的。

序号	项目	内容
1	《安全生产法》规定追究法律责任的生产经营单位的安全生产违法行为	（4）未按照规定对从业人员、被派遣劳动者、实习学生进行安全生产教育和培训，或者未按照规定如实告知有关的安全生产事项的。 （5）未如实记录安全生产教育和培训情况的。 （6）未将事故隐患排查治理情况如实记录或者未向从业人员通报的。 （7）未按照规定制定生产安全事故应急救援预案或者未定期组织演练的。 （8）特种作业人员未按照规定经专门的安全作业培训并取得相应资格，上岗作业的。 （9）未按照规定对矿山、金属冶炼建设项目或者用于生产、储存、装卸危险物品的建设项目进行安全评价的。 （10）矿山、金属冶炼建设项目或者用于生产、储存、装卸危险物品的建设项目没有安全设施设计或者安全设施设计未按照规定报经有关部门审查同意的。 （11）矿山、金属冶炼建设项目或者用于生产、储存、装卸危险物品的建设项目的施工单位未按照批准的安全设施设计施工的。 （12）矿山、金属冶炼建设项目或者用于生产、储存、装卸危险物品的建设项目竣工投入生产或者使用前，安全设施未经验收合格的。 （13）未在有较大危险因素的生产经营场所和有关设施、设备上设置明显的安全警示标志的。 （14）安全设备的安装、使用、检测、改造和报废不符合国家标准或者行业标准的。 （15）未对安全设备进行经常性维护、保养和定期检测的。 （16）关闭、破坏直接关系生产安全的监控、报警、防护、救生设备、设施，或者篡改、隐瞒、销毁其相关数据、信息的。 （17）未为从业人员提供符合国家标准或者行业标准的劳动防护用品的。 （18）危险物品的容器、运输工具，以及涉及人身安全、危险性较大的海洋石油开采特种设备和矿山井下特种设备未经具有专业资质的机构检测、检验合格，取得安全使用证或者安全标志，投入使用的。 （19）使用应当淘汰的危及生产安全的工艺、设备的。 （20）餐饮等行业的生产经营单位使用燃气未安装可燃气体报警装置的。 （21）未经依法批准，擅自生产、经营、运输、储存、使用危险物品或者处置废弃危险物品的。 （22）生产、经营、运输、储存、使用危险物品或者处置废弃危险物品，未建立专门安全管理制度、未采取可靠的安全措施的。 （23）对重大危险源未登记建档，未进行定期检测、评估、监控，未制定应急预案，或者未告知应急措施的。 （24）进行爆破、吊装、动火、临时用电以及国务院应急管理部门会同国务院有关部门规定的其他危险作业，未安排专门人员进行现场安全管理的。 （25）未建立安全风险分级管控制度或者未按照安全风险分级采取相应管控措施的。 （26）未建立事故隐患排查治理制度，或者重大事故隐患排查治理情况未按照规定报告的。 （27）生产经营单位未采取措施消除事故隐患的。 （28）生产经营单位拒不执行消除事故隐患指令的。 （29）生产经营单位将生产经营项目、场所、设备发包或者出租给不具备安全生产条件或者相应资质的单位或者个人的。 （30）生产经营单位未与承包单位、承租单位签订专门的安全生产管理协议或者未在承包合同、租赁合同中明确各自的安全生产管理职责，或者未对承包单位、承租单位的安全生产统一协调、管理的。 （31）矿山、金属冶炼建设项目和用于生产、储存、装卸危险物品的建设项目的施工单位未按照规定对施工项目进行安全管理的。 （32）矿山、金属冶炼建设项目和用于生产、储存、装卸危险物品的建设项目的施工单位倒卖、出租、出借、挂靠或者以其他形式非法转让施工资质的。

序号	项目	内容
1	《安全生产法》规定追究法律责任的生产经营单位的安全生产违法行为	（33）两个以上生产经营单位在同一作业区域内进行可能危及对方安全生产的生产经营活动，未签订安全生产管理协议或者未指定专职安全生产管理人员进行安全检查与协调的。 （34）生产、经营、储存、使用危险物品的车间、商店、仓库与员工宿舍在同一座建筑内，或者与员工宿舍的距离不符合安全要求的。 （35）生产经营场所和员工宿舍未设有符合紧急疏散需要、标志明显、保持畅通的出口、疏散通道，或者占用、锁闭、封堵生产经营场所或者员工宿舍出口、疏散通道的。 （36）生产经营单位与从业人员订立协议，免除或者减轻其对从业人员因生产安全事故伤亡依法应承担的责任的。 （37）生产经营单位拒绝、阻碍负有安全生产监督管理职责的部门依法实施监督检查的。 （38）高危行业、领域的生产经营单位未按照国家规定投保安全生产责任保险的。 （39）存在重大事故隐患，180 日内 3 次或者年内 4 次受到本法规定的行政处罚的。 （40）经停产停业整顿，仍不具备法律、行政法规和国家标准或者行业标准规定的安全生产条件的。 （41）不具备法律、行政法规和国家标准或者行业标准规定的安全生产条件，导致发生重大、特别重大生产安全事故的。 （42）拒不执行负有安全生产监督管理职责的部门作出的停产停业整顿决定的
2	法律责任	处以罚款、没收违法所得、责令限期改正、停产停业整顿、责令停止建设、责令停止违法行为、吊销证照、关闭的行政处罚；导致发生生产安全事故给他人造成损害或者其他违法行为造成他人损害的，承担赔偿责任或者连带赔偿责任；构成犯罪的，依法追究刑事责任

📝 考点4　从业人员的安全生产违法行为

依据《安全生产法》，从业人员的安全生产违法行为主要包括：

（1）生产经营单位的决策机构、主要负责人、个人经营的投资人不依照本法规定保证安全生产所必需的资金投入，致使生产经营单位不具备安全生产条件的。

（2）生产经营单位的主要负责人未履行本法规定的安全生产管理职责的。

（3）生产经营单位与从业人员订立协议，免除或者减轻其对从业人员因生产安全事故伤亡依法应承担的责任的。

（4）生产经营单位的主要负责人在本单位发生重大生产安全事故时，不立即组织抢救或者在事故调查处理期间擅离职守或者逃匿的。

（5）生产经营单位的主要负责人对生产安全事故隐瞒不报、谎报或者迟报的。

（6）生产经营单位的其他负责人和安全生产管理人员未履行本法规定的安全生产管理职责的。

（7）生产经营单位的从业人员不服从管理，违反安全生产规章制度或者操作规程的。

📝 考点5　承担安全评价、认证、检测、检验职责的机构的法律责任

《安全生产法》第 92 条规定，承担安全评价、认证、检测、检验职责的机构出具失实报告的，责令停业整顿，并处三万元以上十万元以下的罚款；给他人造成损害的，依法承担赔偿责任。

承担安全评价、认证、检测、检验职责的机构租借资质、挂靠、出具虚假报告的，没收违法所得；违法所得在十万元以上的，并处违法所得二倍以上五倍以下的罚款，没有违法所得或者违法所得不足十万元的，单处或者并处十万元以上二十万元以下的罚款；对其直接负责的主管人员和其他直接责任人员处五万元以上十万元以下的罚款；给他人造成损害的，与生产经营单位承担连带赔偿责任；构成犯罪的，依照刑法有关规定追究刑事责任。

对有前款违法行为的机构及其直接责任人员，吊销其相应资质和资格，五年内不得从事安全评价、认证、检测、检验等工作；情节严重的，实行终身行业和职业禁入。

第四章　安全生产单行法律

第一节　中华人民共和国矿山安全法

考点1　矿山安全法的适用范围

在中华人民共和国领域和中华人民共和国管辖的其他海域从事矿产资源开采活动，必须遵守《矿山安全法》。

考点2　矿山建设的安全保障的规定

序号	项目	内容
1	三同时制度	《矿山安全法》第7条规定，矿山建设工程的安全设施必须和主体工程同时设计、同时施工、同时投入生产和使用
2	矿山建设工程安全设施的设计	（1）《矿山安全法》第8条规定，矿山建设工程的设计文件，必须符合矿山安全规程和行业技术规范，并按照国家规定经管理矿山企业的主管部门批准；不符合矿山安全规程和行业技术规范的，不得批准。矿山建设工程安全设施的设计必须有劳动行政主管部门参加审查。矿山安全规程和行业技术规范，由国务院管理矿山企业的主管部门制定。 （2）《矿山安全法》第9条规定，矿山设计下列项目必须符合矿山安全规程和行业技术规范： ①矿井的通风系统和供风量、风质、风速； ②露天矿的边坡角和台阶的宽度、高度； ③供电系统； ④提升、运输系统； ⑤防水、排水系统和防火、灭火系统； ⑥防瓦斯系统和防尘系统； ⑦有关矿山安全的其他项目
3	矿井安全出口	《矿山安全法》第10条规定，每个矿井必须有两个以上能行人的安全出口，出口之间的直线水平距离必须符合矿山安全规程和行业技术规范
4	运输和通信	《矿山安全法》第11条规定，矿山必须有与外界相通的、符合安全要求的运输和通信设施
5	竣工验收	《矿山安全法》第12条规定，矿山建设工程必须按照管理矿山企业的主管部门批准的设计文件施工。 矿山建设工程安全设施竣工后，由管理矿山企业的主管部门验收，并须有劳动行政主管部门参加；不符合矿山安全规程和行业技术规范的，不得验收，不得投入生产

📝 考点3 矿山开采的安全保障的规定

序号	项目	内容
1	开采的基本要求	《矿山安全法》第13条规定，矿山开采必须具备保障安全生产的条件，执行开采不同矿种的矿山安全规程和行业技术规范
2	设备、器材、防护用品的安全保障	（1）《矿山安全法》第15条规定，矿山使用的有特殊安全要求的设备、器材、防护用品和安全检测仪器，必须符合国家安全标准或者行业安全标准；不符合国家安全标准或者行业安全标准的，不得使用。 （2）《矿山安全法》第16条规定，矿山企业必须对机电设备及其防护装置、安全检测仪器，定期检查、维修，保证使用安全
3	开采作业的检测	《矿山安全法》第17条规定，矿山企业必须对作业场所中的有毒有害物质和井下空气含氧量进行检测，保证符合安全要求
4	事故隐患预防措施	（1）《矿山安全法》第18条规定，矿山企业必须对下列危害安全的事故隐患采取预防措施： ①冒顶、片帮、边坡滑落和地表塌陷； ②瓦斯爆炸、煤尘爆炸； ③冲击地压、瓦斯突出、井喷； ④地面和井下的火灾、水害； ⑤爆破器材和爆破作业发生的危害； ⑥粉尘、有毒有害气体、放射性物质和其他有害物质引起的危害； ⑦其他危害。 （2）《矿山安全法》第19条规定，矿山企业对使用机械、电气设备，排土场、矸石山、尾矿库和矿山闭坑后可能引起的危害，应当采取预防措施

📝 考点4 矿山企业的安全管理的规定

一、安全生产责任制

《矿山安全法》第20条规定，矿山企业必须建立健全安全生产责任制。矿长对本企业的安全生产工作负责。

《矿山安全法实施条例》第29条规定，矿长（含矿务局局长、矿山公司经理）对本企业的安全生产工作负有下列责任：

（1）认真贯彻执行《矿山安全法》和本条例以及其他法律、法规中有关矿山安全生产的规定；

（2）制定本企业安全生产管理制度；

（3）根据需要配备合格的安全工作人员，对每个作业场所进行跟班检查；

（4）采取有效措施，改善职工劳动条件，保证安全生产所需要的材料、设备、仪器和劳动防护用品的及时供应；

（5）依照本条例的规定，对职工进行安全教育、培训；

（6）制定矿山灾害的预防和应急计划；

（7）及时采取措施，处理矿山存在的事故隐患；

（8）及时、如实向劳动行政主管部门和管理矿山企业的主管部门报告矿山事故。

二、矿山安全的内部监督

序号	项目	内容
1	职工代表大会的监督	《矿山安全法》第 21 条规定，矿长应当定期向职工代表大会或者职工大会报告安全生产工作，发挥职工代表大会的监督作用。 《矿山安全法实施条例》第 31 条规定，矿长应当定期向职工代表大会或者职工大会报告下列事项，接受民主监督： （1）企业安全生产重大决策； （2）企业安全技术措施计划及其执行情况； （3）职工安全教育、培训计划及其执行情况； （4）职工提出的改善劳动条件的建议和要求的处理情况； （5）重大事故处理情况； （6）有关安全生产的其他重要事项
2	职工的监督	《矿山安全法》第 22 条规定，矿山企业职工必须遵守有关矿山安全的法律、法规和企业规章制度。矿山企业职工有权对危害安全的行为，提出批评、检举和控告。 《矿山安全法实施条例》第 32 条规定，矿山企业职工享有下列权利： （1）有权获得作业场所安全与职业危害方面的信息； （2）有权向有关部门和工会组织反映矿山安全状况和存在的问题； （3）对任何危害职工安全健康的决定和行为，有权提出批评、检举和控告
3	工会的监督	（1）《矿山安全法》第 23 条规定，矿山企业工会依法维护职工生产安全的合法权益，组织职工对矿山安全工作进行监督。 （2）《矿山安全法》第 24 条规定，矿山企业违反有关安全的法律、法规，工会有权要求企业行政方面或者有关部门认真处理。 矿山企业召开讨论有关安全生产的会议，应当有工会代表参加，工会有权提出意见和建议。 （3）《矿山安全法》第 25 条规定，矿山企业工会发现企业行政方面违章指挥、强令工人冒险作业或者生产过程中发现明显重大事故隐患和职业危害，有权提出解决的建议；发现危及职工生命安全的情况时，有权向矿山企业行政方面建议组织职工撤离危险现场，矿山企业行政方面必须及时作出处理决定

三、安全培训

序号	项目	内容
1	全员	《矿山安全法》第 26 条规定，矿山企业必须对职工进行安全教育、培训；未经安全教育、培训的，不得上岗作业。 《矿山安全法实施条例》第 36 条规定，矿山企业对职工的安全教育、培训，应当包括下列内容： （1）《矿山安全法》及本条例赋予矿山职工的权利与义务； （2）矿山安全规程及矿山企业有关安全管理的规章制度； （3）与职工本职工作有关的安全知识； （4）各种事故征兆的识别、发生紧急危险情况时的应急措施和撤退路线； （5）自救装备的使用和有关急救方面的知识； （6）有关主管部门规定的其他内容

续表

序号	项目	内容
2	特种作业人员	《矿山安全法》第26条规定，矿山企业安全生产的特种作业人员必须接受专门培训，经考核合格取得操作资格证书的，方可上岗作业
3	矿长	《矿山安全法》第27条规定，矿长必须经过考核，具备安全专业知识，具有领导安全生产和处理矿山事故的能力。 矿山企业安全工作人员必须具备必要的安全专业知识和矿山安全工作经验。 《矿山安全法实施条例》第38条规定，对矿长安全资格的考核，应当包括下列内容： （1）《矿山安全法》和有关法律、法规及矿山安全规程； （2）矿山安全知识； （3）安全生产管理能力； （4）矿山事故处理能力； （5）安全生产业绩

四、未成年人和女工的保护

序号	项目	内容
1	未成年人	矿山企业不得录用未成年人从事矿山井下劳动
2	女职工	矿山企业对女职工按照国家规定实行特殊劳动保护，不得分配女职工从事矿山井下劳动

五、矿山事故防范和救护

序号	项目	内容
1	防范措施	《矿山安全法》第30条规定，矿山企业必须制定矿山事故防范措施，并组织落实
2	救护	（1）《矿山安全法》第31条规定，矿山企业应当建立由专职或者兼职人员组成的救护和医疗急救组织，配备必要的装备、器材和药物。 （2）《矿山安全法实施条例》第46条规定，矿山发生事故后，事故现场有关人员应当立即报告矿长或者有关主管人员；矿长或者有关主管人员接到事故报告后，必须立即采取有效措施，组织抢救，防止事故扩大，尽力减少人员伤亡和财产损失。 （3）《矿山安全法实施条例》第47条规定，矿山发生重伤、死亡事故后，矿山企业应当在24小时内如实向劳动行政主管部门和管理矿山企业的主管部门报告。 （4）《矿山安全法实施条例》第49条规定，发生伤亡事故，矿山企业和有关单位应当保护事故现场；因抢救事故，需要移动现场部分物品时，必须作出标志，绘制事故现场图，并详细记录；在消除现场危险，采取防范措施后，方可恢复生产

六、安全技术措施专项费用

序号	项目	内容
1	专项费用	《矿山安全法》第32条规定，矿山企业必须从矿产品销售额中按照国家规定提取安全技术措施专项费用。安全技术措施专项费用必须全部用于改善矿山安全生产条件，不得挪作他用

序号	项目	内容
2	专项费用的应用	《矿山安全法实施条例》第42条规定，矿山企业必须按照国家规定的安全条件进行生产，并安排一部分资金，用于下列改善矿山安全生产条件的项目： （1）预防矿山事故的安全技术措施； （2）预防职业危害的劳动卫生技术措施； （3）职工的安全培训； （4）改善矿山安全生产条件的其他技术措施。 前款所需资金，由矿山企业按矿山维简费的20%的比例据实列支；没有矿山维简费的矿山企业，按固定资产折旧费的20%的比例据实列支

📝 考点5　矿山安全的监督与管理

序号	项目	内容
1	监督	《矿山安全法》第33条规定，县级以上各级人民政府劳动行政主管部门对矿山安全工作行使下列监督职责： （1）检查矿山企业和管理矿山企业的主管部门贯彻执行矿山安全法律、法规的情况； （2）参加矿山建设工程安全设施的设计审查和竣工验收； （3）检查矿山劳动条件和安全状况； （4）检查矿山企业职工安全教育、培训工作； （5）监督矿山企业提取和使用安全技术措施专项费用的情况； （6）参加并监督矿山事故的调查和处理； （7）法律、行政法规规定的其他监督职责。 《矿山安全法》第35条规定，劳动行政主管部门的矿山安全监督人员有权进入矿山企业，在现场检查安全状况；发现有危及职工安全的紧急险情时，应当要求矿山企业立即处理
2	管理	《矿山安全法》第34条规定，县级以上人民政府管理矿山企业的主管部门对矿山安全工作行使下列管理职责： （1）检查矿山企业贯彻执行矿山安全法律、法规的情况； （2）审查批准矿山建设工程安全设施的设计； （3）负责矿山建设工程安全设施的竣工验收； （4）组织矿长和矿山企业安全工作人员的培训工作； （5）调查和处理重大矿山事故； （6）法律、行政法规规定的其他管理职责

📝 考点6　矿山安全违法行为所应承担的法律责任

一、矿山企业的法律责任

序号	项目	内容
1	矿山安全管理违法行为的法律责任	《矿山安全法》第40条规定，违反本法规定，有下列行为之一的，由劳动行政主管部门责令改正，可以并处罚款；情节严重的，提请县级以上人民政府决定责令停产整顿；对主管人员和直接责任人员由其所在单位或者上级主管机关给予行政处分： （1）未对职工进行安全教育、培训，分配职工上岗作业的；

续表

序号	项目	内容
1	矿山安全管理违法行为的法律责任	（2）使用不符合国家安全标准或者行业安全标准的设备、器材、防护用品、安全检测仪器的； （3）未按照规定提取或者使用安全技术措施专项费用的； （4）拒绝矿山安全监督人员现场检查或者在被检查时隐瞒事故隐患、不如实反映情况的； （5）未按照规定及时、如实报告矿山事故的
2	矿长、特种作业人员的法律责任	《矿山安全法》第41条规定，矿长不具备安全专业知识的，安全生产的特种作业人员未取得操作资格证书上岗作业的，由劳动行政主管部门责令限期改正；逾期不改正的，提请县级以上人民政府决定责令停产，调整配备合格人员后，方可恢复生产
3	矿山工程安全设施设计和验收违法行为的法律责任	《矿山安全法》第42条规定，矿山建设工程安全设施的设计未经批准擅自施工的，由管理矿山企业的主管部门责令停止施工；拒不执行的，由管理矿山企业的主管部门提请县级以上人民政府决定由有关主管部门吊销其采矿许可证和营业执照。 《矿山安全法》第43条规定，矿山建设工程的安全设施未经验收或者验收不合格擅自投入生产的，由劳动行政主管部门会同管理矿山企业的主管部门责令停止生产，并由劳动行政主管部门处以罚款；拒不停止生产的，由劳动行政主管部门提请县级以上人民政府决定由有关主管部门吊销其采矿许可证和营业执照
4	不具备安全生产条件的法律责任	《矿山安全法》第44条规定，已经投入生产的矿山企业，不具备安全生产条件而强行开采的，由劳动行政主管部门会同管理矿山企业的主管部门责令限期改进；逾期仍不具备安全生产条件的，由劳动行政主管部门提请县级以上人民政府决定责令停产整顿或者由有关主管部门吊销其采矿许可证和营业执照

二、矿山事故及矿山安全监管人员的法律责任

序号	项目		内容
1	矿山事故	违章指挥、强令冒险作业的事故责任	《矿山安全法》第46条规定，矿山企业主管人员违章指挥、强令工人冒险作业，因而发生重大伤亡事故的，依照刑法有关规定追究刑事责任
		对事故隐患不采取措施的事故责任	《矿山安全法》第47条规定，矿山企业主管人员对矿山事故隐患不采取措施，因而发生重大伤亡事故的，依照刑法有关规定追究刑事责任
2	矿山安全监管人员的法律责任		《矿山安全法》第48条规定，矿山安全监督人员和安全管理人员滥用职权、玩忽职守、徇私舞弊，构成犯罪的，依法追究刑事责任；不构成犯罪的，给予行政处分

第二节　中华人民共和国消防法

📝 考点1　火灾预防的规定

一、消防规划

《消防法》第8条规定，地方各级人民政府应当将包括消防安全布局、消防站、消防

供水、消防通信、消防车通道、消防装备等内容的消防规划纳入城乡规划，并负责组织实施。

城乡消防安全布局不符合消防安全要求的，应当调整、完善；公共消防设施、消防装备不足或者不适应实际需要的，应当增建、改建、配置或者进行技术改造。

二、建设工程的消防安全

序号	项目	内容
1	制度	《消防法》第10条规定，对按照国家工程建设消防技术标准需要进行消防设计的建设工程，实行建设工程消防设计审查验收制度
2	审查验收	（1）《消防法》第11条规定，国务院住房和城乡建设主管部门规定的特殊建设工程，建设单位应当将消防设计文件报送住房和城乡建设主管部门审查，住房和城乡建设主管部门依法对审查的结果负责。 前款规定以外的其他建设工程，建设单位申请领取施工许可证或者申请批准开工报告时应当提供满足施工需要的消防设计图纸及技术资料。 （2）《消防法》第12条规定，特殊建设工程未经消防设计审查或者审查不合格的，建设单位、施工单位不得施工；其他建设工程，建设单位未提供满足施工需要的消防设计图纸及技术资料的，有关部门不得发放施工许可证或者批准开工报告。 （3）《消防法》第13条规定，国务院住房和城乡建设主管部门规定应当申请消防验收的建设工程竣工，建设单位应当向住房和城乡建设主管部门申请消防验收。 前款规定以外的其他建设工程，建设单位在验收后应当报住房和城乡建设主管部门备案，住房和城乡建设主管部门应当进行抽查。 依法应当进行消防验收的建设工程，未经消防验收或者消防验收不合格的，禁止投入使用；其他建设工程经依法抽查不合格的，应当停止使用
3	防火性能	《消防法》第26条规定，建筑构件、建筑材料和室内装修、装饰材料的防火性能必须符合国家标准；没有国家标准的，必须符合行业标准。 人员密集场所室内装修、装饰，应当按照消防技术标准的要求，使用不燃、难燃材料

三、公众聚集场所与大型群众性活动的消防安全

序号	项目	内容
1	公众聚集场所	（1）公众聚集场所投入使用、营业前消防安全检查实行告知承诺管理。公众聚集场所在投入使用、营业前，建设单位或者使用单位应当向场所所在地的县级以上地方人民政府消防救援机构申请消防安全检查，作出场所符合消防技术标准和管理规定的承诺，提交规定的材料，并对其承诺和材料的真实性负责。 （2）消防救援机构对申请人提交的材料进行审查；申请材料齐全、符合法定形式的，应当予以许可。消防救援机构应当根据消防技术标准和管理规定，及时对作出承诺的公众聚集场所进行核查。 （3）申请人选择不采用告知承诺方式办理的，消防救援机构应当自受理申请之日起十个工作日内，根据消防技术标准和管理规定，对该场所进行检查。经检查符合消防安全要求的，应当予以许可。 （4）公众聚集场所未经消防救援机构许可的，不得投入使用、营业
2	大型群众性活动	《消防法》第20条规定，举办大型群众性活动，承办人应当依法向公安机关申请安全许可，制定灭火和应急疏散预案并组织演练，明确消防安全责任分工，确定消防安全管理人员，保持消防设施和消防器材配置齐全、完好有效，保证疏散通道、安全出口、疏散指示标志、应急照明和消防车通道符合消防技术标准和管理规定

四、有关单位的消防安全职责与消防安全重点单位的安全管理

序号	项目	内容
1	有关单位的消防安全职责	《消防法》第16条规定，机关、团体、企业、事业等单位应当履行下列消防安全职责： （1）落实消防安全责任制，制定本单位的消防安全制度、消防安全操作规程，制定灭火和应急疏散预案； （2）按照国家标准、行业标准配置消防设施、器材，设置消防安全标志，并定期组织检验、维修，确保完好有效； （3）对建筑消防设施每年至少进行一次全面检测，确保完好有效，检测记录应当完整准确，存档备查； （4）保障疏散通道、安全出口、消防车通道畅通，保证防火防烟分区、防火间距符合消防技术标准； （5）组织防火检查，及时消除火灾隐患； （6）组织进行有针对性的消防演练； （7）法律、法规规定的其他消防安全职责。 单位的主要负责人是本单位的消防安全责任人
2	消防安全重点单位的安全管理	《消防法》第17条规定，县级以上地方人民政府消防救援机构应当将发生火灾可能性较大以及发生火灾可能造成重大的人身伤亡或者财产损失的单位，确定为本行政区域内的消防安全重点单位，并由应急管理部门报本级人民政府备案。 消防安全重点单位除应当履行本法第16条规定的职责外，还应当履行下列消防安全职责： （1）确定消防安全管理人，组织实施本单位的消防安全管理工作； （2）建立消防档案，确定消防安全重点部位，设置防火标志，实行严格管理； （3）实行每日防火巡查，并建立巡查记录； （4）对职工进行岗前消防安全培训，定期组织消防安全培训和消防演练

五、安全位置的要求

《消防法》第22条规定，生产、储存、装卸易燃易爆危险品的工厂、仓库和专用车站、码头的设置，应当符合消防技术标准。易燃易爆气体和液体的充装站、供应站、调压站，应当设置在符合消防安全要求的位置，并符合防火防爆要求。

已经设置的生产、储存、装卸易燃易爆危险品的工厂、仓库和专用车站、码头，易燃易爆气体和液体的充装站、供应站、调压站，不再符合前款规定的，地方人民政府应当组织、协调有关部门、单位限期解决，消除安全隐患。

六、消防产品和电器产品、燃气用具的管理

序号	项目	内容
1	消防产品的管理	《消防法》第24条规定，消防产品必须符合国家标准；没有国家标准的，必须符合行业标准。禁止生产、销售或者使用不合格的消防产品以及国家明令淘汰的消防产品。 依法实行强制性产品认证的消防产品，由具有法定资质的认证机构按照国家标准、行业标准的强制性要求认证合格后，方可生产、销售、使用。实行强制性产品认证的消防产品目录，由国务院产品质量监督部门会同国务院应急管理部门制定并公布。 新研制的尚未制定国家标准、行业标准的消防产品，应当按照国务院产品质量监督部门会同国务院应急管理部门规定的办法，经技术鉴定符合消防安全要求的，方可生产、销售、使用。 依照本条规定经强制性产品认证合格或者技术鉴定合格的消防产品，国务院应急管理部门应当予以公布

续表

序号	项目	内容
2	电器产品、燃气用具的管理	《消防法》第 27 条规定，电器产品、燃气用具的产品标准，应当符合消防安全的要求。电器产品、燃气用具的安装、使用及其线路、管路的设计、敷设、维护保养、检测，必须符合消防技术标准和管理规定

📝 考点 2　消防组织的规定

序号	项目	内容
1	组织主体	《消防法》第 36 条规定，县级以上地方人民政府应当按照国家规定建立国家综合性消防救援队、专职消防队，并按照国家标准配备消防装备，承担火灾扑救工作。 乡镇人民政府应当根据当地经济发展和消防工作的需要，建立专职消防队、志愿消防队，承担火灾扑救工作
2	国家综合性消防救援队和专职消防队	《消防法》第 37 条规定，国家综合性消防救援队、专职消防队按照国家规定承担重大灾害事故和其他以抢救人员生命为主的应急救援工作
3	应建立单位专职消防队的单位	《消防法》第 39 条规定，下列单位应当建立单位专职消防队，承担本单位的火灾扑救工作： （1）大型核设施单位、大型发电厂、民用机场、主要港口； （2）生产、储存易燃易爆危险品的大型企业； （3）储备可燃的重要物资的大型仓库、基地； （4）第（1）项、第（2）项、第（3）项规定以外的火灾危险性较大、距离国家综合性消防救援队较远的其他大型企业； （5）距离国家综合性消防救援队较远、被列为全国重点文物保护单位的古建筑群的管理单位

📝 考点 3　灭火救援的规定

序号	项目	内容
1	县级以上地方人民政府的任务	《消防法》第 43 条规定，县级以上地方人民政府应当组织有关部门针对本行政区域内的火灾特点制定应急预案，建立应急反应和处置机制，为火灾扑救和应急救援工作提供人员、装备等保障
2	报警、疏散、支援与救援	《消防法》第 44 条规定，任何人发现火灾都应当立即报警。任何单位、个人都应当无偿为报警提供便利，不得阻拦报警。严禁谎报火警。 人员密集场所发生火灾，该场所的现场工作人员应当立即组织、引导在场人员疏散。 任何单位发生火灾，必须立即组织力量扑救。邻近单位应当给予支援。 消防队接到火警，必须立即赶赴火灾现场，救助遇险人员，排除险情，扑灭火灾
3	消防救援机构	《消防法》第 45 条规定，消防救援机构统一组织和指挥火灾现场扑救，应当优先保障遇险人员的生命安全。 火灾现场总指挥根据扑救火灾的需要，有权决定下列事项： （1）使用各种水源； （2）截断电力、可燃气体和可燃液体的输送，限制用火用电；

序号	项目	内容
3	消防救援机构	（3）划定警戒区，实行局部交通管制； （4）利用邻近建筑物和有关设施； （5）为了抢救人员和重要物资，防止火势蔓延，拆除或者破损毗邻火灾现场的建筑物、构筑物或者设施等； （6）调动供水、供电、供气、通信、医疗救护、交通运输、环境保护等有关单位协助灭火救援。 　　根据扑救火灾的紧急需要，有关地方人民政府应当组织人员、调集所需物资支援灭火
4	救援通行保障	《消防法》第47条规定，消防车、消防艇前往执行火灾扑救或者应急救援任务，在确保安全的前提下，不受行驶速度、行驶路线、行驶方向和指挥信号的限制，其他车辆、船舶以及行人应当让行，不得穿插超越；收费公路、桥梁免收车辆通行费。交通管理指挥人员应当保证消防车、消防艇迅速通行。 　　赶赴火灾现场或者应急救援现场的消防人员和调集的消防装备、物资，需要铁路、水路或者航空运输的，有关单位应当优先运输
5	费用	《消防法》第49条规定，国家综合性消防救援队、专职消防队扑救火灾、应急救援，不得收取任何费用。 　　单位专职消防队、志愿消防队参加扑救外单位火灾所损耗的燃料、灭火剂和器材、装备等，由火灾发生地的人民政府给予补偿

考点4　监督检查的规定

序号	项目	内容
1	人民政府及有关部门	《消防法》第52条规定，地方各级人民政府应当落实消防工作责任制，对本级人民政府有关部门履行消防安全职责的情况进行监督检查。 　　县级以上地方人民政府有关部门应当根据本系统的特点，有针对性地开展消防安全检查，及时督促整改火灾隐患
2	消防救援机构及公安派出所	《消防法》第53条规定，消防救援机构应当对机关、团体、企业、事业等单位遵守消防法律、法规的情况依法进行监督检查。公安派出所可以负责日常消防监督检查、开展消防宣传教育，具体办法由国务院公安部门规定。 　　消防救援机构、公安派出所的工作人员进行消防监督检查，应当出示证件
3	消除隐患	《消防法》第54条规定，消防救援机构在消防监督检查中发现火灾隐患的，应当通知有关单位或者个人立即采取措施消除隐患；不及时消除隐患可能严重威胁公共安全的，消防救援机构应当依照规定对危险部位或者场所采取临时查封措施
4	重大火灾隐患的报告整改	《消防法》第55条规定，消防救援机构在消防监督检查中发现城乡消防安全布局、公共消防设施不符合消防安全要求，或者发现本地区存在影响公共安全的重大火灾隐患的，应当由应急管理部门书面报告本级人民政府。 　　接到报告的人民政府应当及时核实情况，组织或者责成有关部门、单位采取措施，予以整改
5	消防设计审查、消防验收、备案抽查和消防安全检查	《消防法》第56条规定，住房和城乡建设主管部门、消防救援机构及其工作人员应当按照法定的职权和程序进行消防设计审查、消防验收、备案抽查和消防安全检查，做到公正、严格、文明、高效。 　　住房和城乡建设主管部门、消防救援机构及其工作人员进行消防设计审查、消防验收、备案抽查和消防安全检查等，不得收取费用，不得利用职务谋取利益；不得利用职务为用户、建设单位指定或者变相指定消防产品的品牌、销售单位或者消防技术服务机构、消防设施施工单位

考点5 消防违法行为应负的法律责任

序号	项目	内容
1	建设工程和公众聚集场所消防安全违法行为的法律责任	《消防法》第58条规定，违反本法规定，有下列行为之一的，由住房和城乡建设主管部门、消防救援机构按照各自职权责令停止施工、停止使用或者停产停业，并处三万元以上三十万元以下罚款： （1）依法应当进行消防设计审查的建设工程，未经依法审查或者审查不合格，擅自施工的； （2）依法应当进行消防验收的建设工程，未经消防验收或者消防验收不合格，擅自投入使用的； （3）本法第13条规定的其他建设工程验收后经依法抽查不合格，不停止使用的； （4）公众聚集场所未经消防救援机构许可，擅自投入使用、营业的，或者经核查发现场所使用、营业情况与承诺内容不符的。 核查发现公众聚集场所使用、营业情况与承诺内容不符，经责令限期改正，逾期不整改或者整改后仍达不到要求的，依法撤销相应许可。 建设单位未依照本法规定在验收后报住房和城乡建设主管部门备案的，由住房和城乡建设主管部门责令改正，处五千元以下罚款
2	消防设计与施工不符合标准的法律责任	《消防法》第59条规定，违反本法规定，有下列行为之一的，由住房和城乡建设主管部门责令改正或者停止施工，并处一万元以上十万元以下罚款： （1）建设单位要求建筑设计单位或者建筑施工企业降低消防技术标准设计、施工的； （2）建筑设计单位不按照消防技术标准强制性要求进行消防设计的； （3）建筑施工企业不按照消防设计文件和消防技术标准施工，降低消防施工质量的； （4）工程监理单位与建设单位或者建筑施工企业串通，弄虚作假，降低消防施工质量的
3	单位与个人消防安全违法行为的法律责任	《消防法》第60条规定，单位违反本法规定，有下列行为之一的，责令改正，处五千元以上五万元以下罚款： （1）消防设施、器材或者消防安全标志的配置、设置不符合国家标准、行业标准，或者未保持完好有效的； （2）损坏、挪用或者擅自拆除、停用消防设施、器材的； （3）占用、堵塞、封闭疏散通道、安全出口或者有其他妨碍安全疏散行为的； （4）埋压、圈占、遮挡消火栓或者占用防火间距的； （5）占用、堵塞、封闭消防车通道，妨碍消防车通行的； （6）人员密集场所在门窗上设置影响逃生和灭火救援的障碍物的； （7）对火灾隐患经消防救援机构通知后不及时采取措施消除的。 个人有前款第二项、第三项、第四项、第五项行为之一的，处警告或者五百元以下罚款。 有本条第一款第三项、第四项、第五项、第六项行为，经责令改正拒不改正的，强制执行，所需费用由违法行为人承担
4	建设主管部门、消防救援机构的工作人员的法律责任	《消防法》第71条规定，住房和城乡建设主管部门、消防救援机构的工作人员滥用职权、玩忽职守、徇私舞弊，有下列行为之一，尚不构成犯罪的，依法给予处分： （1）对不符合消防安全要求的消防设计文件、建设工程、场所准予审查合格、消防验收合格、消防安全检查合格的； （2）无故拖延消防设计审查、消防验收、消防安全检查，不在法定期限内履行职责的； （3）发现火灾隐患不及时通知有关单位或者个人整改的； （4）利用职务为用户、建设单位指定或者变相指定消防产品的品牌、销售单位或者消防技术服务机构、消防设施施工单位的； （5）将消防车、消防艇以及消防器材、装备和设施用于与消防和应急救援无关的事项的； （6）其他滥用职权、玩忽职守、徇私舞弊的行为。 产品质量监督、工商行政管理等其他有关行政主管部门的工作人员在消防工作中滥用职权、玩忽职守、徇私舞弊，尚不构成犯罪的，依法给予处分

第三节 中华人民共和国道路交通安全法

考点1 车辆和驾驶人

一、机动车的规定

序号	项目	内容
1	登记制度	《道路交通安全法》第8条规定，国家对机动车实行登记制度。机动车经公安机关交通管理部门登记后，方可上道路行驶。尚未登记的机动车，需要临时上道路行驶的，应当取得临时通行牌证
2	登记提交的材料	《道路交通安全法》第9条规定，申请机动车登记，应当提交以下证明、凭证： （1）机动车所有人的身份证明； （2）机动车来历证明； （3）机动车整车出厂合格证明或者进口机动车进口凭证； （4）车辆购置税的完税证明或者免税凭证； （5）法律、行政法规规定应当在机动车登记时提交的其他证明、凭证。 公安机关交通管理部门应当自受理申请之日起五个工作日内完成机动车登记审查工作，对符合前款规定条件的，应当发放机动车登记证书、号牌和行驶证；对不符合前款规定条件的，应当向申请人说明不予登记的理由
3	准予登记的标准	《道路交通安全法》第10条规定，准予登记的机动车应当符合机动车国家安全技术标准。申请机动车登记时，应当接受对该机动车的安全技术检验。但是，经国家机动车产品主管部门依据机动车国家安全技术标准认定的企业生产的机动车型，该车型的新车在出厂时经检验符合机动车国家安全技术标准，获得检验合格证的，免予安全技术检验
4	上道路行驶的基本要求	《道路交通安全法》第11条规定，驾驶机动车上道路行驶，应当悬挂机动车号牌，放置检验合格标志、保险标志，并随车携带机动车行驶证。 机动车号牌应当按照规定悬挂并保持清晰、完整，不得故意遮挡、污损。 任何单位和个人不得收缴、扣留机动车号牌
5	应当登记的情形	《道路交通安全法》第12条规定，有下列情形之一的，应当办理相应的登记： （1）机动车所有权发生转移的； （2）机动车登记内容变更的； （3）机动车用作抵押的； （4）机动车报废的
6	安全技术检验	《道路交通安全法》第13条规定，对登记后上道路行驶的机动车，应当依照法律、行政法规的规定，根据车辆用途、载客载货数量、使用年限等不同情况，定期进行安全技术检验。对提供机动车行驶证和机动车第三者责任强制保险单的，机动车安全技术检验机构应当予以检验，任何单位不得附加其他条件。对符合机动车国家安全技术标准的，公安机关交通管理部门应当发给检验合格标志。 对机动车的安全技术检验实行社会化。具体办法由国务院规定。 机动车安全技术检验实行社会化的地方，任何单位不得要求机动车到指定的场所进行检验。 公安机关交通管理部门、机动车安全技术检验机构不得要求机动车到指定的场所进行维修、保养

续表

序号	项目	内容
7	禁止性规定	《道路交通安全法》第16条规定，任何单位或者个人不得有下列行为： （1）拼装机动车或者擅自改变机动车已登记的结构、构造或者特征； （2）改变机动车型号、发动机号、车架号或者车辆识别代号； （3）伪造、变造或者使用伪造、变造的机动车登记证书、号牌、行驶证、检验合格标志、保险标志； （4）使用其他机动车的登记证书、号牌、行驶证、检验合格标志、保险标志

二、机动车驾驶人

序号	项目	内容
1	机动车驾驶证	《道路交通安全法》第19条规定，驾驶机动车，应当依法取得机动车驾驶证。申请机动车驾驶证，应当符合国务院公安部门规定的驾驶许可条件；经考试合格后，由公安机关交通管理部门发给相应类别的机动车驾驶证。 持有境外机动车驾驶证的人，符合国务院公安部门规定的驾驶许可条件，经公安机关交通管理部门考核合格的，可以发给中国的机动车驾驶证。 驾驶人应当按照驾驶证载明的准驾车型驾驶机动车；驾驶机动车时，应当随身携带机动车驾驶证。 公安机关交通管理部门以外的任何单位或者个人，不得收缴、扣留机动车驾驶证
2	机动车的驾驶培训	《道路交通安全法》第20条规定，机动车的驾驶培训实行社会化，由交通运输主管部门对驾驶培训学校、驾驶培训班实行备案管理，并对驾驶培训活动加强监督，其中专门的拖拉机驾驶培训学校、驾驶培训班由农业（农业机械）主管部门实行监督管理。 驾驶培训学校、驾驶培训班应当严格按照国家有关规定，对学员进行道路交通安全法律、法规、驾驶技能的培训，确保培训质量。 任何国家机关以及驾驶培训和考试主管部门不得举办或者参与举办驾驶培训学校、驾驶培训班
3	累积记分制度	《道路交通安全法》第24条规定，公安机关交通管理部门对机动车驾驶人违反道路交通安全法律、法规的行为，除依法给予行政处罚外，实行累积记分制度。公安机关交通管理部门对累积记分达到规定分值的机动车驾驶人，扣留机动车驾驶证，对其进行道路交通安全法律、法规教育，重新考试；考试合格的，发还其机动车驾驶证。 对遵守道路交通安全法律、法规，在一年内无累积记分的机动车驾驶人，可以延长机动车驾驶证的审验期

考点2 道路通行条件

序号	项目	内容
1	警示标志	（1）《道路交通安全法》第26条规定，交通信号灯由红灯、绿灯、黄灯组成。红灯表示禁止通行，绿灯表示准许通行，黄灯表示警示。 （2）《道路交通安全法》第27条规定，铁路与道路平面交叉的道口，应当设置警示灯、警示标志或者安全防护设施。无人看守的铁路道口，应当在距道口一定距离处设置警示标志

续表

序号	项目	内容
2	禁止性规定	（1）《道路交通安全法》第28条规定，任何单位和个人不得擅自设置、移动、占用、损毁交通信号灯、交通标志、交通标线。 道路两侧及隔离带上种植的树木或者其他植物，设置的广告牌、管线等，应当与交通设施保持必要的距离，不得遮挡路灯、交通信号灯、交通标志，不得妨碍安全视距，不得影响通行。 （2）《道路交通安全法》第31条规定，未经许可，任何单位和个人不得占用道路从事非交通活动。 （3）《道路交通安全法》第32条规定，因工程建设需要占用、挖掘道路，或者跨越、穿越道路架设、增设管线设施，应当事先征得道路主管部门的同意；影响交通安全的，还应当征得公安机关交通管理部门的同意。 施工作业单位应当在经批准的路段和时间内施工作业，并在距离施工作业地点来车方向安全距离处设置明显的安全警示标志，采取防护措施；施工作业完毕，应当迅速清除道路上的障碍物，消除安全隐患，经道路主管部门和公安机关交通管理部门验收合格，符合通行要求后，方可恢复通行。 对未中断交通的施工作业道路，公安机关交通管理部门应当加强交通安全监督检查，维护道路交通秩序
3	停车泊位	《道路交通安全法》第33条规定，新建、改建、扩建的公共建筑、商业街区、居住区、大（中）型建筑等，应当配建、增建停车场；停车泊位不足的，应当及时改建或者扩建；投入使用的停车场不得擅自停止使用或者改作他用。 在城市道路范围内，在不影响行人、车辆通行的情况下，政府有关部门可以施划停车泊位
4	人行横道线及盲道	《道路交通安全法》第34条规定，学校、幼儿园、医院、养老院门前的道路没有行人过街设施的，应当施划人行横道线，设置提示标志。 城市主要道路的人行道，应当按照规划设置盲道。盲道的设置应当符合国家标准

考点3　道路通行的规定

一、机动车通行的规定

序号	项目	内容
1	同车道行驶	《道路交通安全法》第43条规定，同车道行驶的机动车，后车应当与前车保持足以采取紧急制动措施的安全距离。有下列情形之一的，不得超车： （1）前车正在左转弯、掉头、超车的； （2）与对面来车有会车可能的； （3）前车为执行紧急任务的警车、消防车、救护车、工程救险车的； （4）行经铁路道口、交叉路口、窄桥、弯道、陡坡、隧道、人行横道、市区交通流量大的路段等没有超车条件的
2	交叉路口行驶	《道路交通安全法》第44条规定，机动车通过交叉路口，应当按照交通信号灯、交通标志、交通标线或者交通警察的指挥通过；通过没有交通信号灯、交通标志、交通标线或者交通警察指挥的交叉路口时，应当减速慢行，并让行人和优先通行的车辆先行
3	载物行驶	《道路交通安全法》第48条规定，机动车载物应当符合核定的载质量，严禁超载；载物的长、宽、高不得违反装载要求，不得遗洒、飘散载运物。 机动车运载超限的不可解体的物品，影响交通安全的，应当按照公安机关交通管理部门指定的时间、路线、速度行驶，悬挂明显标志。在公路上运载超限的不可解体的物品，并应当依照公路法的规定执行。 机动车载运爆炸物品、易燃易爆化学物品以及剧毒、放射性等危险物品，应当经公安机关批准后，按指定的时间、路线、速度行驶，悬挂警示标志并采取必要的安全措施

序号	项目	内容
4	载人行驶	《道路交通安全法》第49条规定，机动车载人不得超过核定的人数，客运机动车不得违反规定载货。 《道路交通安全法》第50条规定，禁止货运机动车载客
5	特殊车辆通行	《道路交通安全法》第53条规定，警车、消防车、救护车、工程救险车执行紧急任务时，可以使用警报器、标志灯具；在确保安全的前提下，不受行驶路线、行驶方向、行驶速度和信号灯的限制，其他车辆和行人应当让行。 警车、消防车、救护车、工程救险车非执行紧急任务时，不得使用警报器、标志灯具，不享有前款规定的道路优先通行权。 《道路交通安全法》第54条规定，道路养护车辆、工程作业车进行作业时，在不影响过往车辆通行的前提下，其行驶路线和方向不受交通标志、标线限制，过往车辆和人员应当注意避让。 洒水车、清扫车等机动车应当按照安全作业标准作业；在不影响其他车辆通行的情况下，可以不受车辆分道行驶的限制，但是不得逆向行驶
6	拖拉机通行	《道路交通安全法》第55条规定，高速公路、大中城市中心城区内的道路，禁止拖拉机通行。其他禁止拖拉机通行的道路，由省、自治区、直辖市人民政府根据当地实际情况规定。 在允许拖拉机通行的道路上，拖拉机可以从事货运，但是不得用于载人

二、非机动车、行人和乘车人通行的规定

序号	项目	内容
1	非机动车通行	《道路交通安全法》第58条规定，残疾人机动轮椅车、电动自行车在非机动车道内行驶时，最高时速不得超过十五公里
2	行人通行	《道路交通安全法》第62条规定，行人通过路口或者横过道路，应当走人行横道或者过街设施；通过有交通信号灯的人行横道，应当按照交通信号灯指示通行；通过没有交通信号灯、人行横道的路口，或者在没有过街设施的路段横过道路，应当在确认安全后通过。 《道路交通安全法》第63条规定，行人不得跨越、倚坐道路隔离设施，不得扒车、强行拦车或者实施妨碍道路交通安全的其他行为
3	乘车人通行	乘车人不得携带易燃易爆等危险物品，不得向车外抛洒物品，不得有影响驾驶人安全驾驶的行为

三、高速公路的特别规定

（1）《道路交通安全法》第67条规定，行人、非机动车、拖拉机、轮式专用机械车、铰接式客车、全挂拖斗车以及其他设计最高时速低于七十公里的机动车，不得进入高速公路。高速公路限速标志标明的最高时速不得超过一百二十公里。

（2）《道路交通安全法》第69条规定，任何单位、个人不得在高速公路上拦截检查行驶的车辆，公安机关的人民警察依法执行紧急公务除外。

📝 考点 4　道路交通事故处理的规定

序号	项目	内容
1	交通事故现场处理	《道路交通安全法》第 70 条规定，在道路上发生交通事故，车辆驾驶人应当立即停车，保护现场；造成人身伤亡的，车辆驾驶人应当立即抢救受伤人员，并迅速报告执勤的交通警察或者公安机关交通管理部门。因抢救受伤人员变动现场的，应当标明位置。乘车人、过往车辆驾驶人、过往行人应当予以协助。 　　在道路上发生交通事故，未造成人身伤亡，当事人对事实及成因无争议的，可以即行撤离现场，恢复交通，自行协商处理损害赔偿事宜；不即行撤离现场的，应当迅速报告执勤的交通警察或者公安机关交通管理部门。 　　在道路上发生交通事故，仅造成轻微财产损失，并且基本事实清楚的，当事人应当先撤离现场再进行协商处理。 　　《道路交通安全法》第 71 条规定，车辆发生交通事故后逃逸的，事故现场目击人员和其他知情人员应当向公安机关交通管理部门或者交通警察举报。举报属实的，公安机关交通管理部门应当给予奖励
2	交通事故认定	《道路交通安全法》第 73 条规定，公安机关交通管理部门应当根据交通事故现场勘验、检查、调查情况和有关的检验、鉴定结论，及时制作交通事故认定书，作为处理交通事故的证据。交通事故认定书应当载明交通事故的基本事实、成因和当事人的责任，并送达当事人
3	交通事故损害赔偿	《道路交通安全法》第 74 条规定，对交通事故损害赔偿的争议，当事人可以请求公安机关交通管理部门调解，也可以直接向人民法院提起民事诉讼。 　　经公安机关交通管理部门调解，当事人未达成协议或者调解书生效后不履行的，当事人可以向人民法院提起民事诉讼
4	受伤人员救治	《道路交通安全法》第 75 条规定，医疗机构对交通事故中的受伤人员应当及时抢救，不得因抢救费用未及时支付而拖延救治。肇事车辆参加机动车第三者责任强制保险的，由保险公司在责任限额范围内支付抢救费用；抢救费用超过责任限额的，未参加机动车第三者责任强制保险或者肇事后逃逸的，由道路交通事故社会救助基金先行垫付部分或者全部抢救费用，道路交通事故社会救助基金管理机构有权向交通事故责任人追偿
5	人身伤亡和财产损失赔偿	《道路交通安全法》第 76 条规定，机动车发生交通事故造成人身伤亡、财产损失的，由保险公司在机动车第三者责任强制保险责任限额范围内予以赔偿；不足的部分，按照下列规定承担赔偿责任： 　　（1）机动车之间发生交通事故的，由有过错的一方承担赔偿责任；双方都有过错的，按照各自过错的比例分担责任。 　　（2）机动车与非机动车驾驶人、行人之间发生交通事故，非机动车驾驶人、行人没有过错的，由机动车一方承担赔偿责任；有证据证明非机动车驾驶人、行人有过错的，根据过错程度适当减轻机动车一方的赔偿责任；机动车一方没有过错的，承担不超过百分之十的赔偿责任。 　　交通事故的损失是由非机动车驾驶人、行人故意碰撞机动车造成的，机动车一方不承担赔偿责任

📝 考点 5　道路交通安全违法行为应负的法律责任

序号	项目	内容
1	处罚种类	《道路交通安全法》第 88 条规定，对道路交通安全违法行为的处罚种类包括：警告、罚款、暂扣或者吊销机动车驾驶证、拘留

序号	项目	内容
2	饮酒、醉酒驾驶	《道路交通安全法》第91条规定，饮酒后驾驶机动车的，处暂扣六个月机动车驾驶证，并处一千元以上二千元以下罚款。因饮酒后驾驶机动车被处罚，再次饮酒后驾驶机动车的，处十日以下拘留，并处一千元以上二千元以下罚款，吊销机动车驾驶证。 醉酒驾驶机动车的，由公安机关交通管理部门约束至酒醒，吊销机动车驾驶证，依法追究刑事责任；五年内不得重新取得机动车驾驶证。 饮酒后驾驶营运机动车的，处十五日拘留，并处五千元罚款，吊销机动车驾驶证，五年内不得重新取得机动车驾驶证。 醉酒驾驶营运机动车的，由公安机关交通管理部门约束至酒醒，吊销机动车驾驶证，依法追究刑事责任；十年内不得重新取得机动车驾驶证，重新取得机动车驾驶证后，不得驾驶营运机动车。 饮酒后或者醉酒驾驶机动车发生重大交通事故，构成犯罪的，依法追究刑事责任，并由公安机关交通管理部门吊销机动车驾驶证，终生不得重新取得机动车驾驶证
3	机动车停放、临时停车	《道路交通安全法》第93条规定，对违反道路交通安全法律、法规关于机动车停放、临时停车规定的，可以指出违法行为，并予以口头警告，令其立即驶离。 机动车驾驶人不在现场或者虽在现场但拒绝立即驶离，妨碍其他车辆、行人通行的，处二十元以上二百元以下罚款，并可以将该机动车拖移至不妨碍交通的地点或者公安机关交通管理部门指定的地点停放。公安机关交通管理部门拖车不得向当事人收取费用，并应当及时告知当事人停放地点
4	伪造、变造证件、号牌	《道路交通安全法》第96条规定，伪造、变造或者使用伪造、变造的机动车登记证书、号牌、行驶证、驾驶证的，由公安机关交通管理部门予以收缴，扣留该机动车，处十五日以下拘留，并处二千元以上五千元以下罚款；构成犯罪的，依法追究刑事责任。 伪造、变造或者使用伪造、变造的检验合格标志、保险标志的，由公安机关交通管理部门予以收缴，扣留该机动车，处十日以下拘留，并处一千元以上三千元以下罚款；构成犯罪的，依法追究刑事责任。 使用其他车辆的机动车登记证书、号牌、行驶证、检验合格标志、保险标志的，由公安机关交通管理部门予以收缴，扣留该机动车，处二千元以上五千元以下罚款。 当事人提供相应的合法证明或者补办相应手续的，应当及时退还机动车
5	二百元以上二千元以下罚款的情形	《道路交通安全法》第99条规定，有下列行为之一的，由公安机关交通管理部门处二百元以上二千元以下罚款： （1）未取得机动车驾驶证、机动车驾驶证被吊销或者机动车驾驶证被暂扣期间驾驶机动车的； （2）将机动车交由未取得机动车驾驶证或者机动车驾驶证被吊销、暂扣的人驾驶的； （3）造成交通事故后逃逸，尚不构成犯罪的； （4）机动车行驶超过规定时速百分之五十的； （5）强迫机动车驾驶人违反道路交通安全法律、法规和机动车安全驾驶要求驾驶机动车，造成交通事故，尚不构成犯罪的； （6）违反交通管制的规定强行通行，不听劝阻的； （7）故意损毁、移动、涂改交通设施，造成危害后果，尚不构成犯罪的； （8）非法拦截、扣留机动车辆，不听劝阻，造成交通严重阻塞或者较大财产损失的。 行为人有前款第二项、第四项情形之一的，可以并处吊销机动车驾驶证；有第一项、第三项、第五项至第八项情形之一的，可以并处十五日以下拘留

第四节　中华人民共和国特种设备安全法

📝 考点1　特种设备的一般规定

序号	项目	内容
1	责任主体与人员配备	《特种设备安全法》第13条规定，特种设备生产、经营、使用单位及其主要负责人对其生产、经营、使用的特种设备安全负责。 　　特种设备生产、经营、使用单位应当按照国家有关规定配备特种设备安全管理人员、检测人员和作业人员，并对其进行必要的安全教育和技能培训。 　　《特种设备安全法》第14条规定，特种设备安全管理人员、检测人员和作业人员应当按照国家有关规定取得相应资格，方可从事相关工作。特种设备安全管理人员、检测人员和作业人员应当严格执行安全技术规范和管理制度，保证特种设备安全
2	检验、检测与申报	《特种设备安全法》第15条规定，特种设备生产、经营、使用单位对其生产、经营、使用的特种设备应当进行自行检测和维护保养，对国家规定实行检验的特种设备应当及时申报并接受检验。 　　《特种设备安全法》第16条规定，特种设备采用新材料、新技术、新工艺，与安全技术规范的要求不一致，或者安全技术规范未作要求、可能对安全性能有重大影响的，应当向国务院负责特种设备安全监督管理的部门申报，由国务院负责特种设备安全监督管理的部门及时委托安全技术咨询机构或者相关专业机构进行技术评审，评审结果经国务院负责特种设备安全监督管理的部门批准，方可投入生产、使用

📝 考点2　特种设备的生产

序号	项目		内容
1	生产许可制度		《特种设备安全法》第18条规定，国家按照分类监督管理的原则对特种设备生产实行许可制度。特种设备生产单位应当具备下列条件，并经负责特种设备安全监督管理的部门许可，方可从事生产活动： 　　(1) 有与生产相适应的专业技术人员； 　　(2) 有与生产相适应的设备、设施和工作场所； 　　(3) 有健全的质量保证、安全管理和岗位责任等制度
2	生产单位的义务	符合技术规范及标准	《特种设备安全法》第19条规定，特种设备生产单位应当保证特种设备生产符合安全技术规范及相关标准的要求，对其生产的特种设备的安全性能负责。不得生产不符合安全性能要求和能效指标以及国家明令淘汰的特种设备
		经过鉴定、检验合格	《特种设备安全法》第20条规定，锅炉、气瓶、氧舱、客运索道、大型游乐设施的设计文件，应当经负责特种设备安全监督管理的部门核准的检验机构鉴定，方可用于制造。 　　特种设备产品、部件或者试制的特种设备新产品、新部件以及特种设备采用的新材料，按照安全技术规范的要求需要通过型式试验进行安全性验证的，应当经负责特种设备安全监督管理的部门核准的检验机构进行型式试验
		随附相关文件警示标志	《特种设备安全法》第21条规定，特种设备出厂时，应当随附安全技术规范要求的设计文件、产品质量合格证明、安装及使用维护保养说明、监督检验证明等相关技术资料和文件，并在特种设备显著位置设置产品铭牌、安全警示标志及其说明

续表

序号	项目	内容
3	安装、改造与修理	（1）《特种设备安全法》第22条规定，电梯的安装、改造、修理，必须由电梯制造单位或者其委托的依照本法取得相应许可的单位进行。电梯制造单位委托其他单位进行电梯安装、改造、修理的，应当对其安装、改造、修理进行安全指导和监控，并按照安全技术规范的要求进行校验和调试。电梯制造单位对电梯安全性能负责。 （2）《特种设备安全法》第23条规定，特种设备安装、改造、修理的施工单位应当在施工前将拟进行的特种设备安装、改造、修理情况书面告知直辖市或者设区的市级人民政府负责特种设备安全监督管理的部门。 （3）《特种设备安全法》第24条规定，特种设备安装、改造、修理竣工后，安装、改造、修理的施工单位应当在验收后三十日内将相关技术资料和文件移交特种设备使用单位。特种设备使用单位应当将其存入该特种设备的安全技术档案
4	监督检验	（1）《特种设备安全法》第25条规定，锅炉、压力容器、压力管道元件等特种设备的制造过程和锅炉、压力容器、压力管道、电梯、起重机械、客运索道、大型游乐设施的安装、改造、重大修理过程，应当经特种设备检验机构按照安全技术规范的要求进行监督检验；未经监督检验或者监督检验不合格的，不得出厂或者交付使用。 （2）《特种设备安全法》第26条规定，国家建立缺陷特种设备召回制度。因生产原因造成特种设备存在危及安全的同一性缺陷的，特种设备生产单位应当立即停止生产，主动召回

📝 考点3　特种设备的经营

序号	项目	内容
1	销售	《特种设备安全法》第27条规定，特种设备销售单位销售的特种设备，应当符合安全技术规范及相关标准的要求，其设计文件、产品质量合格证明、安装及使用维护保养说明、监督检验证明等相关技术资料和文件应当齐全。 特种设备销售单位应当建立特种设备检查验收和销售记录制度。 禁止销售未取得许可生产的特种设备，未经检验和检验不合格的特种设备，或者国家明令淘汰和已经报废的特种设备
2	出租	《特种设备安全法》第28条规定，特种设备出租单位不得出租未取得许可生产的特种设备或者国家明令淘汰和已经报废的特种设备，以及未按照安全技术规范的要求进行维护保养和未经检验或者检验不合格的特种设备。 《特种设备安全法》第29条规定，特种设备在出租期间的使用管理和维护保养义务由特种设备出租单位承担，法律另有规定或者当事人另有约定的除外
3	进口	《特种设备安全法》第30条规定，进口的特种设备应当符合我国安全技术规范的要求，并经检验合格；需要取得我国特种设备生产许可的，应当取得许可。 进口特种设备随附的技术资料和文件应当符合本法第21条的规定，其安装及使用维护保养说明、产品铭牌、安全警示标志及其说明应当采用中文。 特种设备的进出口检验，应当遵守有关进出口商品检验的法律、行政法规。 《特种设备安全法》第31条规定，进口特种设备，应当向进口地负责特种设备安全监督管理的部门履行提前告知义务

📝 考点4　特种设备的使用

一、特种设备安全

序号	项目	内容
1	使用登记	《特种设备安全法》第33条规定，特种设备使用单位应当在特种设备投入使用前或者投入使用后三十日内，向负责特种设备安全监督管理的部门办理使用登记，取得使用登记证书。登记标志应当置于该特种设备的显著位置
2	安全技术档案	《特种设备安全法》第35条规定，特种设备使用单位应当建立特种设备安全技术档案。安全技术档案应当包括以下内容： （1）特种设备的设计文件、产品质量合格证明、安装及使用维护保养说明、监督检验证明等相关技术资料和文件； （2）特种设备的定期检验和定期自行检查记录； （3）特种设备的日常使用状况记录； （4）特种设备及其附属仪器仪表的维护保养记录； （5）特种设备的运行故障和事故记录
3	责任承担	《特种设备安全法》第36条规定，电梯、客运索道、大型游乐设施等为公众提供服务的特种设备的运营使用单位，应当对特种设备的使用安全负责，设置特种设备安全管理机构或者配备专职的特种设备安全管理人员；其他特种设备使用单位，应当根据情况设置特种设备安全管理机构或者配备专职、兼职的特种设备安全管理人员。 《特种设备安全法》第38条规定，特种设备属于共有的，共有人可以委托物业服务单位或者其他管理人管理特种设备，受托人履行本法规定的特种设备使用单位的义务，承担相应责任。共有人未委托的，由共有人或者实际管理人履行管理义务，承担相应责任

二、维护保养与定期检验

序号	项目	内容
1	经常性维护	《特种设备安全法》第39条规定，特种设备使用单位应当对其使用的特种设备进行经常性维护保养和定期自行检查，并作出记录。 特种设备使用单位应当对其使用的特种设备的安全附件、安全保护装置进行定期校验、检修，并作出记录
2	定期检验	《特种设备安全法》第40条规定，特种设备使用单位应当按照安全技术规范的要求，在检验合格有效期届满前一个月向特种设备检验机构提出定期检验要求。 特种设备检验机构接到定期检验要求后，应当按照安全技术规范的要求及时进行安全性能检验。特种设备使用单位应当将定期检验标志置于该特种设备的显著位置。 未经定期检验或者检验不合格的特种设备，不得继续使用
3	隐患排查与故障处理	《特种设备安全法》第41条规定，特种设备安全管理人员应当对特种设备使用状况进行经常性检查，发现问题应当立即处理；情况紧急时，可以决定停止使用特种设备并及时报告本单位有关负责人。 特种设备作业人员在作业过程中发现事故隐患或者其他不安全因素，应当立即向特种设备安全管理人员和单位有关负责人报告；特种设备运行不正常时，特种设备作业人员应当按照操作规程采取有效措施保证安全

序号	项目	内容
4	电梯的维护保养	《特种设备安全法》第45条规定，电梯的维护保养应当由电梯制造单位或者依照本法取得许可的安装、改造、修理单位进行。 电梯的维护保养单位应当在维护保养中严格执行安全技术规范的要求，保证其维护保养的电梯的安全性能，并负责落实现场安全防护措施，保证施工安全。 电梯的维护保养单位应当对其维护保养的电梯的安全性能负责；接到故障通知后，应当立即赶赴现场，并采取必要的应急救援措施
5	变更登记	《特种设备安全法》第47条规定，特种设备进行改造、修理，按照规定需要变更使用登记的，应当办理变更登记，方可继续使用
6	移动式压力容器、气瓶充装	《特种设备安全法》第49条规定，移动式压力容器、气瓶充装单位，应当具备下列条件，并经负责特种设备安全监督管理的部门许可，方可从事充装活动： （1）有与充装和管理相适应的管理人员和技术人员； （2）有与充装和管理相适应的充装设备、检测手段、场地厂房、器具、安全设施； （3）有健全的充装管理制度、责任制度、处理措施。 充装单位应当建立充装前后的检查、记录制度，禁止对不符合安全技术规范要求的移动式压力容器和气瓶进行充装。 气瓶充装单位应当向气体使用者提供符合安全技术规范要求的气瓶，对气体使用者进行气瓶安全使用指导，并按照安全技术规范的要求办理气瓶使用登记，及时申报定期检验

考点5　特种设备的检验、检测

序号	项目		内容
1	检验机构应具备的条件		《特种设备安全法》第50条规定，从事本法规定的监督检验、定期检验的特种设备检验机构，以及为特种设备生产、经营、使用提供检测服务的特种设备检测机构，应当具备下列条件，并经负责特种设备安全监督管理的部门核准，方可从事检验、检测工作： （1）有与检验、检测工作相适应的检验、检测人员； （2）有与检验、检测工作相适应的检验、检测仪器和设备； （3）有健全的检验、检测管理制度和责任制度
2	检验、检测人员资格		《特种设备安全法》第51条规定，特种设备检验、检测机构的检验、检测人员应当经考核，取得检验、检测人员资格，方可从事检验、检测工作。 特种设备检验、检测机构的检验、检测人员不得同时在两个以上检验、检测机构中执业；变更执业机构的，应当依法办理变更手续
3	检验、检测人员的义务	对鉴定结论及真实性负责	《特种设备安全法》第53条规定，特种设备检验、检测机构及其检验、检测人员应当客观、公正、及时地出具检验、检测报告，并对检验、检测结果和鉴定结论负责。 特种设备检验、检测机构及其检验、检测人员在检验、检测中发现特种设备存在严重事故隐患时，应当及时告知相关单位，并立即向负责特种设备安全监督管理的部门报告。 《特种设备安全法》第54条规定，特种设备生产、经营、使用单位应当按照安全技术规范的要求向特种设备检验、检测机构及其检验、检测人员提供特种设备相关资料和必要的检验、检测条件，并对资料的真实性负责
		保密	《特种设备安全法》第55条规定，特种设备检验、检测机构及其检验、检测人员对检验、检测过程中知悉的商业秘密，负有保密义务
		不得监销	《特种设备安全法》第55条规定，特种设备检验、检测机构及其检验、检测人员不得从事有关特种设备的生产、经营活动，不得推荐或者监制、监销特种设备

第五节　中华人民共和国建筑法

📝 考点1　基本规定

序号	项目	内容
1	适用范围	《建筑法》第2条规定，在中华人民共和国境内从事建筑活动，实施对建筑活动的监督管理，应当遵守本法。 本法所称建筑活动，是指各类房屋建筑及其附属设施的建造和与其配套的线路、管道、设备的安装活动
2	要求	《建筑法》第3条规定，建筑活动应当确保建筑工程质量和安全，符合国家的建筑工程安全标准
3	监督管理	《建筑法》第6条规定，国务院建设行政主管部门对全国的建筑活动实施统一监督管理

📝 考点2　建筑许可

一、申领施工许可证

序号	项目	内容
1	主体	《建筑法》第7条规定，建筑工程开工前，建设单位应当按照国家有关规定向工程所在地县级以上人民政府建设行政主管部门申请领取施工许可证；但是，国务院建设行政主管部门确定的限额以下的小型工程除外。 按照国务院规定的权限和程序批准开工报告的建筑工程，不再领取施工许可证
2	条件	《建筑法》第8条规定，申请领取施工许可证，应当具备下列条件： （1）已经办理该建筑工程用地批准手续； （2）依法应当办理建设工程规划许可证的，已经取得建设工程规划许可证； （3）需要拆迁的，其拆迁进度符合施工要求； （4）已经确定建筑施工企业； （5）有满足施工需要的资金安排、施工图纸及技术资料； （6）有保证工程质量和安全的具体措施。 建设行政主管部门应当自收到申请之日起七日内，对符合条件的申请颁发施工许可证

二、施工许可证的延期与建设单位的报告义务

序号	项目	内容
1	施工许可证的延期	《建筑法》第9条规定，建设单位应当自领取施工许可证之日起三个月内开工。因故不能按期开工的，应当向发证机关申请延期；延期以两次为限，每次不超过三个月。既不开工又不申请延期或者超过延期时限的，施工许可证自行废止

序号	项目	内容
2	建设单位的报告	（1）《建筑法》第10条规定，在建的建筑工程因故中止施工的，建设单位应当自中止施工之日起一个月内，向发证机关报告，并按照规定做好建筑工程的维护管理工作。 建筑工程恢复施工时，应当向发证机关报告；中止施工满一年的工程恢复施工前，建设单位应当报发证机关核验施工许可证。 （2）《建筑法》第11条规定，按照国务院有关规定批准开工报告的建筑工程，因故不能按期开工或者中止施工的，应当及时向批准机关报告情况。因故不能按期开工超过六个月的，应当重新办理开工报告的批准手续

三、相关单位的从业资格

序号	项目	内容
1	应具备的条件	《建筑法》第12条规定，从事建筑活动的建筑施工企业、勘察单位、设计单位和工程监理单位，应当具备下列条件： （1）有符合国家规定的注册资本； （2）有与其从事的建筑活动相适应的具有法定执业资格的专业技术人员； （3）有从事相关建筑活动所应有的技术装备； （4）法律、行政法规规定的其他条件
2	从业资格	《建筑法》第13条规定，从事建筑活动的建筑施工企业、勘察单位、设计单位和工程监理单位，按照其拥有的注册资本、专业技术人员、技术装备和已完成的建筑工程业绩等资质条件，划分为不同的资质等级，经资质审查合格，取得相应等级的资质证书后，方可在其资质等级许可的范围内从事建筑活动。 《建筑法》第14条规定，从事建筑活动的专业技术人员，应当依法取得相应的执业资格证书，并在执业资格证书许可的范围内从事建筑活动

📝 考点3　建筑工程发包与承包

一、建筑工程发包与承包的一般规定

序号	项目	内容
1	书面合同	《建筑法》第15条规定，建筑工程的发包单位与承包单位应当依法订立书面合同，明确双方的权利和义务
2	招标投标	《建筑法》第16条规定，建筑工程发包与承包的招标投标活动，应当遵循公开、公正、平等竞争的原则，择优选择承包单位
3	不得受贿	《建筑法》第17条规定，发包单位及其工作人员在建筑工程发包中不得收受贿赂、回扣或者索取其他好处。 承包单位及其工作人员不得利用向发包单位及其工作人员行贿、提供回扣或者给予其他好处等不正当手段承揽工程
4	约定造价	《建筑法》第18条规定，建筑工程造价应当按照国家有关规定，由发包单位与承包单位在合同中约定。公开招标发包的，其造价的约定，须遵守招标投标法律的规定。 发包单位应当按照合同的约定，及时拨付工程款项

二、建筑工程发包的规定

序号	项目	内容
1	直接发包	《建筑法》第19条规定，建筑工程依法实行招标发包，对不适于招标发包的可以直接发包
2	公开招标	《建筑法》第20条规定，建筑工程实行公开招标的，发包单位应当依照法定程序和方式，发布招标公告，提供载有招标工程的主要技术要求、主要的合同条款、评标的标准和方法以及开标、评标、定标的程序等内容的招标文件。 开标应当在招标文件规定的时间、地点公开进行。开标后应当按照招标文件规定的评标标准和程序对标书进行评价、比较，在具备相应资质条件的投标者中，择优选定中标者
3	组织与监督	《建筑法》第21条规定，建筑工程招标的开标、评标、定标由建设单位依法组织实施，并接受有关行政主管部门的监督
4	依法发包	《建筑法》第22条规定，建筑工程实行招标发包的，发包单位应当将建筑工程发包给依法中标的承包单位。建筑工程实行直接发包的，发包单位应当将建筑工程发包给具有相应资质条件的承包单位
5	禁止性规定	《建筑法》第24条规定，提倡对建筑工程实行总承包，禁止将建筑工程肢解发包。 建筑工程的发包单位可以将建筑工程的勘察、设计、施工、设备采购一并发包给一个工程总承包单位，也可以将建筑工程勘察、设计、施工、设备采购的一项或者多项发包给一个工程总承包单位；但是，不得将应当由一个承包单位完成的建筑工程肢解成若干部分发包给几个承包单位。 《建筑法》第25条规定，按照合同约定，建筑材料、建筑构配件和设备由工程承包单位采购的，发包单位不得指定承包单位购入用于工程的建筑材料、建筑构配件和设备或者指定生产厂、供应商

三、建筑工程承包的规定

序号	项目	内容
1	依法承包	《建筑法》第26条规定，承包建筑工程的单位应当持有依法取得的资质证书，并在其资质等级许可的业务范围内承揽工程。 禁止建筑施工企业超越本企业资质等级许可的业务范围或者以任何形式用其他建筑施工企业的名义承揽工程。禁止建筑施工企业以任何形式允许其他单位或者个人使用本企业的资质证书、营业执照，以本企业的名义承揽工程
2	共同承包	《建筑法》第27条规定，大型建筑工程或者结构复杂的建筑工程，可以由两个以上的承包单位联合共同承包。共同承包的各方对承包合同的履行承担连带责任。 两个以上不同资质等级的单位实行联合共同承包的，应当按照资质等级低的单位的业务许可范围承揽工程
3	转包	《建筑法》第28条规定，禁止承包单位将其承包的全部建筑工程转包给他人，禁止承包单位将其承包的全部建筑工程肢解以后以分包的名义分别转包给他人
4	分包	《建筑法》第29条规定，建筑工程总承包单位可以将承包工程中的部分工程发包给具有相应资质条件的分包单位；但是，除总承包合同中约定的分包外，必须经建设单位认可。施工总承包的，建筑工程主体结构的施工必须由总承包单位自行完成。 建筑工程总承包单位按照总承包合同的约定对建设单位负责；分包单位按照分包合同的约定对总承包单位负责。总承包单位和分包单位就分包工程对建设单位承担连带责任。 禁止总承包单位将工程分包给不具备相应资质条件的单位。禁止分包单位将其承包的工程再分包

考点4 建筑工程监理

序号	项目		内容
1	建设单位的规定		（1）《建筑法》第31条规定，实行监理的建筑工程，由建设单位委托具有相应资质条件的工程监理单位监理。建设单位与其委托的工程监理单位应当订立书面委托监理合同。 （2）《建筑法》第33条规定，实施建筑工程监理前，建设单位应当将委托的工程监理单位、监理的内容及监理权限，书面通知被监理的建筑施工企业
2	监理单位	权利	（1）工程监理人员认为工程施工不符合工程设计要求、施工技术标准和合同约定的，有权要求建筑施工企业改正。 （2）工程监理人员发现工程设计不符合建筑工程质量标准或者合同约定的质量要求的，应当报告建设单位要求设计单位改正
		义务	（1）建筑工程监理应当依照法律、行政法规及有关的技术标准、设计文件和建筑工程承包合同，对承包单位在施工质量、建设工期和建设资金使用等方面，代表建设单位实施监督。 （2）工程监理单位应当在其资质等级许可的监理范围内，承担工程监理业务。工程监理单位应当根据建设单位的委托，客观、公正地执行监理任务。 （3）工程监理单位与被监理工程的承包单位以及建筑材料、建筑构配件和设备供应单位不得有隶属关系或者其他利害关系。 （4）工程监理单位不得转让工程监理业务。 （5）《建筑法》第35条规定，工程监理单位不按照委托监理合同的约定履行监理义务，对应当监督检查的项目不检查或者不按照规定检查，给建设单位造成损失的，应当承担相应的赔偿责任。 （6）工程监理单位与承包单位串通，为承包单位谋取非法利益，给建设单位造成损失的，应当与承包单位承担连带赔偿责任

考点5 建筑安全生产管理

一、建筑安全生产管理的一般规定

《建筑法》第36条规定，建筑工程安全生产管理必须坚持安全第一、预防为主的方针，建立健全安全生产的责任制度和群防群治制度。

《建筑法》第37条规定，建筑工程设计应当符合按照国家规定制定的建筑安全规程和技术规范，保证工程的安全性能。

二、建设单位安全生产管理的要求

序号	项目	内容
1	提供相关资料	《建筑法》第40条规定，建设单位应当向建筑施工企业提供与施工现场相关的地下管线资料，建筑施工企业应当采取措施加以保护
2	办理申请批准手续	《建筑法》第42条规定，有下列情形之一的，建设单位应当按照国家有关规定办理申请批准手续： （1）需要临时占用规划批准范围以外场地的； （2）可能损坏道路、管线、电力、邮电通讯等公共设施的；

序号	项目	内容
2	办理申请批准手续	（3）需要临时停水、停电、中断道路交通的； （4）需要进行爆破作业的； （5）法律、法规规定需要办理报批手续的其他情形
3	主体和承重结构变动	《建筑法》第49条规定，涉及建筑主体和承重结构变动的装修工程，建设单位应当在施工前委托原设计单位或者具有相应资质条件的设计单位提出设计方案；没有设计方案的，不得施工

三、建筑施工企业安全生产管理的要求

序号	项目	内容
1	安全技术措施	《建筑法》第38条规定，建筑施工企业在编制施工组织设计时，应当根据建筑工程的特点制定相应的安全技术措施；对专业性较强的工程项目，应当编制专项安全施工组织设计，并采取安全技术措施
2	安全防护措施	《建筑法》第39条规定，建筑施工企业应当在施工现场采取维护安全、防范危险、预防火灾等措施；有条件的，应当对施工现场实行封闭管理。 施工现场对毗邻的建筑物、构筑物和特殊作业环境可能造成损害的，建筑施工企业应当采取安全防护措施
3	安全生产责任制度	（1）建筑施工企业必须依法加强对建筑安全生产的管理，执行安全生产责任制度，采取有效措施，防止伤亡和其他安全生产事故的发生。 （2）建筑施工企业的法定代表人对本企业的安全生产负责。 （3）施工现场安全由建筑施工企业负责。实行施工总承包的，由总承包单位负责。 （4）分包单位向总承包单位负责，服从总承包单位对施工现场的安全生产管理
4	安全生产教育培训	《建筑法》第46条规定，建筑施工企业应当建立健全劳动安全生产教育培训制度，加强对职工安全生产的教育培训；未经安全生产教育培训的人员，不得上岗作业
5	施工企业和作业人员的权利义务	（1）建筑施工企业和作业人员在施工过程中，应当遵守有关安全生产的法律、法规和建筑行业安全规章、规程，不得违章指挥或者违章作业。 （2）作业人员有权对影响人身健康的作业程序和作业条件提出改进意见，有权获得安全生产所需的防护用品。 （3）作业人员对危及生命安全和人身健康的行为有权提出批评、检举和控告
6	工伤保险	《建筑法》第48条规定，建筑施工企业应当依法为职工参加工伤保险缴纳工伤保险费。鼓励企业为从事危险作业的职工办理意外伤害保险，支付保险费

📝 考点6　建筑工程质量管理

序号	项目	内容
1	建设单位的质量管理要求	《建筑法》第54条规定，建设单位不得以任何理由，要求建筑设计单位或者建筑施工企业在工程设计或者施工作业中，违反法律、行政法规和建筑工程质量、安全标准，降低工程质量

序号	项目	内容
2	建筑施工企业的质量管理要求	（1）《建筑法》第55条规定，建筑工程实行总承包的，工程质量由工程总承包单位负责，总承包单位将建筑工程分包给其他单位的，应当对分包工程的质量与分包单位承担连带责任。分包单位应当接受总承包单位的质量管理。 （2）《建筑法》第58条规定，建筑施工企业对工程的施工质量负责。建筑施工企业必须按照工程设计图纸和施工技术标准施工，不得偷工减料。工程设计的修改由原设计单位负责，建筑施工企业不得擅自修改工程设计。 （3）《建筑法》第59条规定，建筑施工企业必须按照工程设计要求、施工技术标准和合同的约定，对建筑材料、建筑构配件和设备进行检验，不合格的不得使用。 （4）《建筑法》第60条规定，建筑物在合理使用寿命内，必须确保地基基础工程和主体结构的质量。 （5）《建筑法》第62条规定，建筑工程实行质量保修制度
3	勘察设计单位的质量管理要求	《建筑法》第56条规定，建筑工程的勘察、设计单位必须对其勘察、设计的质量负责。勘察、设计文件应当符合有关法律、行政法规的规定和建筑工程质量、安全标准、建筑工程勘察、设计技术规范以及合同的约定。设计文件选用的建筑材料、建筑构配件和设备，应当注明其规格、型号、性能等技术指标，其质量要求必须符合国家规定的标准。 《建筑法》第57条规定，建筑设计单位对设计文件选用的建筑材料、建筑构配件和设备，不得指定生产厂、供应商

考点7 建筑相关单位违法行为应负的法律责任

一、建设单位的法律责任

序号	违法行为	法律责任
1	发包单位将工程发包给不具有相应资质条件的承包单位的，或者违反《建筑法》规定将建筑工程肢解发包的	责令改正，处以罚款
2	建设单位违反《建筑法》规定，要求建筑设计单位或者建筑施工企业违反建筑工程质量、安全标准，降低工程质量的	责令改正，可以处以罚款；构成犯罪的，依法追究刑事责任

二、建筑施工企业的法律责任

序号	违法行为	法律责任
1	违反《建筑法》规定，未取得施工许可证或者开工报告未经批准擅自施工的	责令改正，对不符合开工条件的责令停止施工，可以处以罚款
2	超越本单位资质等级承揽工程的	责令停止违法行为，处以罚款，可以责令停业整顿，降低资质等级；情节严重的，吊销资质证书；有违法所得的，予以没收
3	未取得资质证书承揽工程的	予以取缔，并处罚款；有违法所得的，予以没收
4	以欺骗手段取得资质证书的	吊销资质证书，处以罚款；构成犯罪的，依法追究刑事责任

续表

序号	违法行为	法律责任
5	建筑施工企业转让、出借资质证书或者以其他方式允许他人以本企业的名义承揽工程的	责令改正，没收违法所得，并处罚款，可以责令停业整顿，降低资质等级；情节严重的，吊销资质证书。对因该项承揽工程不符合规定的质量标准造成的损失，建筑施工企业与使用本企业名义的单位或者个人承担连带赔偿责任
6	违反《建筑法》规定，涉及建筑主体或者承重结构变动的装修工程擅自施工的	责令改正，处以罚款；造成损失的，承担赔偿责任；构成犯罪的，依法追究刑事责任
7	建筑施工企业违反《建筑法》规定，对建筑安全事故隐患不采取措施予以消除的	责令改正，可以处以罚款；情节严重的，责令停业整顿，降低资质等级或者吊销资质证书；构成犯罪的，依法追究刑事责任
8	建筑施工企业在施工中偷工减料的，使用不合格的建筑材料、建筑构配件和设备的，或者有其他不按照工程设计图纸或者施工技术标准施工的行为的	责令改正，处以罚款；情节严重的，责令停业整顿，降低资质等级或者吊销资质证书；造成建筑工程质量不符合规定的质量标准的，负责返工、修理，并赔偿因此造成的损失；构成犯罪的，依法追究刑事责任

三、工程监理单位的法律责任

序号	违法行为	法律责任
1	工程监理单位与建设单位或者建筑施工企业串通，弄虚作假、降低工程质量的	责令改正，处以罚款，降低资质等级或者吊销资质证书；有违法所得的，予以没收；造成损失的，承担连带赔偿责任；构成犯罪的，依法追究刑事责任
2	工程监理单位转让监理业务的	责令改正，没收违法所得，可以责令停业整顿，降低资质等级；情节严重的，吊销资质证书

第五章　安全生产相关法律

扫码免费观看
基础直播课程

第一节　中华人民共和国民法典

📝 考点1　民事主体制度

一、自然人

序号	项目	内容
1	民事权利能力	《民法典》第13条规定，自然人从出生时起到死亡时止，具有民事权利能力，依法享有民事权利，承担民事义务
2	民事行为能力	（1）十八周岁以上的自然人为成年人。不满十八周岁的自然人为未成年人。 （2）十六周岁以上的未成年人，以自己的劳动收入为主要生活来源的，视为完全民事行为能力人。 （3）八周岁以上的未成年人为限制民事行为能力人。 （4）不满八周岁的未成年人为无民事行为能力人
3	个体工商户和农村土地承包经营户	

二、法人

序号	项目	内容
1	成立的条件	《民法典》第58条规定，法人应当依法成立。法人应当有自己的名称、组织机构、住所、财产或者经费。法人成立的具体条件和程序，依照法律、行政法规的规定。设立法人，法律、行政法规规定须经有关机关批准的，依照其规定
2	民事权利和民事行为能力	《民法典》第59条规定，法人的民事权利能力和民事行为能力，从法人成立时产生，到法人终止时消灭
3	法定代表人致害责任承担	《民法典》第62条规定，法定代表人因执行职务造成他人损害的，由法人承担民事责任。 法人承担民事责任后，依照法律或者法人章程的规定，可以向有过错的法定代表人追偿

考点2　民事权利

序号	项目	内容
1	人身权	人身权包括人格权和身份权。 　　人格权又区分为一般人格权和特别人格权。人格权不得放弃、转让或者继承。一般人格权是指自然人的人身自由、人格尊严受法律保护。特别人格权主要包括生命权、身体权、健康权、姓名权、肖像权、名誉权、荣誉权、隐私权、婚姻自主权等权利。 　　法人、非法人组织享有名称权、名誉权和荣誉权。 　　身份权主要是因婚姻家庭关系等产生的人身权利，如监护权等
2	物权	物权是权利人依法对特定的物享有直接支配和排他的权利，包括所有权、用益物权和担保物权
3	债权	民事主体依法享有债权。债权是因合同、侵权行为、无因管理、不当得利以及法律的其他规定，权利人请求特定义务人为或者不为一定行为的权利
4	知识产权	知识产权是以智力成果为客体的权利，其具有人身权和财产权双重属性。 　　知识产权是权利人依法就下列客体享有的专有的权利：①作品；②发明、实用新型、外观设计；③商标；④地理标志；⑤商业秘密；⑥集成电路布图设计；⑦植物新品种；⑧法律规定的其他客体

考点3　民事责任

序号	项目		内容
1	承担方式		《民法典》第179条规定，承担民事责任的方式主要有：停止侵害；排除妨碍；消除危险；返还财产；恢复原状；修理、重作、更换；继续履行；赔偿损失；支付违约金；消除影响、恢复名誉；赔礼道歉。法律规定惩罚性赔偿的，依照其规定。本条规定的承担民事责任的方式，可以单独适用，也可以合并适用
2	分类	过错责任与无过错责任	按照归责原则不同对民事责任分为过错责任与无过错责任。 　　过错责任，是指以责任人主观上具有过错作为责任成立要件的责任。《民法典》中还有过错推定的规定，过错推定是过错责任，但由责任人承担举证自己没有过错的举证责任，如果责任人能够证明自己没有过错，则不承担责任；反之，法律推定其有过错，要承担民事责任。 　　无过错责任，是指责任人主观上没有过错也要承担的民事责任。《民法典》侵权责任编关于侵权责任主要是过错责任，但在有特别规定时，适用无过错责任，例如环境污染致害责任等
		无限责任与有限责任	按照债务人承担责任的财产的范围分为无限责任与有限责任。 　　无限责任是以债务人全部财产承担责任。民事责任主要是无限责任，义务人应以自己的全部财产履行确保债务的履行。 　　有限责任是以债务人的特定财产承担责任，例如第三人为债权人提供担保物权的，物保人仅以提供的担保物的价值为限对债权人承担责任。股东对公司债务原则上以出资额或股份为限承担责任，也属于有限责任；但公司法人人格否认的，股东要对特定的债权人承担无限责任。有限合伙企业中的有限合伙人仅以出资额为限承担责任

序号	项目		内容
2	分类	连带责任、按份责任与补充责任	《民法典》第178条规定，二人以上依法承担连带责任的，权利人有权请求部分或者全部连带责任人承担责任。 连带责任人的责任份额根据各自责任大小确定；难以确定责任大小的，平均承担责任。实际承担责任超过自己责任份额的连带责任人，有权向其他连带责任人追偿。 连带责任，由法律规定或者当事人约定
			《民法典》第1172条规定，二人以上分别实施侵权行为造成同一损害，能够确定责任大小的，各自承担相应的责任；难以确定责任大小的，平均承担责任
			《民法典》第1198条第2款规定，因第三人的行为造成他人损害的，由第三人承担侵权责任；经营者、管理者或者组织者未尽到安全保障义务的，承担相应的补充责任。经营者、管理者或者组织者承担补充责任后，可以向第三人追偿
3	民事责任与其他责任的关系		《民法典》第187条规定，民事主体因同一行为应当承担民事责任、行政责任和刑事责任的，承担行政责任或者刑事责任不影响承担民事责任；民事主体的财产不足以支付的，优先用于承担民事责任

考点4　侵权责任

序号	项目		内容
1	特征		（1）以侵权行为为前提。 （2）是民事责任的一种类型。 （3）以损害赔偿为中心。 （4）具有强制性
2	规则原则	过错责任原则	《民法典》第1165条规定，行为人因过错侵害他人民事权益造成损害的，应当承担侵权责任。 依照法律规定推定行为人有过错，其不能证明自己没有过错的，应当承担侵权责任
		无过错责任原则	《民法典》第1166条规定，行为人造成他人民事权益损害，不论行为人有无过错，法律规定应当承担侵权责任的，依照其规定

考点5　与安全生产有关的规定

一、用人者责任与违反安全保障义务致害责任

序号	项目	内容
1	用人者责任	《民法典》第1191条规定，用人单位的工作人员因执行工作任务造成他人损害的，由用人单位承担侵权责任。用人单位承担侵权责任后，可以向有故意或者重大过失的工作人员追偿。 劳务派遣期间，被派遣的工作人员因执行工作任务造成他人损害的，由接受劳务派遣的用工单位承担侵权责任；劳务派遣单位有过错的，承担相应的责任。 《民法典》第1192条规定，个人之间形成劳务关系，提供劳务一方因劳务造成他人损害的，由接受劳务一方承担侵权责任。接受劳务一方承担侵权责任后，可以向有故

序号	项目	内容
1	用人者责任	意或者重大过失的提供劳务一方追偿。提供劳务一方因劳务受到损害的，根据双方各自的过错承担相应的责任。 　提供劳务期间，因第三人的行为造成提供劳务一方损害的，提供劳务一方有权请求第三人承担侵权责任，也有权请求接受劳务一方给予补偿。接受劳务一方补偿后，可以向第三人追偿。 　《民法典》第1193条规定，承揽人在完成工作过程中造成第三人损害或者自己损害的，定作人不承担侵权责任。但是，定作人对定作、指示或者选任有过错的，应当承担相应的责任
2	违反安全保障义务致害责任	《民法典》第1198条规定，宾馆、商场、银行、车站、机场、体育场馆、娱乐场所等经营场所、公共场所的经营者、管理者或者群众性活动的组织者，未尽到安全保障义务，造成他人损害的，应当承担侵权责任。 　因第三人的行为造成他人损害的，由第三人承担侵权责任；经营者、管理者或者组织者未尽到安全保障义务的，承担相应的补充责任。经营者、管理者或者组织者承担补充责任后，可以向第三人追偿

二、高度危险责任

序号	项目	致害责任
1	高度危险作业致人损害的一般规定	《民法典》第1236条规定，从事高度危险作业造成他人损害的，应当承担侵权责任
2	民用核设施或者核材料	《民法典》第1237条规定，民用核设施或者运入运出核设施的核材料发生核事故造成他人损害的，民用核设施的营运单位应当承担侵权责任；但是，能够证明损害是因战争、武装冲突、暴乱等情形或者受害人故意造成的，不承担责任
3	民用航空器	《民法典》第1238条规定，民用航空器造成他人损害的，民用航空器的经营者应当承担侵权责任；但是，能够证明损害是因受害人故意造成的，不承担责任
4	占有、使用高度危险物质	《民法典》第1239条规定，占有或者使用易燃、易爆、剧毒、高放射性、强腐蚀性、高致病性等高度危险物造成他人损害的，占有人或者使用人应当承担侵权责任；但是，能够证明损害是因受害人故意或者不可抗力造成的，不承担责任。被侵权人对损害的发生有重大过失的，可以减轻占有人或者使用人的责任
5	高空、高压、地下挖掘活动、使用高速轨道运输工具	《民法典》第1240条规定，从事高空、高压、地下挖掘活动或者使用高速轨道运输工具造成他人损害的，经营者应当承担侵权责任；但是，能够证明损害是因受害人故意或者不可抗力造成的，不承担责任。被侵权人对损害的发生有重大过失的，可以减轻经营者的责任
6	遗失、抛弃高度危险物质	《民法典》第1241条规定，遗失、抛弃高度危险物造成他人损害的，由所有人承担侵权责任。所有人将高度危险物交由他人管理的，由管理人承担侵权责任；所有人有过错的，与管理人承担连带责任
7	非法占有高度危险物质	《民法典》第1242条规定，非法占有高度危险物造成他人损害的，由非法占有人承担侵权责任。所有人、管理人不能证明对防止非法占有尽到高度注意义务的，与非法占有人承担连带责任

序号	项目	致害责任
8	擅入高度危险活动区域或者高度危险物存放区域	《民法典》第1243条规定，未经许可进入高度危险活动区域或者高度危险物存放区域受到损害，管理人能够证明已经采取足够安全措施并尽到充分警示义务的，可以减轻或者不承担责任

三、建筑物和物件损害责任

序号	项目	致害责任
1	建筑物、构筑物或者其他设施倒塌、塌陷	《民法典》第1252条规定，建筑物、构筑物或者其他设施倒塌、塌陷造成他人损害的，由建设单位与施工单位承担连带责任，但是建设单位与施工单位能够证明不存在质量缺陷的除外。建设单位、施工单位赔偿后，有其他责任人的，有权向其他责任人追偿。 因所有人、管理人、使用人或者第三人的原因，建筑物、构筑物或者其他设施倒塌、塌陷造成他人损害的，由所有人、管理人、使用人或者第三人承担侵权责任
2	建筑物及其搁置物、悬挂物脱落、坠落	《民法典》第1253条规定，建筑物、构筑物或者其他设施及其搁置物、悬挂物发生脱落、坠落造成他人损害，所有人、管理人或者使用人不能证明自己没有过错的，应当承担侵权责任。所有人、管理人或者使用人赔偿后，有其他责任人的，有权向其他责任人追偿
3	高空抛物、坠物	《民法典》第1254条规定，禁止从建筑物中抛掷物品。从建筑物中抛掷物品或者从建筑物上坠落的物品造成他人损害的，由侵权人依法承担侵权责任；经调查难以确定具体侵权人的，除能够证明自己不是侵权人的外，由可能加害的建筑物使用人给予补偿。可能加害的建筑物使用人补偿后，有权向侵权人追偿。 物业服务企业等建筑物管理人应当采取必要的安全保障措施防止前款规定情形的发生；未采取必要的安全保障措施的，应当依法承担未履行安全保障义务的侵权责任。 发生本条第一款规定的情形的，公安等机关应当依法及时调查，查清责任人
4	堆放物	《民法典》第1255条规定，堆放物倒塌、滚落或者滑落造成他人损害，堆放人不能证明自己没有过错的，应当承担侵权责任
5	在公共道路上堆放、倾倒、遗撒妨碍通行的物品	《民法典》第1256条规定，在公共道路上堆放、倾倒、遗撒妨碍通行的物品造成他人损害的，由行为人承担侵权责任。公共道路管理人不能证明已经尽到清理、防护、警示等义务的，应当承担相应的责任
6	林木	《民法典》第1257条规定，因林木折断、倾倒或者果实坠落等造成他人损害，林木的所有人或者管理人不能证明自己没有过错的，应当承担侵权责任
7	施工物及地下设施	《民法典》第1258条规定，在公共场所或者道路上挖掘、修缮安装地下设施等造成他人损害，施工人不能证明已经设置明显标志和采取安全措施的，应当承担侵权责任。 窨井等地下设施造成他人损害，管理人不能证明尽到管理职责的，应当承担侵权责任

第二节　中华人民共和国刑法

考点1　刑法的基本理论

一、刑法的基本原则

序号	项目	内容
1	罪刑法定原则	《刑法》第3条规定，法律明文规定为犯罪行为的，依照法律定罪处刑；法律没有明文规定为犯罪行为的，不得定罪处刑。 这是我国刑法中罪刑法定原则的具体体现。 罪行法定应理解为：法无明文规定不为罪，法无明文规定不处罚
2	适用刑法平等原则	《刑法》第4条规定，对任何人犯罪，在适用法律上一律平等。不允许任何人有超越法律的特权。 简单理解记忆：法律面前人人平等
3	罪刑相适应原则	《刑法》第5条规定，刑罚的轻重，应当与犯罪分子所犯罪行和承担的刑事责任相适应

二、犯罪的定义与基本特征

序号	项目	内容
1	定义	《刑法》第13条规定，一切危害国家主权、领土完整和安全，分裂国家、颠覆人民民主专政的政权和推翻社会主义制度，破坏社会秩序和经济秩序，侵犯国有财产或者劳动群众集体所有的财产，侵犯公民私人所有的财产，侵犯公民的人身权利、民主权利和其他权利，以及其他危害社会的行为，依照法律应当受刑罚处罚的，都是犯罪，但是情节显著轻微危害不大的，不认为是犯罪。 该条文明确区分了罪与非罪
2	基本特征	（1）犯罪具有一定的社会危害性。 （2）犯罪具有刑事违法性。 （3）犯罪具有应受刑事处罚性

三、犯罪构成的要件

序号	项目	内容
1	客体	犯罪所侵害的社会主义社会关系
2	客观方面	引起的危害社会的结果
3	主体	自然人或单位（法人）
4	主观方面	故意或过失

四、犯罪的预备、未遂与中止

序号	项目	内容
1	犯罪预备	(1) 为了犯罪，准备工具、制造条件的，是犯罪预备。 (2) 对于预备犯，可以比照既遂犯从轻、减轻处罚或者免除处罚
2	犯罪未遂	(1) 已经着手实行犯罪，由于犯罪分子意志以外的原因而未得逞的，是犯罪未遂。 (2) 对于未遂犯，可以比照既遂犯从轻或者减轻处罚
3	犯罪中止	(1) 在犯罪过程中，自动放弃犯罪或者自动有效地防止犯罪结果发生的，是犯罪中止。 (2) 对于中止犯，没有造成损害的，应当免除处罚；造成损害的，应当减轻处罚

五、刑事责任

序号	项目	内容
1	刑事责任年龄	(1) 已满十六周岁的人犯罪，应当负刑事责任。 (2) 已满十四周岁不满十六周岁的人，犯故意杀人、故意伤害致人重伤或者死亡、强奸、抢劫、贩卖毒品、放火、爆炸、投放危险物质罪的，应当负刑事责任。 (3) 已满十二周岁不满十四周岁的人，犯故意杀人、故意伤害罪，致人死亡或者以特别残忍手段致人重伤造成严重残疾，情节恶劣，经最高人民检察院核准追诉的，应当负刑事责任。 (4) 对依照前三款规定追究刑事责任的不满十八周岁的人，应当从轻或者减轻处罚。 (5) 已满七十五周岁的人故意犯罪的，可以从轻或者减轻处罚；过失犯罪的，应当从轻或者减轻处罚
2	正当防卫	为了使国家、公共利益、本人或者他人的人身、财产和其他权利免受正在进行的不法侵害，而采取的制止不法侵害的行为，对不法侵害人造成损害的，属于正当防卫，不负刑事责任
3	防卫过当	(1) 正当防卫明显超过必要限度造成重大损害的，应当负刑事责任，但是应当减轻或者免除处罚。 (2) 对正在进行行凶、杀人、抢劫、强奸、绑架以及其他严重危及人身安全的暴力犯罪，采取防卫行为，造成不法侵害人伤亡的，不属于防卫过当，不负刑事责任
4	紧急避险	《刑法》第21条规定，为了使国家、公共利益、本人或者他人的人身、财产和其他权利免受正在发生的危险，不得已采取的紧急避险行为，造成损害的，不负刑事责任。 此处关于避免本人危险的规定，不适用于职务上、业务上负有特定责任的人
5	避险过当	紧急避险超过必要限度造成不应有的损害的，应当负刑事责任，但是应当减轻或者免除处罚

考点2　生产经营单位及其有关人员犯罪及其刑事责任

一、重大责任事故罪

序号	项目	内容
1	概念	重大责任事故罪，是指在生产、作业中违反有关安全管理的规定，因而发生重大伤亡事故或者造成其他严重后果的行为

续表

序号	项目	内容
2	构成要件	（1）本罪侵犯的客体是生产、作业的安全。 （2）客观方面表现为在生产、作业中违反有关安全生产的规定，因而发生重大伤亡事故或者造成其他严重后果的行为。 （3）犯罪主体：一般主体。 （4）主观：过失
3	法律责任	在生产、作业中违反有关安全管理的规定，因而发生重大伤亡事故或者造成其他严重后果的，处三年以下有期徒刑或者拘役；情节特别恶劣的，处三年以上七年以下有期徒刑

二、强令违章冒险作业罪

序号	项目	内容
1	概念	强令违章冒险作业罪，是指强令他人违章冒险作业，因而发生重大伤亡事故或者造成其他严重后果的行为
2	构成要件	（1）本罪侵犯的客体：作业的安全。 （2）客观方面：强令他人违章冒险作业，因而发生重大伤亡事故或者造成其他严重后果的行为。 （3）犯罪主体：一般主体。 （4）主观：过失
3	法律责任	强令他人违章冒险作业，或者明知存在重大事故隐患而不排除，仍冒险组织作业，因而发生重大伤亡事故或者造成其他严重后果的，处五年以下有期徒刑或者拘役；情节特别恶劣的，处五年以上有期徒刑

三、重大劳动安全事故罪

序号	项目	内容
1	概念	重大劳动安全事故罪是指安全生产设施或者安全生产条件不符合国家规定，因而发生重大伤亡事故或者造成其他严重后果的行为
2	构成要件	（1）本罪侵犯的客体：生产安全。 （2）客观方面：安全生产设施或者安全生产条件不符合国家规定，因而发生重大伤亡事故或者造成其他严重后果的行为。 （3）犯罪主体：一般主体。 （4）主观：过失
3	法律责任	安全生产设施或者安全生产条件不符合国家规定，因而发生重大伤亡事故或者造成其他严重后果的，对直接负责的主管人员和其他直接责任人员，处三年以下有期徒刑或者拘役；情节特别恶劣的，处三年以上七年以下有期徒刑

四、大型群众性活动重大安全事故罪

序号	项目	内容
1	概念	大型群众性活动重大安全事故罪，是指举办大型群众性活动违反安全管理规定，因而发生重大伤亡事故或者造成其他严重后果的行为

序号	项目	内容
2	构成要件	（1）本罪侵犯的客体：公共安全。 （2）客观方面：举办大型群众性活动违反安全管理规定，因而发生重大伤亡事故或者造成其他严重后果的行为。 （3）犯罪主体：对发生大型群众性活动重大安全事故直接负责的主管人员和其他直接责任人员。 （4）主观：过失
3	法律责任	举办大型群众性活动违反安全管理规定，因而发生重大伤亡事故或者造成其他严重后果的，对直接负责的主管人员和其他直接责任人员，处三年以下有期徒刑或者拘役；情节特别恶劣的，处三年以上七年以下有期徒刑

五、不报、谎报安全事故罪

序号	项目	内容
1	概念	不报、谎报安全事故罪，是指在安全事故发生后，负有报告责任的人员不报或者谎报事故情况，贻误事故抢救，情节严重的行为
2	构成要件	（1）侵犯的客体：安全事故监管制度。 （2）客观方面：安全事故发生之后，负有报告职责的人员不报或者谎报事故情况，贻误事故抢救，情节严重的行为。 （3）犯罪主体：对安全事故负有报告职责的人员。 （4）主观：故意
3	法律责任	在安全事故发生后，负有报告职责的人员不报或者谎报事故情况，贻误事故抢救，情节严重的，处三年以下有期徒刑或者拘役；情节特别严重的，处三年以上七年以下有期徒刑

考点3 关于生产安全犯罪适用《刑法》的司法解释

序号	项目	内容
1	重大责任事故罪和重大劳动安全事故罪的定罪标准	实施《刑法》第 134 条第一款（重大责任事故罪）、第 135 条（重大劳动安全事故罪）规定的行为，因而发生安全事故，具有下列情形之一的，应当认定为造成严重后果或者发生重大伤亡事故或造成其他严重后果，对相关责任人员，处三年以下有期徒刑或者拘役： （1）造成死亡一人以上，或者重伤三人以上的； （2）造成直接经济损失一百万元以上的； （3）其他造成严重后果或者重大安全事故的情形
2	重大责任事故罪和重大劳动安全事故罪的量刑情节	实施《刑法》第 134 条第一款（重大责任事故罪）、第 135 条（重大劳动安全事故罪）规定的行为，因而发生安全事故，具有下列情形之一的，对相关责任人员，处三年以上七年以下有期徒刑： （1）造成死亡三人以上或者重伤十人以上，负事故主要责任的； （2）造成直接经济损失五百万元以上，负事故主要责任的； （3）其他造成特别严重后果、情节特别恶劣或者后果特别严重的情形

序号	项目	内容
3	不报、谎报安全事故罪的量刑情节	在安全事故发生后，负有报告职责的人员不报或者谎报事故情况，贻误事故抢救，具有下列情形之一的，应当认定为刑法第 139 条之一（不报、谎报安全事故罪）规定的情节严重： （1）导致事故后果扩大，增加死亡一人以上，或者增加重伤三人以上，或者增加直接经济损失一百万元以上的； （2）实施下列行为之一，致使不能及时有效开展事故抢救的： ①决定不报、迟报、谎报事故情况或者指使、串通有关人员不报、迟报、谎报事故情况的； ②在事故抢救期间擅离职守或者逃匿的； ③伪造、破坏事故现场，或者转移、藏匿、毁灭遇难人员尸体，或者转移、藏匿受伤人员的； ④毁灭、伪造、隐匿与事故有关的图纸、记录、计算机数据等资料以及其他证据的。 （3）其他情节严重的情形。 具有下列情形之一的，应当认定为《刑法》第 139 条之一（不报、谎报安全事故罪）规定的情节特别严重： （1）导致事故后果扩大，增加死亡三人以上，或者增加重伤十人以上，或者增加直接经济损失五百万元以上的； （2）采用暴力、胁迫、命令等方式阻止他人报告事故情况，导致事故后果扩大的； （3）其他情节特别严重的情形

第三节　中华人民共和国行政处罚法

考点1　行政处罚概述

一、行政处罚的概念和特征

序号	项目	内容
1	概念	行政处罚是指行政机关依法对违反行政管理秩序的公民、法人或者其他组织，以减损权益或者增加义务的方式予以惩戒的行为
2	特征	（1）行政处罚由法定的国家机关和组织实施。 （2）行政处罚的对象是实施了违法行为，应当给予处罚的行政相对人。 （3）行政处罚是对违法行为人的制裁，具有惩戒性。 （4）行政处罚必须在法律规定范围内实施。 （5）行政处罚必须依照法定程序实施

二、行政处罚的基本原则

序号	项目	内容
1	处罚法定原则	实施主体、处罚依据和处罚程序均由法律规定

序号	项目	内容
2	处罚公正、公开原则	《行政处罚法》第5条规定，行政处罚遵循公正、公开的原则。 设定和实施行政处罚必须以事实为依据，与违法行为的事实、性质、情节以及社会危害程度相当。 对违法行为给予行政处罚的规定必须公布；未经公布的，不得作为行政处罚的依据
3	处罚与教育相结合原则	《行政处罚法》第6条规定，实施行政处罚，纠正违法行为，应当坚持处罚与教育相结合，教育公民、法人或者其他组织自觉守法
4	权利保障原则	《行政处罚法》第7条规定，公民、法人或者其他组织对行政机关所给予的行政处罚，享有陈述权、申辩权；对行政处罚不服的，有权依法申请行政复议或者提起行政诉讼。 公民、法人或者其他组织因行政机关违法给予行政处罚受到损害的，有权依法提出赔偿要求。 行政相对人的权利归纳为：陈述权、申辩权、复议权、诉讼权、索赔权
5	一事不再罚原则	《行政处罚法》第29条规定，对当事人的同一个违法行为，不得给予两次以上罚款的行政处罚。同一个违法行为违反多个法律规范应当给予罚款处罚的，按照罚款数额高的规定处罚

考点2　行政处罚的种类和设定

一、行政处罚的种类

《行政处罚法》第9条规定，行政处罚的种类：
(1) 警告、通报批评；
(2) 罚款、没收违法所得、没收非法财物；
(3) 暂扣许可证件、降低资质等级、吊销许可证件；
(4) 限制开展生产经营活动、责令停产停业、责令关闭、限制从业；
(5) 行政拘留；
(6) 法律、行政法规规定的其他行政处罚。
上述种类可以归纳为四种：人身自由罚、行为罚、财产罚、声誉罚。

二、行政处罚的设定

序号	项目	内容
1	法律设定的行政处罚	《行政处罚法》第10条规定，法律可以设定各种行政处罚。 限制人身自由的行政处罚，只能由法律设定
2	行政法规设定的行政处罚	《行政处罚法》第11条规定，行政法规可以设定除限制人身自由以外的行政处罚。 法律对违法行为已经作出行政处罚规定，行政法规需要作出具体规定的，必须在法律规定的给予行政处罚的行为、种类和幅度的范围内规定。 法律对违法行为未作出行政处罚规定，行政法规为实施法律，可以补充设定行政处罚。拟补充设定行政处罚的，应当通过听证会、论证会等形式广泛听取意见，并向制定机关作出书面说明。行政法规报送备案时，应当说明补充设定行政处罚的情况

序号	项目	内容
3	地方性法规设定的行政处罚	《行政处罚法》第12条规定，地方性法规可以设定除限制人身自由、吊销营业执照以外的行政处罚。 法律、行政法规对违法行为已经作出行政处罚规定，地方性法规需要作出具体规定的，必须在法律、行政法规规定的给予行政处罚的行为、种类和幅度的范围内规定。 法律、行政法规对违法行为未作出行政处罚规定，地方性法规为实施法律、行政法规，可以补充设定行政处罚。拟补充设定行政处罚的，应当通过听证会、论证会等形式广泛听取意见，并向制定机关作出书面说明。地方性法规报送备案时，应当说明补充设定行政处罚的情况
4	部门规章设定的行政处罚	《行政处罚法》第13条规定，国务院部门规章可以在法律、行政法规规定的给予行政处罚的行为、种类和幅度的范围内作出具体规定。 尚未制定法律、行政法规的，国务院部门规章对违反行政管理秩序的行为，可以设定警告、通报批评或者一定数额罚款的行政处罚。罚款的限额由国务院规定
5	地方政府规章设定的行政处罚	《行政处罚法》第14条规定，地方政府规章可以在法律、法规规定的给予行政处罚的行为、种类和幅度的范围内作出具体规定。 尚未制定法律、法规的，地方政府规章对违反行政管理秩序的行为，可以设定警告、通报批评或者一定数额罚款的行政处罚。罚款的限额由省、自治区、直辖市人民代表大会常务委员会规定

考点3 行政处罚的实施机关

序号	项目	内容
1	具有法定处罚权的国家行政机关	《行政处罚法》第18条规定，国家在城市管理、市场监管、生态环境、文化市场、交通运输、应急管理、农业等领域推行建立综合行政执法制度，相对集中行政处罚权。 国务院或者省、自治区、直辖市人民政府可以决定一个行政机关行使有关行政机关的行政处罚权。 限制人身自由的行政处罚权只能由公安机关和法律规定的其他机关行使
2	法律、法规授权的组织	《行政处罚法》第19条规定，法律、法规授权的具有管理公共事务职能的组织可以在法定授权范围内实施行政处罚
3	受行政机关依法委托的组织	《行政处罚法》第20条规定，行政机关依照法律、法规、规章的规定，可以在其法定权限内书面委托符合本法第21条规定条件的组织实施行政处罚。行政机关不得委托其他组织或者个人实施行政处罚。 委托书应当载明委托的具体事项、权限、期限等内容。委托行政机关和受委托组织应当将委托书向社会公布。 委托行政机关对受委托组织实施行政处罚的行为应当负责监督，并对该行为的后果承担法律责任。 受委托组织在委托范围内，以委托行政机关名义实施行政处罚；不得再委托其他组织或者个人实施行政处罚。 《行政处罚法》第21条规定，受委托组织必须符合以下条件： （1）依法成立并具有管理公共事务职能； （2）有熟悉有关法律、法规、规章和业务并取得行政执法资格的工作人员； （3）需要进行技术检查或者技术鉴定的，应当有条件组织进行相应的技术检查或者技术鉴定

考点4　行政处罚的管辖和适用

一、行政处罚的管辖

序号	项目	内容
1	地域管辖	《行政处罚法》第22条规定，行政处罚由违法行为发生地的行政机关管辖。法律、行政法规、部门规章另有规定的，从其规定
2	级别管辖	《行政处罚法》第23条规定，行政处罚由县级以上地方人民政府具有行政处罚权的行政机关管辖。法律、行政法规另有规定的，从其规定
3	管辖权冲突的解决	《行政处罚法》第25条规定，两个以上行政机关都有管辖权的，由最先立案的行政机关管辖。 对管辖发生争议的，应当协商解决，协商不成的，报请共同的上一级行政机关指定管辖；也可以直接由共同的上一级行政机关指定管辖

二、行政处罚的适用

序号	项目		内容
1	不予处罚		（1）不满十四周岁的未成年人有违法行为的。 （2）精神病人、智力残疾人在不能辨认或者不能控制自己行为时有违法行为的，不予行政处罚。 （3）违法行为轻微并及时改正，没有造成危害后果的，不予行政处罚。 （4）当事人有证据足以证明没有主观过错的，不予行政处罚
2	从轻或者减轻处罚		（1）已满十四周岁不满十八周岁的未成年人有违法行为的，应当从轻或者减轻行政处罚。 （2）尚未完全丧失辨认或者控制自己行为能力的精神病人、智力残疾人有违法行为的，可以从轻或者减轻行政处罚。 （3）《行政处罚法》第32条规定，当事人有下列情形之一，应当从轻或者减轻行政处罚： ①主动消除或者减轻违法行为危害后果的； ②受他人胁迫或者诱骗实施违法行为的； ③主动供述行政机关尚未掌握的违法行为的； ④配合行政机关查处违法行为有立功表现的； ⑤法律、法规、规章规定其他应当从轻或者减轻行政处罚的
3	追诉时效		《行政处罚法》第36条规定，违法行为在二年内未被发现的，不再给予行政处罚；涉及公民生命健康安全、金融安全且有危害后果的，上述期限延长至五年。法律另有规定的除外。 前款规定的期限，从违法行为发生之日起计算；违法行为有连续或者继续状态的，从行为终了之日起计算
4	其他	案件移送	《行政处罚法》第27条规定，违法行为涉嫌犯罪的，行政机关应当及时将案件移送司法机关，依法追究刑事责任
		责令改正	《行政处罚法》第28条规定，行政机关实施行政处罚时，应当责令当事人改正或者限期改正违法行为
		罚刑可相抵	《行政处罚法》第35条规定，违法行为构成犯罪，人民法院判处拘役或者有期徒刑时，行政机关已经给予当事人行政拘留的，应当依法折抵相应刑期。 违法行为构成犯罪，人民法院判处罚金时，行政机关已经给予当事人罚款的，应当折抵相应罚金；行政机关尚未给予当事人罚款的，不再给予罚款

考点5　行政处罚的决定

一、行政处罚决定的一般规定

序号	项目	内容
1	原则	《行政处罚法》第40条规定，公民、法人或者其他组织违反行政管理秩序的行为，依法应当给予行政处罚的，行政机关必须查明事实；违法事实不清、证据不足的，不得给予行政处罚
2	执法人员	《行政处罚法》第42条规定，行政处罚应当由具有行政执法资格的执法人员实施。执法人员不得少于两人，法律另有规定的除外
3	告知义务	《行政处罚法》第44条规定，行政机关在作出行政处罚决定之前，应当告知当事人拟作出的行政处罚内容及事实、理由、依据，并告知当事人依法享有的陈述、申辩、要求听证等权利
4	当事人的权利	《行政处罚法》第45条规定，当事人有权进行陈述和申辩。行政机关必须充分听取当事人的意见，对当事人提出的事实、理由和证据，应当进行复核；当事人提出的事实、理由或者证据成立的，行政机关应当采纳。 行政机关不得因当事人陈述、申辩而给予更重的处罚

二、行政处罚决定的简易程序

（1）《行政处罚法》第51条规定，违法事实确凿并有法定依据，对公民处以二百元以下、对法人或者其他组织处以三千元以下罚款或者警告的行政处罚的，可以当场作出行政处罚决定。法律另有规定的，从其规定。

（2）《行政处罚法》第52条规定，执法人员当场作出行政处罚决定的，应当向当事人出示执法证件，填写预定格式、编有号码的行政处罚决定书，并当场交付当事人。当事人拒绝签收的，应当在行政处罚决定书上注明。

前款规定的行政处罚决定书应当载明当事人的违法行为，行政处罚的种类和依据、罚款数额、时间、地点，申请行政复议、提起行政诉讼的途径和期限以及行政机关名称，并由执法人员签名或者盖章。

执法人员当场作出的行政处罚决定，应当报所属行政机关备案。

三、行政处罚决定的普通程序

序号	项目	内容
1	立案	《行政处罚法》第54条规定，除本法第51条规定的可以当场作出的行政处罚外，行政机关发现公民、法人或者其他组织有依法应当给予行政处罚的行为的，必须全面、客观、公正地调查，收集有关证据；必要时，依照法律、法规的规定，可以进行检查。 符合立案标准的，行政机关应当及时立案
2	调查取证	（1）《行政处罚法》第55条规定，执法人员在调查或者进行检查时，应当主动向当事人或者有关人员出示执法证件。当事人或者有关人员有权要求执法人员出示执法证件。执法人员不出示执法证件的，当事人或者有关人员有权拒绝接受调查或者检查。 （2）当事人或者有关人员应当如实回答询问，并协助调查或者检查，不得拒绝或者阻挠。询问或者检查应当制作笔录。 （3）《行政处罚法》第56条规定，行政机关在收集证据时，可以采取抽样取证的方法；在证据可能灭失或者以后难以取得的情况下，经行政机关负责人批准，可以先行登记保存，并应当在七日内及时作出处理决定，在此期间，当事人或者有关人员不得销毁或者转移证据

序号	项目	内容
3	告知当事人并听取其陈述、申辩意见	《行政处罚法》第62条规定，行政机关及其执法人员在作出行政处罚决定之前，未依照本法规定向当事人告知拟作出的行政处罚内容及事实、理由、依据，或者拒绝听取当事人的陈述、申辩，不得作出行政处罚决定；当事人明确放弃陈述或者申辩权利的除外
4	法制审核	《行政处罚法》第58条规定有下列情形之一，在行政机关负责人作出行政处罚的决定之前，应当由从事行政处罚决定法制审核的人员进行法制审核；未经法制审核或者审核未通过的，不得作出决定： （1）涉及重大公共利益的； （2）直接关系当事人或者第三人重大权益，经过听证程序的； （3）案件情况疑难复杂、涉及多个法律关系的； （4）法律、法规规定应当进行法制审核的其他情形
5	作出决定	（1）《行政处罚法》第57条规定，调查终结，行政机关负责人应当对调查结果进行审查，根据不同情况，分别作出如下决定： ①确有应受行政处罚的违法行为的，根据情节轻重及具体情况，作出行政处罚决定； ②违法行为轻微，依法可以不予行政处罚的，不予行政处罚； ③违法事实不能成立的，不予行政处罚； ④违法行为涉嫌犯罪的，移送司法机关。 对情节复杂或者重大违法行为给予行政处罚，行政机关负责人应当集体讨论决定 （2）《行政处罚法》第59条规定，行政机关依照本法第57条的规定给予行政处罚，应当制作行政处罚决定书。行政处罚决定书应当载明下列事项： ①当事人的姓名或者名称、地址； ②违反法律、法规、规章的事实和证据； ③行政处罚的种类和依据； ④行政处罚的履行方式和期限； ⑤申请行政复议、提起行政诉讼的途径和期限； ⑥作出行政处罚决定的行政机关名称和作出决定的日期。 行政处罚决定书必须盖有作出行政处罚决定的行政机关的印章。 （3）《行政处罚法》第60条规定，行政机关应当自行政处罚案件立案之日起九十日内作出行政处罚决定。
6	送达	《行政处罚法》第61条规定，行政处罚决定书应当在宣告后当场交付当事人；当事人不在场的，行政机关应当在七日内依照《中华人民共和国民事诉讼法》的有关规定，将行政处罚决定书送达当事人

四、行政处罚决定的听证程序

序号	项目	内容
1	当事人要求听证的权利	《行政处罚法》第63条规定，行政机关拟作出下列行政处罚决定，应当告知当事人有要求听证的权利，当事人要求听证的，行政机关应当组织听证： （1）较大数额罚款； （2）没收较大数额违法所得、没收较大价值非法财物； （3）降低资质等级、吊销许可证件； （4）责令停产停业、责令关闭、限制从业； （5）其他较重的行政处罚； （6）法律、法规、规章规定的其他情形。 当事人不承担行政机关组织听证的费用

序号	项目	内容
2	组织听证	《行政处罚法》第64条规定，听证应当依照以下程序组织： （1）当事人要求听证的，应当在行政机关告知后五日内提出。 （2）行政机关应当在举行听证的七日前，通知当事人及有关人员听证的时间、地点。 （3）除涉及国家秘密、商业秘密或者个人隐私依法予以保密外，听证公开举行。 （4）听证由行政机关指定的非本案调查人员主持；当事人认为主持人与本案有直接利害关系的，有权申请回避。 （5）当事人可以亲自参加听证，也可以委托一至二人代理。 （6）当事人及其代理人无正当理由拒不出席听证或者未经许可中途退出听证的，视为放弃听证权利，行政机关终止听证。 （7）举行听证时，调查人员提出当事人违法的事实、证据和行政处罚建议，当事人进行申辩和质证。 （8）听证应当制作笔录。笔录应当交当事人或者其代理人核对无误后签字或者盖章。当事人或者其代理人拒绝签字或者盖章的，由听证主持人在笔录中注明

📝 考点6 行政处罚的执行

序号	项目	内容
1	处罚机关与收缴罚款机构相分离	（1）作出罚款决定的行政机关应当与收缴罚款的机构分离。 （2）除依照《行政处罚法》规定当场收缴的罚款外，作出行政处罚决定的行政机关及其执法人员不得自行收缴罚款。 （3）当事人应当自收到行政处罚决定书之日起十五日内，到指定的银行或者通过电子支付系统缴纳罚款。银行应当收受罚款，并将罚款直接上缴国库
2	当场收缴	（1）《行政处罚法》第68条规定，依照本法第51条的规定当场作出行政处罚决定，有下列情形之一，执法人员可以当场收缴罚款： ①依法给予一百元以下罚款的； ②不当场收缴事后难以执行的。 （2）《行政处罚法》第69条规定，在边远、水上、交通不便地区，行政机关及其执法人员依照本法第51条、第57条的规定作出罚款决定后，当事人到指定的银行或者通过电子支付系统缴纳罚款确有困难，经当事人提出，行政机关及其执法人员可以当场收缴罚款。 （3）《行政处罚法》第70条规定，行政机关及其执法人员当场收缴罚款的，必须向当事人出具国务院财政部门或者省、自治区、直辖市人民政府财政部门统一制发的专用票据；不出具财政部门统一制发的专用票据的，当事人有权拒绝缴纳罚款。 （4）《行政处罚法》第71条规定，执法人员当场收缴的罚款，应当自收缴罚款之日起二日内，交至行政机关；在水上当场收缴的罚款，应当自抵岸之日起二日内交至行政机关；行政机关应当在二日内将罚款缴付指定的银行
3	强制执行	《行政处罚法》第72条规定，当事人逾期不履行行政处罚决定的，作出行政处罚决定的行政机关可以采取下列措施： （1）到期不缴纳罚款的，每日按罚款数额的百分之三加处罚款，加处罚款的数额不得超出罚款的数额； （2）根据法律规定，将查封、扣押的财物拍卖、依法处理或者将冻结的存款、汇款划拨抵缴罚款； （3）根据法律规定，采取其他行政强制执行方式； （4）依照《行政强制法》的规定申请人民法院强制执行。 行政机关批准延期、分期缴纳罚款的，申请人民法院强制执行的期限，自暂缓或者分期缴纳罚款期限结束之日起计算

第四节　中华人民共和国行政强制法

考点1　行政强制的基本原则

（1）行政强制法定原则。
（2）行政强制适当原则。
（3）教育与强制相结合的原则。
（4）相对人权利保障原则。

考点2　行政强制的种类和设定

一、行政强制的种类和设定

序号	项目	内容
1	种类	《行政强制法》第9条规定，行政强制措施的种类：限制公民人身自由；查封场所、设施或者财物；扣押财物；冻结存款、汇款；其他行政强制措施
2	设定	《行政强制法》第10条规定，行政强制措施由法律设定。 尚未制定法律，且属于国务院行政管理职权事项的，行政法规可以设定除本法第9条第一项、第四项和应当由法律规定的行政强制措施以外的其他行政强制措施。 尚未制定法律、行政法规，且属于地方性事务的，地方性法规可以设定本法第9条第二项、第三项的行政强制措施。 法律、法规以外的其他规范性文件不得设定行政强制措施
3	行政强制执行的方式	《行政强制法》第12条规定，行政强制执行的方式：加处罚款或者滞纳金；划拨存款、汇款；拍卖或者依法处理查封、扣押的场所、设施或者财物；排除妨碍、恢复原状；代履行；其他强制执行方式

二、设定行政强制的立法程序与行政强制的评价

序号	项目	内容
1	设定行政强制的立法程序	《行政强制法》第14条规定，起草法律草案、法规草案，拟设定行政强制的，起草单位应当采取听证会、论证会等形式听取意见，并向制定机关说明设定该行政强制的必要性、可能产生的影响以及听取和采纳意见的情况
2	行政强制的评价	《行政强制法》第15条规定，行政强制的设定机关应当定期对其设定的行政强制进行评价，并对不适当的行政强制及时予以修改或者废止。 行政强制的实施机关可以对已设定的行政强制的实施情况及存在的必要性适时进行评价，并将意见报告该行政强制的设定机关。 公民、法人或者其他组织可以向行政强制的设定机关和实施机关就行政强制的设定和实施提出意见和建议。有关机关应当认真研究论证，并以适当方式予以反馈

📝 考点3 行政强制措施实施程序

一、实施机关需要有实施行政强制措施的职权

《行政强制法》第17条规定，行政强制措施由法律、法规规定的行政机关在法定职权范围内实施。行政强制措施权不得委托。

依据《中华人民共和国行政处罚法》的规定行使相对集中行政处罚权的行政机关，可以实施法律、法规规定的与行政处罚权有关的行政强制措施。

行政强制措施应当由行政机关具备资格的行政执法人员实施，其他人员不得实施。

二、行政机关实施行政强制措施的程序与紧急情形下的行政强制措施

序号	项目	内容
1	行政机关实施行政强制措施的程序	《行政强制法》第18条规定，行政机关实施行政强制措施应当遵守下列规定： （1）实施前须向行政机关负责人报告并经批准； （2）由两名以上行政执法人员实施； （3）出示执法身份证件； （4）通知当事人到场； （5）当场告知当事人采取行政强制措施的理由、依据以及当事人依法享有的权利、救济途径； （6）听取当事人的陈述和申辩； （7）制作现场笔录； （8）现场笔录由当事人和行政执法人员签名或者盖章，当事人拒绝的，在笔录中予以注明； （9）当事人不到场的，邀请见证人到场，由见证人和行政执法人员在现场笔录上签名或者盖章； （10）法律、法规规定的其他程序
2	紧急情形下的行政强制措施	《行政强制法》第19条规定，情况紧急，需要当场实施行政强制措施的，行政执法人员应当在24小时内向行政机关负责人报告，并补办批准手续。行政机关负责人认为不应当采取行政强制措施的，应当立即解除

三、查封、扣押

序号	项目	内容
1	查封、扣押的职权	《行政强制法》第22条规定，查封、扣押应当由法律、法规规定的行政机关实施，其他任何行政机关或者组织不得实施
2	查封、扣押的对象	《行政强制法》第23条规定，查封、扣押限于涉案的场所、设施或者财物，不得查封、扣押与违法行为无关的场所、设施或者财物；不得查封、扣押公民个人及其所扶养家属的生活必需品。 当事人的场所、设施或者财物已被其他国家机关依法查封的，不得重复查封
3	查封、扣押决定书	《行政强制法》第24条规定，行政机关决定实施查封、扣押的，应当履行本法第18条规定的程序，制作并当场交付查封、扣押决定书和清单。 查封、扣押决定书应当载明下列事项： （1）当事人的姓名或者名称、地址； （2）查封、扣押的理由、依据和期限；

续表

序号	项目	内容
3	查封、扣押决定书	（3）查封、扣押场所、设施或者财物的名称、数量等； （4）申请行政复议或者提起行政诉讼的途径和期限； （5）行政机关的名称、印章和日期。 查封、扣押清单一式二份，由当事人和行政机关分别保存
4	查封、扣押的期限	《行政强制法》第25条规定，查封、扣押的期限不得超过三十日；情况复杂的，经行政机关负责人批准，可以延长，但是延长期限不得超过三十日。法律、行政法规另有规定的除外。 延长查封、扣押的决定应当及时书面告知当事人，并说明理由。 对物品需要进行检测、检验、检疫或者技术鉴定的，查封、扣押的期间不包括检测、检验、检疫或者技术鉴定的期间。检测、检验、检疫或者技术鉴定的期间应当明确，并书面告知当事人。检测、检验、检疫或者技术鉴定的费用由行政机关承担
5	行政机关的妥善保管义务	《行政强制法》第26条规定，对查封、扣押的场所、设施或者财物，行政机关应当妥善保管，不得使用或者损毁；造成损失的，应当承担赔偿责任。 对查封的场所、设施或者财物，行政机关可以委托第三人保管，第三人不得损毁或者擅自转移、处置。因第三人的原因造成的损失，行政机关先行赔付后，有权向第三人追偿。 因查封、扣押发生的保管费用由行政机关承担
6	查封、扣押的后续处理	《行政强制法》第27条规定，行政机关采取查封、扣押措施后，应当及时查清事实，在本法第25条规定的期限内作出处理决定。对违法事实清楚，依法应当没收的非法财物予以没收；法律、行政法规定应销毁的，依法销毁；应当解除查封、扣押的，作出解除查封、扣押的决定。 《行政强制法》第28条规定，有下列情形之一的，行政机关应当及时作出解除查封、扣押决定： （1）当事人没有违法行为； （2）查封、扣押的场所、设施或者财物与违法行为无关； （3）行政机关对违法行为已经作出处理决定，不再需要查封、扣押； （4）查封、扣押期限已经届满； （5）其他不再需要采取查封、扣押措施的情形。 解除查封、扣押应当立即退还财物；已将鲜活物品或者其他不易保管的财物拍卖或者变卖的，退还拍卖或者变卖所得款项。变卖价格明显低于市场价格，给当事人造成损失的，应当给予补偿

📝 考点4 行政机关强制执行程序

序号	项目	内容
1	行政机关的催告义务	《行政强制法》第35条规定，行政机关作出强制执行决定前，应当事先催告当事人履行义务。催告应当以书面形式作出，并载明下列事项： （1）履行义务的期限； （2）履行义务的方式； （3）涉及金钱给付的，应当有明确的金额和给付方式； （4）当事人依法享有的陈述权和申辩权。 《行政强制法》第36条规定，当事人收到催告书后有权进行陈述和申辩。行政机关应当充分听取当事人的意见，对当事人提出的事实、理由和证据，应当进行记录、复核。当事人提出的事实、理由或者证据成立的，行政机关应当采纳

序号	项目	内容
2	行政强制执行决定	《行政强制法》第37条规定，经催告，当事人逾期仍不履行行政决定，且无正当理由的，行政机关可以作出强制执行决定。 强制执行决定应当以书面形式作出，并载明下列事项： （1）当事人的姓名或者名称、地址； （2）强制执行的理由和依据； （3）强制执行的方式和时间； （4）申请行政复议或者提起行政诉讼的途径和期限； （5）行政机关的名称、印章和日期。 在催告期间，对有证据证明有转移或者隐匿财物迹象的，行政机关可以作出立即强制执行决定
3	中止执行和终结执行	《行政强制法》第39条规定，有下列情形之一的，中止执行： （1）当事人履行行政决定确有困难或者暂无履行能力的； （2）第三人对执行标的主张权利，确有理由的； （3）执行可能造成难以弥补的损失，且中止执行不损害公共利益的； （4）行政机关认为需要中止执行的其他情形。 中止执行的情形消失后，行政机关应当恢复执行。对没有明显社会危害，当事人确无能力履行，中止执行满3年未恢复执行的，行政机关不再执行
		《行政强制法》第40条规定，有下列情形之一的，终结执行： （1）公民死亡，无遗产可供执行，又无义务承受人的； （2）法人或者其他组织终止，无财产可供执行，又无义务承受人的； （3）执行标的灭失的； （4）据以执行的行政决定被撤销的； （5）行政机关认为需要终结执行的其他情形
4	执行异议	《行政强制法》第42条规定，实施行政强制执行，行政机关可以在不损害公共利益和他人合法权益的情况下，与当事人达成执行协议。执行协议可以约定分阶段履行；当事人采取补救措施的，可以减免加处的罚款或者滞纳金。 执行协议应当履行。当事人不履行执行协议的，行政机关应当恢复强制执行
5	金钱给付义务的执行	《行政强制法》第45条规定，行政机关依法作出金钱给付义务的行政决定，当事人逾期不履行的，行政机关可以依法加处罚款或者滞纳金。加处罚款或者滞纳金的标准应当告知当事人。 加处罚款或者滞纳金的数额不得超出金钱给付义务的数额。 《行政强制法》第46条规定，行政机关依法实施加处罚款或者滞纳金超过30日，经催告当事人仍不履行的，具有行政强制执行权的行政机关可以强制执行。 没有行政强制执行权的行政机关应当申请人民法院强制执行。但是，当事人在法定期限内不申请行政复议或者提起行政诉讼，经催告仍不履行的，在实施行政管理过程中已经采取查封、扣押措施的行政机关，可以将查封、扣押的财物依法拍卖抵缴罚款
6	代履行	《行政强制法》第51条规定，代履行应当遵守下列规定： （1）代履行前送达决定书，代履行决定书应当载明当事人的姓名或者名称、地址，代履行的理由和依据、方式和时间、标的、费用预算以及代履行人； （2）代履行三日前，催告当事人履行，当事人履行的，停止代履行； （3）代履行时，作出决定的行政机关应当派员到场监督； （4）代履行完毕，行政机关到场监督的工作人员、代履行人和当事人或者见证人应当在执行文书上签名或者盖章

考点5 申请人民法院强制执行

一、申请时限、催告及应提交的材料

序号	项目	内容
1	时限	《行政强制法》第53条规定，当事人在法定期限内不申请行政复议或者提起行政诉讼，又不履行行政决定的，没有行政强制执行权的行政机关可以自期限届满之日起3个月内，依照本章规定申请人民法院强制执行
2	催告	《行政强制法》第54条规定，行政机关申请人民法院强制执行前，应当催告当事人履行义务。催告书送达10日后当事人仍未履行义务的，行政机关可以向所在地有管辖权的人民法院申请强制执行；执行对象是不动产的，向不动产所在地有管辖权的人民法院申请强制执行
3	应提交的材料	《行政强制法》第55条规定，行政机关向人民法院申请强制执行，应当提供下列材料： （1）强制执行申请书； （2）行政决定书及作出决定的事实、理由和依据； （3）当事人的意见及行政机关催告情况； （4）申请强制执行标的情况； （5）法律、行政法规规定的其他材料。 强制执行申请书应当由行政机关负责人签名，加盖行政机关的印章，并注明日期

二、听取意见

《行政强制法》第58条规定，人民法院发现有下列情形之一的，在作出裁定前可以听取被执行人和行政机关的意见：

（1）明显缺乏事实根据的；

（2）明显缺乏法律、法规依据的；

（3）其他明显违法并损害被执行人合法权益的。

人民法院应当自受理之日起30日内作出是否执行的裁定。裁定不予执行的，应当说明理由，并在五日内将不予执行的裁定送达行政机关。

行政机关对人民法院不予执行的裁定有异议的，可以自收到裁定之日起15日内向上一级人民法院申请复议，上一级人民法院应当自收到复议申请之日起30日内作出是否执行的裁定。

第五节 中华人民共和国劳动法

考点1 劳动安全卫生的规定

一、安全卫生的基本要求

序号	项目	内容
1	劳动者的权利	（1）享有平等就业和选择职业的权利。 （2）取得劳动报酬的权利。

序号	项目	内容
1	劳动者的权利	(3) 休息休假的权利。 (4) 获得劳动安全卫生保护的权利。 (5) 接受职业技能培训的权利。 (6) 享受社会保险和福利的权利。 (7) 提请劳动争议处理的权利以及法律规定的其他劳动权利
2	劳动者的义务	(1) 劳动者应当完成劳动任务。 (2) 提高职业技能。 (3) 执行劳动安全卫生规程。 (4) 遵守劳动纪律和职业道德
3	用人单位的义务	《劳动法》第52条规定,用人单位必须建立、健全劳动安全卫生制度,严格执行国家劳动安全卫生规程和标准,对劳动者进行劳动安全卫生教育,防止劳动过程中的事故,减少职业危害。 《劳动法》第53条规定,劳动安全卫生设施必须符合国家规定的标准。新建、改建、扩建工程的劳动安全卫生设施必须与主体工程同时设计、同时施工、同时投入生产和使用。 《劳动法》第54条规定,用人单位必须为劳动者提供符合国家规定的劳动安全卫生条件和必要的劳动防护用品,对从事有职业危害作业的劳动者应当定期进行健康检查

二、女职工和未成年工的保护

序号	项目		内容
1	女职工		(1)《劳动法》第59条规定,禁止安排女职工从事矿山井下、国家规定的第四级体力劳动强度的劳动和其他禁忌从事的劳动。 (2)《劳动法》第60条规定,不得安排女职工在经期从事高处、低温、冷水作业和国家规定的第三级体力劳动强度的劳动。 (3)《劳动法》第61条规定,不得安排女职工在怀孕期间从事国家规定的第三级体力劳动强度的劳动和孕期禁忌从事的劳动。对怀孕七个月以上的女职工,不得安排其延长工作时间和夜班劳动。 (4)《劳动法》第62条规定,女职工生育享受不少于九十天的产假。 (5)《劳动法》第63条规定,不得安排女职工在哺乳未满一周岁的婴儿期间从事国家规定的第三级体力劳动强度的劳动和哺乳期禁忌从事的其他劳动,不得安排其延长工作时间和夜班劳动
2	未成年工	定义	未成年工是指年满十六周岁未满十八周岁的劳动者
		保护	(1)《劳动法》第64条规定,不得安排未成年工从事矿山井下、有毒有害、国家规定的第四级体力劳动强度的劳动和其他禁忌从事的劳动。 (2)《劳动法》第65条规定,用人单位应当对未成年工定期进行健康检查

📝 考点2 劳动安全卫生监督检查

序号	项目	内容
1	劳动监察	《劳动法》第85条规定,县级以上各级人民政府劳动行政部门依法对用人单位遵守劳动法律、法规的情况进行监督检查,对违反劳动法律、法规的行为有权制止,并责令改正。 《劳动法》第86条规定,县级以上各级人民政府劳动行政部门监督检查人员执行公务,有权进入用人单位了解执行劳动法律、法规的情况,查阅必要的资料,并对劳动场所进行检查。

序号	项目	内容
1	劳动监察	县级以上各级人民政府劳动行政部门监督检查人员执行公务，必须出示证件，秉公执法并遵守有关规定
2	有关部门的监督	《劳动法》第87条规定，县级以上各级人民政府有关部门在各自职责范围内，对用人单位遵守劳动法律、法规的情况进行监督
3	工会的监督	《劳动法》第88条规定，各级工会依法维护劳动者的合法权益，对用人单位遵守劳动法律、法规的情况进行监督

第六节　中华人民共和国劳动合同法

考点1　劳动合同法适用范围和订立原则

序号	项目	内容
1	适用范围	中华人民共和国境内的企业、个体经济组织、民办非企业单位等组织（以下称用人单位）与劳动者建立劳动关系，订立、履行、变更、解除或者终止劳动合同，适用《劳动合同法》。 国家机关、事业单位、社会团体和与其建立劳动关系的劳动者，订立、履行、变更、解除或者终止劳动合同，依照《劳动合同法》执行
2	订立原则	（1）合法原则。 （2）公平原则。 （3）平等自愿原则。 （4）协商一致原则。 （5）诚实信用原则

考点2　劳动合同的订立

一、劳动合同的内容

序号	项目	内容
1	建立劳动关系	《劳动合同法》第7条规定，用人单位自用工之日起即与劳动者建立劳动关系
2	用人单位的告知义务	《劳动合同法》第8条规定，用人单位招用劳动者时，应当如实告知劳动者工作内容、工作条件、工作地点、职业危害、安全生产状况、劳动报酬，以及劳动者要求了解的其他情况；用人单位有权了解劳动者与劳动合同直接相关的基本情况，劳动者应当如实说明

续表

序号	项目	内容
3	应当具备的条款	《劳动合同法》第 17 条规定，劳动合同应当具备以下条款： （1）用人单位的名称、住所和法定代表人或者主要负责人； （2）劳动者的姓名、住址和居民身份证或者其他有效身份证件号码； （3）劳动合同期限； （4）工作内容和工作地点； （5）工作时间和休息休假； （6）劳动报酬； （7）社会保险； （8）劳动保护、劳动条件和职业危害防护； （9）法律、法规规定应当纳入劳动合同的其他事项。 劳动合同除前款规定的必备条款外，用人单位与劳动者可以约定试用期、培训、保守秘密、补充保险和福利待遇等其他事项

二、劳动合同的试用期、服务期、竞业限制

序号	项目		内容
1	试用期	时限	（1）劳动合同期限三个月以上不满一年的，试用期不得超过一个月；劳动合同期限一年以上不满三年的，试用期不得超过二个月；三年以上固定期限和无固定期限的劳动合同，试用期不得超过六个月。 （2）同一用人单位与同一劳动者只能约定一次试用期。 （3）以完成一定工作任务为期限的劳动合同或者劳动合同期限不满三个月的，不得约定试用期。 （4）试用期包含在劳动合同期限内。劳动合同仅约定试用期的，试用期不成立，该期限为劳动合同期限
		最低工资	《劳动合同法》第 20 条规定，劳动者在试用期的工资不得低于本单位相同岗位最低档工资或者劳动合同约定工资的百分之八十，并不得低于用人单位所在地的最低工资标准
2	服务期		（1）用人单位为劳动者提供专项培训费用，对其进行专业技术培训的，可以与该劳动者订立协议，约定服务期。 （2）劳动者违反服务期约定的，应当按照约定向用人单位支付违约金。违约金的数额不得超过用人单位提供的培训费用。用人单位要求劳动者支付的违约金不得超过服务期尚未履行部分所应分摊的培训费用。 （3）用人单位与劳动者约定服务期的，不影响按照正常的工资调整机制提高劳动者在服务期期间的劳动报酬
3	竞业限制		（1）用人单位与劳动者可以在劳动合同中约定保守用人单位的商业秘密和与知识产权相关的保密事项。 （2）对负有保密义务的劳动者，用人单位可以在劳动合同或者保密协议中与劳动者约定竞业限制条款，并约定在解除或者终止劳动合同后，在竞业限制期限内按月给予劳动者经济补偿。劳动者违反竞业限制约定的，应当按照约定向用人单位支付违约金。 （3）竞业限制的人员限于用人单位的高级管理人员、高级技术人员和其他负有保密义务的人员。竞业限制的范围、地域、期限由用人单位与劳动者约定，竞业限制的约定不得违反法律、法规的规定。 （4）在解除或者终止劳动合同后，前款规定的人员到与本单位生产或者经营同类产品、从事同类业务的有竞争关系的其他用人单位，或者自己开业生产或者经营同类产品、从事同类业务的竞业限制期限，不得超过二年

📝 **考点3　劳动合同的履行和变更**

序号	项目	内容
1	履行	（1）劳动者拒绝用人单位管理人员违章指挥、强令冒险作业的，不视为违反劳动合同。劳动者对危害生命安全和身体健康的劳动条件，有权对用人单位提出批评、检举和控告。 （2）用人单位变更名称、法定代表人、主要负责人或者投资人等事项，不影响劳动合同的履行
2	变更	变更劳动合同，应当采用书面形式

📝 **考点4　劳动合同的解除和终止**

一、劳动者解除劳动合同

序号	项目	内容
1	提前通知解除	劳动者提前三十日以书面形式通知用人单位，可以解除劳动合同。劳动者在试用期内提前三日通知用人单位，可以解除劳动合同
2	随时解除	《劳动合同法》第38条规定，用人单位有下列情形之一的，劳动者可以解除劳动合同： （1）未按照劳动合同约定提供劳动保护或者劳动条件的； （2）未及时足额支付劳动报酬的； （3）未依法为劳动者缴纳社会保险费的； （4）用人单位的规章制度违反法律、法规的规定，损害劳动者权益的； （5）因本法第26条第一款规定的情形致使劳动合同无效的； （6）法律、行政法规规定劳动者可以解除劳动合同的其他情形。 用人单位以暴力、威胁或者非法限制人身自由的手段强迫劳动者劳动的，或者用人单位违章指挥、强令冒险作业危及劳动者人身安全的，劳动者可以立即解除劳动合同，不需事先告知用人单位

二、用人单位解除劳动合同

序号	项目	内容
1	随时解除	《劳动合同法》第39条规定，劳动者有下列情形之一的，用人单位可以解除劳动合同： （1）在试用期间被证明不符合录用条件的； （2）严重违反用人单位的规章制度的； （3）严重失职，营私舞弊，给用人单位造成重大损害的； （4）劳动者同时与其他用人单位建立劳动关系，对完成本单位的工作任务造成严重影响，或者经用人单位提出，拒不改正的； （5）因本法第26条第一款第一项规定的情形致使劳动合同无效的； （6）被依法追究刑事责任的
2	提前30日书面通知	《劳动合同法》第40条规定，有下列情形之一的，用人单位提前三十日以书面形式通知劳动者本人或者额外支付劳动者一个月工资后，可以解除劳动合同： （1）劳动者患病或者非因工负伤，在规定的医疗期满后不能从事原工作，也不能从事由用人单位另行安排的工作的； （2）劳动者不能胜任工作，经过培训或者调整工作岗位，仍不能胜任工作的； （3）劳动合同订立时所依据的客观情况发生重大变化，致使劳动合同无法履行，经用人单位与劳动者协商，未能就变更劳动合同内容达成协议的

三、禁止用人单位单方解除的情形

《劳动合同法》第42条规定，劳动者有下列情形之一的，用人单位不得依照本法第40条、第41条的规定解除劳动合同：

（1）从事接触职业病危害作业的劳动者未进行离岗前职业健康检查，或者疑似职业病病人在诊断或者医学观察期间的；

（2）在本单位患职业病或者因工负伤并被确认丧失或者部分丧失劳动能力的；

（3）患病或者非因工负伤，在规定的医疗期内的；

（4）女职工在孕期、产期、哺乳期的；

（5）在本单位连续工作满十五年，且距法定退休年龄不足五年的；

（6）法律、行政法规规定的其他情形。

考点5 监督检查

序号	项目	内容
1	监督检查的主管机关	（1）国务院劳动行政部门负责全国劳动合同制度实施的监督管理。 （2）县级以上地方人民政府劳动行政部门负责本行政区域内劳动合同制度实施的监督管理。 （3）县级以上各级人民政府劳动行政部门在劳动合同制度实施的监督管理工作中，应当听取工会、企业方面代表以及有关行业主管部门的意见
2	监督检查管理范围	《劳动合同法》第74条规定，县级以上地方人民政府劳动行政部门依法对下列实施劳动合同制度的情况进行监督检查： （1）用人单位制定直接涉及劳动者切身利益的规章制度及其执行的情况； （2）用人单位与劳动者订立和解除劳动合同的情况； （3）劳务派遣单位和用工单位遵守劳务派遣有关规定的情况； （4）用人单位遵守国家关于劳动者工作时间和休息休假规定的情况； （5）用人单位支付劳动合同约定的劳动报酬和执行最低工资标准的情况； （6）用人单位参加各项社会保险和缴纳社会保险费的情况； （7）法律、法规规定的其他劳动监察事项

考点6 劳动合同违法行为应负的法律责任

序号	项目	内容
1	用人单位规章制度违法	《劳动合同法》第80条规定，用人单位直接涉及劳动者切身利益的规章制度违反法律、法规规定的，由劳动行政部门责令改正，给予警告；给劳动者造成损害的，应当承担赔偿责任
2	用人单位订立劳动合同违法	（1）《劳动合同法》第81条规定，用人单位提供的劳动合同文本未载明本法规定的劳动合同必备条款或者用人单位未将劳动合同文本交付劳动者的，由劳动行政部门责令改正；给劳动者造成损害的，应当承担赔偿责任。 （2）《劳动合同法》第82条规定，用人单位自用工之日起超过一个月不满一年未与劳动者订立书面劳动合同的，应当向劳动者每月支付二倍的工资。用人单位违反本法规定不与劳动者订立无固定期限劳动合同的，自应当订立无固定期限劳动合同之日起向劳动者每月支付二倍的工资。

续表

序号	项目	内容
2	用人单位订立劳动合同违法	（3）《劳动合同法》第83条规定，用人单位违反本法规定与劳动者约定试用期的，由劳动行政部门责令改正；违法约定的试用期已经履行的，由用人单位以劳动者试用期满月工资为标准，按已经履行的超过法定试用期的期间向劳动者支付赔偿金。 （4）《劳动合同法》第84条规定，用人单位违反本法规定，扣押劳动者居民身份证等证件的，由劳动行政部门责令限期退还劳动者本人，并依照有关法律规定给予处罚。 　用人单位违反本法规定，以担保或者其他名义向劳动者收取财物的，由劳动行政部门责令限期退还劳动者本人，并以每人五百元以上二千元以下的标准处以罚款；给劳动者造成损害的，应当承担赔偿责任
3	用人单位履行劳动合同违法	《劳动合同法》第85条规定，用人单位有下列情形之一的，由劳动行政部门责令限期支付劳动报酬、加班费或者经济补偿；劳动报酬低于当地最低工资标准的，应当支付其差额部分；逾期不支付的，责令用人单位按应付金额百分之五十以上百分之一百以下的标准向劳动者加付赔偿金： （1）未按照劳动合同的约定或者国家规定及时足额支付劳动者劳动报酬的； （2）低于当地最低工资标准支付劳动者工资的； （3）安排加班不支付加班费的； （4）解除或者终止劳动合同，未依照本法规定向劳动者支付经济补偿的
4	用人单位违法解除和终止劳动合同	（1）《劳动合同法》第87条规定，用人单位违反本法规定解除或者终止劳动合同的，应当依照本法第47条规定的经济补偿标准的二倍向劳动者支付赔偿金。 （2）《劳动合同法》第89条规定，用人单位违反本法规定未向劳动者出具解除或者终止劳动合同的书面证明，由劳动行政部门责令改正；给劳动者造成损害的，应当承担赔偿责任
5	用人单位侵害劳动者人身权益	《劳动合同法》第88条规定，用人单位有下列情形之一的，依法给予行政处罚；构成犯罪的，依法追究刑事责任；给劳动者造成损害的，应当承担赔偿责任： （1）以暴力、威胁或者非法限制人身自由的手段强迫劳动的； （2）违章指挥或者强令冒险作业危及劳动者人身安全的； （3）侮辱、体罚、殴打、非法搜查或者拘禁劳动者的； （4）劳动条件恶劣、环境污染严重，给劳动者身心健康造成严重损害的

第七节　中华人民共和国突发事件应对法

考点1　突发事件的概述

一、突发事件分类与分级

序号	项目	内容
1	概念	突发事件，是指突然发生，造成或者可能造成严重社会危害，需要采取应急处置措施予以应对的自然灾害、事故灾难、公共卫生事件和社会安全事件
2	分类	自然灾害、事故灾难、公共卫生事件和社会安全事件
3	分级	按照社会危害程度、影响范围等因素，将突发事件分为特别重大、重大、较大和一般四级

二、政府部门的职责

《突发事件应对法》第 7 条规定，县级人民政府对本行政区域内突发事件的应对工作负责；涉及两个以上行政区域的，由有关行政区域共同的上一级人民政府负责，或者由各有关行政区域的上一级人民政府共同负责。

突发事件发生后，发生地县级人民政府应当立即采取措施控制事态发展，组织开展应急救援和处置工作，并立即向上一级人民政府报告，必要时可以越级上报。

突发事件发生地县级人民政府不能消除或者不能有效控制突发事件引起的严重社会危害的，应当及时向上级人民政府报告。上级人民政府应当及时采取措施，统一领导应急处置工作。

法律、行政法规规定由国务院有关部门对突发事件的应对工作负责的，从其规定；地方人民政府应当积极配合并提供必要的支持。

考点 2　预防与应急准备

一、应急预案体系及内容

序号	项目	内容
1	应急预案体系	（1）国家建立健全突发事件应急预案体系。 （2）应急预案制定机关应当根据实际需要和情势变化，适时修订应急预案。应急预案的制定、修订程序由国务院规定。 （3）国务院制定国家突发事件总体应急预案，组织制定国家突发事件专项应急预案；国务院有关部门根据各自的职责和国务院相关应急预案，制定国家突发事件部门应急预案。 （4）地方各级人民政府和县级以上地方各级人民政府有关部门根据有关法律、法规、规章、上级人民政府及其有关部门的应急预案以及本地区的实际情况，制定相应的突发事件应急预案
2	应急预案的内容	应急预案应当根据《突发事件应对法》和其他有关法律、法规的规定，针对突发事件的性质、特点和可能造成的社会危害，具体规定突发事件应急管理工作的组织指挥体系与职责和突发事件的预防与预警机制、处置程序、应急保障措施以及事后恢复与重建措施等内容

二、单位预防突发事件的义务

序号	项目	内容
1	所有单位	《突发事件应对法》第 22 条规定，所有单位应当建立健全安全管理制度，定期检查本单位各项安全防范措施的落实情况，及时消除事故隐患；掌握并及时处理本单位存在的可能引发社会安全事件的问题，防止矛盾激化和事态扩大；对本单位可能发生的突发事件和采取安全防范措施的情况，应当按照规定及时向所在地人民政府或者人民政府有关部门报告
2	高危行业企业	《突发事件应对法》第 23 条规定，矿山、建筑施工单位和易燃易爆物品、危险化学品、放射性物品等危险物品的生产、经营、储运、使用单位，应当制定具体应急预案，并对生产经营场所、有危险物品的建筑物、构筑物及周边环境开展隐患排查，及时采取措施消除隐患，防止发生突发事件
3	人员密集场所	《突发事件应对法》第 24 条规定，公共交通工具、公共场所和其他人员密集场所的经营单位或者管理单位应当制定具体应急预案，为交通工具和有关场所配备报警装置和必要的应急救援设备、设施，注明其使用方法，并显著标明安全撤离的通道、路线，保证安全通道、出口的畅通。 有关单位应当定期检测、维护其报警装置和应急救援设备、设施，使其处于良好状态，确保正常使用

三、应急管理培训与应急能力建设

序号	项目	内容
1	应急管理培训	县级以上人民政府应当建立健全突发事件应急管理培训制度，对人民政府及其有关部门负有处置突发事件职责的工作人员定期进行培训
2	应急能力建设	（1）县级以上人民政府应当整合应急资源，建立或者确定综合性应急救援队伍。人民政府有关部门可以根据实际需要设立专业应急救援队伍。 （2）县级以上人民政府及其有关部门可以建立由成年志愿者组成的应急救援队伍。单位应当建立由本单位职工组成的专职或者兼职应急救援队伍。 （3）县级以上人民政府应当加强专业应急救援队伍与非专业应急救援队伍的合作，联合培训、联合演练，提高合成应急、协同应急的能力。 （4）国务院有关部门、县级以上地方各级人民政府及其有关部门、有关单位应当为专业应急救援人员购买人身意外伤害保险，配备必要的防护装备和器材，减少应急救援人员的人身风险

考点3　监测与预警

一、突发事件监测

序号	项目	内容
1	突发事件信息的收集与报告	（1）《突发事件应对法》第38条规定，县级以上人民政府及其有关部门、专业机构应当通过多种途径收集突发事件信息。获悉突发事件信息的公民、法人或者其他组织，应当立即向所在地人民政府、有关主管部门或者指定的专业机构报告。 （2）《突发事件应对法》第39条规定，有关单位和人员报送、报告突发事件信息，应当做到及时、客观、真实，不得迟报、谎报、瞒报、漏报。 （3）《突发事件应对法》第40条规定，县级以上地方各级人民政府应当及时汇总分析突发事件隐患和预警信息，必要时组织相关部门、专业技术人员、专家学者进行会商，对发生突发事件的可能性及其可能造成的影响进行评估；认为可能发生重大或者特别重大突发事件的，应当立即向上级人民政府报告，并向上级人民政府有关部门、当地驻军和可能受到危害的毗邻或者相关地区的人民政府通报
2	突发事件监测制度	《突发事件应对法》第41条规定，国家建立健全突发事件监测制度。 县级以上人民政府及其有关部门应当根据自然灾害、事故灾难和公共卫生事件的种类和特点，建立健全基础信息数据库，完善监测网络，划分监测区域，确定监测点，明确监测项目，提供必要的设备、设施，配备专职或者兼职人员，对可能发生的突发事件进行监测

二、突发事件的预警

序号	项目	内容
1	预警级别	可以预警的自然灾害、事故灾难和公共卫生事件的预警级别，按照突发事件发生的紧急程度、发展势态和可能造成的危害程度分为一级、二级、三级和四级，分别用红色、橙色、黄色和蓝色标示，一级为最高级别

99

序号	项目	内容
2	三级、四级警报措施	《突发事件应对法》第44条规定，发布三级、四级警报，宣布进入预警期后，县级以上地方各级人民政府应当根据即将发生的突发事件的特点和可能造成的危害，采取下列措施： （1）启动应急预案； （2）责令有关部门、专业机构、监测网点和负有特定职责的人员及时收集、报告有关信息，向社会公布反映突发事件信息的渠道，加强对突发事件发生、发展情况的监测、预报和预警工作； （3）组织有关部门和机构、专业技术人员、有关专家学者，随时对突发事件信息进行分析评估，预测发生突发事件可能性的大小、影响范围和强度以及可能发生的突发事件的级别； （4）定时向社会发布与公众有关的突发事件预测信息和分析评估结果，并对相关信息的报道工作进行管理； （5）及时按照有关规定向社会发布可能受到突发事件危害的警告，宣传避免、减轻危害的常识，公布咨询电话
3	一级、二级警报措施	《突发事件应对法》第45条规定，发布一级、二级警报，宣布进入预警期后，县级以上地方各级人民政府除采取本法第44条规定的措施外，还应当针对即将发生的突发事件的特点和可能造成的危害，采取下列一项或者多项措施： （1）责令应急救援队伍、负有特定职责的人员进入待命状态，并动员后备人员做好参加应急救援和处置工作的准备； （2）调集应急救援所需物资、设备、工具，准备应急设施和避难场所，并确保其处于良好状态、随时可以投入正常使用； （3）加强对重点单位、重要部位和重要基础设施的安全保卫，维护社会治安秩序； （4）采取必要措施，确保交通、通信、供水、排水、供电、供气、供热等公共设施的安全和正常运行； （5）及时向社会发布有关采取特定措施避免或者减轻危害的建议、劝告； （6）转移、疏散或者撤离易受突发事件危害的人员并予以妥善安置，转移重要财产； （7）关闭或者限制使用易受突发事件危害的场所，控制或者限制容易导致危害扩大的公共场所的活动； （8）法律、法规、规章规定的其他必要的防范性、保护性措施

考点4 应急处置与救援

一、应急处置措施

序号	项目	内容
1	自然灾害、事故灾难或者公共卫生事件的应急处置措施	《突发事件应对法》第49条规定，自然灾害、事故灾难或者公共卫生事件发生后，履行统一领导职责的人民政府可以采取下列一项或者多项应急处置措施： （1）组织营救和救治受害人员，疏散、撤离并妥善安置受到威胁的人员以及采取其他救助措施； （2）迅速控制危险源，标明危险区域，封锁危险场所，划定警戒区，实行交通管制以及其他控制措施； （3）立即抢修被损坏的交通、通信、供水、排水、供电、供气、供热等公共设施，向受到危害的人员提供避难场所和生活必需品，实施医疗救护和卫生防疫以及其他保障措施； （4）禁止或者限制使用有关设备、设施，关闭或者限制使用有关场所，中止人员密集的活动或者可能导致危害扩大的生产经营活动以及采取其他保护措施； （5）启用本级人民政府设置的财政预备费和储备的应急救援物资，必要时调用其他急需物资、设备、设施、工具；

序号	项目	内容
1	自然灾害、事故灾难或者公共卫生事件的应急处置措施	（6）组织公民参加应急救援和处置工作，要求具有特定专长的人员提供服务； （7）保障食品、饮用水、燃料等基本生活必需品的供应； （8）依法从严惩处囤积居奇、哄抬物价、制假售假等扰乱市场秩序的行为，稳定市场价格，维护市场秩序； （9）依法从严惩处哄抢财物、干扰破坏应急处置工作等扰乱社会治安的行为，维护社会治安； （10）采取防止发生次生、衍生事件的必要措施
2	社会安全事件的应急处置措施	《突发事件应对法》第50条规定，社会安全事件发生后，组织处置工作的人民政府应当立即组织有关部门并由公安机关针对事件的性质和特点，依照有关法律、行政法规和国家其他有关规定，采取下列一项或者多项应急处置措施： （1）强制隔离使用器械相互对抗或者以暴力行为参与冲突的当事人，妥善解决现场纠纷和争端，控制事态发展； （2）对特定区域内的建筑物、交通工具、设备、设施以及燃料、燃气、电力、水的供应进行控制； （3）封锁有关场所、道路，查验现场人员的身份证件，限制有关公共场所内的活动； （4）加强对易受冲击的核心机关和单位的警卫，在国家机关、军事机关、国家通讯社、广播电台、电视台、外国驻华使领馆等单位附近设置临时警戒线； （5）法律、行政法规和国务院规定的其他必要措施。 严重危害社会治安秩序的事件发生时，公安机关应当立即依法出动警力，根据现场情况依法采取相应的强制性措施，尽快使社会秩序恢复正常

二、应急救援

序号	项目	内容
1	发生地的组织	《突发事件应对法》第55条规定，突发事件发生地的居民委员会、村民委员会和其他组织应当按照当地人民政府的决定、命令，进行宣传动员，组织群众开展自救和互救，协助维护社会秩序
2	发生的单位	《突发事件应对法》第56条规定，受到自然灾害危害或者发生事故灾难、公共卫生事件的单位，应当立即组织本单位应急救援队伍和工作人员营救受害人员，疏散、撤离、安置受到威胁的人员，控制危险源，标明危险区域，封锁危险场所，并采取其他防止危害扩大的必要措施，同时向所在地县级人民政府报告；对因本单位的问题引发的或者主体是本单位人员的社会安全事件，有关单位应当按照规定上报情况，并迅速派出负责人赶赴现场开展劝解、疏导工作。 突发事件发生地的其他单位应当服从人民政府发布的决定、命令，配合人民政府采取的应急处置措施，做好本单位的应急救援工作，并积极组织人员参加所在地的应急救援和处置工作
3	发生地的公民	《突发事件应对法》第57条规定，突发事件发生地的公民应当服从人民政府、居民委员会、村民委员会或者所属单位的指挥和安排，配合人民政府采取的应急处置措施，积极参加应急救援工作，协助维护社会秩序

考点5 违法行为应负的法律责任

序号	项目	内容
1	有关部门法律责任	《突发事件应对法》第63条规定，地方各级人民政府和县级以上各级人民政府有关部门违反本法规定，不履行法定职责的，由其上级行政机关或者监察机关责令改正；有下列情形之一的，根据情节对直接负责的主管人员和其他直接责任人员依法给予处分： （1）未按规定采取预防措施，导致发生突发事件，或者未采取必要的防范措施，导致发生次生、衍生事件的； （2）迟报、谎报、瞒报、漏报有关突发事件的信息，或者通报、报送、公布虚假信息，造成后果的； （3）未按规定及时发布突发事件警报、采取预警期的措施，导致损害发生的； （4）未按规定及时采取措施处置突发事件或者处置不当，造成后果的； （5）不服从上级人民政府对突发事件应急处置工作的统一领导、指挥和协调的； （6）未及时组织开展生产自救、恢复重建等善后工作的； （7）截留、挪用、私分或者变相私分应急救援资金、物资的； （8）不及时归还征用的单位和个人的财产，或者对被征用财产的单位和个人不按规定给予补偿的
2	有关单位法律责任	《突发事件应对法》第64条规定，有关单位有下列情形之一的，由所在地履行统一领导职责的人民政府责令停产停业，暂扣或者吊销许可证或者营业执照，并处五万元以上二十万元以下的罚款；构成违反治安管理行为的，由公安机关依法给予处罚： （1）未按规定采取预防措施，导致发生严重突发事件的； （2）未及时消除已发现的可能引发突发事件的隐患，导致发生严重突发事件的； （3）未做好应急设备、设施日常维护、检测工作，导致发生严重突发事件或者突发事件危害扩大的； （4）突发事件发生后，不及时组织开展应急救援工作，造成严重后果的

第八节 中华人民共和国职业病防治法

考点1 职业病防治的基本方针及制度

一、职业病防治的基本方针及劳动者享有的权利

序号	项目	内容
1	方针	职业病防治工作坚持预防为主、防治结合的方针
2	机制	建立用人单位负责、行政机关监管、行业自律、职工参与和社会监督的机制，实行分类管理、综合治理
3	职业卫生保护的权利	《职业病防治法》第4条规定，劳动者依法享有职业卫生保护的权利。 用人单位应当为劳动者创造符合国家职业卫生标准和卫生要求的工作环境和条件，并采取措施保障劳动者获得职业卫生保护。 工会组织依法对职业病防治工作进行监督，维护劳动者的合法权益。用人单位制定或者修改有关职业病防治的规章制度，应当听取工会组织的意见

二、职业病防治的基本制度

序号	项目	内容
1	用人单位职业病防治责任制	《职业病防治法》第5条规定，用人单位应当建立、健全职业病防治责任制，加强对职业病防治的管理，提高职业病防治水平，对本单位产生的职业病危害承担责任。 本制度的核心作用：用人单位对职业病防治负有法定的责任
2	用人单位必须依法参加工伤保险	国务院和县级以上地方人民政府劳动保障行政部门应当加强对工伤保险的监督管理，确保劳动者依法享受工伤保险待遇
3	国家实行职业卫生监督制度	（1）国务院卫生行政部门、劳动保障行政部门依照《职业病防治法》和国务院确定的职责，负责全国职业病防治的监督管理工作。国务院有关部门在各自的职责范围内负责职业病防治的有关监督管理工作。 （2）县级以上地方人民政府卫生行政部门、劳动保障行政部门依据各自职责，负责本行政区域内职业病防治的监督管理工作。县级以上地方人民政府有关部门在各自的职责范围内负责职业病防治的有关监督管理工作。 （3）县级以上人民政府卫生行政部门、劳动保障行政部门（以下统称职业卫生监督管理部门）应当加强沟通，密切配合，按照各自职责分工，依法行使职权，承担责任
4	社会监督	任何单位和个人有权对违反《职业病防治法》的行为进行检举和控告。有关部门收到相关的检举和控告后，应当及时处理。 对防治职业病成绩显著的单位和个人，给予奖励

📝 考点2　前期预防

一、工作场所的职业卫生要求

《职业病防治法》第15条规定，产生职业病危害的用人单位的设立除应当符合法律、行政法规规定的设立条件外，其工作场所还应当符合下列职业卫生要求：

（1）职业病危害因素的强度或者浓度符合国家职业卫生标准；

（2）有与职业病危害防护相适应的设施；

（3）生产布局合理，符合有害与无害作业分开的原则；

（4）有配套的更衣间、洗浴间、孕妇休息间等卫生设施；

（5）设备、工具、用具等设施符合保护劳动者生理、心理健康的要求；

（6）法律、行政法规和国务院卫生行政部门关于保护劳动者健康的其他要求。

二、职业病危害项目申报、预评价与防护设施

序号	项目	内容
1	职业病危害项目申报	《职业病防治法》第16条规定，国家建立职业病危害项目申报制度。 用人单位工作场所存在职业病目录所列职业病的危害因素的，应当及时、如实向所在地卫生行政部门申报危害项目，接受监督

序号	项目	内容
2	建设项目职业病危害预评价	《职业病防治法》第 17 条规定，新建、扩建、改建建设项目和技术改造、技术引进项目（以下统称建设项目）可能产生职业病危害的，建设单位在可行性论证阶段应当进行职业病危害预评价。 医疗机构建设项目可能产生放射性职业病危害的，建设单位应当向卫生行政部门提交放射性职业病危害预评价报告。卫生行政部门应当自收到预评价报告之日起三十日内，作出审核决定并书面通知建设单位。未提交预评价报告或者预评价报告未经卫生行政部门审核同意的，不得开工建设。 职业病危害预评价报告应当对建设项目可能产生的职业病危害因素及其对工作场所和劳动者健康的影响作出评价，确定危害类别和职业病防护措施
3	职业病危害防护设施	《职业病防治法》第 18 条规定，建设项目的职业病防护设施所需费用应当纳入建设项目工程预算，并与主体工程同时设计，同时施工，同时投入生产和使用。 建设项目的职业病防护设施设计应当符合国家职业卫生标准和卫生要求；其中，医疗机构放射性职业病危害严重的建设项目的防护设施设计，应当经卫生行政部门审查同意后，方可施工

考点 3　劳动过程中的防护与管理

一、用人单位的职业病防治管理措施

《职业病防治法》第 20 条规定，用人单位应当采取下列职业病防治管理措施：

（1）设置或者指定职业卫生管理机构或者组织，配备专职或者兼职的职业卫生管理人员，负责本单位的职业病防治工作；

（2）制定职业病防治计划和实施方案；

（3）建立、健全职业卫生管理制度和操作规程；

（4）建立、健全职业卫生档案和劳动者健康监护档案；

（5）建立、健全工作场所职业病危害因素监测及评价制度；

（6）建立、健全职业病危害事故应急救援预案。

二、职业病防护的资金、设施、用品与费用

序号	项目	内容
1	职业病防护的资金投入	用人单位应当保障职业病防治所需的资金投入，不得挤占、挪用，并对因资金投入不足导致的后果承担责任
2	职业病防护设施和防护用品	（1）用人单位必须采用有效的职业病防护设施，并为劳动者提供个人使用的职业病防护用品。 （2）用人单位为劳动者个人提供的职业病防护用品必须符合防治职业病的要求；不符合要求的，不得使用
3	据实列支职业病防治费用	《职业病防治法》第 41 条规定，用人单位按照职业病防治要求，用于预防和治理职业病危害、工作场所卫生检测、健康监护和职业卫生培训等费用，按照国家有关规定，在生产成本中据实列支

三、职业危害公告、警示、监测、评价与告知

序号	项目		内容
1	职业危害公告和警示		《职业病防治法》第24条规定，产生职业病危害的用人单位，应当在醒目位置设置公告栏，公布有关职业病防治的规章制度、操作规程、职业病危害事故应急救援措施和工作场所职业病危害因素检测结果。 对产生严重职业病危害的作业岗位，应当在其醒目位置，设置警示标识和中文警示说明。警示说明应当载明产生职业病危害的种类、后果、预防以及应急救治措施等内容
2	报警装置		《职业病防治法》第25条规定，对可能发生急性职业损伤的有毒、有害工作场所，用人单位应当设置报警装置，配置现场急救用品、冲洗设备、应急撤离通道和必要的泄险区。 对放射工作场所和放射性同位素的运输、贮存，用人单位必须配置防护设备和报警装置，保证接触放射线的工作人员佩戴个人剂量计。 对职业病防护设备、应急救援设施和个人使用的职业病防护用品，用人单位应当进行经常性的维护、检修，定期检测其性能和效果，确保其处于正常状态，不得擅自拆除或者停止使用
3	职业病危害因素的监测、检测、评价及治理	监测	（1）用人单位应当实施由专人负责的职业病危害因素日常监测，并确保监测系统处于正常运行状态。 （2）用人单位应当按照国务院卫生行政部门的规定，定期对工作场所进行职业病危害因素检测、评价。检测、评价结果存入用人单位职业卫生档案，定期向所在地卫生行政部门报告并向劳动者公布
		检测、评价	职业病危害因素检测、评价由依法设立的取得国务院卫生行政部门或者设区的市级以上地方人民政府卫生行政部门按照职责分工给予资质认可的职业卫生技术服务机构进行。职业卫生技术服务机构所作检测、评价应当客观、真实
		治理	发现工作场所职业病危害因素不符合国家职业卫生标准和卫生要求时，用人单位应当立即采取相应治理措施，仍然达不到国家职业卫生标准和卫生要求的，必须停止存在职业病危害因素的作业；职业病危害因素经治理后，符合国家职业卫生标准和卫生要求的，方可重新作业
4	职业病危害如实告知		《职业病防治法》第33条规定，用人单位与劳动者订立劳动合同（含聘用合同，下同）时，应当将工作过程中可能产生的职业病危害及其后果、职业病防护措施和待遇等如实告知劳动者，并在劳动合同中写明，不得隐瞒或者欺骗。 劳动者在已订立劳动合同期间因工作岗位或者工作内容变更，从事与所订立劳动合同中未告知的存在职业病危害的作业时，用人单位应当依照前款规定，向劳动者履行如实告知的义务，并协商变更原劳动合同相关条款

四、向用人单位提供可能产生职业病危害的设备、化学原料及放射性物质的规定

序号	项目	内容
1	向用人单位提供可能产生职业病危害的设备	《职业病防治法》第28条规定，向用人单位提供可能产生职业病危害的设备的，应当提供中文说明书，并在设备的醒目位置设置警示标识和中文警示说明。警示说明应当载明设备性能、可能产生的职业病危害、安全操作和维护注意事项、职业病防护以及应急救治措施等内容

续表

序号	项目	内容
2	向用人单位提供可能产生职业病危害的化学原料及放射性物质的规定要求	《职业病防治法》第29条规定，向用人单位提供可能产生职业病危害的化学品、放射性同位素和含有放射性物质的材料的，应当提供中文说明书。说明书应当载明产品特性、主要成分、存在的有害因素、可能产生的危害后果、安全使用注意事项、职业病防护以及应急救治措施等内容。产品包装应当有醒目的警示标识和中文警示说明。贮存上述材料的场所应当在规定的部位设置危险物品标识或者放射性警示标识。 国内首次使用或者首次进口与职业病危害有关的化学材料，使用单位或者进口单位按照国家规定经国务院有关部门批准后，应当向国务院卫生行政部门报送该化学材料的毒性鉴定以及经有关部门登记注册或者批准进口的文件等资料

五、职业卫生培训

《职业病防治法》第34条规定，用人单位的主要负责人和职业卫生管理人员应当接受职业卫生培训，遵守职业病防治法律、法规，依法组织本单位的职业病防治工作。

用人单位应当对劳动者进行上岗前的职业卫生培训和在岗期间的定期职业卫生培训，普及职业卫生知识，督促劳动者遵守职业病防治法律、法规、规章和操作规程，指导劳动者正确使用职业病防护设备和个人使用的职业病防护用品。

劳动者应当学习和掌握相关的职业卫生知识，增强职业病防范意识，遵守职业病防治法律、法规、规章和操作规程，正确使用、维护职业病防护设备和个人使用的职业病防护用品，发现职业病危害事故隐患应当及时报告。

六、职业健康检查、监护档案及急性职业病危害事故

序号	项目	内容
1	职业健康检查	（1）对从事接触职业病危害的作业的劳动者，用人单位应当按照国务院卫生行政部门的规定组织上岗前、在岗期间和离岗时的职业健康检查，并将检查结果书面告知劳动者。职业健康检查费用由用人单位承担。 （2）用人单位不得安排未经上岗前职业健康检查的劳动者从事接触职业病危害的作业；不得安排有职业禁忌的劳动者从事其所禁忌的作业；对在职业健康检查中发现有与所从事的职业相关的健康损害的劳动者，应当调离原工作岗位，并妥善安置；对未进行离岗前职业健康检查的劳动者不得解除或者终止与其订立的劳动合同
2	职业健康监护档案	（1）用人单位应当为劳动者建立职业健康监护档案，并按照规定的期限妥善保存。 （2）职业健康监护档案应当包括劳动者的职业史、职业病危害接触史、职业健康检查结果和职业病诊疗等有关个人健康资料。 （3）劳动者离开用人单位时，有权索取本人职业健康监护档案复印件，用人单位应当如实、无偿提供，并在所提供的复印件上签章
3	急性职业病危害事故	（1）发生或者可能发生急性职业病危害事故时，用人单位应当立即采取应急救援和控制措施，并及时报告所在地卫生行政部门和有关部门。卫生行政部门接到报告后，应当及时会同有关部门组织调查处理；必要时，可以采取临时控制措施。 （2）卫生行政部门应当组织做好医疗救治工作。 （3）对遭受或者可能遭受急性职业病危害的劳动者，用人单位应当及时组织救治、进行健康检查和医学观察，所需费用由用人单位承担

七、劳动者及工会组织的权利

序号	项目	内容
1	劳动者享有的职业卫生保护权利	《职业病防治法》第 39 条规定，劳动者享有下列职业卫生保护权利： （1）获得职业卫生教育、培训； （2）获得职业健康检查、职业病诊疗、康复等职业病防治服务； （3）了解工作场所产生的或者可能产生的职业病危害因素、危害后果和应当采取的职业病防护措施； （4）要求用人单位提供符合防治职业病要求的职业病防护设施和个人使用的职业病防护用品，改善工作条件； （5）对违反职业病防治法律、法规以及危及生命健康的行为提出批评、检举和控告； （6）拒绝违章指挥和强令进行没有职业病防护措施的作业； （7）参与用人单位职业卫生工作的民主管理，对职业病防治工作提出意见和建议。 用人单位应当保障劳动者行使前款所列权利。因劳动者依法行使正当权利而降低其工资、福利等待遇或者解除、终止与其订立的劳动合同的，其行为无效
2	工会组织的权利	《职业病防治法》第 40 条规定，工会组织应当督促并协助用人单位开展职业卫生宣传教育和培训，有权对用人单位的职业病防治工作提出意见和建议，依法代表劳动者与用人单位签订劳动安全卫生专项集体合同，与用人单位就劳动者反映的有关职业病防治的问题进行协调并督促解决。 工会组织对用人单位违反职业病防治法律、法规，侵犯劳动者合法权益的行为，有权要求纠正；产生严重职业病危害时，有权要求采取防护措施，或者向政府有关部门建议采取强制性措施；发生职业病危害事故时，有权参与事故调查处理；发现危及劳动者生命健康的情形时，有权向用人单位建议组织劳动者撤离危险现场，用人单位应当立即作出处理

考点 4 职业病诊断与职业病病人保障

一、职业病诊断

序号	项目	内容
1	诊断机构	（1）职业病诊断应当由取得《医疗机构执业许可证》的医疗卫生机构承担。 （2）承担职业病诊断的医疗卫生机构不得拒绝劳动者进行职业病诊断的要求。 （3）劳动者可以在用人单位所在地、本人户籍所在地或者经常居住地依法承担职业病诊断的医疗卫生机构进行职业病诊断
2	职业病诊断因素与程序	《职业病防治法》第 46 条规定，职业病诊断，应当综合分析下列因素： （1）病人的职业史； （2）职业病危害接触史和工作场所职业病危害因素情况； （3）临床表现以及辅助检查结果等。 没有证据否定职业病危害因素与病人临床表现之间的必然联系的，应当诊断为职业病。 职业病诊断证明书应当由参与诊断的取得职业病诊断资格的执业医师签署，并经承担职业病诊断的医疗卫生机构审核盖章
3	职业病诊断资料提供、调查	《职业病防治法》第 47 条规定，用人单位应当如实提供职业病诊断、鉴定所需的劳动者职业史和职业病危害接触史、工作场所职业病危害因素检测结果等资料；卫生行政部门应当监督检查和督促用人单位提供上述资料；劳动者和有关机构也应当提供与职业病诊断、鉴定有关的资料。 职业病诊断、鉴定机构需要了解工作场所职业病危害因素情况时，可以对工作场所进行现场调查，也可以向卫生行政部门提出，卫生行政部门应当在十日内组织现场调查

续表

序号	项目	内容
4	争议处理	《职业病防治法》第49条规定，职业病诊断、鉴定过程中，在确认劳动者职业史、职业病危害接触史时，当事人对劳动关系、工种、工作岗位或者在岗时间有争议的，可以向当地的劳动人事争议仲裁委员会申请仲裁；接到申请的劳动人事争议仲裁委员会应当受理，并在三十日内作出裁决
5	诊断异议	（1）当事人对职业病诊断有异议的，可以向作出诊断的医疗卫生机构所在地地方人民政府卫生行政部门申请鉴定。 （2）职业病诊断争议由设区的市级以上地方人民政府卫生行政部门根据当事人的申请，组织职业病诊断鉴定委员会进行鉴定。 （3）当事人对设区的市级职业病诊断鉴定委员会的鉴定结论不服的，可以向省、自治区、直辖市人民政府卫生行政部门申请再鉴定
6	职业病报告	用人单位和医疗卫生机构发现职业病病人或者疑似职业病病人时，应当及时向所在地卫生行政部门报告。确诊为职业病的，用人单位还应当向所在地劳动保障行政部门报告

二、职业病病人保障

序号	项目	内容
1	疑似职业病待遇	《职业病防治法》第55条规定，用人单位应当及时安排对疑似职业病病人进行诊断；在疑似职业病病人诊断或者医学观察期间，不得解除或者终止与其订立的劳动合同。疑似职业病病人在诊断、医学观察期间的费用，由用人单位承担
2	职业病待遇	（1）用人单位应当按照国家有关规定，安排职业病病人进行治疗、康复和定期检查。 （2）用人单位对不适宜继续从事原工作的职业病病人，应当调离原岗位，并妥善安置。 （3）用人单位对从事接触职业病危害的作业的劳动者，应当给予适当岗位津贴。 （4）职业病病人除依法享有工伤保险外，依照有关民事法律，尚有获得赔偿的权利的，有权向用人单位提出赔偿要求
3	特殊情况保障	《职业病防治法》第59条规定，劳动者被诊断患有职业病，但用人单位没有依法参加工伤保险的，其医疗和生活保障由该用人单位承担。 《职业病防治法》第60条规定，职业病病人变动工作单位，其依法享有的待遇不变。 用人单位在发生分立、合并、解散、破产等情形时，应当对从事接触职业病危害的作业的劳动者进行健康检查，并按照国家有关规定妥善安置职业病病人

考点5　职业病防治监督检查

（1）《职业病防治法》第63条规定，卫生行政部门履行监督检查职责时，有权采取下列措施：

①进入被检查单位和职业病危害现场，了解情况，调查取证；

②查阅或者复制与违反职业病防治法律、法规的行为有关的资料和采集样品；

③责令违反职业病防治法律、法规的单位和个人停止违法行为。

（2）《职业病防治法》第64条规定，发生职业病危害事故或者有证据证明危害状态可能导致职业病危害事故发生时，卫生行政部门可以采取下列临时控制措施：

①责令暂停导致职业病危害事故的作业；

②封存造成职业病危害事故或者可能导致职业病危害事故发生的材料和设备；

③组织控制职业病危害事故现场。

📝 考点6 职业病防治违法行为应负的法律责任

序号	项目	内容
1	建设单位的法律责任	《职业病防治法》第69条规定，建设单位违反本法规定，有下列行为之一的，由卫生行政部门给予警告，责令限期改正；逾期不改正的，处十万元以上五十万元以下的罚款；情节严重的，责令停止产生职业病危害的作业，或者提请有关人民政府按照国务院规定的权限责令停建、关闭： （1）未按照规定进行职业病危害预评价的； （2）医疗机构可能产生放射性职业病危害的建设项目未按照规定提交放射性职业病危害预评价报告，或者放射性职业病危害预评价报告未经卫生行政部门审核同意，开工建设的； （3）建设项目的职业病防护设施未按照规定与主体工程同时设计、同时施工、同时投入生产和使用的； （4）建设项目的职业病防护设施设计不符合国家职业卫生标准和卫生要求，或者医疗机构放射性职业病危害严重的建设项目的防护设施设计未经卫生行政部门审查同意擅自施工的； （5）未按照规定对职业病防护设施进行职业病危害控制效果评价的； （6）建设项目竣工投入生产和使用前，职业病防护设施未按照规定验收合格的
2	用人单位的法律责任	《职业病防治法》第72条规定，用人单位违反本法规定，有下列行为之一的，由卫生行政部门给予警告，责令限期改正，逾期不改正的，处五万元以上二十万元以下的罚款；情节严重的，责令停止产生职业病危害的作业，或者提请有关人民政府按照国务院规定的权限责令关闭： （1）工作场所职业病危害因素的强度或者浓度超过国家职业卫生标准的； （2）未提供职业病防护设施和个人使用的职业病防护用品，或者提供的职业病防护设施和个人使用的职业病防护用品不符合国家职业卫生标准和卫生要求的； （3）对职业病防护设备、应急救援设施和个人使用的职业病防护用品未按照规定进行维护、检修、检测，或者不能保持正常运行、使用状态的； （4）未按照规定对工作场所职业病危害因素进行检测、评价的； （5）工作场所职业病危害因素经治理仍然达不到国家职业卫生标准和卫生要求时，未停止存在职业病危害因素的作业的； （6）未按照规定安排职业病病人、疑似职业病病人进行诊治的； （7）发生或者可能发生急性职业病危害事故时，未立即采取应急救援和控制措施或者未按照规定及时报告的； （8）未按照规定在产生严重职业病危害的作业岗位醒目位置设置警示标识和中文警示说明的； （9）拒绝职业卫生监督管理部门监督检查的； （10）隐瞒、伪造、篡改、毁损职业健康监护档案、工作场所职业病危害因素检测评价结果等相关资料，或者拒不提供职业病诊断、鉴定所需资料的； （11）未按照规定承担职业病诊断、鉴定费用和职业病病人的医疗、生活保障费用的

第六章 安全生产行政法规

第一节 安全生产许可证条例

📝 考点1 取得安全生产许可证的条件

序号	项目	内容
1	安全生产许可制度	《安全生产许可证条例》第2条规定，国家对矿山企业、建筑施工企业和危险化学品、烟花爆竹、民用爆炸物品生产企业（以下统称企业）实行安全生产许可制度。 企业未取得安全生产许可证的，不得从事生产活动
2	取得安全生产许可证的条件	《安全生产许可证条例》第6条规定，企业取得安全生产许可证，应当具备下列安全生产条件： （1）建立、健全安全生产责任制，制定完备的安全生产规章制度和操作规程； （2）安全投入符合安全生产要求； （3）设置安全生产管理机构，配备专职安全生产管理人员； （4）主要负责人和安全生产管理人员经考核合格； （5）特种作业人员经有关业务主管部门考核合格，取得特种作业操作资格证书； （6）从业人员经安全生产教育和培训合格； （7）依法参加工伤保险，为从业人员缴纳保险费； （8）厂房、作业场所和安全设施、设备、工艺符合有关安全生产法律、法规、标准和规程的要求； （9）有职业危害防治措施，并为从业人员配备符合国家标准或者行业标准的劳动防护用品； （10）依法进行安全评价； （11）有重大危险源检测、评估、监控措施和应急预案； （12）有生产安全事故应急救援预案、应急救援组织或者应急救援人员，配备必要的应急救援器材、设备； （13）法律、法规规定的其他条件

📝 考点2 取得安全生产许可证的程序

一、安全生产许可证的申请、审查与决定

序号	项目	内容
1	申请	《安全生产许可证条例》第7条规定，企业进行生产前，应当依照本条例的规定向安全生产许可证颁发管理机关申请领取安全生产许可证，并提供本条例第6条规定的相关文件、资料

续表

序号	项目	内容
2	审查与决定	《安全生产许可证条例》第7条规定，安全生产许可证颁发管理机关应当自收到申请之日起45日内审查完毕，经审查符合本条例规定的安全生产条件的，颁发安全生产许可证；不符合本条例规定的安全生产条件的，不予颁发安全生产许可证，书面通知企业并说明理由

二、安全生产许可证的期限与档案管理

序号	项目		内容
1	有效期		安全生产许可证的有效期为3年
2	有效期延续	例行	安全生产许可证有效期满需要延期的，企业应当于期满前3个月向原安全生产许可证颁发管理机关办理延期手续
		免审	企业在安全生产许可证有效期内，严格遵守有关安全生产的法律法规，未发生死亡事故的，安全生产许可证有效期届满时，经原安全生产许可证颁发管理机关同意，不再审查，安全生产许可证有效期延期3年
3	档案管理		安全生产许可证颁发管理机关应当建立、健全安全生产许可证档案管理制度，并定期向社会公布企业取得安全生产许可证的情况

考点3 安全生产许可监督管理的规定

一、安全生产许可证的颁发和管理

序号	项目	内容
1	煤矿、非煤矿山危险化学品、烟花爆竹生产企业	《安全生产许可证条例》第3条规定，国务院安全生产监督管理部门负责中央管理的非煤矿矿山企业和危险化学品、烟花爆竹生产企业安全生产许可证的颁发和管理。 省、自治区、直辖市人民政府安全生产监督管理部门负责前款规定以外的非煤矿矿山企业和危险化学品、烟花爆竹生产企业安全生产许可证的颁发和管理，并接受国务院安全生产监督管理部门的指导和监督。 国家煤矿安全监察机构负责中央管理的煤矿企业安全生产许可证的颁发和管理。 在省、自治区、直辖市设立的煤矿安全监察机构负责前款规定以外的其他煤矿企业安全生产许可证的颁发和管理，并接受国家煤矿安全监察机构的指导和监督
2	建筑施工企业	《安全生产许可证条例》第4条规定，省、自治区、直辖市人民政府建设主管部门负责建筑施工企业安全生产许可证的颁发和管理，并接受国务院建设主管部门的指导和监督
3	民用爆炸物品行业	《安全生产许可证条例》第5条规定，省、自治区、直辖市人民政府民用爆炸物品行业主管部门负责民用爆炸物品生产企业安全生产许可证的颁发和管理，并接受国务院民用爆炸物品行业主管部门的指导和监督

二、安全生产许可监督管理

序号	项目		内容
1	主体	安全生产监督管理部门的监督	《安全生产许可证条例》第12条规定，国务院安全生产监督管理部门和省、自治区、直辖市人民政府安全生产监督管理部门对建筑施工企业、民用爆炸物品生产企业、煤矿企业取得安全生产许可证的情况进行监督
		监察机关的监督	《安全生产许可证条例》第16条规定，监察机关依照《中华人民共和国行政监察法》的规定，对安全生产许可证颁发管理机关及其工作人员履行本条例规定的职责实施监察
		社会监督	《安全生产许可证条例》第17条规定，任何单位或者个人对违反本条例规定的行为，有权向安全生产许可证颁发管理机关或者监察机关等有关部门举报
2	不得转让、冒用		《安全生产许可证条例》第13条规定，企业不得转让、冒用安全生产许可证或者使用伪造的安全生产许可证
3	不得降低安全生产条件		《安全生产许可证条例》第14条规定，企业取得安全生产许可证后，不得降低安全生产条件，并应当加强日常安全生产管理，接受安全生产许可证颁发管理机关的监督检查。安全生产许可证颁发管理机关应当加强对取得安全生产许可证的企业的监督检查，发现其不再具备本条例规定的安全生产条件的，应当暂扣或者吊销安全生产许可证
4	不得索取财物		《安全生产许可证条例》第15条规定，安全生产许可证颁发管理机关工作人员在安全生产许可证颁发、管理和监督检查工作中，不得索取或者接受企业的财物，不得谋取其他利益

📝 考点4　安全生产许可违法行为应负的法律责任

一、安全生产许可违法行为的界定

序号	项目		内容
1	安全生产许可证颁发管理机关工作人员的安全生产许可违法行为		《安全生产许可证条例》第18条规定，安全生产许可证颁发管理机关工作人员有下列行为之一的，给予降级或者撤职的行政处分；构成犯罪的，依法追究刑事责任： （1）向不符合本条例规定的安全生产条件的企业颁发安全生产许可证的； （2）发现企业未依法取得安全生产许可证擅自从事生产活动，不依法处理的； （3）发现取得安全生产许可证的企业不再具备本条例规定的安全生产条件，不依法处理的； （4）接到对违反本条例规定行为的举报后，不及时处理的； （5）在安全生产许可证颁发、管理和监督检查工作中，索取或者接受企业的财物，或者谋取其他利益的
2	企业的安全生产许可违法行为	未取得安全生产许可证擅自进行生产的	《安全生产许可证条例》第19条规定，违反本条例规定，未取得安全生产许可证擅自进行生产的，责令停止生产，没收违法所得，并处10万元以上50万元以下的罚款；造成重大事故或者其他严重后果，构成犯罪的，依法追究刑事责任
		安全生产许可证有效期满未办理延期手续，继续进行生产的	《安全生产许可证条例》第20条规定，违反本条例规定，安全生产许可证有效期满未办理延期手续，继续进行生产的，责令停止生产，限期补办延期手续，没收违法所得，并处5万元以上10万元以下的罚款；逾期仍不办理延期手续，继续进行生产的，依照本条例第19条的规定处罚

续表

序号	项目		内容
2	企业的安全生产许可违法行为	转让、冒用安全生产许可证的	《安全生产许可证条例》第21条规定，违反本条例规定，转让安全生产许可证的，没收违法所得，处10万元以上50万元以下的罚款，并吊销其安全生产许可证；构成犯罪的，依法追究刑事责任；接受转让的，依照本条例第19条的规定处罚。 冒用安全生产许可证或者使用伪造的安全生产许可证的，依照本条例第19条的规定处罚

二、行政处罚的种类和行政处罚的决定机关

序号	项目	内容
1	种类	《安全生产许可证条例》设定的行政处罚有责令停止生产、没收违法所得、罚款、暂扣和吊销安全生产许可证5种
2	行政处罚的决定机关	（1）国务院和省级人民政府的安全生产监督管理部门，是对非煤矿矿山企业和危险化学品、烟花爆竹生产企业安全生产许可违法行为实施行政处罚的决定机关。 （2）国家煤矿安全监察机构和省级煤矿安全监察机构，是对煤矿企业安全生产许可违法行为实施行政处罚的决定机关。 （3）国务院和省级人民政府的建设主管部门，是对建筑施工企业安全生产许可违法行为实施行政处罚的决定机关。 （4）省、自治区、直辖市人民政府民用爆炸物品行业主管部门，是对民用爆炸物品生产企业安全生产许可违法行为实施行政处罚的决定机关

第二节 煤矿安全监察条例

考点1 煤矿安全监察的体制

序号	项目	内容
1	制度	国家对煤矿安全实行监察制度。国务院决定设立的煤矿安全监察机构按照国务院规定的职责，依照《煤矿安全监察条例》的规定对煤矿实施安全监察
2	职权	《煤矿安全监察条例》第3条规定，煤矿安全监察机构依法行使职权，不受任何组织和个人的非法干涉。 煤矿及其有关人员必须接受并配合煤矿安全监察机构依法实施的安全监察，不得拒绝、阻挠
3	支持和协助	《煤矿安全监察条例》第4条规定，地方各级人民政府应当加强煤矿安全管理工作，支持和协助煤矿安全监察机构依法对煤矿实施安全监察。 煤矿安全监察机构应当及时向有关地方人民政府通报煤矿安全监察的有关情况，并可以提出加强和改善煤矿安全管理的建议
4	防治	《煤矿安全监察条例》第5条规定，煤矿安全监察应当以预防为主，及时发现和消除事故隐患，有效纠正影响煤矿安全的违法行为，实行安全监察与促进安全管理相结合、教育与惩处相结合

考点 2　煤矿安全监察机构及其职责

一、煤矿安全监察机构及其职责

序号	项目		内容
1	煤矿安全监察机构		《煤矿安全监察条例》所称煤矿安全监察机构，是指国家煤矿安全监察机构和在省、自治区、直辖市设立的煤矿安全监察机构（以下简称地区煤矿安全监察机构）及其在大中型矿区设立的煤矿安全监察办事处
2	煤矿安全监察机构的职责	行政处罚	《煤矿安全监察条例》第9条规定，地区煤矿安全监察机构及其煤矿安全监察办事处负责对划定区域内的煤矿实施安全监察；煤矿安全监察办事处在国家煤矿安全监察机构规定的权限范围内，可以对违法行为实施行政处罚
		安全检查	（1）《煤矿安全监察条例》第11条规定，地区煤矿安全监察机构、煤矿安全监察办事处应当对煤矿实施经常性安全检查；对事故多发地区的煤矿，应当实施重点安全检查。国家煤矿安全监察机构根据煤矿安全工作的实际情况，组织对全国煤矿的全面安全检查或者重点安全抽查。 （2）《煤矿安全监察条例》第12条规定，地区煤矿安全监察机构、煤矿安全监察办事处应当对每个煤矿建立煤矿安全监察档案。煤矿安全监察人员对每次安全检查的内容、发现的问题及其处理情况，应当作详细记录，并由参加检查的煤矿安全监察人员签名后归档
		建议报告	《煤矿安全监察条例》第13条规定，地区煤矿安全监察机构、煤矿安全监察办事处应当每15日分别向国家煤矿安全监察机构、地区煤矿安全监察机构报告一次煤矿安全监察情况；有重大煤矿安全问题的，应当及时采取措施并随时报告。 国家煤矿安全监察机构应当定期公布煤矿安全监察情况
		事故调查处理	《煤矿安全监察条例》第18条规定，煤矿发生伤亡事故的，由煤矿安全监察机构负责组织调查处理。 煤矿安全监察机构组织调查处理事故，应当依照国家规定的事故调查程序和处理办法进行

二、煤矿安全监察员的职权

煤矿安全监察机构设煤矿安全监察员。煤矿安全监察员应当公道、正派，熟悉煤矿安全法律、法规和规章，具有相应的专业知识和相关的工作经验，并经考试录用。依据《煤矿安全监察条例》的规定，煤矿安全监察员的职权主要体现在：

（1）煤矿安全监察人员履行安全监察职责，有权随时进入煤矿作业场所进行检查，调阅有关资料，参加煤矿安全生产会议，向有关单位或者人员了解情况。

（2）煤矿安全监察人员在检查中发现影响煤矿安全的违法行为，有权当场予以纠正或者要求限期改正；对依法应当给予行政处罚的行为，由煤矿安全监察机构依照行政处罚法和《煤矿安全监察条例》规定的程序作出决定。

（3）煤矿安全监察人员进行现场检查时，发现存在事故隐患的，有权要求煤矿立即消除或者限期解决；发现威胁职工生命安全的紧急情况时，有权要求立即停止作业，下达立即从危险区内撤出作业人员的命令，并立即将紧急情况和处理措施报告煤矿安全监察机构。

（4）煤矿安全监察机构在实施安全监察过程中，发现煤矿存在的安全问题涉及有关地方人民政府或其有关部门的，应当向有关地方人民政府或其有关部门提出建议，并向上级人民政府或其有关部门报告。

考点3　煤矿安全监察内容

序号	项目	内容
1	安全设施设计审查	《煤矿安全监察条例》第21条规定，煤矿建设工程设计必须符合煤矿安全规程和行业技术规范的要求。煤矿建设工程安全设施设计必须经煤矿安全监察机构审查同意；未经审查同意的，不得施工。 煤矿安全监察机构审查煤矿建设工程安全设施设计，应当自收到申请审查的设计资料之日起30日内审查完毕，签署同意或者不同意的意见，并书面答复
2	安全设施验收和安全条件审查	《煤矿安全监察条例》第22条规定，煤矿建设工程竣工后或者投产前，应当经煤矿安全监察机构对其安全设施和条件进行验收；未经验收或者验收不合格的，不得投入生产。 煤矿安全监察机构对煤矿建设工程安全设施和条件进行验收，应当自收到申请验收文件之日起30日内验收完毕，签署合格或者不合格的意见，并书面答复
3	事故预防和应急计划	《煤矿安全监察条例》第23条规定，煤矿安全监察机构应当监督煤矿制定事故预防和应急计划，并检查煤矿制定的发现和消除事故隐患的措施及其落实情况
4	复查	（1）《煤矿安全监察条例》第26条规定，煤矿安全监察机构发现煤矿作业场所有下列情形之一的，应当责令立即停止作业，限期改正；有关煤矿或其作业场所经复查合格的，方可恢复作业： ①未使用专用防爆电器设备的； ②未使用专用放炮器的； ③未使用人员专用升降容器的； ④使用明火明电照明的。 （2）《煤矿安全监察条例》第33条规定，煤矿安全监察机构依照本条例的规定责令煤矿限期解决事故隐患、限期改正影响煤矿安全的违法行为或者限期使安全设施和条件达到要求的，应当在限期届满时及时对煤矿的执行情况进行复查并签署复查意见；经有关煤矿申请，也可以在限期内进行复查并签署复查意见
5	安全技术措施专项费用	《煤矿安全监察条例》第27条规定，煤矿安全监察机构对煤矿安全技术措施专项费用的提取和使用情况进行监督，对未依法提取或者使用的，应当责令限期改正
6	专用设备监督检查	《煤矿安全监察条例》第28条规定，煤矿安全监察机构发现煤矿矿井使用的设备、器材、仪器、仪表、防护用品不符合国家安全标准或者行业安全标准的，应当责令立即停止使用
7	应限期改正的情形	《煤矿安全监察条例》第29条规定，煤矿安全监察机构发现煤矿有下列情形之一的，应当责令限期改正： （1）未依法建立安全生产责任制的； （2）未设置安全生产机构或者配备安全生产人员的； （3）矿长不具备安全专业知识的； （4）特种作业人员未取得资格证书上岗作业的； （5）分配职工上岗作业前，未进行安全教育、培训的； （6）未向职工发放保障安全生产所需的劳动防护用品的

考点 4　煤矿安全违法行为应负的法律责任

序号	违法行为	法律责任
1	煤矿建设工程安全设施设计未经煤矿安全监察机构审查同意，擅自施工的	由煤矿安全监察机构责令停止施工；拒不执行的，由煤矿安全监察机构移送地质矿产主管部门依法吊销采矿许可证
2	煤矿建设工程安全设施和条件未经验收或者验收不合格，擅自投入生产的	由煤矿安全监察机构责令停止生产，处 5 万元以上 10 万元以下的罚款；拒不停止生产的，由煤矿安全监察机构移送地质矿产主管部门依法吊销采矿许可证
3	煤矿矿井通风、防火、防水、防瓦斯、防毒、防尘等安全设施和条件不符合国家安全标准、行业安全标准、煤矿安全规程和行业技术规范的要求，经煤矿安全监察机构责令限期达到要求，逾期仍达不到要求的	由煤矿安全监察机构责令停产整顿；经停产整顿仍不具备安全生产条件的，由煤矿安全监察机构决定吊销安全生产许可证，并移送地质矿产主管部门依法吊销采矿许可证
4	煤矿作业场所未使用专用防爆电器设备、专用放炮器、人员专用升降容器或者使用明火明电照明，经煤矿安全监察机构责令限期改正，逾期不改正的	由煤矿安全监察机构责令停产整顿，可以处 3 万元以下的罚款
5	未依法提取或者使用煤矿安全技术措施专项费用，或者使用不符合国家安全标准或者行业安全标准的设备、器材、仪器、仪表、防护用品，经煤矿安全监察机构责令限期改正或者责令立即停止使用，逾期不改正或者不立即停止使用的	由煤矿安全监察机构处 5 万元以下的罚款；情节严重的，由煤矿安全监察机构责令停产整顿；对直接负责的主管人员和其他直接责任人员，依法给予纪律处分
6	煤矿作业场所的瓦斯、粉尘或者其他有毒有害气体的浓度超过国家安全标准或者行业安全标准，经煤矿安全监察人员责令立即停止作业，拒不停止作业的	由煤矿安全监察机构责令停产整顿，可以处 10 万元以下的罚款
7	擅自开采保安煤柱，或者采用危及相邻煤矿生产安全的决水、爆破、贯通巷道等危险方法进行采矿作业，经煤矿安全监察人员责令立即停止作业，拒不停止作业的	由煤矿安全监察机构决定吊销安全生产许可证，并移送地质矿产主管部门依法吊销采矿许可证；构成犯罪的，依法追究刑事责任；造成损失的，依法承担赔偿责任

第三节　国务院关于预防煤矿生产安全事故的特别规定

考点 1　煤矿行政许可证的规定

《国务院关于预防煤矿生产安全事故的特别规定》第 5 条规定，煤矿未依法取得采矿许可证、安全生产许可证、营业执照和矿长未依法取得矿长资格证、矿长安全资格证的，煤矿不得从事生产。擅自从事生产的，属非法煤矿。

负责颁发前款规定证照的部门，一经发现煤矿无证照或者证照不全从事生产的，应当责令该煤矿立即停止生产，没收违法所得和开采出的煤炭以及采掘设备，并处违法所得 1

倍以上 5 倍以下的罚款；构成犯罪的，依法追究刑事责任；同时于 2 日内提请当地县级以上地方人民政府予以关闭，并可以向上一级地方人民政府报告。

考点 2 重大安全生产隐患的范围

《国务院关于预防煤矿生产安全事故的特别规定》第 8 条规定，煤矿的通风、防瓦斯、防水、防火、防煤尘、防冒顶等安全设备、设施和条件应当符合国家标准、行业标准，并有防范生产安全事故发生的措施和完善的应急处理预案。

煤矿有下列重大安全生产隐患和行为的，应当立即停止生产，排除隐患：

（1）超能力、超强度或者超定员组织生产的；

（2）瓦斯超限作业的；

（3）煤与瓦斯突出矿井，未依照规定实施防突出措施的；

（4）高瓦斯矿井未建立瓦斯抽放系统和监控系统，或者瓦斯监控系统不能正常运行的；

（5）通风系统不完善、不可靠的；

（6）有严重水患，未采取有效措施的；

（7）超层越界开采的；

（8）有冲击地压危险，未采取有效措施的；

（9）自然发火严重，未采取有效措施的；

（10）使用明令禁止使用或者淘汰的设备、工艺的；

（11）年产 6 万吨以上的煤矿没有双回路供电系统的；

（12）新建煤矿边建设边生产，煤矿改扩建期间，在改扩建的区域生产，或者在其他区域的生产超出安全设计规定的范围和规模的；

（13）煤矿实行整体承包生产经营后，未重新取得安全生产许可证，从事生产的，或者承包方再次转包的，以及煤矿将井下采掘工作面和井巷维修作业进行劳务承包的；

（14）煤矿改制期间，未明确安全生产责任人和安全管理机构的，或者在完成改制后，未重新取得或者变更采矿许可证、安全生产许可证和营业执照的；

（15）有其他重大安全生产隐患的。

考点 3 停产整顿

一、停产整顿期间的监督检查

序号	项目	内容
1	暂扣证照	《国务院关于预防煤矿生产安全事故的特别规定》第 11 条规定，对被责令停产整顿的煤矿，颁发证照的部门应当暂扣采矿许可证、安全生产许可证、营业执照和矿长资格证、矿长安全资格证
2	采取有效措施进行监督检查	《国务院关于预防煤矿生产安全事故的特别规定》第 12 条规定，对被责令停产整顿的煤矿，在停产整顿期间，由有关地方人民政府采取有效措施进行监督检查。因监督检查不力，煤矿在停产整顿期间继续生产的，对直接责任人，根据情节轻重，给予降级、撤职或者开除的行政处分；对有关负责人，根据情节轻重，给予记大过、降级、撤职或者开除的行政处分；构成犯罪的，依法追究刑事责任

二、停产整顿后的整改复查

序号	项目		内容
1	复产验收		被责令停产整顿的煤矿应当制定整改方案,落实整改措施和安全技术规定;整改结束后要求恢复生产的,应当由县级以上地方人民政府负责煤矿安全生产监督管理的部门自收到恢复生产申请之日起 60 日内组织验收完毕
2	依法处理	验收合格的	经组织验收的地方人民政府负责煤矿安全生产监督管理的部门的主要负责人签字,并经有关煤矿安全监察机构审核同意,报请有关地方人民政府主要负责人签字批准,颁发证照的部门发还证照,煤矿方可恢复生产
		验收不合格的	由有关地方人民政府予以关闭
		被责令停产整顿的煤矿擅自从事生产的	县级以上地方人民政府负责煤矿安全生产监督管理的部门、煤矿安全监察机构应当提请有关地方人民政府予以关闭,没收违法所得,并处违法所得 1 倍以上 5 倍以下的罚款;构成犯罪的,依法追究刑事责任
3	在法定期限内多次发现有重大隐患仍然生产的,予以关闭		《国务院关于预防煤矿生产安全事故的特别规定》第 10 条规定,对 3 个月内 2 次或者 2 次以上发现有重大安全生产隐患,仍然进行生产的煤矿,县级以上地方人民政府负责煤矿安全生产监督管理的部门、煤矿安全监察机构应当提请有关地方人民政府关闭该煤矿,并由颁发证照的部门立即吊销矿长资格证和矿长安全资格证,该煤矿的法定代表人和矿长 5 年内不得再担任任何煤矿的法定代表人或者矿长

考点 4 关闭煤矿

一、非法煤矿的关闭

序号	项目	内容
1	应予关闭的非法煤矿	(1) 无证照或者证照不全擅自生产的。 (2) 在 3 个月内 2 次或者 2 次以上发现有重大安全生产隐患的。 (3) 停产整顿期间擅自从事生产的。 (4) 经整顿验收不合格的
2	关闭程序	《国务院关于预防煤矿生产安全事故的特别规定》第 13 条规定,对提请关闭的煤矿,县级以上地方人民政府负责煤矿安全生产监督管理的部门或者煤矿安全监察机构应当责令立即停止生产;有关地方人民政府应当在 7 日内作出关闭或者不予关闭的决定,并由其主要负责人签字存档。对决定关闭的,有关地方人民政府应当立即组织实施
3	关闭煤矿应当达到的要求	《国务院关于预防煤矿生产安全事故的特别规定》第 13 条规定,关闭煤矿应当达到下列要求: (1) 吊销相关证照; (2) 停止供应并处理火工用品; (3) 停止供电,拆除矿井生产设备、供电、通信线路; (4) 封闭、填实矿井井筒,平整井口场地,恢复地貌; (5) 妥善遣散从业人员。 关闭煤矿未达到前款规定要求的,对组织实施关闭的地方人民政府及其有关部门的负责人和直接责任人给予记过、记大过、降级、撤职或者开除的行政处分;构成犯罪的,依法追究刑事责任

二、无安全保障煤矿的关闭

《国务院关于预防煤矿生产安全事故的特别规定》第 15 条规定，煤矿存在瓦斯突出、自然发火、冲击地压、水害威胁等重大安全生产隐患，该煤矿在现有技术条件下难以有效防治的，县级以上地方人民政府负责煤矿安全生产监督管理的部门、煤矿安全监察机构应当责令其立即停止生产，并提请有关地方人民政府组织专家进行论证。专家论证应当客观、公正、科学。有关地方人民政府应当根据论证结论，作出是否关闭煤矿的决定，并组织实施。

考点 5 预防煤矿事故违法行为所应负的法律责任

一、违法行为的责任主体和责任形式

序号	项目	内容
1	责任主体	（1）煤矿企业及其主要负责人。 （2）国家工作人员
2	责任形式	（1）行政责任。 （2）刑事责任

二、煤矿企业及其从业人员与监管监察人员的违法行为

序号	项目	内容
1	煤矿企业及其从业人员的违法行为	实施行政处罚的煤矿生产安全事故违法行为主要包括： （1）无证照非法生产的； （2）未依法对安全隐患进行排查和报告的； （3）有重大安全生产隐患和违法行为仍然进行生产的； （4）在停产整顿期间擅自生产的； （5）关闭的煤矿擅自恢复生产的； （6）未依法对井下作业人员进行安全生产教育和培训的； （7）1 个月内 3 次以上发现未依法对井下作业人员进行安全生产教育和培训的； （8）拒不执行有关执法指令的； （9）未按国家规定带班下井或者下井登记虚假档案的； （10）未依法向每位矿工发放煤矿矿工安全手册的
2	监管监察人员的违法行为	给予行政处分的地方人民政府负责煤矿安全生产监督管理的部门和煤矿安全监察机构的工作人员的行政违法行为主要包括： （1）向不符合法定条件的煤矿或者矿长颁发有关证照的； （2）不履行日常监管监察职责的； （3）发现有非法煤矿并且没有采取有效措施制止的； （4）因监督检查不力，煤矿在停产整顿期间继续生产的； （5）组织实施关闭煤矿未达到法定要求的； （6）未履行监督检查煤矿安全生产教育和培训的职责的； （7）未依法对停产整顿或者关闭的煤矿进行公告的； （8）未及时调查处理举报事项的

第四节　建设工程安全生产管理条例

📝 考点1　建设单位的安全责任

序号	项目	内容
1	如实向施工单位提供有关施工资料	《建设工程安全生产管理条例》第6条规定，建设单位应当向施工单位提供施工现场及毗邻区域内供水、排水、供电、供气、供热、通信、广播电视等地下管线资料，气象和水文观测资料，相邻建筑物和构筑物、地下工程的有关资料，并保证资料的真实、准确、完整
2	不得向有关单位提出非法要求，不得压缩合同工期	《建设工程安全生产管理条例》第7条规定，建设单位不得对勘察、设计、施工、工程监理等单位提出不符合建设工程安全生产法律、法规和强制性标准规定的要求，不得压缩合同约定的工期
3	保证必要的安全投入	《建设工程安全生产管理条例》第8条规定，建设单位在编制工程概算时，应当确定建设工程安全作业环境及安全施工措施所需费用
4	不得明示或者暗示施工单位购买不符合安全要求的设备、设施、器材和用具	《建设工程安全生产管理条例》第9条规定，建设单位不得明示或者暗示施工单位购买、租赁、使用不符合安全施工要求的安全防护用具、机械设备、施工机具及配件、消防设施和器材
5	开工前报送有关安全施工措施的资料	《建设工程安全生产管理条例》第10条规定，建设单位在申请领取施工许可证时，应当提供建设工程有关安全施工措施的资料。 依法批准开工报告的建设工程，建设单位应当自开工报告批准之日起15日内，将保证安全施工的措施报送建设工程所在地的县级以上地方人民政府建设行政主管部门或者其他有关部门备案
6	关于拆除工程的特殊规定	《建设工程安全生产管理条例》第11条规定，建设单位应当将拆除工程发包给具有相应资质等级的施工单位。 建设单位应当在拆除工程施工15日前，将下列资料报送建设工程所在地的县级以上地方人民政府建设行政主管部门或者其他有关部门备案： （1）施工单位资质等级证明； （2）拟拆除建筑物、构筑物及可能危及毗邻建筑的说明； （3）拆除施工组织方案； （4）堆放、清除废弃物的措施

📝 考点2　勘察、设计、工程监理及其他有关单位的安全责任

一、勘察、设计单位的安全责任

序号	项目	内容
1	勘察单位的安全责任	（1）勘察单位应当按照法律、法规和工程建设强制性标准进行勘察，提供的勘察文件应当真实、准确，满足建设工程安全生产的需要。 （2）勘察单位在勘察作业时，应当严格执行操作规程，采取措施保证各类管线、设施和周边建筑物、构筑物的安全

序号	项目	内容
2	设计单位的安全责任	(1) 设计单位应当按照法律、法规和工程建设强制性标准进行设计，防止因设计不合理导致生产安全事故的发生。 (2) 设计单位应当考虑施工安全操作和防护的需要，对涉及施工安全的重点部位和环节在设计文件中注明，并对防范生产安全事故提出指导意见。 (3) 采用新结构、新材料、新工艺的建设工程和特殊结构的建设工程，设计单位应当在设计中提出保障施工作业人员安全和预防生产安全事故的措施建议。 (4) 设计单位和注册建筑师等注册执业人员应当对其设计负责

二、工程监理单位的安全责任

(1) 工程监理单位应当审查施工组织设计中的安全技术措施或者专项施工方案是否符合工程建设强制性标准。

(2) 工程监理单位在实施监理过程中，发现存在安全事故隐患的，应当要求施工单位整改；情况严重的，应当要求施工单位暂时停止施工，并及时报告建设单位。施工单位拒不整改或者不停止施工的，工程监理单位应当及时向有关主管部门报告。

(3) 工程监理单位和监理工程师应当按照法律、法规和工程建设强制性标准实施监理，并对建设工程安全生产承担监理责任。

三、有关单位的安全责任

序号	项目	内容
1	提供机械设备和配件的单位的安全责任	为建设工程提供机械设备和配件的单位，应当按照安全施工的要求配备齐全有效的保险、限位等安全设施和装置
2	出租单位的安全责任	(1)《建设工程安全生产管理条例》第16条规定，出租的机械设备和施工机具及配件，应当具有生产（制造）许可证、产品合格证。 (2) 出租单位应当对出租的机械设备和施工机具及配件的安全性能进行检测，在签订租赁协议时，应当出具检测合格证明
3	现场安装、拆卸施工起重机械设备单位的安全责任	(1)《建设工程安全生产管理条例》第17条规定，在施工现场安装、拆卸施工起重机械和整体提升脚手架、模板等自升式架设设施，必须由具有相应资质的单位承担。 (2) 安装、拆卸施工起重机械和整体提升脚手架、模板等自升式架设设施，应当编制拆装方案、制定安全施工措施，并由专业技术人员现场监督。 (3) 施工起重机械和整体提升脚手架、模板等自升式架设设施安装完毕后，安装单位应当自检，出具自检合格证明，并向施工单位进行安全使用说明，办理验收手续并签字

✎ 考点3 施工单位的安全责任

序号	项目	内容
1	安全资质	施工单位从事建设工程的新建、扩建、改建和拆除等活动，应当具备国家规定的注册资本、专业技术人员、技术装备和安全生产等条件，依法取得相应等级的资质证书，并在其资质等级许可的范围内承揽工程

序号	项目	内容
2	施工单位主要负责人的安全责任	（1）施工单位主要负责人依法对本单位的安全生产工作全面负责。 （2）施工单位应当建立健全安全生产责任制度和安全生产教育培训制度，制定安全生产规章制度和操作规程，保证本单位安全生产条件所需资金的投入，对所承担的建设工程进行定期和专项安全检查，并做好安全检查记录
3	项目负责人的安全责任	施工单位的项目负责人应当由取得相应执业资格的人员担任，对建设工程项目的安全施工负责，落实安全生产责任制度、安全生产规章制度和操作规程，确保安全生产费用的有效使用，并根据工程的特点组织制定安全施工措施，消除安全事故隐患，及时、如实报告生产安全事故
4	安全管理机构和安全管理人员的配置	（1）施工单位应当设立安全生产管理机构，配备专职安全生产管理人员。 （2）专职安全生产管理人员负责对安全生产进行现场监督检查。发现安全事故隐患，应当及时向项目负责人和安全生产管理机构报告；对违章指挥、违章操作的，应当立即制止
5	总承包单位与分包单位的安全管理	（1）建设工程实行施工总承包的，由总承包单位对施工现场的安全生产负总责。 （2）总承包单位应当自行完成建设工程主体结构的施工。 （3）总承包单位依法将建设工程分包给其他单位的，分包合同中应当明确各自的安全生产方面的权利、义务。总承包单位和分包单位对分包工程的安全生产承担连带责任。 （4）分包单位应当服从总承包单位的安全生产管理，分包单位不服从管理导致生产安全事故的，由分包单位承担主要责任
6	特种作业人员的资格管理	垂直运输机械作业人员、安装拆卸工、爆破作业人员、起重信号工、登高架设作业人员等特种作业人员，必须按照国家有关规定经过专门的安全作业培训，并取得特种作业操作资格证书后，方可上岗作业
7	安全警示标志和危险部位的安全防护措施	（1）施工单位应当在施工现场入口处、施工起重机械、临时用电设施、脚手架、出入通道口、楼梯口、电梯井口、孔洞口、桥梁口、隧道口、基坑边沿、爆破物及有害危险气体和液体存放处等危险部位，设置明显的安全警示标志。安全警示标志必须符合国家标准。 （2）施工单位应当根据不同施工阶段和周围环境及季节、气候的变化，在施工现场采取相应的安全施工措施。施工现场暂时停止施工的，施工单位应当做好现场防护，所需费用由责任方承担，或者按照合同约定执行
8	施工现场的安全管理	（1）施工单位对因建设工程施工可能造成损害的毗邻建筑物、构筑物和地下管线等，应当采取专项防护措施。 （2）施工单位应当在施工现场建立消防安全责任制度，确定消防安全责任人，制定用火、用电、使用易燃易爆材料等各项消防安全管理制度和操作规程，设置消防通道、消防水源，配备消防设施和灭火器材，并在施工现场入口处设置明显标志。 （3）施工单位应当向作业人员提供安全防护用具和安全防护服装，并书面告知危险岗位的操作规程和违章操作的危害。 （4）作业人员有权对施工现场的作业条件、作业程序和作业方式中存在的安全问题提出批评、检举和控告，有权拒绝违章指挥和强令冒险作业。 （5）在施工中发生危及人身安全的紧急情况时，作业人员有权立即停止作业或者在采取必要的应急措施后撤离危险区域。 （6）施工单位采购、租赁的安全防护用具、机械设备、施工机具及配件，应当具有生产（制造）许可证、产品合格证，并在进入施工现场前进行查验。

序号	项目	内容
8	施工现场的安全管理	（7）施工单位在使用施工起重机械和整体提升脚手架、模板等自升式架设施施前，应当组织有关单位进行验收，也可以委托具有相应资质的检验检测机构进行验收；使用承租的机械设备和施工机具及配件的，由施工总承包单位、分包单位、出租单位和安装单位共同进行验收。验收合格的方可使用
9	人身意外伤害保险	（1）施工单位应当为施工现场从事危险作业的人员办理意外伤害保险。 （2）意外伤害保险费由施工单位支付。实行施工总承包的，由总承包单位支付意外伤害保险费。意外伤害保险期限自建设工程开工之日起至竣工验收合格止

考点4　建设工程安全生产监督管理

序号	项目	内容
1	建设施工许可	《建设工程安全生产管理条例》第42条规定，建设行政主管部门在审核发放施工许可证时，应当对建设工程是否有安全施工措施进行审查，对没有安全施工措施的，不得颁发施工许可证。 建设行政主管部门或者其他有关部门对建设工程是否有安全施工措施进行审查时，不得收取费用
2	监管检查措施	《建设工程安全生产管理条例》第43条规定，县级以上人民政府负有建设工程安全生产监督管理职责的部门在各自的职责范围内履行安全监督检查职责时，有权采取下列措施： （1）要求被检查单位提供有关建设工程安全生产的文件和资料。 （2）进入被检查单位施工现场进行检查。 （3）纠正施工中违反安全生产要求的行为。 （4）对检查中发现的安全事故隐患，责令立即排除；重大安全事故隐患排除前或者排除过程中无法保证安全的，责令从危险区域内撤出作业人员或者暂时停止施工

考点5　建设工程安全生产违法行为应负的法律责任

序号	项目	内容
1	责任主体	依照《建设工程安全生产管理条例》的规定，建设工程安全生产违法行为的责任主体包括：建设行政主管部门或者其他有关部门的工作人员；建设工程的各方主体及其有关人员；施工单位的主要负责人、项目负责人；勘察、设计、施工、监理单位的直接责任人员；注册执业人员
2	行政处罚种类	依照《建设工程安全生产管理条例》，对建设工程安全生产违法行为的责任主体实施的行政处罚：警告；责令限期改正；责令停业整顿；罚款；降低资质等级；吊销资质证书

第五节　危险化学品安全管理条例

📝 考点1　危险化学品安全管理的基本规定

一、危险化学品的范围

《危险化学品安全管理条例》所称危险化学品，是指具有毒害、腐蚀、爆炸、燃烧、助燃等性质，对人体、设施、环境具有危害的剧毒化学品和其他化学品。

二、《危险化学品安全管理条例》的适用

序号	项目	内容
1	适用范围	《危险化学品安全管理条例》第2条规定，危险化学品生产、储存、使用、经营和运输的安全管理，适用本条例。 《危险化学品安全管理条例》第98条规定，危险化学品的进出口管理，依照有关对外贸易的法律、行政法规、规章的规定执行；进口的危险化学品的储存、使用、经营、运输的安全管理，依照本条例的规定执行
2	排除适用	《危险化学品安全管理条例》第97条规定，监控化学品、属于危险化学品的药品和农药的安全管理，依照本条例的规定执行；法律、行政法规另有规定的，依照其规定。 民用爆炸物品、烟花爆竹、放射性物品、核能物质以及用于国防科研生产的危险化学品的安全管理，不适用本条例。 法律、行政法规对燃气的安全管理另有规定的，依照其规定。 危险化学品容器属于特种设备的，其安全管理依照有关特种设备安全的法律、行政法规的规定执行

三、危险化学品单位的安全责任

《危险化学品安全管理条例》第4条规定，危险化学品安全管理，应当坚持安全第一、预防为主、综合治理的方针，强化和落实企业的主体责任。

生产、储存、使用、经营、运输危险化学品的单位（以下统称危险化学品单位）的主要负责人对本单位的危险化学品安全管理工作全面负责。

四、危险化学品监督管理部门的职责

《危险化学品安全管理条例》第6条规定，对危险化学品的生产、储存、使用、经营、运输实施安全监督管理的有关部门（以下统称负有危险化学品安全监督管理职责的部门），依照下列规定履行职责：

（1）安全生产监督管理部门负责危险化学品安全监督管理综合工作，组织确定、公布、调整危险化学品目录，对新建、改建、扩建生产、储存危险化学品（包括使用长输管道输送危险化学品，下同）的建设项目进行安全条件审查，核发危险化学品安全生产

许可证、危险化学品安全使用许可证和危险化学品经营许可证，并负责危险化学品登记工作。

（2）公安机关负责危险化学品的公共安全管理，核发剧毒化学品购买许可证、剧毒化学品道路运输通行证，并负责危险化学品运输车辆的道路交通安全管理。

（3）质量监督检验检疫部门负责核发危险化学品及其包装物、容器（不包括储存危险化学品的固定式大型储罐，下同）生产企业的工业产品生产许可证，并依法对其产品质量实施监督，负责对进出口危险化学品及其包装实施检验。

（4）环境保护主管部门负责废弃危险化学品处置的监督管理，组织危险化学品的环境危害性鉴定和环境风险程度评估，确定实施重点环境管理的危险化学品，负责危险化学品环境管理登记和新化学物质环境管理登记；依照职责分工调查相关危险化学品环境污染事故和生态破坏事件，负责危险化学品事故现场的应急环境监测。

（5）交通运输主管部门负责危险化学品道路运输、水路运输的许可以及运输工具的安全管理，对危险化学品水路运输安全实施监督，负责危险化学品道路运输企业、水路运输企业驾驶人员、船员、装卸管理人员、押运人员、申报人员、集装箱装箱现场检查员的资格认定。铁路监管部门负责危险化学品铁路运输及其运输工具的安全管理。民用航空主管部门负责危险化学品航空运输以及航空运输企业及其运输工具的安全管理。

（6）卫生主管部门负责危险化学品毒性鉴定的管理，负责组织、协调危险化学品事故受伤人员的医疗卫生救援工作。

（7）工商行政管理部门依据有关部门的许可证件，核发危险化学品生产、储存、经营、运输企业营业执照，查处危险化学品经营企业违法采购危险化学品的行为。

（8）邮政管理部门负责依法查处寄递危险化学品的行为。

五、危险化学品安全监督管理部门的监督检查权

《危险化学品安全管理条例》第 7 条规定，负有危险化学品安全监督管理职责的部门依法进行监督检查，可以采取下列措施：

（1）进入危险化学品作业场所实施现场检查，向有关单位和人员了解情况，查阅、复制有关文件、资料；

（2）发现危险化学品事故隐患，责令立即消除或者限期消除；

（3）对不符合法律、行政法规、规章规定或者国家标准、行业标准要求的设施、设备、装置、器材、运输工具，责令立即停止使用；

（4）经本部门主要负责人批准，查封违法生产、储存、使用、经营危险化学品的场所，扣押违法生产、储存、使用、经营、运输的危险化学品以及用于违法生产、使用、运输危险化学品的原材料、设备、运输工具；

（5）发现影响危险化学品安全的违法行为，当场予以纠正或者责令限期改正。

负有危险化学品安全监督管理职责的部门依法进行监督检查，监督检查人员不得少于 2 人，并应当出示执法证件；有关单位和个人对依法进行的监督检查应当予以配合，不得拒绝、阻碍。

📝 考点2 危险化学品生产、储存安全管理

一、建设项目的安全条件审查与安全标志的检查

序号	项目	内容
1	新建、改建、扩建生产、储存建设项目的安全条件审查	《危险化学品安全管理条例》第12条规定，新建、改建、扩建生产、储存危险化学品的建设项目（以下简称建设项目），应当由安全生产监督管理部门进行安全条件审查。 建设单位应当对建设项目进行安全条件论证，委托具备国家规定的资质条件的机构对建设项目进行安全评价，并将安全条件论证和安全评价的情况报告报建设项目所在地设区的市级以上人民政府安全生产监督管理部门；安全生产监督管理部门应当自收到报告之日起45日内作出审查决定，并书面通知建设单位 新建、改建、扩建储存、装卸危险化学品的港口建设项目，由港口行政管理部门按照国务院交通运输主管部门的规定进行安全条件审查
2	生产、储存危险化学品单位管道的安全标志及检查	《危险化学品安全管理条例》第13条规定，生产、储存危险化学品的单位，应当对其铺设的危险化学品管道设置明显标志，并对危险化学品管道定期检查、检测。 进行可能危及危险化学品管道安全的施工作业，施工单位应当在开工的7日前书面通知管道所属单位，并与管道所属单位共同制定应急预案，采取相应的安全防护措施。管道所属单位应当指派专门人员到现场进行管道安全保护指导

二、依法取得相应许可证与安全技术说明书的要求

序号	项目	内容
1	依法取得相应许可证	（1）危险化学品生产企业进行生产前，应当依照《安全生产许可证条例》的规定，取得危险化学品安全生产许可证。 （2）生产列入国家实行生产许可证制度的工业产品目录的危险化学品的企业，应当依照《中华人民共和国工业产品生产许可证管理条例》的规定，取得工业产品生产许可证。 （3）负责颁发危险化学品安全生产许可证、工业产品生产许可证的部门，应当将其颁发许可证的情况及时向同级工业和信息化主管部门、环境保护主管部门和公安机关通报
2	安全技术说明书	危险化学品生产企业应当提供与其生产的危险化学品相符的化学品安全技术说明书，并在危险化学品包装（包括外包装件）上粘贴或者拴挂与包装内危险化学品相符的化学品安全标签。化学品安全技术说明书和化学品安全标签所载明的内容应当符合国家标准的要求

三、危险化学品包装物、容器的安全管理

《危险化学品安全管理条例》第18条规定，生产列入国家实行生产许可证制度的工业产品目录的危险化学品包装物、容器的企业，应当依照《工业产品生产许可证管理条例》的规定，取得工业产品生产许可证；其生产的危险化学品包装物、容器经国务院质量监督检验检疫部门认定的检验机构检验合格，方可出厂销售。

运输危险化学品的船舶及其配载的容器，应当按照国家船舶检验规范进行生产，并经海事管理机构认定的船舶检验机构检验合格，方可投入使用。

对重复使用的危险化学品包装物、容器，使用单位在重复使用前应当进行检查；发现存在安全隐患的，应当维修或者更换。使用单位应当对检查情况作出记录，记录的保存期限不得少于2年。

四、生产装置和储存设施的选址与生产、储存危险品的安全评价

序号	项目	内容
1	生产装置和储存设施的选址	《危险化学品安全管理条例》第19条规定，危险化学品生产装置或者储存数量构成重大危险源的危险化学品储存设施（运输工具加油站、加气站除外），与下列场所、设施、区域的距离应当符合国家有关规定： （1）居住区以及商业中心、公园等人员密集场所； （2）学校、医院、影剧院、体育场（馆）等公共设施； （3）饮用水源、水厂以及水源保护区； （4）车站、码头（依法经许可可以从事危险化学品装卸作业的除外）、机场以及通信干线、通信枢纽、铁路线路、道路交通干线、水路交通干线、地铁风亭以及地铁站出入口； （5）基本农田保护区、基本草原、畜禽遗传资源保护区、畜禽规模化养殖场（养殖小区）、渔业水域以及种子、种畜禽、水产苗种生产基地； （6）河流、湖泊、风景名胜区、自然保护区； （7）军事禁区、军事管理区； （8）法律、行政法规规定的其他场所、设施、区域。 已建的危险化学品生产装置或者储存数量构成重大危险源的危险化学品储存设施不符合前款规定的，由所在地设区的市级人民政府安全生产监督管理部门会同有关部门监督其所属单位在规定期限内进行整改；需要转产、停产、搬迁、关闭的，由本级人民政府决定并组织实施。 储存数量构成重大危险源的危险化学品储存设施的选址，应当避开地震活动断层和容易发生洪灾、地质灾害的区域。 《危险化学品安全管理条例》所称重大危险源，是指生产、储存、使用或者搬运危险化学品，且危险化学品的数量等于或者超过临界量的单元（包括场所和设施）
2	生产、储存危险品的安全评价	《危险化学品安全管理条例》第22条规定，生产、储存危险化学品的企业，应当委托具备国家规定的资质条件的机构，对本企业的安全生产条件每3年进行一次安全评价，提出安全评价报告。安全评价报告的内容应当包括对安全生产条件存在的问题进行整改的方案。 生产、储存危险化学品的企业，应当将安全评价报告以及整改方案的落实情况报所在地县级人民政府安全生产监督管理部门备案。在港区内储存危险化学品的企业，应当将安全评价报告以及整改方案的落实情况报港口行政管理部门备案

五、生产、储存剧毒化学品和易制爆危险化学品的专项管理

《危险化学品安全管理条例》第23条规定，生产、储存剧毒化学品或者国务院公安部门规定的可用于制造爆炸物品的危险化学品（以下简称易制爆危险化学品）的单位，应当如实记录其生产、储存的剧毒化学品、易制爆危险化学品的数量、流向，并采取必要的安全防范措施，防止剧毒化学品、易制爆危险化学品丢失或者被盗；发现剧毒化学品、易制爆危险化学品丢失或者被盗的，应当立即向当地公安机关报告。

生产、储存剧毒化学品、易制爆危险化学品的单位，应当设置治安保卫机构，配备专职治安保卫人员。

六、危险化学品仓库的安全管理

序号	项目	内容
1	保管制度	《危险化学品安全管理条例》第24条规定，危险化学品应当储存在专用仓库、专用场地或者专用储存室（以下统称专用仓库）内，并由专人负责管理；剧毒化学品以及储存数量构成重大危险源的其他危险化学品，应当在专用仓库内单独存放，并实行双人收发、双人保管制度

续表

序号	项目	内容
2	核查、登记与备案	《危险化学品安全管理条例》第25条规定，储存危险化学品的单位应当建立危险化学品出入库核查、登记制度。 对剧毒化学品以及储存数量构成重大危险源的其他危险化学品，储存单位应当将其储存数量、储存地点以及管理人员的情况，报所在地县级人民政府安全生产监督管理部门（在港区内储存的，报港口行政管理部门）和公安机关备案
3	要求	《危险化学品安全管理条例》第26条规定，危险化学品专用仓库应当符合国家标准、行业标准的要求，并设置明显的标志。储存剧毒化学品、易制爆危险化学品的专用仓库，应当按照国家有关规定设置相应的技术防范设施。 储存危险化学品的单位应当对其危险化学品专用仓库的安全设施、设备定期进行检测、检验

七、危险化学品单位转产、停产、停业或者解散的安全管理

《危险化学品安全管理条例》第27条规定，生产、储存危险化学品的单位转产、停产、停业或者解散的，应当采取有效措施，及时、妥善处置其危险化学品生产装置、储存设施以及库存的危险化学品，不得丢弃危险化学品；处置方案应当报所在地县级人民政府安全生产监督管理部门、工业和信息化主管部门、环境保护主管部门和公安机关备案。安全生产监督管理部门应当会同环境保护主管部门和公安机关对处置情况进行监督检查，发现未依照规定处置的，应当责令其立即处置。

考点3　危险化学品使用安全管理

序号	项目	内容
1	取得安全使用许可证	《危险化学品安全管理条例》第29条规定，使用危险化学品从事生产并且使用量达到规定数量的化工企业（属于危险化学品生产企业的除外，下同），应当依照本条例的规定取得危险化学品安全使用许可证
2	安全条件	《危险化学品安全管理条例》第28条规定，使用危险化学品的单位，其使用条件（包括工艺）应当符合法律、行政法规的规定和国家标准、行业标准的要求，并根据所使用的危险化学品的种类、危险特性以及使用量和使用方式，建立、健全使用危险化学品的安全管理规章制度和安全操作规程，保证危险化学品的安全使用。 《危险化学品安全管理条例》第30条规定，申请危险化学品安全使用许可证的化工企业，除应当符合本条例第28条的规定外，还应当具备下列条件： （1）有与所使用的危险化学品相适应的专业技术人员； （2）有安全管理机构和专职安全管理人员； （3）有符合国家规定的危险化学品事故应急预案和必要的应急救援器材、设备； （4）依法进行了安全评价
3	申办程序	《危险化学品安全管理条例》第31条规定，申请危险化学品安全使用许可证的化工企业，应当向所在地设区的市级人民政府安全生产监督管理部门提出申请，并提交其符合本条例第30条规定条件的证明材料。设区的市级人民政府安全生产监督管理部门应当依法进行审查，自收到证明材料之日起45日内作出批准或者不予批准的决定。予以批准的，颁发危险化学品安全使用许可证；不予批准的，书面通知申请人并说明理由
4	信息共享	安全生产监督管理部门应当将其颁发危险化学品安全使用许可证的情况及时向同级环境保护主管部门和公安机关通报

考点 4 危险化学品经营安全管理

一、经营许可证

序号	项目	内容
1	许可制度	《危险化学品安全管理条例》第 33 条规定，国家对危险化学品经营（包括仓储经营，下同）实行许可制度。未经许可，任何单位和个人不得经营危险化学品。 依法设立的危险化学品生产企业在其厂区范围内销售本企业生产的危险化学品，不需要取得危险化学品经营许可。 依照《港口法》的规定取得港口经营许可证的港口经营人，在港区内从事危险化学品仓储经营，不需要取得危险化学品经营许可
2	安全条件	《危险化学品安全管理条例》第 34 条规定，从事危险化学品经营的企业应当具备下列条件： （1）有符合国家标准、行业标准的经营场所，储存危险化学品的，还应当有符合国家标准、行业标准的储存设施； （2）从业人员经过专业技术培训并经考核合格； （3）有健全的安全管理规章制度； （4）有专职安全管理人员； （5）有符合国家规定的危险化学品事故应急预案和必要的应急救援器材、设备； （6）法律、法规规定的其他条件
3	申办程序	（1）从事剧毒化学品、易制爆危险化学品经营的企业，应当向所在地设区的市级人民政府安全生产监督管理部门提出申请，从事其他危险化学品经营的企业，应当向所在地县级人民政府应急管理部门提出申请（有储存设施的，应当向所在地设区的市级人民政府应急管理部门提出申请）。 （2）设区的市级人民政府应急管理部门或者县级人民政府应急管理部门应当农法进行审查，并对申请人的经营场所、储存设施进行现场核查，自收到证明材料之日起 30 日内作出批准或者不予批准的决定。予以批准的，颁发危险化学品经营许可证；不予批准的，书面通知申请人并说明理由
4	信息共享	设区的市级人民政府应急管理部门和县级人民政府应急管理部门应当将其颁发危险化学品经营许可证的情况及时向同级环境保护主管部门和公安机关通报

二、剧毒化学品购买许可证

《危险化学品安全管理条例》第 39 条规定，申请取得剧毒化学品购买许可证，申请人应当向所在地县级人民政府公安机关提交下列材料：

（1）营业执照或者法人证书（登记证书）的复印件；

（2）拟购买的剧毒化学品品种、数量的说明；

（3）购买剧毒化学品用途的说明；

（4）经办人的身份证明。

县级人民政府公安机关应当自收到前款规定的材料之日起 3 日内，作出批准或者不予批准的决定。予以批准的，颁发剧毒化学品购买许可证；不予批准的，书面通知申请人并说明理由。

三、购买、销售剧毒化学品、易制爆危险化学品的安全管理

序号	项目	内容
1	购买剧毒化学品、易制爆危险化学品	《危险化学品安全管理条例》第38条规定，依法取得危险化学品安全生产许可证、危险化学品安全使用许可证、危险化学品经营许可证的企业，凭相应的许可证件购买剧毒化学品、易制爆危险化学品。民用爆炸物品生产企业凭民用爆炸物品生产许可证购买易制爆危险化学品。 前款规定以外的单位购买剧毒化学品的，应当向所在地县级人民政府公安机关申请取得剧毒化学品购买许可证；购买易制爆危险化学品的，应当持本单位出具的合法用途说明。 个人不得购买剧毒化学品（属于剧毒化学品的农药除外）和易制爆危险化学品
2	销售剧毒化学品、易制爆危险化学品	（1）危险化学品生产企业、经营企业销售剧毒化学品、易制爆危险化学品，应当查验《危险化学品安全管理条例》第38条第一款、第二款规定的相关许可证件或者证明文件，不得向不具有相关许可证件或者证明文件的单位销售剧毒化学品、易制爆危险化学品。对持剧毒化学品购买许可证购买剧毒化学品的，应当按照许可证载明的品种、数量销售。 （2）禁止向个人销售剧毒化学品（属于剧毒化学品的农药除外）和易制爆危险化学品。 （3）《危险化学品安全管理条例》第41条规定，危险化学品生产企业、经营企业销售剧毒化学品、易制爆危险化学品，应当如实记录购买单位的名称、地址，经办人的姓名、身份证号码以及所购买的剧毒化学品，易制爆危险化学品的品种、数量、用途。销售记录以及经办人的身份证明复印件、相关许可证件复印件或者证明文件的保存期限不得少于1年。 （4）剧毒化学品、易制爆危险化学品的销售企业、购买单位应当在销售、购买后5日内，将所销售、购买的剧毒化学品、易制爆危险化学品的品种、数量以及流向信息报所在地县级人民政府公安机关备案，并输入计算机系统

考点5　危险化学品运输安全管理

一、运输资质与资格

序号	项目	内容
1	企业资质	从事危险化学品道路运输、水路运输的，应当分别依照有关道路运输、水路运输的法律、行政法规的规定，取得危险货物道路运输许可、危险货物水路运输许可，并向工商行政管理部门办理登记手续。 危险化学品道路运输企业、水路运输企业应当配备专职安全管理人员
2	人员资格	危险化学品道路运输企业、水路运输企业的驾驶人员、船员、装卸管理人员、押运人员、申报人员、集装箱装箱现场检查员应当经交通运输主管部门考核合格，取得从业资格

二、危险化学品装卸与道路运输途中的安全管理

序号	项目	内容
1	装卸安全	危险化学品的装卸作业应当遵守安全作业标准、规程和制度，并在装卸管理人员的现场指挥或者监控下进行。水路运输危险化学品的集装箱装箱作业应当在集装箱装箱现场检查员的指挥或者监控下进行，并符合积载、隔离的规范和要求；装箱作业完毕后，集装箱装箱现场检查员应当签署装箱证明书

序号	项目	内容
2	道路运输途中的安全	（1）运输危险化学品，应当根据危险化学品的危险特性采取相应的安全防护措施，并配备必要的防护用品和应急救援器材。 （2）用于运输危险化学品的槽罐以及其他容器应当封口严密，能够防止危险化学品在运输过程中因温度、湿度或者压力的变化发生渗漏、洒漏；槽罐以及其他容器的溢流和泄压装置应当设置准确、起闭灵活。 （3）运输危险化学品的驾驶人员、船员、装卸管理人员、押运人员、申报人员、集装箱装箱现场检查员，应当了解所运输的危险化学品的危险特性及其包装物、容器的使用要求和出现危险情况时的应急处置方法。 （4）通过道路运输危险化学品的，托运人应当委托依法取得危险货物道路运输许可的企业承运。 （5）通过道路运输危险化学品的，应当按照运输车辆的核定载质量装载危险化学品，不得超载。 （6）危险化学品运输车辆应当符合国家标准要求的安全技术条件，并按照国家有关规定定期进行安全技术检验。 （7）危险化学品运输车辆应当悬挂或者喷涂符合国家标准要求的警示标志。 （8）通过道路运输危险化学品的，应当配备押运人员，并保证所运输的危险化学品处于押运人员的监控之下。 （9）运输危险化学品途中因住宿或者发生影响正常运输的情况，需要较长时间停车的，驾驶人员、押运人员应当采取相应的安全防范措施；运输剧毒化学品或者易制爆危险化学品的，还应当向当地公安机关报告。 （10）未经公安机关批准，运输危险化学品的车辆不得进入危险化学品运输车辆限制通行的区域。危险化学品运输车辆限制通行的区域由县级人民政府公安机关划定，并设置明显的标志

三、剧毒化学品道路运输通行证

《危险化学品安全管理条例》第 50 条规定，通过道路运输剧毒化学品的，托运人应当向运输始发地或者目的地县级人民政府公安机关申请剧毒化学品道路运输通行证。

申请剧毒化学品道路运输通行证，托运人应当向县级人民政府公安机关提交下列材料：

（1）拟运输的剧毒化学品品种、数量的说明；

（2）运输始发地、目的地、运输时间和运输路线的说明；

（3）承运人取得危险货物道路运输许可、运输车辆取得营运证以及驾驶人员、押运人员取得上岗资格的证明文件；

（4）本条例第 38 条第一款、第二款规定的购买剧毒化学品的相关许可证件，或者海关出具的进出口证明文件。

县级人民政府公安机关应当自收到前款规定的材料之日起 7 日内，作出批准或者不予批准的决定。予以批准的，颁发剧毒化学品道路运输通行证；不予批准的，书面通知申请人并说明理由。

四、剧毒化学品、易制爆危险化学品丢失、被盗、被抢的安全管理

《危险化学品安全管理条例》第 51 条规定，剧毒化学品、易制爆危险化学品在道路运输途中丢失、被盗、被抢或者出现流散、泄漏等情况的，驾驶人员、押运人员应当立即采

取相应的警示措施和安全措施，并向当地公安机关报告。公安机关接到报告后，应当根据实际情况立即向安全生产监督管理部门、环境保护主管部门、卫生主管部门通报。有关部门应当采取必要的应急处置措施。

五、内河运输剧毒化学品的禁止性规定及水路运输的安全管理

序号	项目	内容
1	内河运输剧毒化学品的禁止性规定	《危险化学品安全管理条例》第54条规定，禁止通过内河封闭水域运输剧毒化学品以及国家规定禁止通过内河运输的其他危险化学品。 前款规定以外的内河水域，禁止运输国家规定禁止通过内河运输的剧毒化学品以及其他危险化学品。 禁止通过内河运输的剧毒化学品以及其他危险化学品的范围，由国务院交通运输主管部门会同国务院环境保护主管部门、工业和信息化主管部门、安全生产监督管理部门，根据危险化学品的危险特性、危险化学品对人体和水环境的危害程度以及消除危害后果的难易程度等因素规定并公布
2	水路运输的安全管理	（1）海事管理机构应当根据危险化学品的种类和危险特性，确定船舶运输危险化学品的相关安全运输条件。 （2）拟交付船舶运输的化学品的相关安全运输条件不明确的，货物所有人或者代理人应当委托相关技术机构进行评估，明确相关安全运输条件并经海事管理机构确认后，方可交付船舶运输。 （3）通过内河运输危险化学品，应当由依法取得危险货物水路运输许可的水路运输企业承运，其他单位和个人不得承运。托运人应当委托依法取得危险货物水路运输许可的水路运输企业承运，不得委托其他单位和个人承运。 （4）通过内河运输危险化学品，应当使用依法取得危险货物适装证书的运输船舶。水路运输企业应当针对所运输的危险化学品的危险特性，制定运输船舶危险化学品事故应急救援预案，并为运输船舶配备充足、有效的应急救援器材和设备。 （5）通过内河运输危险化学品的船舶，其所有人或者经营人应当取得船舶污染损害责任保险证书或者财务担保证明。船舶污染损害责任保险证书或者财务担保证明的副本应当随船携带。 （6）通过内河运输危险化学品，危险化学品包装物的材质、型式、强度以及包装方法应当符合水路运输危险化学品包装规范的要求。国务院交通运输主管部门对单船运输的危险化学品数量有限制性规定的，承运人应当按照规定安排运输数量。 （7）船舶载运危险化学品进出内河港口，应当将危险化学品的名称、危险特性、包装以及进出港时间等事项，事先报告海事管理机构。海事管理机构接到报告后，应当在国务院交通运输主管部门规定的时间内作出是否同意的决定，通知报告人，同时通报港口行政管理部门。定船舶、定航线、定货种的船舶可以定期报告

📝 考点6　危险化学品登记与事故应急救援

一、登记管理

序号	项目	内容
1	登记制度	国家实行危险化学品登记制度，为危险化学品安全管理以及危险化学品事故预防和应急救援提供技术、信息支持
2	登记内容	《危险化学品安全管理条例》第67条规定，危险化学品生产企业、进口企业，应当向国务院安全生产监督管理部门负责危险化学品登记的机构（以下简称危险化学品登记机构）办理危险化学品登记。

续表

序号	项目	内容
2	登记内容	危险化学品登记包括下列内容： （1）分类和标签信息； （2）物理、化学性质； （3）主要用途； （4）危险特性； （5）储存、使用、运输的安全要求； （6）出现危险情况的应急处置措施。 　　对同一企业生产、进口的同一品种的危险化学品，不进行重复登记。危险化学品生产企业、进口企业发现其生产、进口的危险化学品有新的危险特性的，应当及时向危险化学品登记机构办理登记内容变更手续

二、危险化学品事故应急预案与应急救援

序号	项目		内容
1	危险化学品事故应急预案	制定	县级以上地方人民政府安全生产监督管理部门应当会同工业和信息化、环境保护、公安、卫生、交通运输、铁路、质量监督检验检疫等部门，根据本地区实际情况，制定危险化学品事故应急预案，报本级人民政府批准
		组织演练	危险化学品单位应当制定本单位危险化学品事故应急预案，配备应急救援人员和必要的应急救援器材、设备，并定期组织应急救援演练
		备案	危险化学品单位应当将其危险化学品事故应急预案报所在地设区的市级人民政府安全生产监督管理部门备案
2	危险化学品事故应急救援	报告	《危险化学品安全管理条例》第71条规定，发生危险化学品事故，事故单位主要负责人应当立即按本单位危险化学品应急预案组织救援，并向当地安全生产监督管理部门和环境保护、公安、卫生主管部门报告；道路运输、水路运输过程中发生危险化学品事故的，驾驶人员、船员或者押运人员还应当向事故发生地交通运输主管部门报告
		处置措施	《危险化学品安全管理条例》第72条规定，有关地方人民政府及其有关部门应当按照下列规定，采取必要的应急处置措施，减少事故损失，防止事故蔓延、扩大： （1）立即组织营救和救治受害人员，疏散、撤离或者采取其他措施保护危害区域内的其他人员； （2）迅速控制危害源，测定危险化学品的性质、事故的危害区域及危害程度； （3）针对事故对人体、动植物、土壤、水源、大气造成的现实危害和可能产生的危害，迅速采取封闭、隔离、洗消等措施； （4）对危险化学品事故造成的环境污染和生态破坏状况进行监测、评估，并采取相应的环境污染治理和生态修复措施

考点7　危险化学品安全违法行为应负的法律责任

一、未经安全条件审查的处罚

《危险化学品安全管理条例》第76条规定，未经安全条件审查，新建、改建、扩建生产、储存危险化学品的建设项目的，由安全生产监督管理部门责令停止建设，限期改正；

逾期不改正的，处 50 万元以上 100 万元以下的罚款；构成犯罪的，依法追究刑事责任。

未经安全条件审查，新建、改建、扩建储存、装卸危险化学品的港口建设项目的，由港口行政管理部门依照前款规定予以处罚。

二、危险化学品单位违反有关安全管理的处罚

《危险化学品安全管理条例》第 78 条规定，有下列情形之一的，由安全生产监督管理部门责令改正，可以处 5 万元以下的罚款；拒不改正的，处 5 万元以上 10 万元以下的罚款；情节严重的，责令停产停业整顿：

（1）生产、储存危险化学品的单位未对其铺设的危险化学品管道设置明显的标志，或者未对危险化学品管道定期检查、检测的；

（2）进行可能危及危险化学品管道安全的施工作业，施工单位未按照规定书面通知管道所属单位，或者未与管道所属单位共同制定应急预案、采取相应的安全防护措施，或者管道所属单位未指派专门人员到现场进行管道安全保护指导的；

（3）危险化学品生产企业未提供化学品安全技术说明书，或者未在包装（包括外包装件）上粘贴、拴挂化学品安全标签的；

（4）危险化学品生产企业提供的化学品安全技术说明书与其生产的危险化学品不相符，或者在包装（包括外包装件）粘贴、拴挂的化学品安全标签与包装内危险化学品不相符，或者化学品安全技术说明书、化学品安全标签所载明的内容不符合国家标准要求的；

（5）危险化学品生产企业发现其生产的危险化学品有新的危险特性不立即公告，或者不及时修订其化学品安全技术说明书和化学品安全标签的；

（6）危险化学品经营企业经营没有化学品安全技术说明书和化学品安全标签的危险化学品的；

（7）危险化学品包装物、容器的材质以及包装的型式、规格、方法和单件质量（重量）与所包装的危险化学品的性质和用途不相适应的；

（8）生产、储存危险化学品的单位未在作业场所和安全设施、设备上设置明显的安全警示标志，或者未在作业场所设置通信、报警装置的；

（9）危险化学品专用仓库未设专人负责管理，或者对储存的剧毒化学品以及储存数量构成重大危险源的其他危险化学品未实行双人收发、双人保管制度的；

（10）储存危险化学品的单位未建立危险化学品出入库核查、登记制度的；

（11）危险化学品专用仓库未设置明显标志的；

（12）危险化学品生产企业、进口企业不办理危险化学品登记，或者发现其生产、进口的危险化学品有新的危险特性不办理危险化学品登记内容变更手续的。

从事危险化学品仓储经营的港口经营人有前款规定情形的，由港口行政管理部门依照前款规定予以处罚。储存剧毒化学品、易制爆危险化学品的专用仓库未按照国家有关规定设置相应的技术防范设施的，由公安机关依照前款规定予以处罚。

生产、储存剧毒化学品、易制爆危险化学品的单位未设置治安保卫机构、配备专职治安保卫人员的，依照《企业事业单位内部治安保卫条例》的规定处罚。

三、生产、储存、使用危险化学品的单位违反有关安全管理规定的处罚

《危险化学品安全管理条例》第 80 条规定，生产、储存、使用危险化学品的单位有下列情形之一的，由安全生产监督管理部门责令改正，处 5 万元以上 10 万元以下的罚款；拒不改正的，责令停产停业整顿直至由原发证机关吊销其相关许可证件，并由工商行政管理部门责令其办理经营范围变更登记或者吊销其营业执照；有关责任人员构成犯罪的，依法追究刑事责任：

（1）对重复使用的危险化学品包装物、容器，在重复使用前不进行检查的；

（2）未根据其生产、储存的危险化学品的种类和危险特性，在作业场所设置相关安全设施、设备，或者未按照国家标准、行业标准或者国家有关规定对安全设施、设备进行经常性维护、保养的；

（3）未依照本条例规定对其安全生产条件定期进行安全评价的；

（4）未将危险化学品储存在专用仓库内，或者未将剧毒化学品以及储存数量构成重大危险源的其他危险化学品在专用仓库内单独存放的；

（5）危险化学品的储存方式、方法或者储存数量不符合国家标准或者国家有关规定的；

（6）危险化学品专用仓库不符合国家标准、行业标准的要求的；

（7）未对危险化学品专用仓库的安全设施、设备定期进行检测、检验的。

从事危险化学品仓储经营的港口经营人有前款规定情形的，由港口行政管理部门依照前款规定予以处罚。

四、生产、储存、使用剧毒化学品、易制爆危险化学品的单位违反有关规定的处罚

《危险化学品安全管理条例》第 81 条规定，有下列情形之一的，由公安机关责令改正，可以处 1 万元以下的罚款；拒不改正的，处 1 万元以上 5 万元以下的罚款：

（1）生产、储存、使用剧毒化学品、易制爆危险化学品的单位不如实记录生产、储存、使用的剧毒化学品、易制爆危险化学品的数量、流向的；

（2）生产、储存、使用剧毒化学品、易制爆危险化学品的单位发现剧毒化学品、易制爆危险化学品丢失或者被盗，不立即向公安机关报告的；

（3）储存剧毒化学品的单位未将剧毒化学品的储存数量、储存地点以及管理人员的情况报所在地县级人民政府公安机关备案的；

（4）危险化学品生产企业、经营企业不如实记录剧毒化学品、易制爆危险化学品购买单位的名称、地址、经办人的姓名、身份证号码以及所购买的剧毒化学品、易制爆危险化学品的品种、数量、用途，或者保存销售记录和相关材料的时间少于 1 年的；

（5）剧毒化学品、易制爆危险化学品的销售企业、购买单位未在规定的时限内将所销售、购买的剧毒化学品、易制爆危险化学品的品种、数量以及流向信息报所在地县级人民政府公安机关备案的；

（6）使用剧毒化学品、易制爆危险化学品的单位依照本条例规定转让其购买的剧毒化学品、易制爆危险化学品，未将有关情况向所在地县级人民政府公安机关报告的。

生产、储存危险化学品的企业或者使用危险化学品从事生产的企业未按照本条例规定将安全评价报告以及整改方案的落实情况报安全生产监督管理部门或者港口行政管理部门备案，或者储存危险化学品的单位未将其剧毒化学品以及储存数量构成重大危险源的其他危险化学品的储存数量、储存地点以及管理人员的情况报安全生产监督管理部门或者港口

行政管理部门备案的，分别由安全生产监督管理部门或者港口行政管理部门依照前款规定予以处罚。

生产实施重点环境管理的危险化学品的企业或者使用实施重点环境管理的危险化学品从事生产的企业未按照规定将相关信息向环境保护主管部门报告的，由环境保护主管部门依照本条第一款的规定予以处罚。

第六节　烟花爆竹安全管理条例

考点1　烟花爆竹安全管理的基本规定

序号	项目	内容
1	适用	《烟花爆竹安全管理条例》第2条规定，烟花爆竹的生产、经营、运输和燃放，适用本条例。 本条例所称烟花爆竹，是指烟花爆竹制品和用于生产烟花爆竹的民用黑火药、烟火药、引火线等物品
2	许可证制度	《烟花爆竹安全管理条例》第3条规定，国家对烟花爆竹的生产、经营、运输和举办焰火晚会以及其他大型焰火燃放活动，实行许可证制度。 未经许可，任何单位或者个人不得生产、经营、运输烟花爆竹，不得举办焰火晚会以及其他大型焰火燃放活动
3	主要负责人的责任	《烟花爆竹安全管理条例》第6条规定，烟花爆竹生产、经营、运输企业和焰火晚会以及其他大型焰火燃放活动主办单位的主要负责人，对本单位的烟花爆竹安全工作负责。 烟花爆竹生产、经营、运输企业和焰火晚会以及其他大型焰火燃放活动主办单位应当建立健全安全责任制，制定各项安全管理制度和操作规程，并对从业人员定期进行安全教育、法制教育和岗位技术培训

考点2　烟花爆竹生产安全

序号	项目	内容
1	安全生产条件	《烟花爆竹安全管理条例》第8条规定，生产烟花爆竹的企业，应当具备下列条件： （1）符合当地产业结构规划； （2）基本建设项目经过批准； （3）选址符合城乡规划，并与周边建筑、设施保持必要的安全距离； （4）厂房和仓库的设计、结构和材料以及防火、防爆、防雷、防静电等安全设备、设施符合国家有关标准和规范； （5）生产设备、工艺符合安全标准； （6）产品品种、规格、质量符合国家标准； （7）有健全的安全生产责任制； （8）有安全生产管理机构和专职安全生产管理人员； （9）依法进行了安全评价； （10）有事故应急救援预案、应急救援组织和人员，并配备必要的应急救援器材、设备； （11）法律、法规规定的其他条件

续表

序号	项目	内容
2	安全生产许可证	《烟花爆竹安全管理条例》第9条规定，生产烟花爆竹的企业，应当在投入生产前向所在地设区的市人民政府安全生产监督管理部门提出安全审查申请，并提交能够证明符合本条例第8条规定条件的有关材料。设区的市人民政府安全生产监督管理部门应当自收到材料之日起20日内提出安全审查初步意见，报省、自治区、直辖市人民政府安全生产监督管理部门审查。省、自治区、直辖市人民政府安全生产监督管理部门应当自受理申请之日起45日内进行安全审查，对符合条件的，核发《烟花爆竹安全生产许可证》；对不符合条件的，应当说明理由。 《烟花爆竹安全管理条例》第10条规定，生产烟花爆竹的企业为扩大生产能力进行基本建设或者技术改造的，应当依照本条例的规定申请办理安全生产许可证。 生产烟花爆竹的企业，持《烟花爆竹安全生产许可证》到工商行政管理部门办理登记手续后，方可从事烟花爆竹生产活动
3	从业人员安全资格	《烟花爆竹安全管理条例》第12条规定，生产烟花爆竹的企业，应当对生产作业人员进行安全生产知识教育，对从事药物混合、造粒、筛选、装药、筑药、压药、切引、搬运等危险工序的作业人员进行专业技术培训。从事危险工序的作业人员经设区的市人民政府安全生产监督管理部门考核合格，方可上岗作业
4	安全管理	（1）《烟花爆竹安全管理条例》第14条规定，生产烟花爆竹的企业，应当按照国家标准的规定，在烟花爆竹产品上标注燃放说明，并在烟花爆竹包装物上印制易燃易爆危险物品警示标志。 （2）《烟花爆竹安全管理条例》第15条规定，生产烟花爆竹的企业，应当对黑火药、烟火药、引火线的保管采取必要的安全技术措施，建立购买、领用、销售登记制度，防止黑火药、烟火药、引火线丢失。黑火药、烟火药、引火线丢失的，企业应当立即向当地安全生产监督管理部门和公安部门报告

考点3 烟花爆竹经营安全

序号	项目		内容
1	烟花爆竹的批发和零售		《烟花爆竹安全管理条例》第16条规定，从事烟花爆竹批发的企业和零售经营者的经营布点，应当经安全生产监督管理部门审批。 禁止在城市市区布设烟花爆竹批发场所；城市市区的烟花爆竹零售网点，应当按照严格控制的原则合理布设。 《烟花爆竹安全管理条例》第21条规定，生产、经营黑火药、烟火药、引火线的企业，不得向未取得烟花爆竹安全生产许可的任何单位或者个人销售黑火药、烟火药和引火线
2	应具备的条件	批发	《烟花爆竹安全管理条例》第17条规定，从事烟花爆竹批发的企业，应当具备下列条件： （1）具有企业法人条件； （2）经营场所与周边建筑、设施保持必要的安全距离； （3）有符合国家标准的经营场所和储存仓库； （4）有保管员、仓库守护员； （5）依法进行了安全评价； （6）有事故应急救援预案、应急救援组织和人员，并配备必要的应急救援器材、设备； （7）法律、法规规定的其他条件
		零售	《烟花爆竹安全管理条例》第18条规定，烟花爆竹零售经营者，应当具备下列条件： （1）主要负责人经过安全知识教育； （2）实行专店或者专柜销售，设专人负责安全管理； （3）经营场所配备必要的消防器材，张贴明显的安全警示标志； （4）法律、法规规定的其他条件

序号	项目	内容
3	烟花爆竹经营安全许可证	《烟花爆竹安全管理条例》第19条规定，申请从事烟花爆竹批发的企业，应当向所在地设区的市人民政府安全生产监督管理部门提出申请，并提供能够证明符合本条例第17条规定条件的有关材料。受理申请的安全生产监督管理部门应当自受理申请之日起30日内对提交的有关材料和经营场所进行审查，对符合条件的，核发《烟花爆竹经营（批发）许可证》；对不符合条件的，应当说明理由。 申请从事烟花爆竹零售的经营者，应当向所在地县级人民政府安全生产监督管理部门提出申请，并提供能够证明符合本条例第18条规定条件的有关材料。受理申请的安全生产监督管理部门应当自受理申请之日起20日内对提交的有关材料和经营场所进行审查，对符合条件的，核发《烟花爆竹经营（零售）许可证》；对不符合条件的，应当说明理由

📝 考点4　烟花爆竹运输安全

一、烟花爆竹道路运输许可证

序号	项目	内容
1	申请	《烟花爆竹安全管理条例》第23条规定，经由道路运输烟花爆竹的，托运人应当向运达地县级人民政府公安部门提出申请，并提交下列有关材料： （1）承运人从事危险货物运输的资质证明； （2）驾驶员、押运员从事危险货物运输的资格证明； （3）危险货物运输车辆的道路运输证明； （4）托运人从事烟花爆竹生产、经营的资质证明； （5）烟花爆竹的购销合同及运输烟花爆竹的种类、规格、数量； （6）烟花爆竹的产品质量和包装合格证明； （7）运输车辆牌号、运输时间、起始地点、行驶路线、经停地点
2	审查	《烟花爆竹安全管理条例》第24条规定，受理申请的公安部门应当自受理申请之日起3日内对提交的有关材料进行审查，对符合条件的，核发《烟花爆竹道路运输许可证》；对不符合条件的，应当说明理由

二、道路运输烟花爆竹的要求

序号	项目	内容
1	应当遵守的规定	《烟花爆竹安全管理条例》第25条规定，经由道路运输烟花爆竹的，除应当遵守《道路交通安全法》外，还应当遵守下列规定： （1）随车携带《烟花爆竹道路运输许可证》； （2）不得违反运输许可事项； （3）运输车辆悬挂或者安装符合国家标准的易燃易爆危险物品警示标志； （4）烟花爆竹的装载符合国家有关标准和规范； （5）装载烟花爆竹的车厢不得载人； （6）运输车辆限速行驶，途中经停必须有专人看守； （7）出现危险情况立即采取必要的措施，并报告当地公安部门
2	核销	《烟花爆竹安全管理条例》第26条规定，烟花爆竹运达目的地后，收货人应当在3日内将《烟花爆竹道路运输许可证》交回发证机关核销

续表

序号	项目	内容
3	禁止	《烟花爆竹安全管理条例》第27条规定，禁止携带烟花爆竹搭乘公共交通工具。 禁止邮寄烟花爆竹，禁止在托运的行李、包裹、邮件中夹带烟花爆竹

考点5　烟花爆竹燃放安全

序号	项目	内容
1	一般要求	《烟花爆竹安全管理条例》第30条规定，禁止在下列地点燃放烟花爆竹： （1）文物保护单位； （2）车站、码头、飞机场等交通枢纽以及铁路线路安全保护区内； （3）易燃易爆物品生产、储存单位； （4）输变电设施安全保护区内； （5）医疗机构、幼儿园、中小学校、敬老院； （6）山林、草原等重点防火区； （7）县级以上地方人民政府规定的禁止燃放烟花爆竹的其他地点
2	焰火晚会等大型焰火燃放活动的许可	《烟花爆竹安全管理条例》第32条规定，举办焰火晚会以及其他大型焰火燃放活动，应当按照举办的时间、地点、环境、活动性质、规模以及燃放烟花爆竹的种类、规格和数量，确定危险等级，实行分级管理。 《烟花爆竹安全管理条例》第33条规定，申请举办焰火晚会以及其他大型焰火燃放活动，主办单位应当按照分级管理的规定，向有关人民政府公安部门提出申请，并提交下列有关材料： （1）举办焰火晚会以及其他大型焰火燃放活动的时间、地点、环境、活动性质、规模； （2）燃放烟花爆竹的种类、规格、数量； （3）燃放作业方案； （4）燃放作业单位、作业人员符合行业标准规定条件的证明。 受理申请的公安部门应当自受理申请之日起20日内对提交的有关材料进行审查，对符合条件的，核发《焰火燃放许可证》；对不符合条件的，应当说明理由

考点6　烟花爆竹安全违法行为应负的法律责任

序号	项目	内容
1	非法从事烟花爆竹生产经营运输活动	《烟花爆竹安全管理条例》第36条规定，对未经许可生产、经营烟花爆竹制品，或者向未取得烟花爆竹安全生产许可的单位或者个人销售黑火药、烟火药、引火线的，由安全生产监督管理部门责令停止非法生产、经营活动，处2万元以上10万元以下的罚款，并没收非法生产、经营的物品及违法所得。 对未经许可经由道路运输烟花爆竹的，由公安部门责令停止非法运输活动，处1万元以上5万元以下的罚款，并没收非法运输的物品及违法所得。 非法生产、经营、运输烟花爆竹，构成违反治安管理行为的，依法给予治安管理处罚；构成犯罪的，依法追究刑事责任
2	不具备安全生产条件的生产企业	《烟花爆竹安全管理条例》第37条规定，生产烟花爆竹的企业有下列行为之一的，由安全生产监督管理部门责令限期改正，处1万元以上5万元以下的罚款；逾期不改正的，责令停产停业整顿，情节严重的，吊销安全生产许可证： （1）未按照安全生产许可证核定的产品种类进行生产的； （2）生产工序或者生产作业不符合有关国家标准、行业标准的；

续表

序号	项目	内容
2	不具备安全生产条件的生产企业	（3）雇佣未经设区的市人民政府安全生产监督管理部门考核合格的人员从事危险工序作业的； （4）生产烟花爆竹使用的原料不符合国家标准规定的，或者使用的原料超过国家标准规定的用量限制的； （5）使用按照国家标准规定禁止使用或者禁忌配伍的物质生产烟花爆竹的； （6）未按照国家标准的规定在烟花爆竹产品上标注燃放说明，或者未在烟花爆竹的包装物上印制易燃易爆危险物品警示标志的
3	违反规定销售烟花爆竹活动	《烟花爆竹安全管理条例》第 38 条规定，从事烟花爆竹批发的企业向从事烟花爆竹零售的经营者供应非法生产、经营的烟花爆竹，或者供应按照国家标准规定应由专业燃放人员燃放的烟花爆竹的，由安全生产监督管理部门责令停止违法行为，处 2 万元以上 10 万元以下的罚款，并没收非法经营的物品及违法所得；情节严重的，吊销烟花爆竹经营许可证。 从事烟花爆竹零售的经营者销售非法生产、经营的烟花爆竹，或者销售按照国家标准规定应由专业燃放人员燃放的烟花爆竹的，由安全生产监督管理部门责令停止违法行为，处 1000 元以上 5000 元以下的罚款，并没收非法经营的物品及违法所得；情节严重的，吊销烟花爆竹经营许可证
4	违反道路运输规定	《烟花爆竹安全管理条例》第 40 条规定，经由道路运输烟花爆竹，有下列行为之一的，由公安部门责令改正，处 200 元以上 2000 元以下的罚款： （1）违反运输许可事项； （2）未随车携带《烟花爆竹道路运输许可证》的； （3）运输车辆没有悬挂或安装符合国家标准的易燃易爆危险物品警示标志的； （4）烟花爆竹的装载不符合国家有关标准和规范的； （5）装载烟花爆竹的车厢载人的； （6）超过危险物品运输车辆规定时速行驶的； （7）运输车辆途中经停没有专人看守的； （8）运达目的地后，未按规定时间将《烟花爆竹道路运输许可证》交回发证机关核销的
5	违规举办大型焰火燃放活动	《烟花爆竹安全管理条例》第 42 条规定，对未经许可举办焰火晚会以及其他大型焰火燃放活动，或者焰火晚会以及其他大型焰火燃放活动燃放作业单位和作业人员违反焰火燃放安全规程、燃放作业方案进行燃放作业的，由公安部门责令停止燃放，对责任单位处 1 万元以上 5 万元以下的罚款。 在禁止燃放烟花爆竹的时间、地点燃放烟花爆竹，或者以危害公共安全和人身、财产安全的方式燃放烟花爆竹的，由公安部门责令停止燃放，处 100 元以上 500 元以下的罚款；构成违反治安管理行为的，依法给予治安管理处罚

第七节　民用爆炸物品安全管理条例

📝 考点 1　民用爆炸物品安全管理的基本规定

序号	项目	内容
1	适用范围	《民用爆炸物品安全管理条例》第 2 条规定，民用爆炸物品的生产、销售、购买、进出口、运输、爆破作业和储存以及硝酸铵的销售、购买，适用本条例。 本条例所称民用爆炸物品，是指用于非军事目的、列入民用爆炸物品品名表的各类火药、炸药及其制品和雷管、导火索等点火、起爆器材

序号	项目	内容
2	民用爆炸物品安全监管的政府部门及职责	（1）民用爆炸物品行业主管部门负责民用爆炸物品生产、销售的安全监督管理。 （2）公安机关负责民用爆炸物品公共安全管理和民用爆炸物品购买、运输、爆破作业的安全监督管理，监控民用爆炸物品流向。 （3）安全生产监督、铁路、交通、民用航空主管部门依照法律、行政法规的规定，负责做好民用爆炸物品的有关安全监督管理工作。 （4）民用爆炸物品行业主管部门、公安机关、工商行政管理部门按照职责分工，负责组织查处非法生产、销售、购买、储存、运输、邮寄、使用民用爆炸物品的行为
3	从业人员的资格	《民用爆炸物品安全管理条例》第6条规定，无民事行为能力人、限制民事行为能力人或者曾因犯罪受过刑事处罚的人，不得从事民用爆炸物品的生产、销售、购买、运输和爆破作业。 民用爆炸物品从业单位应当加强对本单位从业人员的安全教育、法制教育和岗位技术培训，从业人员经考核合格的，方可上岗作业；对有资格要求的岗位，应当配备具有相应资格的人员

考点2　民用爆炸物品生产的安全管理

序号	项目		内容
1	申请从事民用爆炸物品生产的企业应当具备的条件		《民用爆炸物品安全管理条例》第11条规定，申请从事民用爆炸物品生产的企业，应当具备下列条件： （1）符合国家产业结构规划和产业技术标准； （2）厂房和专用仓库的设计、结构、建筑材料、安全距离以及防火、防爆、防雷、防静电等安全设备、设施符合国家有关标准和规范； （3）生产设备、工艺符合有关安全生产的技术标准和规程； （4）有具备相应资格的专业技术人员、安全生产管理人员和生产岗位人员； （5）有健全的安全管理制度、岗位安全责任制度； （6）法律、行政法规规定的其他条件
2	取得生产许可、安全许可、工商登记的程序	提交材料	申请从事民用爆炸物品生产的企业，应当向国务院民用爆炸物品行业主管部门提交申请书、可行性研究报告以及能够证明其符合《民用爆炸物品安全管理条例》第11条规定条件的有关材料
		审查核发《民用爆炸物品生产许可证》	国务院民用爆炸物品行业主管部门应当自受理申请之日起45日内进行审查，对符合条件的，核发《民用爆炸物品生产许可证》；对不符合条件的，不予核发《民用爆炸物品生产许可证》，书面向申请人说明理由
		登记备案	民用爆炸物品生产企业持《民用爆炸物品生产许可证》到工商行政管理部门办理工商登记，并在办理工商登记后3日内，向所在地县级人民政府公安机关备案
		申请安全生产许可	取得《民用爆炸物品生产许可证》的企业应当在基本建设完成后，向省、自治区、直辖市人民政府民用爆炸物品行业主管部门申请安全生产许可。省、自治区、直辖市人民政府民用爆炸物品行业主管部门应当依照《安全生产许可证条例》的规定对其进行查验，对符合条件的，核发《民用爆炸物品安全生产许可证》。民用爆炸物品生产企业取得《民用爆炸物品安全生产许可证》后，方可生产民用爆炸物品

📖 考点3　民用爆炸物品销售、购买的安全管理

一、民用爆炸物品的销售许可

序号	项目		内容
1	申请从事民用爆炸物品销售的企业应具备的条件		《民用爆炸物品安全管理条例》第18条规定，申请从事民用爆炸物品销售的企业，应当具备下列条件： （1）符合对民用爆炸物品销售企业规划的要求； （2）销售场所和专用仓库符合国家有关标准和规范； （3）有具备相应资格的安全管理人员、仓库管理人员； （4）有健全的安全管理制度、岗位安全责任制度； （5）法律、行政法规规定的其他条件
2	申办程序	申请	申请从事民用爆炸物品销售的企业，应当向所在地省、自治区、直辖市人民政府民用爆炸物品行业主管部门提交申请书、可行性研究报告以及能够证明其符合《民用爆炸物品安全管理条例》第18条规定条件的有关材料
		审查核发	省、自治区、直辖市人民政府民用爆炸物品行业主管部门应当自受理申请之日起30日内进行审查，并对申请单位的销售场所和专用仓库等经营设施进行查验，对符合条件的，核发《民用爆炸物品销售许可证》；对不符合条件的，不予核发《民用爆炸物品销售许可证》，书面向申请人说明理由
		登记	民用爆炸物品销售企业持《民用爆炸物品销售许可证》到工商行政管理部门办理工商登记后，方可销售民用爆炸物品
		备案	民用爆炸物品销售企业应当在办理工商登记后3日内，向所在地县级人民政府公安机关备案

二、民用爆炸物品的购买许可

《民用爆炸物品安全管理条例》第21条规定，民用爆炸物品使用单位申请购买民用爆炸物品的，应当向所在地县级人民政府公安机关提出购买申请，并提交下列有关材料：

（1）工商营业执照或者事业单位法人证书；

（2）《爆破作业单位许可证》或者其他合法使用的证明；

（3）购买单位的名称、地址、银行账户；

（4）购买的品种、数量和用途说明。

受理申请的公安机关应当自受理申请之日起5日内对提交的有关材料进行审查，对符合条件的，核发《民用爆炸物品购买许可证》；对不符合条件的，不予核发《民用爆炸物品购买许可证》，书面向申请人说明理由。

《民用爆炸物品购买许可证》应当载明许可购买的品种、数量、购买单位以及许可的有效期限。

三、民用爆炸物品销售、购买的特别规定

序号	项目	内容
1	经办人的身份证明	《民用爆炸物品安全管理条例》第 22 条规定，民用爆炸物品生产企业凭《民用爆炸物品生产许可证》购买属于民用爆炸物品的原料，民用爆炸物品销售企业凭《民用爆炸物品销售许可证》向民用爆炸物品生产企业购买民用爆炸物品，民用爆炸物品使用单位凭《民用爆炸物品购买许可证》购买民用爆炸物品，还应当提供经办人的身份证明。 销售民用爆炸物品的企业，应当查验前款规定的许可证和经办人的身份证明；对持《民用爆炸物品购买许可证》购买的，应当按照许可的品种、数量销售
2	交易要求	《民用爆炸物品安全管理条例》第 23 条规定，销售、购买民用爆炸物品，应当通过银行账户进行交易，不得使用现金或者实物进行交易。 销售民用爆炸物品的企业，应当将购买单位的许可证、银行账户转账凭证、经办人的身份证明复印件保存 2 年备查
3	向公安机关备案	《民用爆炸物品安全管理条例》第 24 条规定，销售民用爆炸物品的企业，应当自民用爆炸物品买卖成交之日起 3 日内，将销售的品种、数量和购买单位向所在地省、自治区、直辖市人民政府民用爆炸物品行业主管部门和所在地县级人民政府公安机关备案。 购买民用爆炸物品的单位，应当自民用爆炸物品买卖成交之日起 3 日内，将购买的品种、数量向所在地县级人民政府公安机关备案
4	进出口民用爆炸物品	《民用爆炸物品安全管理条例》第 25 条规定，进出口民用爆炸物品，应当经国务院民用爆炸物品行业主管部门审批。 进出口单位应当将进出口的民用爆炸物品的品种、数量向收货地或者出境口岸所在地县级人民政府公安机关备案

考点 4 民用爆炸物品运输的安全管理

一、民用爆炸物品的运输许可

序号	项目	内容
1	提交申请材料	《民用爆炸物品安全管理条例》第 26 条规定，运输民用爆炸物品，收货单位应当向运达地县级人民政府公安机关提出申请，并提交包括下列内容的材料： （1）民用爆炸物品生产企业、销售企业、使用单位以及进出口单位分别提供的《民用爆炸物品生产许可证》《民用爆炸物品销售许可证》《民用爆炸物品购买许可证》或者进出口批准证明； （2）运输民用爆炸物品的品种、数量、包装材料和包装方式； （3）运输民用爆炸物品的特性、出现险情的应急处置方法； （4）运输时间、起始地点、运输路线、经停地点
2	审查核发	受理申请的公安机关应当自受理申请之日起 3 日内对提交的有关材料进行审查，对符合条件的，核发《民用爆炸物品运输许可证》；对不符合条件的，不予核发《民用爆炸物品运输许可证》，书面向申请人说明理由

续表

序号	项目	内容
3	《民用爆炸物品运输许可证》应当载明的内容	《民用爆炸物品运输许可证》应当载明收货单位、销售企业、承运人、一次性运输有效期限、起始地点、运输路线、经停地点，民用爆炸物品的品种、数量

二、经由道路运输民用爆炸物品的特别规定

序号	项目	内容
1	应当遵守的规定	《民用爆炸物品安全管理条例》第28条规定，经由道路运输民用爆炸物品的，应当遵守下列规定： （1）携带《民用爆炸物品运输许可证》； （2）民用爆炸物品的装载符合国家有关标准和规范，车厢内不得载人； （3）运输车辆安全技术状况应当符合国家有关安全技术标准的要求，并按照规定悬挂或者安装符合国家标准的易燃易爆危险物品警示标志； （4）运输民用爆炸物品的车辆应当保持安全车速； （5）按照规定的路线行驶，途中经停应当有专人看守，并远离建筑设施和人口稠密的地方，不得在许可以外的地点经停； （6）按照安全操作规程装卸民用爆炸物品，并在装卸现场设置警戒，禁止无关人员进入； （7）出现危险情况立即采取必要的应急处置措施，并报告当地公安机关
2	《民用爆炸物品运输许可证》的核销	《民用爆炸物品安全管理条例》第29条规定，民用爆炸物品运达目的地，收货单位应当进行验收后在《民用爆炸物品运输许可证》上签注，并在3日内将《民用爆炸物品运输许可证》交回发证机关核销

考点5 爆破作业的安全管理

一、爆破作业的安全许可

序号	项目	内容
1	申请从事爆破作业的单位具备的条件	《民用爆炸物品安全管理条例》第31条规定，申请从事爆破作业的单位，应当具备下列条件： （1）爆破作业属于合法的生产活动； （2）有符合国家有关标准和规范的民用爆炸物品专用仓库； （3）有具备相应资格的安全管理人员、仓库管理人员和具备国家规定执业资格的爆破作业人员； （4）有健全的安全管理制度、岗位安全责任制度； （5）有符合国家标准、行业标准的爆破作业专用设备； （6）法律、行政法规规定的其他条件

续表

序号	项目		内容
2	申办程序	申请	申请从事爆破作业的单位，应当按照国务院公安部门的规定，向有关人民政府公安机关提出申请，并提供能够证明其符合《民用爆炸物品安全管理条例》第31条规定条件的有关材料
		审查核发	受理申请的公安机关应当自受理申请之日起20日内进行审查，对符合条件的，核发《爆破作业单位许可证》；对不符合条件的，不予核发《爆破作业单位许可证》，书面向申请人说明理由
		登记	营业性爆破作业单位持《爆破作业单位许可证》到工商行政管理部门办理工商登记后，方可从事营业性爆破作业活动
		备案	爆破作业单位应当在办理工商登记后3日内，向所在地县级人民政府公安机关备案

二、爆破作业的安全管理

《民用爆炸物品安全管理条例》对爆破作业的安全管理做了如下规定：

（1）爆破作业单位应当对本单位的爆破作业人员、安全管理人员、仓库管理人员进行专业技术培训。爆破作业人员应当经设区的市级人民政府公安机关考核合格，取得《爆破作业人员许可证》后，方可从事爆破作业。

（2）在城市、风景名胜区和重要工程设施附近实施爆破作业的，应当向爆破作业所在地设区的市级人民政府公安机关提出申请，提交《爆破作业单位许可证》和具有相应资质的安全评估企业出具的爆破设计、施工方案评估报告。受理申请的公安机关应当自受理申请之日起20日内对提交的有关材料进行审查，对符合条件的，作出批准的决定；对不符合条件的，作出不予批准的决定，并书面向申请人说明理由。

（3）爆破作业单位跨省、自治区、直辖市行政区域从事爆破作业的，应当事先将爆破作业项目的有关情况向爆破作业所在地县级人民政府公安机关报告。

（4）爆破作业单位应当如实记载领取、发放民用爆炸物品的品种、数量、编号以及领取、发放人员姓名。领取民用爆炸物品的数量不得超过当班用量，作业后剩余的民用爆炸物品必须当班清退回库。爆破作业单位应当将领取、发放民用爆炸物品的原始记录保存2年备查。

（5）实施爆破作业，应当遵守国家有关标准和规范，在安全距离以外设置警示标志并安排警戒人员，防止无关人员进入；爆破作业结束后应当及时检查、排除未引爆的民用爆炸物品。

（6）爆破作业单位不再使用民用爆炸物品时，应当将剩余的民用爆炸物品登记造册，报所在地县级人民政府公安机关组织监督销毁。发现、拣拾无主民用爆炸物品的，应当立即报告当地公安机关。

📝 考点6　民用爆炸物品储存的安全管理

序号	项目	内容
1	储存民用爆炸物品	《民用爆炸物品安全管理条例》第41条规定，储存民用爆炸物品应当遵守下列规定： （1）建立出入库检查、登记制度，收存和发放民用爆炸物品必须进行登记，做到账目清楚、账物相符； （2）储存的民用爆炸物品数量不得超过储存设计容量，对性质相抵触的民用爆炸物品必须分库储存，严禁在库房内存放其他物品； （3）专用仓库应当指定专人管理、看护，严禁无关人员进入仓库区内，严禁在仓库区内吸烟和用火，严禁把其他容易引起燃烧、爆炸的物品带入仓库区内，严禁在库房内住宿和进行其他活动； （4）民用爆炸物品丢失、被盗、被抢，应当立即报告当地公安机关
2	现场临时存放民用爆炸物品	《民用爆炸物品安全管理条例》第42条规定，在爆破作业现场临时存放民用爆炸物品的，应当具备临时存放民用爆炸物品的条件，并设专人管理、看护，不得在不具备安全存放条件的场所存放民用爆炸物品
3	销毁	《民用爆炸物品安全管理条例》第43条规定，民用爆炸物品变质和过期失效的，应当及时清理出库，并予以销毁。销毁前应当登记造册，提出销毁实施方案，报省、自治区、直辖市人民政府民用爆炸物品行业主管部门、所在地县级人民政府公安机关组织监督销毁

📝 考点7　民用爆炸物品安全管理违法行为应负的法律责任

序号	项目	内容
1	非法制造、买卖、运输、储存民用爆炸物品	《民用爆炸物品安全管理条例》第44条规定，非法制造、买卖、运输、储存民用爆炸物品，构成犯罪的，依法追究刑事责任；尚不构成犯罪，有违反治安管理行为的，依法给予治安管理处罚。 违反本条例规定，在生产、储存、运输、使用民用爆炸物品中发生重大事故，造成严重后果或者后果特别严重，构成犯罪的，依法追究刑事责任。 违反本条例规定，未经许可生产、销售民用爆炸物品的，由民用爆炸物品行业主管部门责令停止非法生产、销售活动，处10万元以上50万元以下的罚款，并没收非法生产、销售的民用爆炸物品及其违法所得。 违反本条例规定，未经许可购买、运输民用爆炸物品或者从事爆破作业的，由公安机关责令停止非法购买、运输、爆破作业活动，处5万元以上20万元以下的罚款，并没收非法购买、运输以及从事爆破作业使用的民用爆炸物品及其违法所得。 民用爆炸物品行业主管部门、公安机关对没收的非法民用爆炸物品，应当组织销毁
2	违法生产、销售民用爆炸物品	《民用爆炸物品安全管理条例》第45条规定，违反本条例规定，生产、销售民用爆炸物品的企业有下列行为之一的，由民用爆炸物品行业主管部门责令限期改正，处10万元以上50万元以下的罚款；逾期不改正的，责令停产停业整顿；情节严重的，吊销《民用爆炸物品生产许可证》或者《民用爆炸物品销售许可证》： （1）超出生产许可的品种、产量进行生产、销售的； （2）违反安全技术规程生产作业的； （3）民用爆炸物品的质量不符合相关标准的； （4）民用爆炸物品的包装不符合法律、行政法规的规定以及相关标准的； （5）超出购买许可的品种、数量销售民用爆炸物品的； （6）向没有《民用爆炸物品生产许可证》《民用爆炸物品销售许可证》《民用爆炸物品购买许可证》的单位销售民用爆炸物品的；

序号	项目	内容
2	违法生产、销售民用爆炸物品	（7）民用爆炸物品生产企业销售本企业生产的民用爆炸物品未按照规定向民用爆炸物品行业主管部门备案的； （8）未经审批进出口民用爆炸物品的
3	购买、登记、备案等违法	《民用爆炸物品安全管理条例》第 46 条规定，违反本条例规定，有下列情形之一的，由公安机关责令限期改正，处 5 万元以上 20 万元以下的罚款；逾期不改正的，责令停产停业整顿： （1）未按照规定对民用爆炸物品作出警示标识、登记标识或者未对雷管编码打号的； （2）超出购买许可的品种、数量购买民用爆炸物品的； （3）使用现金或者实物进行民用爆炸物品交易的； （4）未按照规定保存购买单位的许可证、银行账户转账凭证、经办人的身份证明复印件的； （5）销售、购买、进出口民用爆炸物品，未按照规定向公安机关备案的； （6）未按照规定建立民用爆炸物品登记制度，如实将本单位生产、销售、购买、运输、储存、使用民用爆炸物品的品种、数量和流向信息输入计算机系统的； （7）未按照规定将《民用爆炸物品运输许可证》交回发证机关核销的
4	道路运输民用爆炸物品违法	《民用爆炸物品安全管理条例》第 47 条规定，违反本条例规定，经由道路运输民用爆炸物品，有下列情形之一的，由公安机关责令改正，处 5 万元以上 20 万元以下的罚款： （1）违反运输许可事项的； （2）未携带《民用爆炸物品运输许可证》的； （3）违反有关标准和规范混装民用爆炸物品的； （4）运输车辆未按照规定悬挂或者安装符合国家标准的易燃易爆危险物品警示标志的； （5）未按照规定的路线行驶，途中经停没有专人看守或者在许可以外的地点经停的； （6）装载民用爆炸物品的车厢载人的； （7）出现危险情况未立即采取必要的应急处置措施、报告当地公安机关的
5	从事爆破作业违法	《民用爆炸物品安全管理条例》第 48 条规定，违反本条例规定，从事爆破作业的单位有下列情形之一的，由公安机关责令停止违法行为或者限期改正，处 10 万元以上 50 万元以下的罚款；逾期不改正的，责令停产停业整顿；情节严重的，吊销《爆破作业单位许可证》： （1）爆破作业单位未按照其资质等级从事爆破作业的； （2）营业性爆破作业单位跨省、自治区、直辖市行政区域实施爆破作业，未按照规定事先向爆破作业所在地的县级人民政府公安机关报告的； （3）爆破作业单位未按照规定建立民用爆炸物品领取登记制度、保存领取登记记录的； （4）违反国家有关标准和规范实施爆破作业的。 爆破作业人员违反国家有关标准和规范的规定实施爆破作业的，由公安机关责令限期改正，情节严重的，吊销《爆破作业人员许可证》
6	未按照规定在专用仓库设置技术防范设施等	《民用爆炸物品安全管理条例》第 49 条规定，违反本条例规定，有下列情形之一的，由民用爆炸物品行业主管部门、公安机关按照职责责令限期改正，可以并处 5 万元以上 20 万元以下的罚款；逾期不改正的，责令停产停业整顿；情节严重的，吊销许可证： （1）未按照规定在专用仓库设置技术防范设施的； （2）未按照规定建立出入库检查、登记制度或者收存和发放民用爆炸物品，致使账物不符的； （3）超量储存、在非专用仓库储存或者违反储存标准和规范储存民用爆炸物品的； （4）有本条例规定的其他违反民用爆炸物品储存管理规定行为的
7	违反安全管理制度，致使民用爆炸物品丢失、被盗、被抢的等	《民用爆炸物品安全管理条例》第 50 条规定，违反本条例规定，民用爆炸物品从业单位有下列情形之一的，由公安机关处 2 万元以上 10 万元以下的罚款；情节严重的，吊销其许可证；有违反治安管理行为的，依法给予治安管理处罚： （1）违反安全管理制度，致使民用爆炸物品丢失、被盗、被抢的； （2）民用爆炸物品丢失、被盗、被抢，未按照规定向当地公安机关报告或者故意隐瞒不报的； （3）转让、出借、转借、抵押、赠送民用爆炸物品的

第八节　特种设备安全监察条例

考点1　特种设备安全监察的基本规定

一、特种设备的概念及特种设备安全监察条例的适用范围

序号	项目	内容
1	概念	《特种设备安全监察条例》所称特种设备是指涉及生命安全、危险性较大的锅炉、压力容器（含气瓶，下同）、压力管道、电梯、起重机械、客运索道、大型游乐设施和场（厂）内专用机动车辆
2	适用范围	特种设备的生产（含设计、制造、安装、改造、维修，下同）、使用、检验检测及其监督检查，应当遵守《特种设备安全监察条例》，但《特种设备安全监察条例》另有规定的除外
3	排除适用	（1）军事装备、核设施、航空航天器、铁路机车、海上设施和船舶以及矿山井下使用的特种设备、民用机场专用设备的安全监察不适用《特种设备安全监察条例》。 （2）房屋建筑工地和市政工程工地用起重机械、场（厂）内专用机动车辆的安装、使用的监督管理，由建设行政主管部门依照有关法律、法规的规定执行

二、特种设备安全监察部门及生产、使用单位和检验检测机构的职责

序号	项目	内容
1	特种设备安全监察部门	《特种设备安全监察条例》第4条规定，国务院特种设备安全监督管理部门负责全国特种设备的安全监察工作，县以上地方负责特种设备安全监督管理的部门对本行政区域内特种设备实施安全监察（以下统称特种设备安全监督管理部门）
2	特种设备生产、使用单位和检验检测机构的职责	（1）特种设备生产、使用单位应当建立健全特种设备安全、节能管理制度和岗位安全、节能责任制度。 （2）特种设备生产、使用单位的主要负责人应当对本单位特种设备的安全和节能全面负责。 （3）特种设备生产、使用单位和特种设备检验检测机构，应当接受特种设备安全监督管理部门依法进行的特种设备安全监察

考点2　特种设备的生产

一、特种设备生产单位的规定

根据《特种设备安全监察条例》第10条的规定，特种设备生产单位对其生产的特种设备的安全性能和能效指标负责，不得生产不符合安全性能要求和能效指标的特种设备，不得生产国家产业政策明令淘汰的特种设备。

二、压力容器设计的安全管理

序号	项目	内容
1	设计单位应当具备的条件	《特种设备安全监察条例》第11条规定，压力容器的设计单位应当经国务院特种设备安全监督管理部门许可，方可从事压力容器的设计活动。 压力容器的设计单位应当具备下列条件： （1）有与压力容器设计相适应的设计人员、设计审核人员； （2）有与压力容器设计相适应的场所和设备； （3）有与压力容器设计相适应的健全的管理制度和责任制度
2	设计文件鉴定	《特种设备安全监察条例》第12条规定，锅炉、压力容器中的气瓶（以下简称气瓶）、氧舱和客运索道、大型游乐设施以及高耗能特种设备的设计文件，应当经国务院特种设备安全监督管理部门核准的检验检测机构鉴定，方可用于制造

三、特种设备及其安全附件、装置的安全管理

序号	项目	内容
1	新产品的试验和测试	按照安全技术规范的要求，应当进行型式试验的特种设备产品、部件或者试制特种设备新产品、新部件、新材料，必须进行型式试验和能效测试
2	锅炉等特种设备及部件的许可	《特种设备安全监察条例》第14条规定，锅炉、压力容器、电梯、起重机械、客运索道、大型游乐设施及其安全附件、安全保护装置的制造、安装、改造单位，以及压力管道用管子、管件、阀门、法兰、补偿器、安全保护装置等（以下简称压力管道元件）的制造单位和场（厂）内专用机动车辆的制造、改造单位，应当经国务院特种设备安全监督管理部门许可，方可从事相应的活动。 前款特种设备的制造、安装、改造单位应当具备下列条件： （1）有与特种设备制造、安装、改造相适应的专业技术人员和技术工人； （2）有与特种设备制造、安装、改造相适应的生产条件和检测手段； （3）有健全的质量管理制度和责任制度
3	出厂附件	特种设备出厂时，应当附有安全技术规范要求的设计文件、产品质量合格证明、安装及使用维修说明、监督检验证明等文件

四、特种设备安装、改造和维修的安全管理

序号	项目	内容
1	维修单位	应当有与特种设备维修相适应的专业技术人员和技术工人以及必要的检测手段，并经省、自治区、直辖市特种设备安全监督管理部门许可，方可从事相应的维修活动
2	安装、改造、维修	（1）锅炉、压力容器、起重机械、客运索道、大型游乐设施的安装、改造、维修以及场（厂）内专用机动车辆的改造、维修，必须由依照《特种设备安全监察条例》取得许可的单位进行。 （2）电梯的安装、改造、维修，必须由电梯制造单位或者其通过合同委托、同意的依照《特种设备安全监察条例》取得许可的单位进行。电梯制造单位对电梯质量以及安全运行涉及的质量问题负责。 （3）特种设备安装、改造、维修的施工单位应当在施工前将拟进行的特种设备安装、改造、维修情况书面告知直辖市或者设区的市的特种设备安全监督管理部门，告知后即可施工
3	电梯安装	电梯安装施工过程中，电梯安装单位应当服从建筑施工总承包单位对施工现场的安全生产管理，并订立合同，明确各自的安全责任

续表

序号	项目	内容
4	电梯的制造、安装、改造和维修	电梯制造单位委托或者同意其他单位进行电梯安装、改造、维修活动的，应当对其安装、改造、维修活动进行安全指导和监控。电梯的安装、改造、维修活动结束后，电梯制造单位应当按照安全技术规范的要求对电梯进行校验和调试，并对校验和调试的结果负责
5	技术资料移交归档	《特种设备安全监察条例》第20条规定，锅炉、压力容器、电梯、起重机械、客运索道、大型游乐设施的安装、改造、维修以及场（厂）内专用机动车辆的改造、维修竣工后，安装、改造、维修的施工单位应当在验收后30日内将有关技术资料移交使用单位，高耗能特种设备还应当按照安全技术规范的要求提交能效测试报告。使用单位应当将其存入该特种设备的安全技术档案
6	监督检查	《特种设备安全监察条例》第21条规定，锅炉、压力容器、压力管道元件、起重机械、大型游乐设施的制造过程和锅炉、压力容器、电梯、起重机械、客运索道、大型游乐设施的安装、改造、重大维修过程，必须经国务院特种设备安全监督管理部门核准的检验检测机构按照安全技术规范的要求进行监督检验；未经监督检验合格的不得出厂或者交付使用

五、气瓶充装单位的安全管理

《特种设备安全监察条例》第22条规定，移动式压力容器、气瓶充装单位应当经省、自治区、直辖市的特种设备安全监督管理部门许可，方可从事充装活动。

充装单位应当具备下列条件：

（1）有与充装和管理相适应的管理人员和技术人员；

（2）有与充装和管理相适应的充装设备、检测手段、场地厂房、器具、安全设施；

（3）有健全的充装管理制度、责任制度、紧急处理措施。

📝 考点3 特种设备的使用

一、特种设备使用单位的安全管理

序号	项目	内容
1	使用登记	《特种设备安全监察条例》第25条规定，特种设备在投入使用前或者投入使用后30日内，特种设备使用单位应当向直辖市或者设区的市的特种设备安全监督管理部门登记。登记标志应当置于或者附着于该特种设备的显著位置
2	安全技术档案	《特种设备安全监察条例》第26条规定，特种设备使用单位应当建立特种设备安全技术档案。安全技术档案应当包括以下内容： （1）特种设备的设计文件、制造单位、产品质量合格证明、使用维护说明等文件以及安装技术文件和资料； （2）特种设备的定期检验和定期自行检查的记录； （3）特种设备的日常使用状况记录； （4）特种设备及其安全附件、安全保护装置、测量调控装置及有关附属仪器仪表的日常维护保养记录； （5）特种设备运行故障和事故记录； （6）高耗能特种设备的能效测试报告、能耗状况记录以及节能改造技术资料

序号	项目	内容
3	维护保养	《特种设备安全监察条例》第27条规定，特种设备使用单位应当对在用特种设备进行经常性日常维护保养，并定期自行检查。 特种设备使用单位对在用特种设备应当至少每月进行一次自行检查，并作出记录
4	定期检查	（1）特种设备使用单位应当按照安全技术规范的定期检验要求，在安全检验合格有效期届满前1个月向特种设备检验检测机构提出定期检验要求。 （2）检验检测机构接到定期检验要求后，应当按照安全技术规范的要求及时进行安全性能检验和能效测试。 （3）未经定期检验或者检验不合格的特种设备，不得继续使用

二、特种设备故障和事故隐患的处理

序号	项目	内容
1	故障消除	《特种设备安全监察条例》第29条规定，特种设备出现故障或者发生异常情况，使用单位应当对其进行全面检查，消除事故隐患后，方可重新投入使用。 特种设备不符合能效指标的，特种设备使用单位应当采取相应措施进行整改
2	注销	《特种设备安全监察条例》第30条规定，特种设备存在严重事故隐患，无改造、维修价值，或者超过安全技术规范规定使用年限，特种设备使用单位应当及时予以报废，并应当向原登记的特种设备安全监督管理部门办理注销

三、公共服务特种设备的安全管理

序号	项目	内容
1	电梯维护保养	《特种设备安全监察条例》第31条规定，电梯的日常维护保养必须由依照本条例取得许可的安装、改造、维修单位或者电梯制造单位进行。 电梯应当至少每15日进行一次清洁、润滑、调整和检查
2	安全管理机构和安全管理人员	《特种设备安全监察条例》第33条规定，电梯、客运索道、大型游乐设施等为公众提供服务的特种设备运营使用单位，应当设置特种设备安全管理机构或者配备专职的安全管理人员；其他特种设备使用单位，应当根据情况设置特种设备安全管理机构或者配备专职、兼职的安全管理人员。 特种设备的安全管理人员应当对特种设备使用状况进行经常性检查，发现问题的应当立即处理；情况紧急时，可以决定停止使用特种设备并及时报告本单位有关负责人
3	试运行和例行检查	《特种设备安全监察条例》第34条规定，客运索道、大型游乐设施的运营使用单位在客运索道、大型游乐设施每日投入使用前，应当进行试运行和例行安全检查，并对安全装置进行检查确认。 电梯、客运索道、大型游乐设施的运营使用单位应当将电梯、客运索道、大型游乐设施的安全注意事项和警示标志置于易为乘客注意的显著位置
4	客运索道、大型游乐设施的运营安全	《特种设备安全监察条例》第35条规定，客运索道、大型游乐设施的运营使用单位的主要负责人至少应当每月召开一次会议，督促、检查客运索道、大型游乐设施的安全使用工作。 客运索道、大型游乐设施的运营使用单位，应当结合本单位的实际情况，配备相应数量的营救装备和急救物品

续表

序号	项目	内容
5	电梯运行安全	《特种设备安全监察条例》第37条规定，电梯投入使用后，电梯制造单位应当对其制造的电梯的安全运行情况进行跟踪调查和了解，对电梯的日常维护保养单位或者电梯的使用单位在安全运行方面存在的问题，提出改进建议，并提供必要的技术帮助。发现电梯存在严重事故隐患的，应当及时向特种设备安全监督管理部门报告。电梯制造单位对调查和了解的情况，应当作出记录

四、特种设备作业人员管理

序号	项目	内容
1	特种设备作业人员资格	锅炉、压力容器、电梯、起重机械、客运索道、大型游乐设施、场（厂）内专用机动车辆的作业人员及其相关管理人员（以下统称特种设备作业人员），应当按照国家有关规定经特种设备安全监督管理部门考核合格，取得国家统一格式的特种作业人员证书，方可从事相应的作业或者管理工作
2	使用单位特种作业人员安全教育和培训	（1）特种设备使用单位应当对特种设备作业人员进行特种设备安全、节能教育和培训，保证特种设备作业人员具备必要的特种设备安全、节能知识。 （2）特种设备作业人员在作业中应当严格执行特种设备的操作规程和有关的安全规章制度
3	事故隐患报告	特种设备作业人员在作业过程中发现事故隐患或者其他不安全因素，应当立即向现场安全管理人员和单位有关负责人报告

考点4　特种设备的检验检测

序号	项目	内容
1	检验检测机构资质	（1）从事《特种设备安全监察条例》规定的监督检验、定期检验、型式试验以及专门为特种设备生产、使用、检验检测提供无损检测服务的特种设备检验检测机构，应当经国务院特种设备安全监督管理部门核准。 （2）特种设备使用单位设立的特种设备检验检测机构，经国务院特种设备安全监督管理部门核准，负责本单位核准范围内的特种设备定期检验工作。 （3）《特种设备安全监察条例》第42条规定，特种设备检验检测机构，应当具备下列条件： ①有与所从事的检验检测工作相适应的检验检测人员； ②有与所从事的检验检测工作相适应的检验检测仪器和设备； ③有健全的检验检测管理制度、检验检测责任制度
2	检验检测人员资格管理	《特种设备安全监察条例》第44条规定，从事本条例规定的监督检验、定期检验、型式试验和无损检测的特种设备检验检测人员应当经国务院特种设备安全监督管理部门组织考核合格，取得检验检测人员证书，方可从事检验检测工作
3	检验检测活动的规定	（1）检验检测人员从事检验检测工作，必须在特种设备检验检测机构执业，但不得同时在两个以上检验检测机构中执业。 （2）特种设备检验检测机构和检验检测人员对涉及的被检验检测单位的商业秘密，负有保密义务。 （3）特种设备检验检测机构和检验检测人员应当客观、公正、及时地出具检验检测结果、鉴定结论。检验检测结果、鉴定结论经检验检测人员签字后，由检验检测机构负责人签署。 （4）特种设备检验检测机构和检验检测人员对检验检测结果、鉴定结论负责。 （5）特种设备检验检测机构和检验检测人员不得从事特种设备的生产、销售，不得以其名义推荐或者监制、监销特种设备

序号	项目	内容
4	事故隐患报告	特种设备检验检测机构进行特种设备检验检测，发现严重事故隐患或者能耗严重超标的，应当及时告知特种设备使用单位，并立即向特种设备安全监督管理部门报告

📝 考点5 特种设备的监督检查

序号	项目	内容
1	检查职权	《特种设备安全监察条例》第51条规定，特种设备安全监督管理部门根据举报或者取得的涉嫌违法证据，对涉嫌违反本条例规定的行为进行查处时，可以行使下列职权： （1）向特种设备生产、使用单位和检验检测机构的法定代表人、主要负责人和其他有关人员调查、了解与涉嫌从事违反本条例的生产、使用、检验检测有关的情况； （2）查阅、复制特种设备生产、使用单位和检验检测机构的有关合同、发票、账簿以及其他有关资料； （3）对有证据表明不符合安全技术规范要求的或者有其他严重事故隐患、能耗严重超标的特种设备，予以查封或者扣押
2	许可、核准和登记	《特种设备安全监察条例》第52条规定，依照本条例规定实施许可、核准、登记的特种设备安全监督管理部门，应当严格依照本条例规定条件和安全技术规范要求对有关事项进行审查；不符合本条例规定条件和安全技术规范要求的，不得许可、核准、登记；在申请办理许可、核准期间，特种设备安全监督管理部门发现申请人未经许可从事特种设备相应活动或者伪造许可、核准证书的，不予受理或者不予许可、核准，并在1年内不再受理其新的许可、核准申请。 未依法取得许可、核准、登记的单位擅自从事特种设备的生产、使用或者检验检测活动的，特种设备安全监督管理部门应当依法予以处理。 违反本条例规定，被依法撤销许可的，自撤销许可之日起3年内，特种设备安全监督管理部门不予受理其新的许可申请
3	监督检查	（1）《特种设备安全监察条例》第53条规定，特种设备安全监督管理部门在办理本条例规定的有关行政审批事项时，其受理、审查、许可、核准的程序必须公开，并应当自受理申请之日起30日内，作出许可、核准或者不予许可、核准的决定；不予许可、核准的，应当书面向申请人说明理由。 （2）《特种设备安全监察条例》第54条规定，地方各级特种设备安全监督管理部门不得以任何形式进行地方保护和地区封锁，不得对已经依照本条例规定在其他地方取得许可的特种设备生产单位重复进行许可，也不得要求对依照本条例规定在其他地方检验检测合格的特种设备，重复进行检验检测。 （3）特种设备安全监督管理部门对特种设备生产、使用单位和检验检测机构实施安全监察时，应当有两名以上特种设备安全监察人员参加，并出示有效的特种设备安全监察人员证件。 （4）《特种设备安全监察条例》第57条规定，特种设备安全监督管理部门对特种设备生产、使用单位和检验检测机构实施安全监察，应当对每次安全监察的内容、发现的问题及处理情况，作出记录，并由参加安全监察的特种设备安全监察人员和被检查单位的有关负责人签字后归档。被检查单位的有关负责人拒绝签字的，特种设备安全监察人员应当将情况记录在案。 （5）《特种设备安全监察条例》第58条规定，特种设备安全监督管理部门对特种设备生产、使用单位和检验检测机构进行安全监察时，发现有违反本条例规定和安全技术规范要求的行为或者在用的特种设备存在事故隐患、不符合能效指标的，应当以书面形式发出特种设备安全监察指令，责令有关单位及时采取措施，予以改正或者消除事故隐患。紧急情况下需要采取紧急处置措施的，应当随后补发书面通知。 （6）《特种设备安全监察条例》第60条规定，国务院特种设备安全监督管理部门和省、自治区、直辖市特种设备安全监督管理部门应当定期向社会公布特种设备安全以及能效状况。 公布特种设备安全以及能效状况，应当包括下列内容：

序号	项目	内容
3	监督检查	①特种设备质量安全状况； ②特种设备事故的情况、特点、原因分析、防范对策； ③特种设备能效状况； ④其他需要公布的情况

考点6　事故预防和调查处理

一、事故种类划分

序号	项目	内容
1	特种设备特别重大事故的情形	（1）特种设备事故造成30人以上死亡，或者100人以上重伤（包括急性工业中毒，下同），或者1亿元以上直接经济损失的。 （2）600兆瓦以上锅炉爆炸的。 （3）压力容器、压力管道有毒介质泄漏，造成15万人以上转移的。 （4）客运索道、大型游乐设施高空滞留100人以上并且时间在48小时以上的
2	特种设备重大事故的情形	（1）特种设备事故造成10人以上30人以下死亡，或者50人以上100人以下重伤，或者5000万元以上1亿元以下直接经济损失的。 （2）600兆瓦以上锅炉因安全故障中断运行240小时以上的。 （3）压力容器、压力管道有毒介质泄漏，造成5万人以上15万人以下转移的。 （4）客运索道、大型游乐设施高空滞留100人以上并且时间在24小时以上48小时以下的
3	特种设备较大事故的情形	（1）特种设备事故造成3人以上10人以下死亡，或者10人以上50人以下重伤，或者1000万元以上5000万元以下直接经济损失的。 （2）锅炉、压力容器、压力管道爆炸的。 （3）压力容器、压力管道有毒介质泄漏，造成1万人以上5万人以下转移的。 （4）起重机械整体倾覆的。 （5）客运索道、大型游乐设施高空滞留人员12小时以上的
4	特种设备一般事故的情形	（1）特种设备事故造成3人以下死亡，或者10人以下重伤，或者1万元以上1000万元以下直接经济损失的。 （2）压力容器、压力管道有毒介质泄漏，造成500人以上1万人以下转移的。 （3）电梯轿厢滞留人员2小时以上的。 （4）起重机械主要受力结构件折断或者起升机构坠落的。 （5）客运索道高空滞留人员3.5小时以上12小时以下的。 （6）大型游乐设施高空滞留人员1小时以上12小时以下的

二、事故的应急演练、报告、调查与批复

序号	项目	内容
1	应急预案及演练	特种设备安全监督管理部门应当制定特种设备应急预案。特种设备使用单位应当制定事故应急专项预案，并定期进行事故应急演练

续表

序号	项目		内容
2	事故抢救及报告		特种设备事故发生后，事故发生单位应当立即启动事故应急预案，组织抢救，防止事故扩大，减少人员伤亡和财产损失，并及时向事故发生地县以上特种设备安全监督管理部门和有关部门报告。 县以上特种设备安全监督管理部门接到事故报告，应当尽快核实有关情况，立即向所在地人民政府报告，并逐级上报事故情况。必要时，特种设备安全监督管理部门可以越级上报事故情况。对特别重大事故、重大事故，国务院特种设备安全监督管理部门应当立即报告国务院并通报国务院安全生产监督管理部门等有关部门
3	事故调查	特别重大事故	由国务院或者国务院授权有关部门组织事故调查组进行调查
		重大事故	由国务院特种设备安全监督管理部门会同有关部门组织事故调查组进行调查
		较大事故	由省、自治区、直辖市特种设备安全监督管理部门会同有关部门组织事故调查组进行调查
		一般事故	由设区的市的特种设备安全监督管理部门会同有关部门组织事故调查组进行调查
4	事故批复		（1）事故调查报告应当由负责组织事故调查的特种设备安全监督管理部门的所在地人民政府批复，并报上一级特种设备安全监督管理部门备案。 （2）有关机关应当按照批复，依照法律、行政法规规定的权限和程序，对事故责任单位和有关人员进行行政处罚，对负有事故责任的国家工作人员进行处分

考点7　特种设备安全违法行为应负的法律责任

一、擅自从事特种设备设计、制造活动的法律责任

《特种设备安全监察条例》第72条规定，未经许可，擅自从事压力容器设计活动的，由特种设备安全监督管理部门予以取缔，处5万元以上20万元以下罚款；有违法所得的，没收违法所得；触犯刑律的，对负有责任的主管人员和其他直接责任人员依照刑法关于非法经营罪或者其他罪的规定，依法追究刑事责任。

《特种设备安全监察条例》第73条规定，锅炉、气瓶、氧舱和客运索道、大型游乐设施以及高耗能特种设备的设计文件，未经国务院特种设备安全监督管理部门核准的检验检测机构鉴定，擅自用于制造的，由特种设备安全监督管理部门责令改正，没收非法制造的产品，处5万元以上20万元以下罚款；触犯刑律的，对负有责任的主管人员和其他直接责任人员依照刑法关于生产、销售伪劣产品罪、非法经营罪或者其他罪的规定，依法追究刑事责任。

二、擅自从事特种设备生产、安装、改造、维修保养活动的法律责任

（1）《特种设备安全监察条例》第75条规定，未经许可，擅自从事锅炉、压力容器、电梯、起重机械、客运索道、大型游乐设施、场（厂）内专用机动车辆及其安全附件、安全保护装置的制造、安装、改造以及压力管道元件的制造活动的，由特种设备安全监督管

理部门予以取缔，没收非法制造的产品，已经实施安装、改造的，责令恢复原状或者责令限期由取得许可的单位重新安装、改造，处 10 万元以上 50 万元以下罚款；触犯刑律的，对负有责任的主管人员和其他直接责任人员依照刑法关于生产、销售伪劣产品罪、非法经营罪、重大责任事故罪或者其他罪的规定，依法追究刑事责任。

（2）《特种设备安全监察条例》第78条规定，锅炉、压力容器、电梯、起重机械、客运索道、大型游乐设施的安装、改造、维修的施工单位以及场（厂）内专用机动车辆的改造、维修单位，在施工前未将拟进行的特种设备安装、改造、维修情况书面告知直辖市或者设区的市的特种设备安全监督管理部门即行施工的，或者在验收后 30 日内未将有关技术资料移交锅炉、压力容器、电梯、起重机械、客运索道、大型游乐设施的使用单位的，由特种设备安全监督管理部门责令限期改正；逾期未改正的，处 2000 元以上 1 万元以下罚款。

（3）《特种设备安全监察条例》第79条规定，锅炉、压力容器、压力管道元件、起重机械、大型游乐设施的制造过程和锅炉、压力容器、电梯、起重机械、客运索道、大型游乐设施的安装、改造、重大维修过程，以及锅炉清洗过程，未经国务院特种设备安全监督管理部门核准的检验检测机构按照安全技术规范的要求进行监督检验的，由特种设备安全监督管理部门责令改正，已经出厂的，没收违法生产、销售的产品，已经实施安装、改造、重大维修或者清洗的，责令限期进行监督检验，处 5 万元以上 20 万元以下罚款；有违法所得的，没收违法所得；情节严重的，撤销制造、安装、改造或者维修单位已经取得的许可，并由工商行政管理部门吊销其营业执照；触犯刑律的，对负有责任的主管人员和其他直接责任人员依照刑法关于生产、销售伪劣产品罪或者其他罪的规定，依法追究刑事责任。

三、特种设备生产单位、检验检测机构的法律责任

《特种设备安全监察条例》第 82 条规定，已经取得许可、核准的特种设备生产单位、检验检测机构有下列行为之一的，由特种设备安全监督管理部门责令改正，处 2 万元以上 10 万元以下罚款；情节严重的，撤销其相应资格：

（1）未按照安全技术规范的要求办理许可证变更手续的；

（2）不再符合本条例规定或者安全技术规范要求的条件，继续从事特种设备生产、检验检测的；

（3）未依照本条例规定或者安全技术规范要求进行特种设备生产、检验检测的；

（4）伪造、变造、出租、出借、转让许可证书或者监督检验报告的。

四、特种设备使用单位的法律责任

《特种设备安全监察条例》第 83 条规定，特种设备使用单位有下列情形之一的，由特种设备安全监督管理部门责令限期改正；逾期未改正的，处 2000 元以上 2 万元以下罚款；情节严重的，责令停止使用或者停产停业整顿：

（1）特种设备投入使用前或者投入使用后 30 日内，未向特种设备安全监督管理部门登记，擅自将其投入使用的；

（2）未依照本条例第 26 条的规定，建立特种设备安全技术档案的；

（3）未依照本条例第 27 条的规定，对在用特种设备进行经常性日常维护保养和定期自行检查的，或者对在用特种设备的安全附件、安全保护装置、测量调控装置及有关附属

仪器仪表进行定期校验、检修，并作出记录的；

（4）未按照安全技术规范的定期检验要求，在安全检验合格有效期届满前1个月向特种设备检验检测机构提出定期检验要求的；

（5）使用未经定期检验或者检验不合格的特种设备的；

（6）特种设备出现故障或者发生异常情况，未对其进行全面检查、消除事故隐患，继续投入使用的；

（7）未制定特种设备事故应急专项预案的；

（8）未依照本条例第31条第二款的规定，对电梯进行清洁、润滑、调整和检查的；

（9）未按照安全技术规范要求进行锅炉水（介）质处理的；

（10）特种设备不符合能效指标，未及时采取相应措施进行整改的。

特种设备使用单位使用未取得生产许可的单位生产的特种设备或者将非承压锅炉、非压力容器作为承压锅炉、压力容器使用的，由特种设备安全监督管理部门责令停止使用，予以没收，处2万元以上10万元以下罚款。

五、特种设备作业人员的法律责任

《特种设备安全监察条例》第97条规定，特种设备作业人员违反特种设备的操作规程和有关的安全规章制度操作，或者在作业过程中发现事故隐患或者其他不安全因素，未立即向现场安全管理人员和单位有关负责人报告的，由特种设备使用单位给予批评教育、处分；情节严重的，撤销特种设备作业人员资格；触犯刑律的，依照刑法关于重大责任事故罪或者其他罪的规定，依法追究刑事责任。

六、特种设备安全监察人员的法律责任

《特种设备安全监察条例》第97条规定，特种设备安全监督管理部门及其特种设备安全监察人员，有下列违法行为之一的，对直接负责的主管人员和其他直接责任人员，依法给予降级或者撤职的处分；触犯刑律的，依照刑法关于受贿罪、滥用职权罪、玩忽职守罪或者其他罪的规定，依法追究刑事责任：

（1）不按照本条例规定的条件和安全技术规范要求，实施许可、核准、登记的；

（2）发现未经许可、核准、登记擅自从事特种设备的生产、使用或者检验检测活动不予取缔或者不依法予以处理的；

（3）发现特种设备生产、使用单位不再具备本条例规定的条件而不撤销其原许可，或者发现特种设备生产、使用违法行为不予查处的；

（4）发现特种设备检验检测机构不再具备本条例规定的条件而不撤销其原核准，或者对其出具虚假的检验检测结果、鉴定结论或者检验检测结果、鉴定结论严重失实的行为不予查处的；

（5）对依照本条例规定在其他地方取得许可的特种设备生产单位重复进行许可，或者对依照本条例规定在其他地方检验检测合格的特种设备，重复进行检验检测的；

（6）发现有违反本条例和安全技术规范的行为或者在用的特种设备存在严重事故隐患，不立即处理的；

（7）发现重大的违法行为或者严重事故隐患，未及时向上级特种设备安全监督管理部门报告，或者接到报告的特种设备安全监督管理部门不立即处理的；

（8）迟报、漏报、瞒报或者谎报事故的；

（9）妨碍事故救援或者事故调查处理的。

第九节　生产安全事故应急条例

📝 考点1　生产安全事故应急工作体制

序号	项目	内容
1	统一领导、分级负责	国务院统一领导全国的生产安全事故应急工作，县级以上地方人民政府统一领导本行政区域内的生产安全事故应急工作。生产安全事故应急工作涉及两个以上行政区域的，由有关行政区域共同的上一级人民政府负责，或者由各有关行政区域的上一级人民政府共同负责
2	分工负责	县级以上人民政府应急管理部门和其他对有关行业、领域的安全生产工作实施监督管理的部门（以下统称负有安全生产监督管理职责的部门）在各自职责范围内，做好有关行业、领域的生产安全事故应急工作
3	应急管理部门的统筹	县级以上人民政府应急管理部门指导、协调本级人民政府其他负有安全生产监督管理职责的部门和下级人民政府的生产安全事故应急工作
4	协助	乡、镇人民政府以及街道办事处等地方人民政府派出机关应当协助上级人民政府有关部门依法履行生产安全事故应急工作职责
5	安全事故应急工作责任制	生产经营单位应当加强生产安全事故应急工作，建立、健全生产安全事故应急工作责任制，其主要负责人对本单位的生产安全事故应急工作全面负责

📝 考点2　应急准备

一、应急预案的编制与备案

序号	项目	内容
1	应急预案的编制	（1）县级以上人民政府及其负有安全生产监督管理职责的部门和乡、镇人民政府以及街道办事处等地方人民政府派出机关，应当针对可能发生的生产安全事故的特点和危害，进行风险辨识和评估，制定相应的生产安全事故应急救援预案，并依法向社会公布。 （2）生产经营单位应当针对本单位可能发生的生产安全事故的特点和危害，进行风险辨识和评估，制定相应的生产安全事故应急救援预案，并向本单位从业人员公布。 （3）生产安全事故应急救援预案应当符合有关法律、法规、规章和标准的规定，具有科学性、针对性和可操作性，明确规定应急组织体系、职责分工以及应急救援程序和措施。 （4）有下列情形之一的，生产安全事故应急救援预案制定单位应当及时修订相关预案： ①制定预案所依据的法律、法规、规章、标准发生重大变化； ②应急指挥机构及其职责发生调整； ③安全生产面临的风险发生重大变化； ④重要应急资源发生重大变化； ⑤在预案演练或者应急救援中发现需要修订预案的重大问题； ⑥其他应当修订的情形

序号	项目	内容
2	应急预案的备案	《生产安全事故应急条例》第 7 条规定，县级以上人民政府负有安全生产监督管理职责的部门应当将其制定的生产安全事故应急救援预案报送本级人民政府备案；易燃易爆物品、危险化学品等危险物品的生产、经营、储存、运输单位，矿山、金属冶炼、城市轨道交通运营、建筑施工单位，以及宾馆、商场、娱乐场所、旅游景区等人员密集场所经营单位，应当将其制定的生产安全事故应急救援预案按照国家有关规定报送县级以上人民政府负有安全生产监督管理职责的部门备案，并依法向社会公布

二、应急预案的演练及应急救援队伍能力建设

序号	项目		内容
1	应急预案的演练		《生产安全事故应急条例》第 8 条规定，县级以上地方人民政府以及县级以上人民政府负有安全生产监督管理职责的部门，乡、镇人民政府以及街道办事处等地方人民政府派出机关，应当至少每 2 年组织 1 次生产安全事故应急救援预案演练。 易燃易爆物品、危险化学品等危险物品的生产、经营、储存、运输单位，矿山、金属冶炼、城市轨道交通运营、建筑施工单位，以及宾馆、商场、娱乐场所、旅游景区等人员密集场所经营单位，应当至少每半年组织 1 次生产安全事故应急救援预案演练，并将演练情况报送所在地县级以上地方人民政府负有安全生产监督管理职责的部门
2	应急救援队伍能力建设	政府和社会救援队伍建设	《生产安全事故应急条例》第 9 条规定，县级以上人民政府应当加强对生产安全事故应急救援队伍建设的统一规划、组织和指导。 县级以上人民政府负有安全生产监督管理职责的部门根据生产安全事故应急工作的实际需要，在重点行业、领域单独建立或者依托有条件的生产经营单位、社会组织共同建立应急救援队伍。 国家鼓励和支持生产经营单位和其他社会力量建立提供社会化应急救援服务的应急救援队伍
		高危生产经营单位和人员密集场所经营单位应急救援队伍建设	《生产安全事故应急条例》第 10 条规定，易燃易爆物品、危险化学品等危险物品的生产、经营、储存、运输单位，矿山、金属冶炼、城市轨道交通运营、建筑施工单位，以及宾馆、商场、娱乐场所、旅游景区等人员密集场所经营单位，应当建立应急救援队伍。其中，小型企业或者微型企业等规模较小的生产经营单位，可以不建立应急救援队伍，但应当指定兼职的应急救援人员，并且可以与邻近的应急救援队伍签订应急救援协议。 工业园区、开发区等产业聚集区域内的生产经营单位，可以联合建立应急救援队伍
		应急救援人员的要求	《生产安全事故应急条例》第 11 条规定，应急救援队伍的应急救援人员应当具备必要的专业知识、技能、身体素质和心理素质。 应急救援队伍建立单位或者兼职应急救援人员所在单位应当按照国家有关规定对应急救援人员进行培训；应急救援人员经培训合格后，方可参加应急救援工作。 应急救援队伍应当配备必要的应急救援装备和物资，并定期组织训练
		应急队伍统筹管理	《生产安全事故应急条例》第 12 条规定，生产经营单位应当及时将本单位应急救援队伍建立情况按照国家有关规定报送县级以上人民政府负有安全生产监督管理职责的部门，并依法向社会公布。 县级以上人民政府负有安全生产监督管理职责的部门应当定期将本行业、本领域的应急救援队伍建立情况报送本级人民政府，并依法向社会公布

159

三、物资储备、值班制度、应急培训与信息化建设

序号	项目	内容
1	物资储备	《生产安全事故应急条例》第13条规定，县级以上地方人民政府应当根据本行政区域内可能发生的生产安全事故的特点和危害，储备必要的应急救援装备和物资，并及时更新和补充。 易燃易爆物品、危险化学品等危险物品的生产、经营、储存、运输单位，矿山、金属冶炼、城市轨道交通运营、建筑施工单位，以及宾馆、商场、娱乐场所、旅游景区等人员密集场所经营单位，应当根据本单位可能发生的生产安全事故的特点和危害，配备必要的灭火、排水、通风以及危险物品稀释、掩埋、收集等应急救援器材、设备和物资，并进行经常性维护、保养，保证正常运转
2	应急值班制度	《生产安全事故应急条例》第14条规定，下列单位应当建立应急值班制度，配备应急值班人员： （1）县级以上人民政府及其负有安全生产监督管理职责的部门； （2）危险物品的生产、经营、储存、运输单位以及矿山、金属冶炼、城市轨道交通运营、建筑施工单位； （3）应急救援队伍。 规模较大、危险性较高的易燃易爆物品、危险化学品等危险物品的生产、经营、储存、运输单位应当成立应急处置技术组，实行24小时应急值班
3	从业人员的应急培训	《生产安全事故应急条例》第15条规定，生产经营单位应当对从业人员进行应急教育和培训，保证从业人员具备必要的应急知识，掌握风险防范技能和事故应急措施
4	应急救援的信息化建设	《生产安全事故应急条例》第16条规定，国务院负有安全生产监督管理职责的部门应当按照国家有关规定建立生产安全事故应急救援信息系统，并采取有效措施，实现数据互联互通、信息共享。 生产经营单位可以通过生产安全事故应急救援信息系统办理生产安全事故应急救援预案备案手续，报送应急救援预案演练情况和应急救援队伍建设情况；但依法需要保密的除外

📝 考点3　应急救援

一、生产经营单位与政府的应急救援

序号	项目	内容
1	生产经营单位的应急救援	《生产安全事故应急条例》第17条规定，发生生产安全事故后，生产经营单位应当立即启动生产安全事故应急救援预案，采取下列一项或者多项应急救援措施，并按照国家有关规定报告事故情况： （1）迅速控制危险源，组织抢救遇险人员； （2）根据事故危害程度，组织现场人员撤离或者采取可能的应急措施后撤离； （3）及时通知可能受到事故影响的单位和人员； （4）采取必要措施，防止事故危害扩大和次生、衍生灾害发生； （5）根据需要请求邻近的应急救援队伍参加救援，并向参加救援的应急救援队伍提供相关技术资料、信息和处置方法； （6）维护事故现场秩序，保护事故现场和相关证据； （7）法律、法规规定的其他应急救援措施

序号	项目	内容
2	有关地方人民政府及其部门的应急救援	《生产安全事故应急条例》第18条规定，有关地方人民政府及其部门接到生产安全事故报告后，应当按照国家有关规定上报事故情况，启动相应的生产安全事故应急救援预案，并按照应急救援预案的规定采取下列一项或者多项应急救援措施： （1）组织抢救遇险人员，救治受伤人员，研判事故发展趋势以及可能造成的危害； （2）通知可能受到事故影响的单位和人员，隔离事故现场，划定警戒区域，疏散受到威胁的人员，实施交通管制； （3）采取必要措施，防止事故危害扩大和次生、衍生灾害发生，避免或者减少事故对环境造成的危害； （4）依法发布调用和征用应急资源的决定； （5）依法向应急救援队伍下达救援命令； （6）维护事故现场秩序，组织安抚遇险人员和遇险遇难人员亲属； （7）依法发布有关事故情况和应急救援工作的信息； （8）法律、法规规定的其他应急救援措施。 有关地方人民政府不能有效控制生产安全事故的，应当及时向上级人民政府报告。上级人民政府应当及时采取措施，统一指挥应急救援

二、应急救援的其他规定

序号	项目	内容
1	履行救援命令	《生产安全事故应急条例》第19条规定，应急救援队伍接到有关人民政府及其部门的救援命令或者签有应急救援协议的生产经营单位的救援请求后，应当立即参加生产安全事故应急救援。 应急救援队伍根据救援命令参加生产安全事故应急救援所耗费用，由事故责任单位承担；事故责任单位无力承担的，由有关人民政府协调解决
2	现场应急指挥部	《生产安全事故应急条例》第20条规定，发生生产安全事故后，有关人民政府认为有必要的，可以设立由本级人民政府及其有关部门负责人、应急救援专家、应急救援队伍负责人、事故发生单位负责人等人员组成的应急救援现场指挥部，并指定现场指挥部总指挥。 《生产安全事故应急条例》第21条规定，现场指挥部实行总指挥负责制，按照本级人民政府的授权组织制定并实施生产安全事故现场应急救援方案，协调、指挥有关单位和个人参加现场应急救援。 参加生产安全事故现场应急救援的单位和个人应当服从现场指挥部的统一指挥
3	消除隐患	《生产安全事故应急条例》第22条规定，在生产安全事故应急救援过程中，发现可能直接危及应急救援人员生命安全的紧急情况时，现场指挥部或者统一指挥应急救援的人民政府应当立即采取相应措施消除隐患，降低或者化解风险，必要时可以暂时撤离应急救援人员
4	规范通信等保障	《生产安全事故应急条例》第23条规定，生产安全事故发生地人民政府应当为应急救援人员提供必需的后勤保障，并组织通信、交通运输、医疗卫生、气象、水文、地质、电力、供水等单位协助应急救援
5	救援终止	《生产安全事故应急条例》第25条规定，生产安全事故的威胁和危害得到控制或者消除后，有关人民政府应当决定停止执行依照本条例和有关法律、法规采取的全部或者部分应急救援措施
6	调用或征用财产	《生产安全事故应急条例》第26条规定，有关人民政府及其部门根据生产安全事故应急救援需要依法调用和征用的财产，在使用完毕或者应急救援结束后，应当及时归还。财产被调用、征用或者调用、征用后毁损、灭失的，有关人民政府及其部门应当按照国家有关规定给予补偿

✎ 考点4　应急救援安全违法行为应负的法律责任

序号	项目	内容
1	地方各级人民政府和街道办事处等地方人民政府派出机关以及县级以上人民政府有关部门违反《生产安全事故应急条例》规定的	由其上级行政机关责令改正；情节严重的，对直接负责的主管人员和其他直接责任人员依法给予处分
2	生产经营单位未对应急救援器材、设备和物资进行经常性维护、保养，导致发生严重生产安全事故或者生产安全事故危害扩大，或者在本单位发生生产安全事故后未立即采取相应的应急救援措施，造成严重后果的	由县级以上人民政府负有安全生产监督管理职责的部门依照《突发事件应对法》有关规定追究法律责任
3	生产经营单位未将生产安全事故应急救援预案报送备案、未建立应急值班制度或者配备应急值班人员的	由县级以上人民政府负有安全生产监督管理职责的部门责令限期改正；逾期未改正的，处3万元以上5万元以下的罚款，对直接负责的主管人员和其他直接责任人员处1万元以上2万元以下的罚款

第十节　生产安全事故报告和调查处理条例

✎ 考点1　生产安全事故分级

序号	项目	内容
1	特别重大事故	指造成30人以上死亡，或者100人以上重伤（包括急性工业中毒，下同），或者1亿元以上直接经济损失的事故
2	重大事故	指造成10人以上30人以下死亡，或者50人以上100人以下重伤，或者5000万元以上1亿元以下直接经济损失的事故
3	较大事故	指造成3人以上10人以下死亡，或者10人以上50人以下重伤，或者1000万元以上5000万元以下直接经济损失的事故
4	一般事故	指造成3人以下死亡，或者10人以下重伤，或者1000万元以下直接经济损失的事故
5	注意事项	上述划分所称的"以上"包括本数，所称的"以下"不包括本数

✎ 考点2　事故报告

一、事故报告的程序

序号	项目		内容
1	事故发生单位的报告	常规	事故发生后，事故现场有关人员应当立即向本单位负责人报告；单位负责人接到报告后，应当于1小时内向事故发生地县级以上人民政府安全生产监督管理部门和负有安全生产监督管理职责的有关部门报告
		越级	情况紧急时，事故现场有关人员可以直接向事故发生地县级以上人民政府安全生产监督管理部门和负有安全生产监督管理职责的有关部门报告

续表

序号	项目		内容
2	政府部门的报告	常规	《生产安全事故报告和调查处理条例》第10条规定，安全生产监督管理部门和负有安全生产监督管理职责的有关部门接到事故报告后，应当依照下列规定上报事故情况，并通知公安机关、劳动保障行政部门、工会和人民检察院： （1）特别重大事故、重大事故逐级上报至国务院安全生产监督管理部门和负有安全生产监督管理职责的有关部门； （2）较大事故逐级上报至省、自治区、直辖市人民政府安全生产监督管理部门和负有安全生产监督管理职责的有关部门； （3）一般事故上报至设区的市级人民政府安全生产监督管理部门和负有安全生产监督管理职责的有关部门。 安全生产监督管理部门和负有安全生产监督管理职责的有关部门依照前款规定上报事故情况，应当同时报告本级人民政府。国务院安全生产监督管理部门和负有安全生产监督管理职责的有关部门以及省级人民政府接到发生特别重大事故、重大事故的报告后，应当立即报告国务院
		越级	必要时，安全生产监督管理部门和负有安全生产监督管理职责的有关部门可以越级上报事故情况

二、事故报告的时限及内容

序号	项目		内容
1	事故报告的时限	常规	（1）单位负责人接到报告后，应当于1小时内向事故发生地县级以上人民政府安全生产监督管理部门和负有安全生产监督管理职责的有关部门报告。 （2）安全生产监督管理部门和负有安全生产监督管理职责的有关部门逐级上报事故情况，每级上报的时间不得超过2小时
		补报	事故报告后出现新情况的，应当及时补报。 自事故发生之日起30日内，事故造成的伤亡人数发生变化的，应当及时补报。道路交通事故、火灾事故自发生之日起7日内，事故造成的伤亡人数发生变化的，应当及时补报
2	报告事故的内容		（1）事故发生单位概况。 （2）事故发生的时间、地点以及事故现场情况。 （3）事故的简要经过。 （4）事故已经造成或者可能造成的伤亡人数（包括下落不明的人数）和初步估计的直接经济损失。 （5）已经采取的措施。 （6）其他应当报告的情况

三、事故应急救援与现场保护

序号	项目	内容
1	事故应急救援	（1）事故发生单位负责人接到事故报告后，应当立即启动事故相应应急预案，或者采取有效措施，组织抢救，防止事故扩大，减少人员伤亡和财产损失。 （2）事故发生地有关地方人民政府、安全生产监督管理部门和负有安全生产监督管理职责的有关部门接到事故报告后，其负责人应当立即赶赴事故现场，组织事故救援
2	事故现场保护	事故发生后，有关单位和人员应当妥善保护事故现场以及相关证据，任何单位和个人不得破坏事故现场、毁灭相关证据

考点3 事故调查

序号	项目	内容
1	事故调查主体	（1）特别重大事故由国务院或者国务院授权有关部门组织事故调查组进行调查。 （2）重大事故、较大事故、一般事故分别由事故发生地省级人民政府、设区的市级人民政府、县级人民政府负责调查。 （3）省级人民政府、设区的市级人民政府、县级人民政府可以直接组织事故调查组进行调查，也可以授权或者委托有关部门组织事故调查组进行调查。 （4）未造成人员伤亡的一般事故，县级人民政府也可以委托事故发生单位组织事故调查组进行调查。 （5）上级人民政府认为必要时，可以调查由下级人民政府负责调查的事故。 （6）自事故发生之日起30日内（道路交通事故、火灾事故自发生之日起7日内），因事故伤亡人数变化导致事故等级发生变化，依照《生产安全事故报告和调查处理条例》规定应当由上级人民政府负责调查的，上级人民政府可以另行组织事故调查组进行调查
2	事故调查的特别规定	《生产安全事故报告和调查处理条例》第21条规定，特别重大事故以下等级事故，事故发生地与事故发生单位不在同一个县级以上行政区域的，由事故发生地人民政府负责调查，事故发生单位所在地人民政府应当派人参加
3	事故调查组的职责	（1）查明事故发生的经过、原因、人员伤亡情况及直接经济损失。 （2）认定事故的性质和事故责任。 （3）提出对事故责任者的处理建议。 （4）总结事故教训，提出防范和整改措施。 （5）提交事故调查报告
4	事故调查的时限	《生产安全事故报告和调查处理条例》第29条规定，事故调查组应当自事故发生之日起60日内提交事故调查报告；特殊情况下，经负责事故调查的人民政府批准，提交事故调查报告的期限可以适当延长，但延长的期限最长不超过60日
5	事故调查报告应当包括的内容	（1）事故发生单位概况。 （2）事故发生经过和事故救援情况。 （3）事故造成的人员伤亡和直接经济损失。 （4）事故发生的原因和事故性质。 （5）事故责任的认定以及对事故责任者的处理建议。 （6）事故防范和整改措施

考点4 事故处理

序号	项目	内容
1	批复	《生产安全事故报告和调查处理条例》第32条规定，重大事故、较大事故、一般事故，负责事故调查的人民政府应当自收到事故调查报告之日起15日内作出批复；特别重大事故，30日内作出批复，特殊情况下，批复时间可以适当延长，但延长的时间最长不超过30日
2	监督检查	《生产安全事故报告和调查处理条例》第33条规定，事故发生单位应当认真吸取事故教训，落实防范和整改措施，防止事故再次发生。防范和整改措施的落实情况应当接受工会和职工的监督。 安全生产监督管理部门和负有安全生产监督管理职责的有关部门应当对事故发生单位落实防范和整改措施的情况进行监督检查

164

考点 5　事故主体及应负的法律责任

序号	项目	内容
1	事故发生单位主要负责人	《生产安全事故报告和调查处理条例》第 35 条规定，事故发生单位主要负责人有下列行为之一的，处上一年年收入 40％至 80％的罚款；属于国家工作人员的，并依法给予处分；构成犯罪的，依法追究刑事责任： （1）不立即组织事故抢救的； （2）迟报或者漏报事故的； （3）在事故调查处理期间擅离职守的
2	事故发生单位及其有关人员	《生产安全事故报告和调查处理条例》第 36 条规定，事故发生单位及其有关人员有下列行为之一的，对事故发生单位处 100 万元以上 500 万元以下的罚款；对主要负责人、直接负责的主管人员和其他直接责任人员处上一年年收入 60％至 100％的罚款；属于国家工作人员的，并依法给予处分；构成违反治安管理行为的，由公安机关依法给予治安管理处罚；构成犯罪的，依法追究刑事责任： （1）谎报或者瞒报事故的； （2）伪造或者故意破坏事故现场的； （3）转移、隐匿资金、财产，或者销毁有关证据、资料的； （4）拒绝接受调查或者拒绝提供有关情况和资料的； （5）在事故调查中作伪证或者指使他人作伪证的； （6）事故发生后逃匿的
3	事故发生单位	《生产安全事故报告和调查处理条例》第 37 条规定，事故发生单位对事故发生负有责任的，依照下列规定处以罚款： （1）发生一般事故的，处 10 万元以上 20 万元以下的罚款； （2）发生较大事故的，处 20 万元以上 50 万元以下的罚款； （3）发生重大事故的，处 50 万元以上 200 万元以下的罚款； （4）发生特别重大事故的，处 200 万元以上 500 万元以下的罚款
4	事故发生单位主要负责人未履行职责	《生产安全事故报告和调查处理条例》第 38 条规定，事故发生单位主要负责人未依法履行安全生产管理职责，导致事故发生的，依照下列规定处以罚款；属于国家工作人员的，并依法给予处分；构成犯罪的，依法追究刑事责任： （1）发生一般事故的，处上一年年收入 30％的罚款； （2）发生较大事故的，处上一年年收入 40％的罚款； （3）发生重大事故的，处上一年年收入 60％的罚款； （4）发生特别重大事故的，处上一年年收入 80％的罚款
5	有关地方人民政府、安全生产监督管理部门和负有安全生产监督管理职责的有关部门	《生产安全事故报告和调查处理条例》第 39 条规定，有关地方人民政府、安全生产监督管理部门和负有安全生产监督管理职责的有关部门有下列行为之一的，对直接负责的主管人员和其他直接责任人员依法给予处分；构成犯罪的，依法追究刑事责任： （1）不立即组织事故抢救的； （2）迟报、漏报、谎报或者瞒报事故的； （3）阻碍、干涉事故调查工作的； （4）在事故调查中作伪证或者指使他人作伪证的
6	事故发生单位、中介机构有关资质	《生产安全事故报告和调查处理条例》第 40 条规定，事故发生单位对事故发生负有责任的，由有关部门依法暂扣或者吊销其有关证照；对事故发生单位负有事故责任的有关人员，依法暂停或者撤销其与安全生产有关的执业资格、岗位证书；事故发生单位主要负责人受到刑事处罚或者撤职处分的，自刑罚执行完毕或者受处分之日起，5 年内不得担任任何生产经营单位的主要负责人。 为发生事故的单位提供虚假证明的中介机构，由有关部门依法暂扣或者吊销其有关证照及其相关人员的执业资格；构成犯罪的，依法追究刑事责任

序号	项目	内容
7	事故调查人员	《生产安全事故报告和调查处理条例》第41条规定，参与事故调查的人员在事故调查中有下列行为之一的，依法给予处分；构成犯罪的，依法追究刑事责任： （1）对事故调查工作不负责任，致使事故调查工作有重大疏漏的； （2）包庇、袒护负有事故责任的人员或者借机打击报复的

第十一节　工伤保险条例

考点1　工伤保险基金

序号	项目	内容
1	确定费率的原则	工伤保险费根据以支定收、收支平衡的原则，确定费率
2	费率的制定	国家根据不同行业的工伤风险程度确定行业的差别费率，并根据工伤保险费使用、工伤发生率等情况在每个行业内确定若干费率档次。行业差别费率及行业内费率档次由国务院社会保险行政部门制定，报国务院批准后公布施行
3	工伤保险缴纳	（1）用人单位应当按时缴纳工伤保险费。职工个人不缴纳工伤保险费。 （2）用人单位缴纳工伤保险费的数额为本单位职工工资总额乘以单位缴费费率之积

考点2　工伤认定

一、工伤范围与视同工伤

序号	项目	内容
1	工伤范围	《工伤保险条例》第14条规定，职工有下列情形之一的，应当认定为工伤： （1）在工作时间和工作场所内，因工作原因受到事故伤害的； （2）工作时间前后在工作场所内，从事与工作有关的预备性或者收尾性工作受到事故伤害的； （3）在工作时间和工作场所内，因履行工作职责受到暴力等意外伤害的； （4）患职业病的； （5）因工外出期间，由于工作原因受到伤害或者发生事故下落不明的； （6）在上下班途中，受到非本人主要责任的交通事故或者城市轨道交通、客运轮渡、火车事故伤害的； （7）法律、行政法规规定应当认定为工伤的其他情形
2	视同工伤	《工伤保险条例》第15条规定，职工有下列情形之一的，视同工伤： （1）在工作时间和工作岗位，突发疾病死亡或者在48小时之内经抢救无效死亡的； （2）在抢险救灾等维护国家利益、公共利益活动中受到伤害的； （3）职工原在军队服役，因战、因公负伤致残，已取得革命伤残军人证，到用人单位后旧伤复发的

序号	项目	内容
3	不得认定为工伤或者视同工伤	《工伤保险条例》第16条规定，职工符合本条例第14条、第15条的规定，但是有下列情形之一的，不得认定为工伤或者视同工伤： （1）故意犯罪的； （2）醉酒或者吸毒的； （3）自残或者自杀的

二、工伤认定

序号	项目	内容
1	工伤保险申请时限	《工伤保险条例》第17条规定，职工发生事故伤害或者按照职业病防治法规定被诊断、鉴定为职业病，所在单位应当自事故伤害发生之日或者被诊断、鉴定为职业病之日起30日内，向统筹地区社会保险行政部门提出工伤认定申请。遇有特殊情况，经报社会保险行政部门同意，申请时限可以适当延长。 用人单位未按前款规定提出工伤认定申请的，工伤职工或者其近亲属、工会组织在事故伤害发生之日或者被诊断、鉴定为职业病之日起1年内，可以直接向用人单位所在地统筹地区社会保险行政部门提出工伤认定申请
2	工伤保险申请材料	《工伤保险条例》第18条规定，提出工伤认定申请应当提交下列材料： （1）工伤认定申请表； （2）与用人单位存在劳动关系（包括事实劳动关系）的证明材料； （3）医疗诊断证明或者职业病诊断证明书（或者职业病诊断鉴定书）
3	工伤认定程序	《工伤保险条例》第19条规定，社会保险行政部门受理工伤认定申请后，根据审核需要可以对事故伤害进行调查核实，用人单位、职工、工会组织、医疗机构以及有关部门应当予以协助。职业病诊断和诊断争议的鉴定，依照职业病防治法的有关规定执行。对依法取得职业病诊断证明书或者职业病诊断鉴定书的，社会保险行政部门不再进行调查核实。 职工或者其近亲属认为是工伤，用人单位不认为是工伤的，由用人单位承担举证责任。 《工伤保险条例》第20条规定，社会保险行政部门应当自受理工伤认定申请之日起60日内作出工伤认定的决定，并书面通知申请工伤认定的职工或者其近亲属和该职工所在单位。 社会保险行政部门对受理的事实清楚、权利义务明确的工伤认定申请，应当在15日内作出工伤认定的决定。 作出工伤认定决定需要以司法机关或者有关行政主管部门的结论为依据的，在司法机关或者有关行政主管部门尚未作出结论期间，作出工伤认定决定的时限中止。 社会保险行政部门工作人员与工伤认定申请人有利害关系的，应当回避

考点3　劳动能力鉴定

序号	项目	内容
1	等级	（1）劳动功能障碍分为十个伤残等级，最重的为一级，最轻的为十级。 （2）生活自理障碍分为三个等级：生活完全不能自理、生活大部分不能自理和生活部分不能自理

序号	项目	内容
2	提出申请	《工伤保险条例》第23条规定，劳动能力鉴定由用人单位、工伤职工或者其近亲属向设区的市级劳动能力鉴定委员会提出申请，并提供工伤认定决定和职工工伤医疗的有关资料
3	劳动能力鉴定委员会的组成	省、自治区、直辖市劳动能力鉴定委员会和设区的市级劳动能力鉴定委员会分别由省、自治区、直辖市和设区的市级社会保险行政部门、卫生行政部门、工会组织、经办机构代表以及用人单位代表组成
4	鉴定意见及鉴定结论	《工伤保险条例》第25条规定，设区的市级劳动能力鉴定委员会收到劳动能力鉴定申请后，应当从其建立的医疗卫生专家库中随机抽取3名或者5名相关专家组成专家组，由专家组提出鉴定意见。设区的市级劳动能力鉴定委员会根据专家组的鉴定意见作出工伤职工劳动能力鉴定结论；必要时，可以委托具备资格的医疗机构协助进行有关的诊断。 设区的市级劳动能力鉴定委员会应当自收到劳动能力鉴定申请之日起60日内作出劳动能力鉴定结论，必要时，作出劳动能力鉴定结论的期限可以延长30日。劳动能力鉴定结论应当及时送达申请鉴定的单位和个人
5	再次鉴定申请	《工伤保险条例》第26条规定，申请鉴定的单位或者个人对设区的市级劳动能力鉴定委员会作出的鉴定结论不服的，可以在收到该鉴定结论之日起15日内向省、自治区、直辖市劳动能力鉴定委员会提出再次鉴定申请。省、自治区、直辖市劳动能力鉴定委员会作出的劳动能力鉴定结论为最终结论
6	复查鉴定	《工伤保险条例》第28条规定，自劳动能力鉴定结论作出之日起1年后，工伤职工或者其近亲属、所在单位或者经办机构认为伤残情况发生变化的，可以申请劳动能力复查鉴定

考点4 工伤保险待遇

一、工伤医疗补偿、停工期间福利与护理费

序号	项目	内容
1	工伤医疗补偿	《工伤保险条例》第30条规定，职工因工作遭受事故伤害或者患职业病进行治疗，享受工伤医疗待遇。 职工治疗工伤应当在签订服务协议的医疗机构就医，情况紧急时可以先到就近的医疗机构急救。 治疗工伤所需费用符合工伤保险诊疗项目目录、工伤保险药品目录、工伤保险住院服务标准的，从工伤保险基金支付。工伤保险诊疗项目目录、工伤保险药品目录、工伤保险住院服务标准，由国务院社会保险行政部门会同国务院卫生行政部门、食品药品监督管理部门等部门规定。 职工住院治疗工伤的伙食补助费，以及经医疗机构出具证明，报经办机构同意，工伤职工到统筹地区以外就医所需的交通、食宿费用从工伤保险基金支付，基金支付的具体标准由统筹地区人民政府规定。 工伤职工治疗非工伤引发的疾病，不享受工伤医疗待遇，按照基本医疗保险办法处理。 《工伤保险条例》第31条规定，社会保险行政部门作出认定为工伤的决定后发生行政复议、行政诉讼的，行政复议和行政诉讼期间不停止支付工伤职工治疗工伤的医疗费用。 《工伤保险条例》第32条规定，工伤职工因日常生活或者就业需要，经劳动能力鉴定委员会确认，可以安装假肢、矫形器、假眼、假牙和配置轮椅等辅助器具，所需费用按照国家规定的标准从工伤保险基金支付

序号	项目	内容
2	停工期间福利	《工伤保险条例》第33条规定，职工因工作遭受事故伤害或者患职业病需要暂停工作接受工伤医疗的，在停工留薪期内，原工资福利待遇不变，由所在单位按月支付。 停工留薪期一般不超过12个月。伤情严重或者情况特殊，经设区的市级劳动能力鉴定委员会确认，可以适当延长，但延长不得超过12个月。工伤职工评定伤残等级后，停发原待遇，按照本章的有关规定享受伤残待遇。工伤职工在停工留薪期满后仍需治疗的，继续享受工伤医疗待遇。 生活不能自理的工伤职工在停工留薪期需要护理的，由所在单位负责
3	护理费	生活护理费按照生活完全不能自理、生活大部分不能自理或者生活部分不能自理3个不同等级支付，其标准分别为统筹地区上年度职工月平均工资的50%、40%或者30%

二、一级至十级伤残待遇

序号	项目	内容
1	一级至四级伤残的	《工伤保险条例》第35条规定，职工因工致残被鉴定为一级至四级伤残的，保留劳动关系，退出工作岗位，享受以下待遇： （1）从工伤保险基金按伤残等级支付一次性伤残补助金，标准为：一级伤残为27个月的本人工资，二级伤残为25个月的本人工资，三级伤残为23个月的本人工资，四级伤残为21个月的本人工资。 （2）从工伤保险基金按月支付伤残津贴，标准为：一级伤残为本人工资的90%，二级伤残为本人工资的85%，三级伤残为本人工资的80%，四级伤残为本人工资的75%。伤残津贴实际金额低于当地最低工资标准的，由工伤保险基金补足差额。 （3）工伤职工达到退休年龄并办理退休手续后，停发伤残津贴，按照国家有关规定享受基本养老保险待遇。基本养老保险待遇低于伤残津贴的，由工伤保险基金补足差额。 职工因工致残被鉴定为一级至四级伤残的，由用人单位和职工个人以伤残津贴为基数，缴纳基本医疗保险费
2	五级、六级伤残的	《工伤保险条例》第36条规定，职工因工致残被鉴定为五级、六级伤残的，享受以下待遇： （1）从工伤保险基金按伤残等级支付一次性伤残补助金，标准为：五级伤残为18个月的本人工资，六级伤残为16个月的本人工资。 （2）保留与用人单位的劳动关系，由用人单位安排适当工作。难以安排工作的，由用人单位按月发给伤残津贴，标准为：五级伤残为本人工资的70%，六级伤残为本人工资的60%，并由用人单位按照规定为其缴纳应缴纳的各项社会保险费。伤残津贴实际金额低于当地最低工资标准的，由用人单位补足差额。 经工伤职工本人提出，该职工可以与用人单位解除或者终止劳动关系，由工伤保险基金支付一次性工伤医疗补助金，由用人单位支付一次性伤残就业补助金
3	七级至十级伤残的	《工伤保险条例》第37条规定，职工因工致残被鉴定为七级至十级伤残的，享受以下待遇： （1）从工伤保险基金按伤残等级支付一次性伤残补助金，标准为：七级伤残为13个月的本人工资，八级伤残为11个月的本人工资，九级伤残为9个月的本人工资，十级伤残为7个月的本人工资。 （2）劳动、聘用合同期满终止，或者职工本人提出解除劳动、聘用合同的，由工伤保险基金支付一次性工伤医疗补助金，由用人单位支付一次性伤残就业补助金

三、职工死亡的待遇

《工伤保险条例》第39条规定，职工因工死亡，其近亲属按照下列规定从工伤保险基金领取丧葬补助金、供养亲属抚恤金和一次性工亡补助金：

（1）丧葬补助金为 6 个月的统筹地区上年度职工月平均工资。

（2）供养亲属抚恤金按照职工本人工资的一定比例发给由因工死亡职工生前提供主要生活来源、无劳动能力的亲属。标准为：配偶每月 40%，其他亲属每人每月 30%，孤寡老人或者孤儿每人每月在上述标准的基础上增加 10%。核定的各供养亲属的抚恤金之和不应高于因工死亡职工生前的工资。供养亲属的具体范围由国务院社会保险行政部门规定。

（3）一次性工亡补助金标准为上一年度全国城镇居民人均可支配收入的 20 倍。

四、停止享受工伤保险待遇与分立合并转让的工伤保险责任

序号	项目	内容
1	停止享受工伤保险待遇	《工伤保险条例》第 42 条规定，工伤职工有下列情形之一的，停止享受工伤保险待遇： （1）丧失享受待遇条件的； （2）拒不接受劳动能力鉴定的； （3）拒绝治疗的
2	分立合并转让的工伤保险责任	《工伤保险条例》第 43 条规定，用人单位分立、合并、转让的，承继单位应当承担原用人单位的工伤保险责任；原用人单位已经参加工伤保险的，承继单位应当到当地经办机构办理工伤保险变更登记。 用人单位实行承包经营的，工伤保险责任由职工劳动关系所在单位承担。 职工被借调期间受到工伤事故伤害的，由原用人单位承担工伤保险责任，但原用人单位与借调单位可以约定补偿办法

考点 5　申请行政复议或者提起行政诉讼的规定

《工伤保险条例》第 55 条规定，有下列情形之一的，有关单位或者个人可以依法申请行政复议，也可以依法向人民法院提起行政诉讼：

（1）申请工伤认定的职工或者其近亲属、该职工所在单位对工伤认定申请不予受理的决定不服的；

（2）申请工伤认定的职工或者其近亲属、该职工所在单位对工伤认定结论不服的；

（3）用人单位对经办机构确定的单位缴费费率不服的；

（4）签订服务协议的医疗机构、辅助器具配置机构认为经办机构未履行有关协议或者规定的；

（5）工伤职工或者其近亲属对经办机构核定的工伤保险待遇有异议的。

考点 6　工伤保险违法行为应负的法律责任

序号	项目	内容
1	挪用工伤保险基金	《工伤保险条例》第 56 条规定，单位或者个人违反本条例第 12 条规定挪用工伤保险基金，构成犯罪的，依法追究刑事责任；尚不构成犯罪的，依法给予处分或者纪律处分。被挪用的基金由社会保险行政部门追回，并入工伤保险基金；没收的违法所得依法上缴国库

序号	项目	内容
2	社会保险行政部门工作人员	《工伤保险条例》第57条规定，社会保险行政部门工作人员有下列情形之一的，依法给予处分；情节严重，构成犯罪的，依法追究刑事责任： （1）无正当理由不受理工伤认定申请，或者弄虚作假将不符合工伤条件的人员认定为工伤职工的； （2）未妥善保管申请工伤认定的证据材料，致使有关证据灭失的； （3）收受当事人财物的
3	经办机构	《工伤保险条例》第58条规定，经办机构有下列行为之一的，由社会保险行政部门责令改正，对直接负责的主管人员和其他责任人员依法给予纪律处分；情节严重，构成犯罪的，依法追究刑事责任；造成当事人经济损失的，由经办机构依法承担赔偿责任： （1）未按规定保存用人单位缴费和职工享受工伤保险待遇情况记录的； （2）不按规定核定工伤保险待遇的； （3）收受当事人财物的
4	骗保	《工伤保险条例》第60条规定，用人单位、工伤职工或者其近亲属骗取工伤保险待遇，医疗机构、辅助器具配置机构骗取工伤保险基金支出的，由社会保险行政部门责令退还，处骗取金额2倍以上5倍以下的罚款；情节严重，构成犯罪的，依法追究刑事责任
5	从事劳动能力鉴定的组织或者个人	《工伤保险条例》第61条规定，从事劳动能力鉴定的组织或者个人有下列情形之一的，由社会保险行政部门责令改正，处2000元以上1万元以下的罚款；情节严重，构成犯罪的，依法追究刑事责任： （1）提供虚假鉴定意见的； （2）提供虚假诊断证明的； （3）收受当事人财物的
6	用人单位	《工伤保险条例》第62条规定，用人单位依照本条例规定应当参加工伤保险而未参加的，由社会保险行政部门责令限期参加，补缴应当缴纳的工伤保险费，并自欠缴之日起，按日加收万分之五的滞纳金；逾期仍不缴纳的，处欠缴数额1倍以上3倍以下的罚款。 依照本条例规定应当参加工伤保险而未参加工伤保险的用人单位职工发生工伤的，由该用人单位按照本条例规定的工伤保险待遇项目和标准支付费用。 用人单位参加工伤保险并补缴应当缴纳的工伤保险费、滞纳金后，由工伤保险基金和用人单位依照本条例的规定支付新发生的费用

第十二节　大型群众性活动安全管理条例

📝 考点1　安全责任

序号	项目		内容
1	承办者	安全责任人	大型群众性活动的承办者（以下简称承办者）对其承办活动的安全负责，承办者的主要负责人为大型群众性活动的安全责任人
		安全事项	《大型群众性活动安全管理条例》第7条规定，承办者具体负责下列安全事项： （1）落实大型群众性活动安全工作方案和安全责任制度，明确安全措施、安全工作人员岗位职责，开展大型群众性活动安全宣传教育； （2）保障临时搭建的设施、建筑物的安全，消除安全隐患； （3）按照负责许可的公安机关的要求，配备必要的安全检查设备，对参加大型群众性活动的人员进行安全检查，对拒不接受安全检查的，承办者有权拒绝其进入；

续表

序号	项目		内容
1	承办者	安全事项	（4）按照核准的活动场所容纳人员数量、划定的区域发放或者出售门票； （5）落实医疗救护、灭火、应急疏散等应急救援措施并组织演练； （6）对妨碍大型群众性活动安全的行为及时予以制止，发现违法犯罪行为及时向公安机关报告； （7）配备与大型群众性活动安全工作需要相适应的专业保安人员以及其他安全工作人员； （8）为大型群众性活动的安全工作提供必要的保障
2	场所管理者		《大型群众性活动安全管理条例》第8条规定，大型群众性活动的场所管理者具体负责下列安全事项： （1）保障活动场所、设施符合国家安全标准和安全规定； （2）保障疏散通道、安全出口、消防车通道、应急广播、应急照明、疏散指示标志符合法律、法规、技术标准的规定； （3）保障监控设备和消防设施、器材配置齐全、完好有效； （4）提供必要的停车场地，并维护安全秩序
3	参加大型群众性活动的人员		《大型群众性活动安全管理条例》第9条规定，参加大型群众性活动的人员应当遵守下列规定： （1）遵守法律、法规和社会公德，不得妨碍社会治安、影响社会秩序； （2）遵守大型群众性活动场所治安、消防等管理制度，接受安全检查，不得携带爆炸性、易燃性、放射性、毒害性、腐蚀性等危险物质或者非法携带枪支、弹药、管制器具； （3）服从安全管理，不得展示侮辱性标语、条幅等物品，不得围攻裁判员、运动员或者其他工作人员，不得投掷杂物
4	公安机关		《大型群众性活动安全管理条例》第10条规定，公安机关应当履行下列职责： （1）审核承办者提交的大型群众性活动申请材料，实施安全许可； （2）制定大型群众性活动安全监督方案和突发事件处置预案； （3）指导对安全工作人员的教育培训； （4）在大型群众性活动举办前，对活动场所组织安全检查，发现安全隐患及时责令改正； （5）在大型群众性活动举办过程中，对安全工作的落实情况实施监督检查，发现安全隐患及时责令改正； （6）依法查处大型群众性活动中的违法犯罪行为，处置危害公共安全的突发事件

考点2　安全管理

序号	项目	内容
1	安全许可制度	《大型群众性活动安全管理条例》第11条规定，公安机关对大型群众性活动实行安全许可制度。《营业性演出管理条例》对演出活动的安全管理另有规定的，从其规定。 举办大型群众性活动应当符合下列条件： （1）承办者是依照法定程序成立的法人或者其他组织； （2）大型群众性活动的内容不得违反宪法、法律、法规的规定，不得违反社会公德； （3）具有符合本条例规定的安全工作方案，安全责任明确、措施有效；

序号	项目	内容
1	安全许可制度	（4）活动场所、设施符合安全要求。 《大型群众性活动安全管理条例》第12条规定，大型群众性活动的预计参加人数在1000人以上5000人以下的，由活动所在地县级人民政府公安机关实施安全许可；预计参加人数在5000人以上的，由活动所在地设区的市级人民政府公安机关或者直辖市人民政府公安机关实施安全许可；跨省、自治区、直辖市举办大型群众性活动的，由国务院公安部门实施安全许可
2	安全许可申请时限	承办者应当在活动举办日的20日前提出安全许可申请
3	许可后的变更	承办者变更大型群众性活动时间的，应当在原定举办活动时间之前向作出许可决定的公安机关申请变更，经公安机关同意方可变更。 承办者变更大型群众性活动地点、内容以及扩大大型群众性活动举办规模的，应当依照《大型群众性活动安全管理条例》的规定重新申请安全许可

第十三节　女职工劳动保护特别规定

考点1　女职工劳动保护

序号	项目	内容
1	孕期	（1）对怀孕7个月以上的女职工，用人单位不得延长劳动时间或者安排夜班劳动，并应当在劳动时间内安排一定的休息时间。 （2）怀孕女职工在劳动时间内进行产前检查，所需时间计入劳动时间
2	产假	（1）女职工生育享受98天产假，其中产前可以休假15天；难产的，增加产假15天；生育多胞胎的，每多生育1个婴儿，增加产假15天。 （2）女职工怀孕未满4个月流产的，享受15天产假；怀孕满4个月流产的，享受42天产假
3	生育津贴	女职工产假期间的生育津贴，对已经参加生育保险的，按照用人单位上年度职工月平均工资的标准由生育保险基金支付；对未参加生育保险的，按照女职工产假前工资的标准由用人单位支付
4	哺乳	（1）对哺乳未满1周岁婴儿的女职工，用人单位不得延长劳动时间或者安排夜班劳动。 （2）用人单位应当在每天的劳动时间内为哺乳期女职工安排1小时哺乳时间；女职工生育多胞胎的，每多哺乳1个婴儿每天增加1小时哺乳时间

考点2　女职工禁忌从事的劳动范围

序号	项目	内容
1	女职工禁忌从事的劳动范围	（1）矿山井下作业。 （2）体力劳动强度分级标准中规定的第四级体力劳动强度的作业。 （3）每小时负重6次以上、每次负重超过20公斤的作业，或者间断负重、每次负重超过25公斤的作业

序号	项目	内容
2	女职工在经期禁忌从事的劳动范围	（1）冷水作业分级标准中规定的第二级、第三级、第四级冷水作业。 （2）低温作业分级标准中规定的第二级、第三级、第四级低温作业。 （3）体力劳动强度分级标准中规定的第三级、第四级体力劳动强度的作业。 （4）高处作业分级标准中规定的第三级、第四级高处作业
3	女职工在孕期禁忌从事的劳动范围	（1）作业场所空气中铅及其化合物、汞及其化合物、苯、镉、铍、砷、氰化物、氮氧化物、一氧化碳、二硫化碳、氯、己内酰胺、氯丁二烯、氯乙烯、环氧乙烷、苯胺、甲醛等有毒物质浓度超过国家职业卫生标准的作业。 （2）从事抗癌药物、己烯雌酚生产，接触麻醉剂气体等的作业。 （3）非密封源放射性物质的操作，核事故与放射事故的应急处置。 （4）高处作业分级标准中规定的高处作业。 （5）冷水作业分级标准中规定的冷水作业。 （6）低温作业分级标准中规定的低温作业。 （7）高温作业分级标准中规定的第三级、第四级的作业。 （8）噪声作业分级标准中规定的第三级、第四级的作业。 （9）体力劳动强度分级标准中规定的第三级、第四级体力劳动强度的作业。 （10）在密闭空间、高压室作业或者潜水作业，伴有强烈振动的作业，或者需要频繁弯腰、攀高、下蹲的作业

第七章　安全生产部门规章

第一节　注册安全工程师分类管理办法

考点1　注册安全工程师类别、执业范围

序号	项目	内容
1	类别	《注册安全工程师分类管理办法》第3条规定，注册安全工程师专业类别划分为：煤矿安全、金属非金属矿山安全、化工安全、金属冶炼安全、建筑施工安全、道路运输安全、其他安全（不包括消防安全）
2	级别	注册安全工程师级别设置为：高级、中级、初级（助理）
3	执业范围	《注册安全工程师分类管理办法》第12条规定，危险物品的生产、储存单位以及矿山、金属冶炼单位应当有相应专业类别的中级及以上注册安全工程师从事安全生产管理工作。 危险物品的生产、储存单位以及矿山单位安全生产管理人员中的中级及以上注册安全工程师比例应自本办法施行之日起2年内，金属冶炼单位安全生产管理人员中的中级及以上注册安全工程师比例应自本办法施行之日起5年内达到15%左右并逐步提高

考点2　注册安全工程师的取得及继续教育

序号	项目	内容
1	注册安全工程师的取得	（1）高级注册安全工程师采取考试与评审相结合的评价方式。 （2）中级注册安全工程师职业资格考试按照专业类别实行全国统一考试，考试科目分为公共科目和专业科目，由人力资源和社会保障部、国家安全监管总局负责组织实施。 （3）助理注册安全工程师职业资格考试使用全国统一考试大纲，考试和注册管理由各省、自治区、直辖市人力资源社会保障部门和安全监管部门会同有关行业主管部门组织实施
2	继续教育	中级注册安全工程师按照专业类别进行继续教育，其中专业课程学时应不少于继续教育总学时的一半

第二节 生产经营单位安全培训规定

考点1 《生产经营单位安全培训规定》的基本要求

一、适用范围及生产经营单位的职责

序号	项目	内容
1	适用范围	《生产经营单位安全培训规定》第2条规定，工矿商贸生产经营单位（以下简称生产经营单位）从业人员的安全培训，适用本规定
2	生产经营单位的职责	《生产经营单位安全培训规定》第3条规定，生产经营单位负责本单位从业人员安全培训工作。 生产经营单位应当按照安全生产法和有关法律、行政法规和本规定，建立健全安全培训工作制度

二、安全培训的范围及要求

序号	项目	内容
1	基本要求	（1）生产经营单位应当进行安全培训的从业人员包括主要负责人、安全生产管理人员、特种作业人员和其他从业人员。 （2）生产经营单位从业人员应当接受安全培训，熟悉有关安全生产规章制度和安全操作规程，具备必要的安全生产知识，掌握本岗位的安全操作技能，了解事故应急处理措施，知悉自身在安全生产方面的权利和义务。 （3）未经安全培训合格的从业人员，不得上岗作业
2	被派遣劳动者的要求	生产经营单位使用被派遣劳动者的，应当将被派遣劳动者纳入本单位从业人员统一管理，对被派遣劳动者进行岗位安全操作规程和安全操作技能的教育和培训。劳务派遣单位应当对被派遣劳动者进行必要的安全生产教育和培训
3	实习生的要求	生产经营单位接收中等职业学校、高等学校学生实习的，应当对实习学生进行相应的安全生产教育和培训，提供必要的劳动防护用品。学校应当协助生产经营单位对实习学生进行安全生产教育和培训

考点2 主要负责人、安全生产管理人员的安全培训

序号	项目	内容
1	安全培训要求	《生产经营单位安全培训规定》第6条规定，生产经营单位主要负责人和安全生产管理人员应当接受安全培训，具备与所从事的生产经营活动相适应的安全生产知识和管理能力
2	主要负责人安全培训内容	《生产经营单位安全培训规定》第7条规定，生产经营单位主要负责人安全培训应当包括下列内容： （1）国家安全生产方针、政策和有关安全生产的法律、法规、规章及标准；

序号	项目	内容
2	主要负责人安全培训内容	（2）安全生产管理基本知识、安全生产技术、安全生产专业知识； （3）重大危险源管理、重大事故防范、应急管理和救援组织以及事故调查处理的有关规定； （4）职业危害及其预防措施； （5）国内外先进的安全生产管理经验； （6）典型事故和应急救援案例分析； （7）其他需要培训的内容
3	安全生产管理人员安全培训内容	《生产经营单位安全培训规定》第 8 条规定，生产经营单位安全生产管理人员安全培训应当包括下列内容： （1）国家安全生产方针、政策和有关安全生产的法律、法规、规章及标准； （2）安全生产管理、安全生产技术、职业卫生等知识； （3）伤亡事故统计、报告及职业危害的调查处理方法； （4）应急管理、应急预案编制以及应急处置的内容和要求； （5）国内外先进的安全生产管理经验； （6）典型事故和应急救援案例分析； （7）其他需要培训的内容
4	安全培训时间	《生产经营单位安全培训规定》第 9 条规定，生产经营单位主要负责人和安全生产管理人员初次安全培训时间不得少于 32 学时。每年再培训时间不得少于 12 学时。 煤矿、非煤矿山、危险化学品、烟花爆竹、金属冶炼等生产经营单位主要负责人和安全生产管理人员初次安全培训时间不得少于 48 学时，每年再培训时间不得少于 16 学时

📝 考点 3　其他从业人员的安全培训

序号	项目		内容
1	新工人岗前培训	高危行业	煤矿、非煤矿山、危险化学品、烟花爆竹、金属冶炼等生产经营单位必须对新上岗的临时工、合同工、劳务工、轮换工、协议工等进行强制性安全培训，保证其具备本岗位安全操作、自救互救以及应急处置所需的知识和技能后，方能安排上岗作业
		其他行业	加工、制造业等生产单位的其他从业人员，在上岗前必须经过厂（矿）、车间（工段、区、队）、班组三级安全培训教育
2	安全培训时间		《生产经营单位安全培训规定》第 13 条规定，生产经营单位新上岗的从业人员，岗前安全培训时间不得少于 24 学时。 煤矿、非煤矿山、危险化学品、烟花爆竹、金属冶炼等生产经营单位新上岗的从业人员安全培训时间不得少于 72 学时，每年再培训的时间不得少于 20 学时
3	岗前安全培训内容	厂（矿）级	《生产经营单位安全培训规定》第 14 条规定，厂（矿）级岗前安全培训内容应当包括： （1）本单位安全生产情况及安全生产基本知识； （2）本单位安全生产规章制度和劳动纪律； （3）从业人员安全生产权利和义务； （4）有关事故案例等。 煤矿、非煤矿山、危险化学品、烟花爆竹、金属冶炼等生产经营单位厂（矿）级安全培训除包括上述内容外，应当增加事故应急救援、事故应急预案演练及防范措施等内容

序号	项目		内容
3	岗前安全培训内容	车间（工段、区、队）级	（1）工作环境及危险因素。 （2）所从事工种可能遭受的职业伤害和伤亡事故。 （3）所从事工种的安全职责、操作技能及强制性标准。 （4）自救互救、急救方法、疏散和现场紧急情况的处理。 （5）安全设备设施、个人防护用品的使用和维护。 （6）本车间（工段、区、队）安全生产状况及规章制度。 （7）预防事故和职业危害的措施及应注意的安全事项。 （8）有关事故案例。 （9）其他需要培训的内容
		班组级	（1）岗位安全操作规程。 （2）岗位之间工作衔接配合的安全与职业卫生事项。 （3）有关事故案例。 （4）其他需要培训的内容
4	重新上岗培训		《生产经营单位安全培训规定》第17条规定，从业人员在本生产经营单位内调整工作岗位或离岗一年以上重新上岗时，应当重新接受车间（工段、区、队）和班组级的安全培训。 生产经营单位采用新工艺、新技术、新材料或者使用新设备时，应当对有关从业人员重新进行有针对性的安全培训
5	特种作业人员培训		生产经营单位的特种作业人员，必须按照国家有关法律、法规的规定接受专门的安全培训，经考核合格，取得特种作业操作资格证书后，方可上岗作业

📖 考点4 安全培训的组织实施及监督管理

序号	项目	内容
1	安全培训的组织实施	生产经营单位从业人员的安全培训工作，由生产经营单位组织实施。 生产经营单位应当坚持以考促学、以讲促学，确保全体从业人员熟练掌握岗位安全生产知识和技能；煤矿、非煤矿山、危险化学品、烟花爆竹、金属冶炼等生产经营单位还应当完善和落实师傅带徒弟制度
2	监督管理	《生产经营单位安全培训规定》第25条规定，安全生产监管监察部门依法对生产经营单位安全培训情况进行监督检查，督促生产经营单位按照国家有关法律、法规和本规定开展安全培训工作。 县级以上地方人民政府负责煤矿安全生产监督管理的部门对煤矿井下作业人员的安全培训情况进行监督检查。煤矿安全监察机构对煤矿特种作业人员安全培训及其持证上岗的情况进行监督检查。 《生产经营单位安全培训规定》第28条规定，安全生产监管监察部门检查中发现安全生产教育和培训责任落实不到位、有关从业人员未经培训合格的，应当视为生产安全事故隐患，责令生产经营单位立即停止违法行为，限期整改，并依法予以处罚。 《生产经营单位安全培训规定》第26条规定，各级安全生产监管监察部门对生产经营单位安全培训及其持证上岗的情况进行监督检查，主要包括以下内容： （1）安全培训制度、计划的制定及其实施的情况。 （2）煤矿、非煤矿山、危险化学品、烟花爆竹、金属冶炼等生产经营单位主要负责人和安全生产管理人员安全培训以及安全生产知识和管理能力考核的情况；其他生产经营单位主要负责人和安全生产管理人员培训的情况。

续表

序号	项目	内容
2	监督管理	（3）特种作业人员操作资格证持证上岗的情况。 （4）建立安全生产教育和培训档案，并如实记录的情况。 （5）对从业人员现场抽考本职工作的安全生产知识。 （6）其他需要检查的内容

考点5　违法生产经营单位安全培训规定的法律责任

序号	项目	内容
1	生产经营单位未履行安全培训职责	《生产经营单位安全培训规定》第29条规定，生产经营单位有下列行为之一的，由安全生产监管监察部门责令其限期改正，可以处1万元以上3万元以下的罚款： （1）未将安全培训工作纳入本单位工作计划并保证安全培训工作所需资金的； （2）从业人员进行安全培训期间未支付工资并承担安全培训费用的
2	从业人员未按规定进行安全培训	《生产经营单位安全培训规定》第30条规定，生产经营单位有下列行为之一的，由安全生产监管监察部门责令其限期改正，可以处5万元以下的罚款；逾期未改正的，责令停产停业整顿，并处5万元以上10万元以下的罚款，对其直接负责的主管人员和其他直接责任人员处1万元以上2万元以下的罚款： （1）煤矿、非煤矿山、危险化学品、烟花爆竹、金属冶炼等生产经营单位主要负责人和安全管理人员未按照规定经考核合格的； （2）未按照规定对从业人员、被派遣劳动者、实习学生进行安全生产教育和培训或者未如实告知其有关安全生产事项的； （3）未如实记录安全生产教育和培训情况的； （4）特种作业人员未按照规定经专门的安全技术培训并取得特种作业人员操作资格证书，上岗作业的。 县级以上地方人民政府负责煤矿安全生产监督管理的部门发现煤矿未按照本规定对井下作业人员进行安全培训的，责令限期改正，处10万元以上50万元以下的罚款；逾期未改正的，责令停产停业整顿。 煤矿安全监察机构发现煤矿特种作业人员无证上岗作业的，责令限期改正，处10万元以上50万元以下的罚款；逾期未改正的，责令停产停业整顿

第三节　特种作业人员安全技术培训考核管理规定

考点1　特种作业人员的条件

《特种作业人员安全技术培训考核管理规定》第4条规定，特种作业人员应当符合下列条件：

（1）年满18周岁，且不超过国家法定退休年龄；

（2）经社区或者县级以上医疗机构体检健康合格，并无妨碍从事相应特种作业的器质性心脏病、癫痫病、美尼尔氏症、眩晕症、癔病、震颤麻痹症、精神病、痴呆症以及其他

疾病和生理缺陷;

（3）具有初中及以上文化程度;

（4）具备必要的安全技术知识与技能;

（5）相应特种作业规定的其他条件。

危险化学品特种作业人员除符合前款第（1）项、第（2）项、第（4）项和第（5）项规定的条件外，应当具备高中或者相当于高中及以上文化程度。

考点2　特种作业人员的资格许可及监督管理

序号	项目	内容
1	特种作业人员的资格许可	《特种作业人员安全技术培训考核管理规定》第5条规定，特种作业人员必须经专门的安全技术培训并考核合格，取得《中华人民共和国特种作业操作证》（以下简称特种作业操作证）后，方可上岗作业
2	特种作业人员监督管理部门及职责	《特种作业人员安全技术培训考核管理规定》第6条规定，特种作业人员的安全技术培训、考核、发证、复审工作实行统一监管、分级实施、教考分离的原则。 《特种作业人员安全技术培训考核管理规定》第7条规定，原国家安全生产监督管理总局（应急管理部）指导、监督全国特种作业人员的安全技术培训、考核、发证、复审工作；省、自治区、直辖市人民政府安全生产监督管理部门指导、监督本行政区域特种作业人员的安全技术培训工作，负责本行政区域特种作业人员的考核、发证、复审工作；县级以上地方人民政府安全生产监督管理部门负责监督检查本行政区域特种作业人员的安全技术培训和持证上岗工作。 国家煤矿安全监察局（国家矿山安全监察局）指导、监督全国煤矿特种作业人员（含煤矿矿井使用的特种设备作业人员）的安全技术培训、考核、发证、复审工作；省、自治区、直辖市人民政府负责煤矿特种作业人员考核发证工作的部门或者指定的机构指导、监督本行政区域煤矿特种作业人员的安全技术培训工作，负责本行政区域煤矿特种作业人员的考核、发证、复审工作。 省、自治区、直辖市人民政府安全生产监督管理部门和负责煤矿特种作业人员考核发证工作的部门或者指定的机构（以下统称考核发证机关）可以委托设区的市人民政府安全生产监督管理部门和负责煤矿特种作业人员考核发证工作的部门或者指定的机构实施特种作业人员的考核、发证、复审工作

考点3　特种作业人员的安全培训

序号	项目	内容
1	培训方式及地点	（1）特种作业人员应当接受与其所从事的特种作业相应的安全技术理论培训和实际操作培训。 （2）跨省、自治区、直辖市从业的特种作业人员，可以在户籍所在地或者从业所在地参加培训
2	免予相关专业的培训	已经取得职业高中、技工学校及中专以上学历的毕业生从事与其所学专业相应的特种作业，持学历证明经考核发证机关同意，可以免予相关专业的培训

📝 考点4　特种作业人员的考核发证

序号	项目		内容
1	考核		特种作业人员的考核包括考试和审核两部分。考试由考核发证机关或其委托的单位负责；审核由考核发证机关负责
2	考试	申请	参加特种作业操作资格考试的人员，应当填写考试申请表，由申请人或者申请人的用人单位持学历证明或者培训机构出具的培训证明向申请人户籍所在地或者从业所在地的考核发证机关或其委托的单位提出申请
		组织	考核发证机关或其委托的单位收到申请后，应当在60日内组织考试
		补考	特种作业操作资格考试包括安全技术理论考试和实际操作考试两部分。考试不及格的，允许补考1次。经补考仍不及格的，重新参加相应的安全技术培训
		成绩	考核发证机关或其委托承担特种作业操作资格考试的单位，应当在考试结束后10个工作日内公布考试成绩
3	发证		（1）收到申请的考核发证机关应当在5个工作日内完成对特种作业人员所提交申请材料的审查，作出受理或者不予受理的决定。能够当场作出受理决定的，应当当场作出受理决定；申请材料不齐全或者不符合要求的，应当当场或者在5个工作日内一次告知申请人需要补正的全部内容，逾期不告知的，视为自收到申请材料之日起即已被受理。 （2）对已经受理的申请，考核发证机关应当在20个工作日内完成审核工作。符合条件的，颁发特种作业操作证；不符合条件的，应当说明理由
4	有效期		特种作业操作证有效期为6年，在全国范围内有效

📝 考点5　特种作业操作证的复审

序号	项目	内容
1	期限	（1）特种作业操作证每3年复审1次。 （2）特种作业人员在特种作业操作证有效期内，连续从事本工种10年以上，严格遵守有关安全生产法律法规的，经原考核发证机关或者从业所在地考核发证机关同意，特种作业操作证的复审时间可以延长至每6年1次
2	程序	（1）特种作业操作证需要复审的，应当在期满前60日内，由申请人或者申请人的用人单位向原考核发证机关或者从业所在地考核发证机关提出申请。 （2）申请复审的，考核发证机关应当在收到申请之日起20个工作日内完成复审工作。复审合格的，由考核发证机关签章、登记，予以确认；不合格的，说明理由
3	培训	（1）特种作业操作证申请复审或者延期复审前，特种作业人员应当参加必要的安全培训并考试合格。 （2）安全培训时间不少于8学时，主要培训法律、法规、标准、事故案例和有关新工艺、新技术、新装备等知识
4	复审或延期复审不予通过	《特种作业人员安全技术培训考核管理规定》第25条规定，特种作业人员有下列情形之一的，复审或者延期复审不予通过： （1）健康体检不合格的； （2）违章操作造成严重后果或者有2次以上违章行为，并经查证确实的； （3）有安全生产违法行为，并给予行政处罚的；

序号	项目	内容
4	复审或延期复审不予通过	(4) 拒绝、阻碍安全生产监管监察部门监督检查的; (5) 未按规定参加安全培训,或者考试不合格的; (6) 具有本规定第30条、第31条规定情形的
5	特种作业操作证失效	再复审、延期复审仍不合格,或者未按期复审的,特种作业操作证失效

✍ 考点6 特种作业操作证的监督管理

序号	项目	内容
1	撤销特种作业操作证	《特种作业人员安全技术培训考核管理规定》第30条规定,有下列情形之一的,考核发证机关应当撤销特种作业操作证: (1) 超过特种作业操作证有效期未延期复审的; (2) 特种作业人员的身体条件已不适合继续从事特种作业的; (3) 对发生生产安全事故负有责任的; (4) 特种作业操作证记载虚假信息的; (5) 以欺骗、贿赂等不正当手段取得特种作业操作证的。 特种作业人员违反前款第(4)项、第(5)项规定的,3年内不得再次申请特种作业操作证
2	注销特种作业操作证	《特种作业人员安全技术培训考核管理规定》第31条规定,有下列情形之一的,考核发证机关应当注销特种作业操作证: (1) 特种作业人员死亡的; (2) 特种作业人员提出注销申请的; (3) 特种作业操作证被依法撤销的
3	实际操作考试	《特种作业人员安全技术培训考核管理规定》第32条规定,离开特种作业岗位6个月以上的特种作业人员,应当重新进行实际操作考试,经确认合格后方可上岗作业
4	考核发证机关的监督检查	《特种作业人员安全技术培训考核管理规定》第28条规定,考核发证机关或其委托的单位及其工作人员应当忠于职守、坚持原则、廉洁自律,按照法律、法规、规章的规定进行特种作业人员的考核、发证、复审工作,接受社会的监督。 《特种作业人员安全技术培训考核管理规定》第29条规定,考核发证机关应当加强对特种作业人员的监督检查,发现其具有本规定第三十条规定情形的,及时撤销特种作业操作证;对依法应当给予行政处罚的安全生产违法行为,按照有关规定依法对生产经营单位及其特种作业人员实施行政处罚。 考核发证机关应当建立特种作业人员管理信息系统,方便用人单位和社会公众查询;对于注销特种作业操作证的特种作业人员,应当及时向社会公告
5	生产经营单位与特种作业人员的责任	《特种作业人员安全技术培训考核管理规定》第34条规定,生产经营单位应当加强对本单位特种作业人员的管理,建立健全特种作业人员培训、复审档案,做好申报、培训、考核、复审的组织工作和日常的检查工作。 《特种作业人员安全技术培训考核管理规定》第35条规定,特种作业人员在劳动合同期满后变动工作单位的,原工作单位不得以任何理由扣押其特种作业操作证。 跨省、自治区、直辖市从业的特种作业人员应当接受从业所在地考核发证机关的监督管理。 《特种作业人员安全技术培训考核管理规定》第36条规定,生产经营单位不得印制、伪造、倒卖特种作业操作证,或者使用非法印制、伪造、倒卖的特种作业操作证。 特种作业人员不得伪造、涂改、转借、转让、冒用特种作业操作证或者使用伪造的特种作业操作证

考点7 生产经营单位、特种作业人员违反规定的处罚

序号	项目	处罚
1	生产经营单位未建立档案	《特种作业人员安全技术培训考核管理规定》第38条规定，生产经营单位未建立健全特种作业人员档案的，给予警告，并处1万元以下的罚款
2	生产经营单位违反规定使用特种作业人员	《特种作业人员安全技术培训考核管理规定》第39条规定，生产经营单位使用未取得特种作业操作证的特种作业人员上岗作业的，责令限期改正；可以处5万元以下的罚款；逾期未改正的，责令停产停业整顿，并处5万元以上10万元以下的罚款，对直接负责的主管人员和其他直接责任人员处1万元以上2万元以下的罚款。 煤矿企业使用未取得特种作业操作证的特种作业人员上岗作业的，依照《国务院关于预防煤矿生产安全事故的特别规定》的规定处罚
3	生产经营单位非法印制特种操作证	《特种作业人员安全技术培训考核管理规定》第40条规定，生产经营单位非法印制、伪造、倒卖特种作业操作证，或者使用非法印制、伪造、倒卖的特种作业操作证的，给予警告，并处1万元以上3万元以下的罚款；构成犯罪的，依法追究刑事责任
4	特种作业人员违反规定	《特种作业人员安全技术培训考核管理规定》第41条规定，特种作业人员伪造、涂改特种作业操作证或者使用伪造的特种作业操作证的，给予警告，并处1000元以上5000元以下的罚款。 特种作业人员转借、转让、冒用特种作业操作证的，给予警告，并处2000元以上10000元以下的罚款

第四节 安全生产培训管理办法

考点1 安全培训机构

《安全生产培训管理办法》第5条规定，安全培训的机构应当具备从事安全培训工作所需要的条件。从事危险物品的生产、经营、储存单位以及矿山、金属冶炼单位的主要负责人和安全生产管理人员，特种作业人员以及注册安全工程师等相关人员培训的安全培训机构，应当将教师、教学和实习实训设施等情况书面报告所在地安全生产监督管理部门、煤矿安全培训监管机构。

考点2 安全培训

序号	项目	内容
1	生产经营单位的安全培训	《安全生产培训管理办法》第10条规定，生产经营单位应当建立安全培训管理制度，保障从业人员安全培训所需经费，对从业人员进行与其所从事岗位相应的安全教育培训；从业人员调整工作岗位或者采用新工艺、新技术、新设备、新材料的，应当对其进行专门的安全教育和培训。未经安全教育和培训合格的从业人员，不得上岗作业。 《安全生产培训管理办法》第12条规定，中央企业的分公司、子公司及其所属单位和其他生产经营单位，发生造成人员死亡的生产安全事故的，其主要负责人和安全生产管理人员应当重新参加安全培训。

序号	项目	内容
1	生产经营单位的安全培训	特种作业人员对造成人员死亡的生产安全事故负有直接责任的，应当按照《特种作业人员安全技术培训考核管理规定》重新参加安全培训
2	新招矿山井下人员的安全培训	《安全生产培训管理办法》第13条规定，国家鼓励生产经营单位实行师傅带徒弟制度。矿山新招的井下作业人员和危险物品生产经营单位新招的危险工艺操作岗位人员，除按照规定进行安全培训外，还应当在有经验的职工带领下实习满2个月后，方可独立上岗作业
3	被派遣劳动者安全培训的要求	《安全生产培训管理办法》第10条规定，生产经营单位使用被派遣劳动者的，应当将被派遣劳动者纳入本单位从业人员统一管理，对被派遣劳动者进行岗位安全操作规程和安全操作技能的教育和培训。劳务派遣单位应当对被派遣劳动者进行必要的安全生产教育和培训
4	实习安全培训的要求	《安全生产培训管理办法》第10条规定，生产经营单位接收中等职业学校、高等学校学生实习的，应当对实习学生进行相应的安全生产教育和培训，提供必要的劳动防护用品。学校应当协助生产经营单位对实习学生进行安全生产教育和培训
5	安全培训机构的要求	《安全生产培训管理办法》第14～17条规定如下： 国家鼓励生产经营单位招录职业院校毕业生。职业院校毕业生从事与所学专业相关的作业，可以免予参加初次培训，实际操作培训除外。 安全培训机构应当建立安全培训工作制度和人员培训档案。安全培训相关情况，应当如实记录并建档备查。 安全培训机构从事安全培训工作的收费，应当符合法律、法规的规定。法律、法规没有规定的，应当按照行业自律标准或者指导性标准收费。 国家鼓励安全培训机构和生产经营单位利用现代信息技术开展安全培训，包括远程培训

考点3　安全培训的考核

序号	项目		内容
1	考核标准		（1）安全监管监察人员，危险物品的生产、经营、储存单位及非煤矿山、金属冶炼单位主要负责人、安全生产管理人员和特种作业人员，以及从事安全生产工作的相关人员的考核标准，由国家安全监管总局统一制定。 （2）煤矿企业的主要负责人、安全生产管理人员和特种作业人员的考核标准，由国家煤矿安监局（国家矿山安全监察局）制定。 （3）除危险物品的生产、经营、储存单位和矿山、金属冶炼单位以外其他生产经营单位主要负责人、安全生产管理人员及其他从业人员的考核标准，由省级安全生产监督管理部门制定
2	考核	国家安全监管总局	国家安全监管总局负责省级以上安全生产监督管理部门的安全生产监管人员、各级煤矿安全监察机构的煤矿安全监察人员的考核；负责中央企业的总公司、总厂或者集团公司的主要负责人和安全生产管理人员的考核
		省级安全生产监督管理部门	省级安全生产监督管理部门负责市级、县级安全生产监督管理部门的安全生产监管人员的考核；负责省属生产经营单位和中央企业分公司、子公司及其所属单位的主要负责人和安全生产管理人员的考核；负责特种作业人员的考核
		市级安全生产监督管理部门	市级安全生产监督管理部门负责本行政区域内除中央企业、省属生产经营单位以外的其他生产经营单位的主要负责人和安全生产管理人员的考核
		省级煤矿安全培训监管机构	省级煤矿安全培训监管机构负责所辖区域内煤矿企业的主要负责人、安全生产管理人员和特种作业人员的考核

考点4 安全培训的发证

序号	项目	内容
1	发证	《安全生产培训管理办法》第22条规定，接受安全培训人员经考核合格的，由考核部门在考核结束后10个工作日内颁发相应的证书。 《安全生产培训管理办法》第23条规定，安全生产监管人员经考核合格后，颁发安全生产监管执法证；煤矿安全监察人员经考核合格后，颁发煤矿安全监察执法证；危险物品的生产、经营、储存单位和矿山、金属冶炼单位主要负责人、安全生产管理人员经考核合格后，颁发安全合格证；特种作业人员经考核合格后，颁发《特种作业操作证》；危险化学品登记机构的登记人员经考核合格后，颁发上岗证；其他人员经培训合格后，颁发培训合格证
2	有效期	安全生产监管执法证、煤矿安全监察执法证、安全合格证的有效期为3年。有效期届满需要延期的，应当于有效期届满30日前向原发证部门申请办理延期手续

考点5 监督管理

《安全生产培训管理办法》第29条规定，安全生产监督管理部门和煤矿安全培训监管机构应当对安全培训机构开展安全培训活动的情况进行监督检查，检查内容包括：
（1）具备从事安全培训工作所需要的条件的情况；
（2）建立培训管理制度和教师配备的情况；
（3）执行培训大纲、建立培训档案和培训保障的情况；
（4）培训收费的情况；
（5）法律法规规定的其他内容。

《安全生产培训管理办法》第30条规定，安全生产监督管理部门、煤矿安全培训监管机构应当对生产经营单位的安全培训情况进行监督检查，检查内容包括：
（1）安全培训制度、年度培训计划、安全培训管理档案的制定和实施的情况；
（2）安全培训经费投入和使用的情况；
（3）主要负责人、安全生产管理人员接受安全生产知识和管理能力考核的情况；
（4）特种作业人员持证上岗的情况；
（5）应用新工艺、新技术、新材料、新设备以及转岗前对从业人员安全培训的情况；
（6）其他从业人员安全培训的情况；
（7）法律法规规定的其他内容。

考点6 违反安全生产培训管理办法的行为及应负的法律责任

序号	项目	内容
1	安全培训机构	《安全生产培训管理办法》第34条规定，安全培训机构有下列情形之一的，责令限期改正，处1万元以下的罚款；逾期未改正的，给予警告，处1万元以上3万元以下的罚款： （1）不具备安全培训条件的； （2）未按照统一的培训大纲组织教学培训的； （3）未建立培训档案或者培训档案管理不规范的。 安全培训机构采取不正当竞争手段，故意贬低、诋毁其他安全培训机构的，依照前款规定处罚

185

序号	项目	内容
2	有关人员	《安全生产培训管理办法》第35条规定，生产经营单位主要负责人、安全生产管理人员、特种作业人员以欺骗、贿赂等不正当手段取得安全合格证或者特种作业操作证的，除撤销其相关证书外，处3000元以下的罚款，并自撤销其相关证书之日起3年内不得再次申请该证书
3	生产经营单位	《安全生产培训管理办法》第36条规定，生产经营单位有下列情形之一的，责令改正，处3万元以下的罚款： （1）从业人员安全培训的时间少于《生产经营单位安全培训规定》或者有关标准规定的； （2）矿山新招的井下作业人员和危险物品生产经营单位新招的危险工艺操作岗位人员，未经实习期满独立上岗作业的； （3）相关人员未按照本办法第22条规定重新参加安全培训的

第五节　安全生产事故隐患排查治理暂行规定

考点1　事故隐患的分级与制度

序号	项目		内容
1	事故隐患分级	一般事故隐患	一般事故隐患，是指危害和整改难度较小，发现后能够立即整改排除的隐患
		重大事故隐患	重大事故隐患，是指危害和整改难度较大，应当全部或者局部停产停业，并经过一定时间整改治理方能排除的隐患，或者因外部因素影响致使生产经营单位自身难以排除的隐患
2	事故隐患制度		（1）生产经营单位应当建立健全事故隐患排查治理制度。 （2）生产经营单位主要负责人对本单位事故隐患排查治理工作全面负责

考点2　生产经营单位的职责

一、生产经营单位事故隐患排查治理职责

《安全生产事故隐患排查治理暂行规定》第7～14条对生产经营单位的事故隐患排查治理职责规定如下：

（1）生产经营单位应当依照法律、法规、规章、标准和规程的要求从事生产经营活动。严禁非法从事生产经营活动。

（2）生产经营单位是事故隐患排查、治理和防控的责任主体。生产经营单位应当建立健全事故隐患排查治理和建档监控等制度，逐级建立并落实从主要负责人到每个从业人员的隐患排查治理和监控责任制。

（3）生产经营单位应当保证事故隐患排查治理所需的资金，建立资金使用专项制度。

（4）生产经营单位应当定期组织安全生产管理人员、工程技术人员和其他相关人员排查本单位的事故隐患。对排查出的事故隐患，应当按照事故隐患的等级进行登记，建立事故隐患信息档案，并按照职责分工实施监控治理。

（5）生产经营单位应当建立事故隐患报告和举报奖励制度，鼓励、发动职工发现和排除事故隐患，鼓励社会公众举报。对发现、排除和举报事故隐患的有功人员，应当给予物质奖励和表彰。

（6）生产经营单位将生产经营项目、场所、设备发包、出租的，应当与承包、承租单位签订安全生产管理协议，并在协议中明确各方对事故隐患排查、治理和防控的管理职责。生产经营单位对承包、承租单位的事故隐患排查治理负有统一协调和监督管理的职责。

（7）安全监管监察部门和有关部门的监督检查人员依法履行事故隐患监督检查职责时，生产经营单位应当积极配合，不得拒绝和阻挠。

（8）生产经营单位应当每季、每年对本单位事故隐患排查治理情况进行统计分析，并分别于下一季度15日前和下一年1月31日前向安全监管监察部门和有关部门报送书面统计分析表。统计分析表应当由生产经营单位主要负责人签字。

二、事故隐患的报告、治理方案、紧急处置与安全评估

序号	项目	内容
1	事故隐患的报告	对于重大事故隐患，生产经营单位除依照规定时限报送外，应当及时向安全监管监察部门和有关部门报告。重大事故隐患报告内容应当包括： （1）隐患的现状及其产生原因； （2）隐患的危害程度和整改难易程度分析； （3）隐患的治理方案
2	事故隐患治理方案	《安全生产事故隐患排查治理暂行规定》第15条规定，对于一般事故隐患，由生产经营单位（车间、分厂、区队等）负责人或者有关人员立即组织整改。 对于重大事故隐患，由生产经营单位主要负责人组织制定并实施事故隐患治理方案。重大事故隐患治理方案应当包括以下内容： （1）治理的目标和任务； （2）采取的方法和措施； （3）经费和物资的落实； （4）负责治理的机构和人员； （5）治理的时限和要求； （6）安全措施和应急预案
3	事故隐患排查治理中的紧急处置	《安全生产事故隐患排查治理暂行规定》第16条规定，生产经营单位在事故隐患治理过程中，应当采取相应的安全防范措施，防止事故发生。事故隐患排除前或者排除过程中无法保证安全的，应当从危险区域内撤出作业人员，并疏散可能危及的其他人员，设置警戒标志，暂时停产停业或者停止使用；对暂时难以停产或者停止使用的相关生产储存装置、设施、设备，应当加强维护和保养，防止事故发生
4	事故隐患的安全评估	《安全生产事故隐患排查治理暂行规定》第18条规定，地方人民政府或者安全监管监察部门及有关部门挂牌督办并责令全部或者局部停产停业治理的重大事故隐患，治理工作结束后，有条件的生产经营单位应当组织本单位的技术人员和专家对重大事故隐患的治理情况进行评估；其他生产经营单位应当委托具备相应资质的安全评价机构对重大事故隐患的治理情况进行评估。 经治理后符合安全生产条件的，生产经营单位应当向安全监管监察部门和有关部门提出恢复生产的书面申请，经安全监管监察部门和有关部门审查同意后，方可恢复生产经营。申请报告应当包括治理方案的内容、项目和安全评价机构出具的评价报告等

三、自然灾害的预警与重大事故隐患治理的监督检查

序号	项目	内容
1	自然灾害的预警	《安全生产事故隐患排查治理暂行规定》第 17 条规定,生产经营单位应当加强对自然灾害的预防。对于因自然灾害可能导致事故灾难的隐患,应当按照有关法律、法规、标准和本规定的要求排查治理,采取可靠的预防措施,制定应急预案。在接到有关自然灾害预报时,应当及时向下属单位发出预警通知;发生自然灾害可能危及生产经营单位和人员安全的情况时,应当采取撤离人员、停止作业、加强监测等安全措施,并及时向当地人民政府及其有关部门报告
2	重大事故隐患治理的监督检查	《安全生产事故隐患排查治理暂行规定》第 23 条规定,对挂牌督办并采取全部或者局部停产停业治理的重大事故隐患,安全监管监察部门收到生产经营单位恢复生产的申请报告后,应当在 10 日内进行现场审查。审查合格的,对事故隐患进行核销,同意恢复生产经营;审查不合格的,依法责令改正或者下达停产整改指令。对整改无望或者生产经营单位拒不执行整改指令的,依法实施行政处罚;不具备安全生产条件的,依法提请县级以上人民政府按照国务院规定的权限予以关闭

考点3 事故隐患排查违规行为应负的法律责任

《安全生产事故隐患排查治理暂行规定》第 25 条规定,生产经营单位及其主要负责人未履行事故隐患排查治理职责,导致发生生产安全事故的,依法给予行政处罚。

《安全生产事故隐患排查治理暂行规定》第 26 条规定,生产经营单位违反本规定,有下列行为之一的,由安全监管监察部门给予警告,并处三万元以下的罚款:

(1) 未建立安全生产事故隐患排查治理等各项制度的;

(2) 未按规定上报事故隐患排查治理统计分析表的;

(3) 未制定事故隐患治理方案的;

(4) 重大事故隐患不报或者未及时报告的;

(5) 未对事故隐患进行排查治理擅自生产经营的;

(6) 整改不合格或者未经安全监管监察部门审查同意擅自恢复生产经营的。

第六节 生产安全事故应急预案管理办法

考点1 应急预案的管理原则、政府部门及生产经营单位的职责

序号	项目	内容
1	应急预案的管理原则	实行属地为主、分级负责、分类指导、综合协调、动态管理的原则
2	政府部门的职责	《生产安全事故应急预案管理办法》第 4 条规定,应急管理部负责全国应急预案的综合协调管理工作。国务院其他负有安全生产监督管理职责的部门在各自职责范围内,负责相关行业、领域应急预案的管理工作。

序号	项目	内容
2	政府部门的职责	县级以上地方各级人民政府应急管理部门负责本行政区域内应急预案的综合协调管理工作。县级以上地方各级人民政府其他负有安全生产监督管理职责的部门按照各自的职责负责有关行业、领域应急预案的管理工作
3	生产经营单位负责人的职责	《生产安全事故应急预案管理办法》第5条规定，生产经营单位主要负责人负责组织编制和实施本单位的应急预案，并对应急预案的真实性和实用性负责；各分管负责人应当按照职责分工落实应急预案规定的职责

考点2 应急预案的编制

序号	项目		内容
1	应急预案编制的基本要求		《生产安全事故应急预案管理办法》第8条规定，应急预案的编制应当符合下列基本要求： (1) 有关法律、法规、规章和标准的规定； (2) 本地区、本部门、本单位的安全生产实际情况； (3) 本地区、本部门、本单位的危险性分析情况； (4) 应急组织和人员的职责分工明确，并有具体的落实措施； (5) 有明确、具体的应急程序和处置措施，并与其应急能力相适应； (6) 有明确的应急保障措施，满足本地区、本部门、本单位的应急工作需要； (7) 应急预案基本要素齐全、完整，应急预案附件提供的信息准确； (8) 应急预案内容与相关应急预案相互衔接
2	应急预案的种类	综合应急预案	(1) 生产经营单位风险种类多、可能发生多种类型事故的，应当组织编制综合应急预案。 (2) 综合应急预案应当规定应急组织机构及其职责、应急预案体系、事故风险描述、预警及信息报告、应急响应、保障措施、应急预案管理等内容
		专项应急预案	(1) 对于某一种或者多种类型的事故风险，生产经营单位可以编制相应的专项应急预案，或将专项应急预案并入综合应急预案。 (2) 专项应急预案应当规定应急指挥机构与职责、处置程序和措施等内容
		现场处置方案	(1) 对于危险性较大的场所、装置或者设施，生产经营单位应当编制现场处置方案。 (2) 现场处置方案应当规定应急工作职责、应急处置措施和注意事项等内容。 事故风险单一、危险性小的生产经营单位，可以只编制现场处置方案
3	应急预案的衔接及附件		(1) 生产经营单位编制的各类应急预案之间应当相互衔接，并与相关人民政府及其部门、应急救援队伍和涉及的其他单位的应急预案相衔接。 (2) 生产经营单位应当在编制应急预案的基础上，针对工作场所、岗位的特点，编制简明、实用、有效的应急处置卡。 (3) 应急处置卡应当规定重点岗位、人员的应急处置程序和措施，以及相关联络人员和联系方式，便于从业人员携带

考点3 应急预案的评审、公布和备案

一、应急预案的评审

序号	项目	内容
1	应急管理部门预案的评审	地方各级人民政府应急管理部门应当组织有关专家对本部门编制的部门应急预案进行审定；必要时，可以召开听证会，听取社会有关方面的意见
2	生产经营单位预案的评审	《生产安全事故应急预案管理办法》第21条规定，矿山、金属冶炼企业和易燃易爆物品、危险化学品的生产、经营（带储存设施的，下同）、储存、运输企业，以及使用危险化学品达到国家规定数量的化工企业、烟花爆竹生产、批发经营企业和中型规模以上的其他生产经营单位，应当对本单位编制的应急预案进行评审，并形成书面评审纪要。 前款规定以外的其他生产经营单位可以根据自身需要，对本单位编制的应急预案进行论证
3	评审的要求	（1）参加应急预案评审的人员应当包括有关安全生产及应急管理方面的专家。评审人员与所评审应急预案的生产经营单位有利害关系的，应当回避。 （2）应急预案的评审或者论证应当注重基本要素的完整性、组织体系的合理性、应急处置程序和措施的针对性、应急保障措施的可行性、应急预案的衔接性等内容

二、应急预案的公布和备案

序号	项目	内容
1	政府部门	《生产安全事故应急预案管理办法》第25条规定，地方各级人民政府应急管理部门的应急预案，应当报同级人民政府备案，同时抄送上一级人民政府应急管理部门，并依法向社会公布。 地方各级人民政府其他负有安全生产监督管理职责的部门的应急预案，应当抄送同级人民政府应急管理部门
2	生产经营单位	《生产安全事故应急预案管理办法》第26条规定，易燃易爆物品、危险化学品等危险物品的生产、经营、储存、运输单位，矿山、金属冶炼、城市轨道交通运营、建筑施工单位，以及宾馆、商场、娱乐场所、旅游景区等人员密集场所经营单位，应当在应急预案公布之日起20个工作日内，按照分级属地原则，向县级以上人民政府应急管理部门和其他负有安全生产监督管理职责的部门进行备案，并依法向社会公布。 前款所列单位属于中央企业的，其总部（上市公司）的应急预案，报国务院主管的负有安全生产监督管理职责的部门备案，并抄送应急管理部；其所属单位的应急预案报所在地的省、自治区、直辖市或者设区的市级人民政府主管的负有安全生产监督管理职责的部门备案，并抄送同级人民政府应急管理部门。 本条第一款所列单位不属于中央企业的，其中非煤矿山、金属冶炼和危险化学品生产、经营、储存、运输企业，以及使用危险化学品达到国家规定数量的化工企业、烟花爆竹生产、批发经营企业的应急预案，按照隶属关系报所在地县级以上地方人民政府应急管理部门备案；本款前述单位以外的其他生产经营单位应急预案的备案，由省、自治区、直辖市人民政府负有安全生产监督管理职责的部门确定。 油气输送管道运营单位的应急预案，除按照本条第一款、第二款的规定备案外，还应当抄送所经行政区域的县级人民政府应急管理部门。 海洋石油开采企业的应急预案，除按照本条第一款、第二款的规定备案外，还应当抄送所经行政区域的县级人民政府应急管理部门和海洋石油安全监管机构。 煤矿企业的应急预案除按照本条第一款、第二款的规定备案外，还应当抄送所在地的煤矿安全监察机构

序号	项目	内容
3	申报应急预案备案的材料	《生产安全事故应急预案管理办法》第27条规定，生产经营单位申报应急预案备案，应当提交下列材料： （1）应急预案备案申报表； （2）本办法第21条所列单位，应当提供应急预案评审意见； （3）应急预案电子文档； （4）风险评估结果和应急资源调查清单
4	备案审查	《生产安全事故应急预案管理办法》第28条规定，受理备案登记的负有安全生产监督管理职责的部门应当在5个工作日内对应急预案材料进行核对，材料齐全的，应当予以备案并出具应急预案备案登记表；材料不齐全的，不予备案并一次性告知需要补齐的材料。逾期不予备案又不说明理由的，视为已经备案。 对于实行安全生产许可的生产经营单位，已经进行应急预案备案的，在申请安全生产许可证时，可以不提供相应的应急预案，仅提供应急预案备案登记表

📝 考点4 应急预案的实施

序号	项目	内容
1	宣传教育培训	（1）各级人民政府应急管理部门应当将本部门应急预案的培训纳入安全生产培训工作计划，并组织实施本行政区域内重点生产经营单位的应急预案培训工作。 （2）生产经营单位应当组织开展本单位的应急预案、应急知识、自救互救和避险逃生技能的培训活动，使有关人员了解应急预案内容，熟悉应急职责、应急处置程序和措施。 （3）应急培训的时间、地点、内容、师资、参加人员和考核结果等情况应当如实记入本单位的安全生产教育和培训档案
2	演练	《生产安全事故应急预案管理办法》第32条规定，各级人民政府应急管理部门应当至少每两年组织一次应急预案演练，提高本部门、本地区生产安全事故应急处置能力。 《生产安全事故应急预案管理办法》第33条规定，生产经营单位应当制定本单位的应急预案演练计划，根据本单位的事故风险特点，每年至少组织一次综合应急预案演练或者专项应急预案演练，每半年至少组织一次现场处置方案演练。 易燃易爆物品、危险化学品等危险物品的生产、经营、储存、运输单位，矿山、金属冶炼、城市轨道交通运营、建筑施工单位，以及宾馆、商场、娱乐场所、旅游景区等人员密集场所经营单位，应当至少每半年组织一次生产安全事故应急预案演练，并将演练情况报送所在地县级以上地方人民政府负有安全生产监督管理职责的部门。 县级以上地方人民政府负有安全生产监督管理职责的部门应当对本行政区域内前款规定的重点生产经营单位的生产安全事故应急救援预案演练进行抽查；发现演练不符合要求的，应当责令限期改正
3	修订	《生产安全事故应急预案管理办法》第35条规定，应急预案编制单位应当建立应急预案定期评估制度，对预案内容的针对性和实用性进行分析，并对应急预案是否需要修订作出结论。 矿山、金属冶炼、建筑施工企业和易燃易爆物品、危险化学品等危险物品的生产、经营、储存、运输企业、使用危险化学品达到国家规定数量的化工企业、烟花爆竹生产、批发经营企业和中型规模以上的其他生产经营单位，应当每三年进行一次应急预案评估。 《生产安全事故应急预案管理办法》第36条规定，有下列情形之一的，应急预案应当及时修订并归档： （1）依据的法律、法规、规章、标准及上位预案中的有关规定发生重大变化的； （2）应急指挥机构及其职责发生调整的；

191

续表

序号	项目	内容
3	修订	（3）安全生产面临的风险发生重大变化的； （4）重要应急资源发生重大变化的； （5）在应急演练和事故应急救援中发现需要修订预案的重大问题的； （6）编制单位认为应当修订的其他情况

考点5 违反《生产安全事故应急预案管理办法》应负的法律责任

《生产安全事故应急预案管理办法》第45条规定，生产经营单位有下列情形之一的，由县级以上人民政府应急管理部门责令限期改正，可以处1万元以上3万元以下的罚款：

（1）在应急预案编制前未按照规定开展风险辨识、评估和应急资源调查的；

（2）未按照规定开展应急预案评审的；

（3）事故风险可能影响周边单位、人员的，未将事故风险的性质、影响范围和应急防范措施告知周边单位和人员的；

（4）未按照规定开展应急预案评估的；

（5）未按照规定进行应急预案修订的；

（6）未落实应急预案规定的应急物资及装备的。

生产经营单位未按照规定进行应急预案备案的，由县级以上人民政府应急管理等部门依照职责责令限期改正；逾期未改正的，处3万元以上5万元以下的罚款，对直接负责的主管人员和其他直接责任人员处1万元以上2万元以下的罚款。

第七节 生产安全事故信息报告和处置办法

考点1 事故信息的报告

一、生产经营单位及有关部门的报告

序号	项目	内容
1	生产经营单位的报告	《生产安全事故信息报告和处置办法》第6条规定，生产经营单位发生生产安全事故或者较大涉险事故，其单位负责人接到事故信息报告后应当于1小时内报告事故发生地县级安全生产监督管理部门、煤矿安全监察分局。 发生较大以上生产安全事故的，事故发生单位在依照第一款规定报告的同时，应当在1小时内报告省级安全生产监督管理部门、省级煤矿安全监察机构。 发生重大、特别重大生产安全事故的，事故发生单位在依照本条第一款、第二款规定报告的同时，可以立即报告国家安全生产监督管理总局（应急管理部）、国家煤矿安全监察局（国家矿山安全监察局）

续表

序号	项目	内容
2	有关部门的报告	《生产安全事故信息报告和处置办法》第7条规定，安全生产监督管理部门、煤矿安全监察机构接到事故发生单位的事故信息报告后，应当按照下列规定上报事故情况，同时书面通知同级公安机关、劳动保障部门、工会、人民检察院和有关部门。 （1）一般事故和较大涉险事故逐级上报至设区的市级安全生产监督管理部门、省级煤矿安全监察机构； （2）较大事故逐级上报至省级安全生产监督管理部门、省级煤矿安全监察机构； （3）重大事故、特别重大事故逐级上报至国家安全生产监督管理总局（应急管理部）、国家煤矿安全监察局（国家矿山安全监察局）。 前款规定的逐级上报，每一级上报时间不得超过2小时。安全生产监督管理部门依照前款规定上报事故情况时，应当同时报告本级人民政府
3	较大生产安全事故或者社会影响重大的事故的报告	《生产安全事故信息报告和处置办法》第8条规定，发生较大生产安全事故或者社会影响重大的事故的，县级、市级安全生产监督管理部门或者煤矿安全监察分局接到事故报告后，在依照本办法第7条规定逐级上报的同时，应当在1小时内先用电话快报省级安全生产监督管理部门、省级煤矿安全监察机构，随后补报文字报告；乡镇安监站（办）可以根据事故情况越级直接报告省级安全生产监督管理部门、省级煤矿安全监察机构
4	重大、特别重大生产安全事故或者社会影响恶劣的事故报告	《生产安全事故信息报告和处置办法》第9条规定，发生重大、特别重大生产安全事故或者社会影响恶劣的事故的，县级、市级安全生产监督管理部门或者煤矿安全监察分局接到事故报告后，在依照本办法第7条规定逐级上报的同时，应当在1小时内先用电话快报省级安全生产监督管理部门、省级煤矿安全监察机构，随后补报文字报告；必要时，可以直接用电话报告国家安全生产监督管理总局（应急管理部）、国家煤矿安全监察局（国家矿山安全监察局）。 省级安全生产监督管理部门、省级煤矿安全监察机构接到事故报告后，应当在1小时内先用电话快报国家安全生产监督管理总局（应急管理部）、国家煤矿安全监察局（国家矿山安全监察局），随后补报文字报告。 国家安全生产监督管理总局（应急管理部）、国家煤矿安全监察局（国家矿山安全监察局）接到事故报告后，应当在1小时内先用电话快报国务院总值班室，随后补报文字报告

二、事故信息报告的内容及续报

序号	项目		内容
1	事故信息报告的内容	常规报告	报告事故信息，应当包括下列内容： （1）事故发生单位的名称、地址、性质、产能等基本情况； （2）事故发生的时间、地点以及事故现场情况； （3）事故的简要经过（包括应急救援情况）； （4）事故已经造成或者可能造成的伤亡人数（包括下落不明、涉险的人数）和初步估计的直接经济损失； （5）已经采取的措施； （6）其他应当报告的情况
		电话快报	使用电话快报，应当包括下列内容： （1）事故发生单位的名称、地址、性质； （2）事故发生的时间、地点； （3）事故已经造成或者可能造成的伤亡人数（包括下落不明、涉险的人数）

序号	项目	内容
2	事故信息的续报	《生产安全事故信息报告和处置办法》第 11 条规定，事故信息报告后出现新情况的，负责事故报告的单位应当依照本办法第 6 条、第 7 条、第 8 条、第 9 条的规定及时续报。较大涉险事故、一般事故、较大事故每日至少续报 1 次；重大事故、特别重大事故每日至少续报 2 次。 自事故发生之日起 30 日内（道路交通、火灾事故自发生之日起 7 日内），事故造成的伤亡人数发生变化的，应于当日续报

考点 2　现场调查

《生产安全事故信息报告和处置办法》第 18 条规定，安全生产监督管理部门、煤矿安全监察机构接到生产安全事故报告后，应当按照下列规定派员立即赶赴事故现场：

（1）发生一般事故的，县级安全生产监督管理部门、煤矿安全监察分局负责人立即赶赴事故现场；

（2）发生较大事故的，设区的市级安全生产监督管理部门、省级煤矿安全监察局负责人应当立即赶赴事故现场；

（3）发生重大事故的，省级安全监督管理部门、省级煤矿安全监察局负责人立即赶赴事故现场；

（4）发生特别重大事故的，国家安全生产监督管理总局（应急管理部）、国家煤矿安全监察局（国家矿山安全监察局）负责人立即赶赴事故现场。

上级安全生产监督管理部门、煤矿安全监察机构认为必要的，可以派员赶赴事故现场。

考点 3　较大涉险事故的范围

《生产安全事故信息报告和处置办法》所称的较大涉险事故是指：

（1）涉险 10 人以上的事故；

（2）造成 3 人以上被困或者下落不明的事故；

（3）紧急疏散人员 500 人以上的事故；

（4）因生产安全事故对环境造成严重污染（人员密集场所、生活水源、农田、河流、水库、湖泊等）的事故；

（5）危及重要场所和设施安全（电站、重要水利设施、危化品库、油气站和车站、码头、港口、机场及其他人员密集场所等）的事故；

（6）其他较大涉险事故。

第八节　建设工程消防设计审查验收管理暂行规定

📝 考点1　有关单位的消防设计、施工质量责任与义务

序号	项目	内容
1	建设单位	《建设工程消防设计审查验收管理暂行规定》第9条规定，建设单位应当履行下列消防设计、施工质量责任和义务： （1）不得明示或者暗示设计、施工、工程监理、技术服务等单位及其从业人员违反建设工程法律法规和国家工程建设消防技术标准，降低建设工程消防设计、施工质量； （2）依法申请建设工程消防设计审查、消防验收，办理备案并接受抽查； （3）实行工程监理的建设工程，依法将消防施工质量委托监理； （4）委托具有相应资质的设计、施工、工程监理单位； （5）按照工程消防设计要求和合同约定，选用合格的消防产品和满足防火性能要求的建筑材料、建筑构配件和设备； （6）组织有关单位进行建设工程竣工验收时，对建设工程是否符合消防要求进行查验； （7）依法及时向档案管理机构移交建设工程消防有关档案
2	设计单位	《建设工程消防设计审查验收管理暂行规定》第10条规定，设计单位应当履行下列消防设计、施工质量责任和义务： （1）按照建设工程法律法规和国家工程建设消防技术标准进行设计，编制符合要求的消防设计文件，不得违反国家工程建设消防技术标准强制性条文； （2）在设计文件中选用的消防产品和具有防火性能要求的建筑材料、建筑构配件和设备，应当注明规格、性能等技术指标，符合国家规定的标准； （3）参加建设单位组织的建设工程竣工验收，对建设工程消防设计实施情况签章确认，并对建设工程消防设计质量负责
3	施工单位	《建设工程消防设计审查验收管理暂行规定》第11条规定，施工单位应当履行下列消防设计、施工质量责任和义务： （1）按照建设工程法律法规、国家工程建设消防技术标准，以及经消防设计审查合格或者满足工程需要的消防设计文件组织施工，不得擅自改变消防设计进行施工，降低消防施工质量； （2）按照消防设计要求、施工技术标准和合同约定检验消防产品和具有防火性能要求的建筑材料、建筑构配件和设备的质量，使用合格产品，保证消防施工质量； （3）参加建设单位组织的建设工程竣工验收，对建设工程消防施工质量签章确认，并对建设工程消防施工质量负责
4	工程监理单位	《建设工程消防设计审查验收管理暂行规定》第12条规定，工程监理单位应当履行下列消防设计、施工质量责任和义务： （1）按照建设工程法律法规、国家工程建设消防技术标准，以及经消防设计审查合格或者满足工程需要的消防设计文件实施工程监理； （2）在消防产品和具有防火性能要求的建筑材料、建筑构配件和设备使用、安装前，核查产品质量证明文件，不得同意使用或者安装不合格的消防产品和防火性能不符合要求的建筑材料、建筑构配件和设备； （3）参加建设单位组织的建设工程竣工验收，对建设工程消防施工质量签章确认，并对建设工程消防施工质量承担监理责任

📝 考点2　特殊建设工程的消防设计审查

一、特殊建设工程范围

《建设工程消防设计审查验收管理暂行规定》第14条规定，具有下列情形之一的建设工程是特殊建设工程：

（1）总建筑面积大于二万平方米的体育场馆、会堂，公共展览馆、博物馆的展示厅；

（2）总建筑面积大于一万五千平方米的民用机场航站楼、客运车站候车室、客运码头候船厅；

（3）总建筑面积大于一万平方米的宾馆、饭店、商场、市场；

（4）总建筑面积大于二千五百平方米的影剧院，公共图书馆的阅览室，营业性室内健身、休闲场馆，医院的门诊楼，大学的教学楼、图书馆、食堂，劳动密集型企业的生产加工车间，寺庙、教堂；

（5）总建筑面积大于一千平方米的托儿所、幼儿园的儿童用房，儿童游乐厅等室内儿童活动场所，养老院、福利院，医院、疗养院的病房楼，中小学校的教学楼、图书馆、食堂，学校的集体宿舍，劳动密集型企业的员工集体宿舍；

（6）总建筑面积大于五百平方米的歌舞厅、录像厅、放映厅、卡拉 OK 厅、夜总会、游艺厅、桑拿浴室、网吧、酒吧，具有娱乐功能的餐馆、茶馆、咖啡厅；

（7）国家工程建设消防技术标准规定的一类高层住宅建筑；

（8）城市轨道交通、隧道工程，大型发电、变配电工程；

（9）生产、储存、装卸易燃易爆危险物品的工厂、仓库和专用车站、码头，易燃易爆气体和液体的充装站、供应站、调压站；

（10）国家机关办公楼、电力调度楼、电信楼、邮政楼、防灾指挥调度楼、广播电视楼、档案楼；

（11）设有本条第1项至第6项所列情形的建设工程；

（12）本条第10项、第11项规定以外的单体建筑面积大于四万平方米或者建筑高度超过五十米的公共建筑。

二、特殊建设工程的审查及审查意见

序号	项目	内容
1	消防设计审查制度	（1）对特殊建设工程实行消防设计审查制度。 （2）特殊建设工程的建设单位应当向消防设计审查验收主管部门申请消防设计审查，消防设计审查验收主管部门依法对审查的结果负责。 （3）特殊建设工程未经消防设计审查或者审查不合格的，建设单位、施工单位不得施工
2	申请消防设计审查应提供的材料	《建设工程消防设计审查验收管理暂行规定》第16条规定，建设单位申请消防设计审查，应当提交下列材料： （1）消防设计审查申请表； （2）消防设计文件； （3）依法需要办理建设工程规划许可的，应当提交建设工程规划许可文件；

序号	项目	内容
2	申请消防设计审查应提供的材料	（4）依法需要批准的临时性建筑，应当提交批准文件。 《建设工程消防设计审查验收管理暂行规定》第17条规定，特殊建设工程具有下列情形之一的，建设单位除提交本规定第16条所列材料外，还应当同时提交特殊消防设计技术资料： （1）国家工程建设消防技术标准没有规定，必须采用国际标准或者境外工程建设消防技术标准的； （2）消防设计文件拟采用的新技术、新工艺、新材料不符合国家工程建设消防技术标准规定的。 前款所称特殊消防设计技术资料，应当包括特殊消防设计文件，设计采用的国际标准、境外工程建设消防技术标准的中文文本，以及有关的应用实例、产品说明等资料
3	审查	消防设计审查验收主管部门收到建设单位提交的消防设计审查申请后，对申请材料齐全的，应当出具受理凭证；申请材料不齐全的，应当一次性告知需要补正的全部内容
4	专家评审	（1）对具有《建设工程消防设计审查验收管理暂行规定》第17条情形之一的建设工程，消防设计审查验收主管部门应当自受理消防设计审查申请之日起五个工作日内，将申请材料报送省、自治区、直辖市人民政府住房和城乡建设主管部门组织专家评审。 （2）省、自治区、直辖市人民政府住房和城乡建设主管部门应当在收到申请材料之日起十个工作日内组织召开专家评审会，对建设单位提交的特殊消防设计技术资料进行评审
5	审查意见	（1）消防设计审查验收主管部门应当自受理消防设计审查申请之日起十五个工作日内出具书面审查意见。依照《建设工程消防设计审查验收管理暂行规定》需要组织专家评审的，专家评审时间不超过二十个工作日。 （2）《建设工程消防设计审查验收管理暂行规定》第23条规定，对符合下列条件的，消防设计审查验收主管部门应当出具消防设计审查合格意见： ①申请材料齐全、符合法定形式； ②设计单位具有相应资质； ③消防设计文件符合国家工程建设消防技术标准（具有本规定第17条情形之一的特殊建设工程，特殊消防设计技术资料通过专家评审）

📝 考点3 特殊建设工程的消防验收

序号	项目	内容
1	消防验收制度	（1）对特殊建设工程实行消防验收制度。 （2）特殊建设工程竣工验收后，建设单位应当向消防设计审查验收主管部门申请消防验收；未经消防验收或者消防验收不合格的，禁止投入使用
2	竣工验收查验要求	《建设工程消防设计审查验收管理暂行规定》第27条规定，建设单位组织竣工验收时，应当对建设工程是否符合下列要求进行查验： （1）完成工程消防设计和合同约定的消防各项内容。 （2）有完整的工程消防技术档案和施工管理资料（含涉及消防的建筑材料、建筑构配件和设备的进场试验报告）。 （3）建设单位对工程涉及消防的各分部分项工程验收合格；施工、设计、工程监理、技术服务等单位确认工程消防质量符合有关标准。 （4）消防设施性能、系统功能联调联试等内容检测合格
3	申请消防验收应当提交的材料	建设单位申请消防验收，应当提交下列材料： （1）消防验收申请表； （2）工程竣工验收报告； （3）涉及消防的建设工程竣工图纸

序号	项目	内容
4	应当出具消防验收合格意见的条件	《建设工程消防设计审查验收管理暂行规定》第30条规定，消防设计审查验收主管部门应当自受理消防验收申请之日起十五日内出具消防验收意见。对符合下列条件的，应当出具消防验收合格意见： （1）申请材料齐全、符合法定形式； （2）工程竣工验收报告内容完备； （3）涉及消防的建设工程竣工图纸与经审查合格的消防设计文件相符； （4）现场评定结论合格

考点4　其他建设工程的消防设计、备案与抽查

序号	项目	内容
1	备案	《建设工程消防设计审查验收管理暂行规定》第34条规定，其他建设工程竣工验收合格之日起五个工作日内，建设单位应当报消防设计审查验收主管部门备案。 建设单位办理备案，应当提交下列材料： （1）消防验收备案表； （2）工程竣工验收报告； （3）涉及消防的建设工程竣工图纸。 本规定第27条有关建设单位竣工验收消防查验的规定，适用于其他建设工程
2	抽查	《建设工程消防设计审查验收管理暂行规定》第36条规定，消防设计审查验收主管部门应当对备案的其他建设工程进行抽查。抽查工作推行"双随机、一公开"制度，随机抽取检查对象，随机选派检查人员。抽取比例由省、自治区、直辖市人民政府住房和城乡建设主管部门，结合辖区内消防设计、施工质量情况确定，并向社会公示。 消防设计审查验收主管部门应当自其他建设工程被确定为检查对象之日起十五个工作日内，按照建设工程消防验收有关规定完成检查，制作检查记录。检查结果应当通知建设单位，并向社会公示

第九节　高层民用建筑消防安全管理规定

考点1　消防安全职责

一、高层民用建筑

序号	项目	内容
1	业主、使用人的职责	《高层民用建筑消防安全管理规定》第4条规定，高层民用建筑的业主、使用人是高层民用建筑消防安全责任主体，对高层民用建筑的消防安全负责。高层民用建筑的业主、使用人是单位的，其法定代表人或者主要负责人是本单位的消防安全责任人。 高层民用建筑的业主、使用人可以委托物业服务企业或者消防技术服务机构等专业服务单位（以下统称消防服务单位）提供消防安全服务，并应当在服务合同中约定消防安全服务的具体内容。

续表

序号	项目	内容
1	业主、使用人的职责	《高层民用建筑消防安全管理规定》第5条规定，同一高层民用建筑有两个及以上业主、使用人的，各业主、使用人对其专有部分的消防安全负责，对共有部分的消防安全共同负责。 同一高层民用建筑有两个及以上业主、使用人的，应当共同委托物业服务企业，或者明确一个业主、使用人作为统一管理人，对共有部分的消防安全实行统一管理，协调、指导业主、使用人共同做好整栋建筑的消防安全工作，并通过书面形式约定各方消防安全责任
2	承包人、承租人、经营管理人的职责	《高层民用建筑消防安全管理规定》第6条规定，高层民用建筑以承包、租赁或者委托经营、管理等形式交由承包人、承租人、经营管理人使用的，当事人在订立承包、租赁、委托管理等合同时，应当明确各方消防安全责任。委托方、出租方依照法律规定，可以对承包方、承租方、受托方的消防安全工作统一协调、管理。 实行承包、租赁或者委托经营、管理时，业主应当提供符合消防安全要求的建筑物，督促使用人加强消防安全管理
3	消防救援机构和其他负责消防监督检查的机构的职责	《高层民用建筑消防安全管理规定》第11条规定，消防救援机构和其他负责消防监督检查的机构依法对高层民用建筑进行消防监督检查，督促业主、使用人、受委托的消防服务单位等落实消防安全责任；对监督检查中发现的火灾隐患，通知有关单位或者个人立即采取措施消除隐患。 消防救援机构应当加强高层民用建筑消防安全法律、法规的宣传，督促、指导有关单位做好高层民用建筑消防安全宣传教育工作
4	其他组织、单位的职责	《高层民用建筑消防安全管理规定》第12条规定，村民委员会、居民委员会应当依法组织制定防火安全公约，对高层民用建筑进行防火安全检查，协助人民政府和有关部门加强消防宣传教育；对老年人、未成年人、残疾人等开展有针对性的消防宣传教育，加强消防安全帮扶。 《高层民用建筑消防安全管理规定》第13条规定，供水、供电、供气、供热、通信、有线电视等专业运营单位依法对高层民用建筑内由其管理的设施设备消防安全负责，并定期进行检查和维护

二、高层公共建筑

序号	项目	内容
1	业主单位的职责	《高层民用建筑消防安全管理规定》第7条规定，高层公共建筑的业主单位、使用单位应当履行下列消防安全职责： （1）遵守消防法律、法规，建立和落实消防安全管理制度； （2）明确消防安全管理机构或者消防安全管理人员； （3）组织开展防火巡查、检查，及时消除火灾隐患； （4）确保疏散通道、安全出口、消防车通道畅通； （5）对建筑消防设施、器材定期进行检验、维修，确保完好有效； （6）组织消防宣传教育培训，制定灭火和应急疏散预案，定期组织消防演练； （7）按照规定建立专职消防队、志愿消防队（微型消防站）等消防组织； （8）法律、法规规定的其他消防安全职责
2	物业服务企业的职责	委托物业服务企业，或者明确统一管理人实施消防安全管理的，物业服务企业或者统一管理人应当按照约定履行前款规定的消防安全职责，业主单位、使用单位应当督促并配合物业服务企业或者统一管理人做好消防安全工作。 高层公共建筑的业主、使用人、物业服务企业或者统一管理人应当明确专人担任消防安全管理人，负责整栋建筑的消防安全管理工作，并在建筑显著位置公示其姓名、联系方式和消防安全管理职责

序号	项目	内容
3	消防安全管理人的职责	《高层民用建筑消防安全管理规定》第8条规定，高层公共建筑的消防安全管理人应当履行下列消防安全管理职责： （1）拟订年度消防工作计划，组织实施日常消防安全管理工作； （2）组织开展防火检查、巡查和火灾隐患整改工作； （3）组织实施对建筑共用消防设施设备的维护保养； （4）管理专职消防队、志愿消防队（微型消防站）等消防组织； （5）组织开展消防安全的宣传教育和培训； （6）组织编制灭火和应急疏散综合预案并开展演练。 高层公共建筑的消防安全管理人应当具备与其职责相适应的消防安全知识和管理能力。对建筑高度超过100米的高层公共建筑，鼓励有关单位聘用相应级别的注册消防工程师或者相关工程类中级及以上专业技术职务的人员担任消防安全管理人

三、高层住宅建筑

序号	项目	内容
1	业主单位的职责	《高层民用建筑消防安全管理规定》第9条规定，高层住宅建筑的业主、使用人应当履行下列消防安全义务： （1）遵守住宅小区防火安全公约和管理规约约定的消防安全事项； （2）按照不动产权属证书载明的用途使用建筑； （3）配合消防服务单位做好消防安全工作； （4）按照法律规定承担消防服务费用以及建筑消防设施维修、更新和改造的相关费用； （5）维护消防安全，保护消防设施，预防火灾，报告火警，成年人参加有组织的灭火工作； （6）法律、法规规定的其他消防安全义务
2	物业服务企业的职责	《高层民用建筑消防安全管理规定》第10条规定，接受委托的高层住宅建筑的物业服务企业应当依法履行下列消防安全职责： （1）落实消防安全责任，制定消防安全制度，拟订年度消防安全工作计划和组织保障方案； （2）明确具体部门或者人员负责消防安全管理工作； （3）对管理区域内的共用消防设施、器材和消防标志定期进行检测、维护保养，确保完好有效； （4）组织开展防火巡查、检查，及时消除火灾隐患； （5）保障疏散通道、安全出口、消防车通道畅通，对占用、堵塞、封闭疏散通道、安全出口、消防车通道等违规行为予以制止；制止无效的，及时报告消防救援机构等有关行政管理部门依法处理； （6）督促业主、使用人履行消防安全义务； （7）定期向所在住宅小区业主委员会和业主、使用人通报消防安全情况，提示消防安全风险； （8）组织开展经常性的消防宣传教育； （9）制定灭火和应急疏散预案，并定期组织演练； （10）法律、法规规定和合同约定的其他消防安全职责

考点2 消防安全管理

一、高层民用建筑的消防安全管理

序号	项目	内容
1	防火管理	《高层民用建筑消防安全管理规定》第15条规定，高层民用建筑的业主、使用人或者物业服务企业、统一管理人应当对动用明火作业实行严格的消防安全管理，不得在具有火灾、爆炸危险的场所使用明火；因施工等特殊情况需要进行电焊、气焊等明火作业的，应当按照规定办理动火审批手续，落实现场监护人，配备消防器材，并在建筑主入口和作业现场显著位置公告。作业人员应当依法持证上岗，严格遵守消防安全规定，清除周围及下方的易燃、可燃物，采取防火隔离措施。作业完毕后，应当进行全面检查，消除遗留火种。 《高层民用建筑消防安全管理规定》第18条规定，禁止在高层民用建筑内违反国家规定生产、储存、经营甲、乙类火灾危险性物品
2	电器设备管理	《高层民用建筑消防安全管理规定》第16条规定，高层民用建筑内电器设备的安装使用及其线路敷设、维护保养和检测应当符合消防技术标准及管理规定。 高层民用建筑业主、使用人或者消防服务单位，应当安排专业机构或者电工定期对管理区域内由其管理的电器设备及线路进行检查；对不符合安全要求的，应当及时维修、更换
3	燃气设备管理	《高层民用建筑消防安全管理规定》第17条规定，高层民用建筑内燃气用具的安装使用及其管路敷设、维护保养和检测应当符合消防技术标准及管理规定。禁止违反燃气安全使用规定，擅自安装、改装、拆除燃气设备和用具。 高层民用建筑使用燃气应当采用管道供气方式。禁止在高层民用建筑地下部分使用液化石油气
4	保温系统管理	《高层民用建筑消防安全管理规定》第19条规定，设有建筑外墙外保温系统的高层民用建筑，其管理单位应当在主入口及周边相关显著位置，设置提示性和警示性标识，标示外墙外保温材料的燃烧性能、防火要求。对高层民用建筑外墙外保温系统破损、开裂和脱落的，应当及时修复。高层民用建筑在进行外墙外保温系统施工时，建设单位应当采取必要的防火隔离以及限制住人和使用的措施，确保建筑内人员安全。 禁止使用易燃、可燃材料作为高层民用建筑外墙外保温材料。禁止在其建筑内及周边禁放区域燃放烟花爆竹；禁止在其外墙周围堆放可燃物。对于使用难燃外墙外保温材料或者采用与基层墙体、装饰层之间有空腔的建筑外墙外保温系统的高层民用建筑，禁止在其外墙动火用电
5	管道管理	《高层民用建筑消防安全管理规定》第20条规定，高层民用建筑的电缆井、管道井等竖向管井和电缆桥架应当在每层楼板处进行防火封堵，管井检查门应当采用防火门。 禁止占用电缆井、管道井，或者在电缆井、管道井等竖向管井堆放杂物
6	外墙管理	《高层民用建筑消防安全管理规定》第21条规定，高层民用建筑的户外广告牌、外装饰不得采用易燃、可燃材料，不得妨碍防烟排烟、逃生和灭火救援，不得改变或者破坏建筑立面防火结构。 禁止在高层民用建筑外窗设置影响逃生和灭火救援的障碍物。 建筑高度超过50米的高层民用建筑外墙上设置的装饰、广告牌应当采用不燃材料并易于破拆
7	库房管理	《高层民用建筑消防安全管理规定》第24条规定，除为满足高层民用建筑的使用功能所设置的自用物品暂存库房、档案室和资料室等附属库房外，禁止在高层民用建筑内设置其他库房。 高层民用建筑的附属库房应当采取相应的防火分隔措施，严格遵守有关消防安全管理规定

序号	项目	内容
8	设备用房管理	《高层民用建筑消防安全管理规定》第25条规定，高层民用建筑内的锅炉房、变配电室、空调机房、自备发电机房、储油间、消防水泵房、消防水箱间、防排烟风机房等设备用房应当按照消防技术标准设置，确定为消防安全重点部位，设置明显的防火标志，实行严格管理，并不得占用和堆放杂物
9	避难层（间）的管理	《高层民用建筑消防安全管理规定》第29条规定，高层民用建筑内应当在显著位置设置标识，指示避难层（间）的位置。 禁止占用高层民用建筑避难层（间）和避难走道或者堆放杂物，禁止锁闭避难层（间）和避难走道出入口
10	逃生疏散设施器材的管理	《高层民用建筑消防安全管理规定》第30条规定，高层住宅建筑应当在公共区域的显著位置摆放灭火器材，有条件的配置自救呼吸器、逃生绳、救援哨、疏散用手电筒等逃生疏散设施器材。 鼓励高层住宅建筑的居民家庭制定火灾疏散逃生计划，并配置必要的灭火和逃生疏散器材
11	消防警示标志的管理	《高层民用建筑消防安全管理规定》第31条规定，高层民用建筑的消防车通道、消防车登高操作场地、灭火救援窗、灭火救援破拆口、消防车取水口、室外消火栓、消防水泵接合器、常闭式防火门等应当设置明显的提示性、警示性标识。消防车通道、消防车登高操作场地、防火卷帘下方还应当在地面标识出禁止占用的区域范围。消火栓箱、灭火器箱上应当张贴使用方法的标识。 高层民用建筑的消防设施配电柜电源开关、消防设备用房内管道阀门等应当标识开、关状态；对需要保持常开或者常闭状态的阀门，应当采取铅封等限位措施
12	维护保养检测	《高层民用建筑消防安全管理规定》第32条规定，不具备自主维护保养检测能力的高层民用建筑业主、使用人或者物业服务企业应当聘请具备从业条件的消防技术服务机构或者消防设施施工安装企业对建筑消防设施进行维护保养和检测；存在故障、缺损，应当立即组织维修、更换，确保完好有效。 因维修等需要停用建筑消防设施的，高层民用建筑的管理单位应当严格履行内部审批手续，制定应急方案，落实防范措施，并在建筑入口处等显著位置公告。 《高层民用建筑消防安全管理规定》第33条规定，高层住宅建筑的消防设施日常运行、维护和维修、更新、改造费用，由业主依照法律规定承担；委托消防服务单位的，消防设施的日常运行、维护和检测费用应当纳入物业服务或者消防技术服务专项费用。共用消防设施的维修、更新、改造费用，可以依法从住宅专项维修资金列支
13	消防安全评估	《高层民用建筑消防安全管理规定》第39条规定，高层民用建筑的业主、使用人或者消防服务单位、统一管理人应当每年至少组织开展一次整栋建筑的消防安全评估。消防安全评估报告应当包括存在的消防安全问题、火灾隐患以及改进措施等内容

二、高层公共建筑的消防安全管理

（1）高层公共建筑内的商场、公共娱乐场所不得在营业期间动火施工。高层公共建筑内应当确定禁火禁烟区域，并设置明显标志。

（2）高层公共建筑内餐饮场所的经营单位应当及时对厨房灶具和排油烟罩设施进行清洗，排油烟管道每季度至少进行一次检查、清洗。

（3）高层公共建筑内有关单位、高层住宅建筑所在社区居民委员会或者物业服务企业按照规定建立的专职消防队、志愿消防队（微型消防站）等消防组织，应当配备必要的人员、场所和器材、装备，定期进行消防技能培训和演练，开展防火巡查、消防宣传，及时处置、扑救初起火灾。

（4）高层公共建筑的业主、使用人应当按照国家标准、行业标准配备灭火器材以及自救呼吸器、逃生缓降器、逃生绳等逃生疏散设施器材。

三、防火巡查

序号	项目	内容
1	高层民用建筑的防火巡查	《高层民用建筑消防安全管理规定》第 34 条规定，高层民用建筑应当进行每日防火巡查，并填写巡查记录。其中，高层公共建筑内公众聚集场所在营业期间应当至少每 2 小时进行一次防火巡查，医院、养老院、寄宿制学校、幼儿园应当进行白天和夜间防火巡查，高层住宅建筑和高层公共建筑内的其他场所可以结合实际确定防火巡查的频次。 防火巡查应当包括下列内容： （1）用火、用电、用气有无违章情况； （2）安全出口、疏散通道、消防车通道畅通情况； （3）消防设施、器材完好情况，常闭式防火门关闭情况； （4）消防安全重点部位人员在岗在位等情况
2	高层住宅建筑的防火巡查	《高层民用建筑消防安全管理规定》第 35 条规定，高层住宅建筑应当每月至少开展一次防火检查，高层公共建筑应当每半个月至少开展一次防火检查，并填写检查记录。 防火检查应当包括下列内容： （1）安全出口和疏散设施情况； （2）消防车通道、消防车登高操作场地和消防水源情况； （3）灭火器材配置及有效情况； （4）用火、用电、用气和危险品管理制度落实情况； （5）消防控制室值班和消防设施运行情况； （6）人员教育培训情况； （7）重点部位管理情况； （8）火灾隐患整改以及防范措施的落实等情况

📝 考点3　消防宣传教育和灭火疏散预案

序号	项目	内容
1	消防安全教育培训	《高层民用建筑消防安全管理规定》第 41 条规定，高层公共建筑内的单位应当每半年至少对员工开展一次消防安全教育培训。 高层公共建筑内的单位应当对本单位员工进行上岗前消防安全培训，并对消防安全管理人员、消防控制室值班人员和操作人员、电工、保安员等重点岗位人员组织专门培训。 高层住宅建筑的物业服务企业应当每年至少对居住人员进行一次消防安全教育培训，进行一次疏散演练
2	安全疏散示意图	《高层民用建筑消防安全管理规定》第 42 条规定，高层民用建筑应当在每层的显著位置张贴安全疏散示意图，公共区域电子显示屏应当播放消防安全提示和消防安全知识。 高层公共建筑除遵守本条第一款规定外，还应当在首层显著位置提示公众注意火灾危险，以及安全出口、疏散通道和灭火器材的位置。 高层住宅小区除遵守本条第一款规定外，还应当在显著位置设置消防安全宣传栏，在高层住宅建筑单元入口处提示安全用火、用电、用气，以及电动自行车存放、充电等消防安全常识

续表

序号	项目	内容
3	应急疏散预案的编制	《高层民用建筑消防安全管理规定》第43条规定，高层民用建筑应当结合场所特点，分级分类编制灭火和应急疏散预案。 规模较大或者功能业态复杂，且有两个及以上业主、使用人或者多个职能部门的高层公共建筑，有关单位应当编制灭火和应急疏散总预案，各单位或者职能部门应当根据场所、功能分区、岗位实际编制专项灭火和应急疏散预案或者现场处置方案（以下统称分预案）。 灭火和应急疏散预案应当明确应急组织机构，确定承担通信联络、灭火、疏散和救护任务的人员及其职责，明确报警、联络、灭火、疏散等处置程序和措施
4	应急疏散预案的演练	《高层民用建筑消防安全管理规定》第44条规定，高层民用建筑的业主、使用人、受委托的消防服务单位应当结合实际，按照灭火和应急疏散总预案和分预案分别组织实施消防演练。 高层民用建筑应当每年至少进行一次全要素综合演练，建筑高度超过100米的高层公共建筑应当每半年至少进行一次全要素综合演练。编制分预案的，有关单位和职能部门应当每季度至少进行一次综合演练或者专项灭火、疏散演练。 演练前，有关单位应当告知演练范围内的人员并进行公告；演练时，应当设置明显标识；演练结束后，应当进行总结评估，并及时对预案进行修订和完善

考点4 违反《高层民用建筑消防安全管理规定》应负的法律责任

《高层民用建筑消防安全管理规定》第47条规定，违反本规定，有下列行为之一的，由消防救援机构责令改正，对经营性单位和个人处2000元以上10000元以下罚款，对非经营性单位和个人处500元以上1000元以下罚款：

（1）在高层民用建筑内进行电焊、气焊等明火作业，未履行动火审批手续、进行公告，或者未落实消防现场监护措施的；

（2）高层民用建筑设置的户外广告牌、外装饰妨碍防烟排烟、逃生和灭火救援，或者改变、破坏建筑立面防火结构的；

（3）未设置外墙外保温材料提示性和警示性标识，或者未及时修复破损、开裂和脱落的外墙外保温系统的；

（4）未按照规定落实消防控制室值班制度，或者安排不具备相应条件的人员值班的；

（5）未按照规定建立专职消防队、志愿消防队等消防组织的；

（6）因维修等需要停用建筑消防设施未进行公告、未制定应急预案或者未落实防范措施的；

（7）在高层民用建筑的公共门厅、疏散走道、楼梯间、安全出口停放电动自行车或者为电动自行车充电，拒不改正的。

第十节 工贸企业粉尘防爆安全规定

考点1 安全生产保障

一、企业主体责任

《工贸企业粉尘防爆安全规定》第6条规定，粉尘涉爆企业主要负责人是粉尘防爆安全工作的第一责任人，其他负责人在各自职责范围内对粉尘防爆安全工作负责。

粉尘涉爆企业应当在本单位安全生产责任制中明确主要负责人、相关部门负责人、生产车间负责人及粉尘作业岗位人员粉尘防爆安全职责。

二、基础管理

序号	项目	内容
1	安全管理制度	《工贸企业粉尘防爆安全规定》第 7 条规定，粉尘涉爆企业应当结合企业实际情况建立和落实粉尘防爆安全管理制度。粉尘防爆安全管理制度应当包括下列内容： （1）粉尘爆炸风险辨识评估和管控； （2）粉尘爆炸事故隐患排查治理； （3）粉尘作业岗位安全操作规程； （4）粉尘防爆专项安全生产教育和培训； （5）粉尘清理和处置； （6）除尘系统和相关安全设施设备运行、维护及检修、维修管理； （7）粉尘爆炸事故应急处置和救援
2	教育培训	《工贸企业粉尘防爆安全规定》第 8 条规定，粉尘涉爆企业应当组织对涉及粉尘防爆的生产、设备、安全管理等有关负责人和粉尘作业岗位等相关从业人员进行粉尘防爆专项安全生产教育和培训，使其了解作业场所和工作岗位存在的爆炸风险，掌握粉尘爆炸事故防范和应急措施；未经教育培训合格的，不得上岗作业。 粉尘涉爆企业应当如实记录粉尘防爆专项安全生产教育和培训的时间、内容及考核等情况，纳入员工教育和培训档案
3	劳动防护用品	《工贸企业粉尘防爆安全规定》第 9 条规定，粉尘涉爆企业应当为粉尘作业岗位从业人员提供符合国家标准或者行业标准的劳动防护用品，并监督、教育从业人员按照使用规则佩戴、使用
4	应急救援预案及演练	《工贸企业粉尘防爆安全规定》第 10 条规定，粉尘涉爆企业应当制定有关粉尘爆炸事故应急救援预案，并依法定期组织演练。发生火灾或者粉尘爆炸事故后，粉尘涉爆企业应当立即启动应急响应并撤离疏散全部作业人员至安全场所，不得采用可能引起扬尘的应急处置措施
5	风险辨识和隐患排查	《工贸企业粉尘防爆安全规定》第 11 条规定，粉尘涉爆企业应当定期辨识粉尘云、点燃源等粉尘爆炸危险因素，确定粉尘爆炸危险场所的位置、范围，并根据粉尘爆炸特性和涉粉作业人数等关键要素，评估确定有关危险场所安全风险等级，制定并落实管控措施，明确责任部门和责任人员，建立安全风险清单，及时维护安全风险辨识、评估、管控过程的信息档案。 粉尘涉爆企业应当在粉尘爆炸较大危险因素的工艺、场所、设施设备和岗位，设置安全警示标志。 涉及粉尘爆炸危险的工艺、场所、设施设备等发生变更的，粉尘涉爆企业应当重新进行安全风险辨识评估。 《工贸企业粉尘防爆安全规定》第 12 条规定，粉尘涉爆企业应当根据《粉尘防爆安全规程》等有关国家标准或者行业标准，结合粉尘爆炸风险管控措施，建立事故隐患排查清单，明确和细化排查事项、具体内容、排查周期及责任人员，及时组织开展事故隐患排查治理，如实记录隐患排查治理情况，并向从业人员通报。 构成工贸行业重大事故隐患判定标准规定的重大事故隐患的，应当按照有关规定制定治理方案，落实措施、责任、资金、时限和应急预案，及时消除事故隐患
6	安全设施"三同时"	《工贸企业粉尘防爆安全规定》第 13 条规定，粉尘涉爆企业新建、改建、扩建涉及粉尘爆炸危险的工程项目安全设施的设计、施工应当按照《粉尘防爆安全规程》等有关国家标准或者行业标准，在安全设施设计文件、施工方案中明确粉尘防爆的相关内容。 设计单位应当对安全设施粉尘防爆相关的设计负责，施工单位应当按照设计进行施工，并对施工质量负责

三、现场管理

序号	项目	内容
1	结构布局与安全距离	《工贸企业粉尘防爆安全规定》第14条规定，粉尘涉爆企业存在粉尘爆炸危险场所的建（构）筑物的结构和布局应当符合《粉尘防爆安全规程》等有关国家标准或者行业标准要求，采取防火防爆、防雷等措施，单层厂房屋顶一般应当采用轻型结构，多层厂房应当为框架结构，并设置符合有关标准要求的泄压面积。 粉尘涉爆企业应当严格控制粉尘爆炸危险场所内作业人员数量，在粉尘爆炸危险场所内不得设置员工宿舍、休息室、办公室、会议室等，粉尘爆炸危险场所与其他厂房、仓库、民用建筑的防火间距应当符合《建筑设计防火规范》的规定
2	除尘系统防爆措施	《工贸企业粉尘防爆安全规定》第15条规定，粉尘涉爆企业应当按照《粉尘防爆安全规程》等有关国家标准或者行业标准规定，将粉尘爆炸危险场所除尘系统按照不同工艺分区域相对独立设置，可燃性粉尘不得与可燃气体等易加剧爆炸危险的介质共用一套除尘系统，不同防火分区的除尘系统禁止互联互通。存在粉尘爆炸危险的工艺设备应当采用泄爆、隔爆、惰化、抑爆、抗爆等一种或者多种控爆措施，但不得单独采取隔爆措施。禁止采用粉尘沉降室除尘或者采用巷道式构筑物作为除尘风道。铝镁等金属粉尘应当采用负压方式除尘，其他粉尘受工艺条件限制，采用正压方式吹送时，应当采取可靠的防范点燃源的措施
3	安全设备	《工贸企业粉尘防爆安全规定》第17条规定，粉尘防爆相关的泄爆、隔爆、抑爆、惰化、锁气卸灰、除杂、监测、报警、火花探测消除等安全设备的设计、制造、安装、使用、检测、维修、改造和报废，应当符合《粉尘防爆安全规程》等有关国家标准或者行业标准，相关设计、制造、安装单位应当提供相关设备安全性能和使用说明等资料，对安全设备的安全性能负责。 粉尘涉爆企业应当对粉尘防爆安全设备进行经常性维护、保养，并按照《粉尘防爆安全规程》等有关国家标准或者行业标准定期检测或者检查，保证正常运行，做好相关记录，不得关闭、破坏直接关系粉尘防爆安全的监控、报警、防控等设备、设施，或者篡改、隐瞒、销毁其相关数据、信息。粉尘涉爆企业应当规范选用与爆炸危险区域相适应的防爆型电气设备
4	粉尘清理处置	《工贸企业粉尘防爆安全规定》第18条规定，铝镁等金属粉尘和镁合金废屑的收集、贮存等处置环节，应当避免粉尘废屑大量堆积或者装袋后多层堆垛码放；需要临时存放的，应当设置相对独立的暂存场所，远离作业现场等人员密集场所，并采取防水防潮、通风、氢气监测等必要的防火防爆措施。含水镁合金废屑应当优先采用机械压块处理方式，镁合金粉尘应当优先采用大量水浸泡方式暂存
5	检修维修	《工贸企业粉尘防爆安全规定》第19条规定，粉尘涉爆企业对粉尘爆炸危险场所设施设备或者除尘系统的检修维修作业，应当实行专项作业审批。作业前，应当制定专项方案；对存在粉尘沉积的除尘器、管道等设施设备进行动火作业前，应当清理干净内部积尘和作业区域的可燃性粉尘。作业时，生产设备应当处于停止运行状态，检修维修工具应当采用防止产生火花的防爆工具。作业后，应当妥善清理现场，作业点最高温度恢复到常温后方可重新开始生产
6	外包作业	《工贸企业粉尘防爆安全规定》第20条规定，粉尘涉爆企业应当做好粉尘爆炸危险场所设施设备的维护保养，加强对检修承包单位的安全管理，在承包协议中明确规定双方的安全生产权利义务，对检修承包单位的检修方案中涉及粉尘防爆的安全措施和应急处置措施进行审核，并监督承包单位落实。 《工贸企业粉尘防爆安全规定》第21条规定，安全生产技术服务机构为粉尘涉爆企业提供粉尘防爆相关的安全评价、检测、检验、风险评估、隐患排查等安全生产技术服务，应当按照法律、法规、规章和《粉尘防爆安全规程》等有关国家标准或者行业标准开展工作，保证其出具的报告和作出的结果真实、准确、完整，不得弄虚作假

考点 2 监督检查

序号	项目	内容
1	重点检查	《工贸企业粉尘防爆安全规定》第 23 条规定，负责粉尘涉爆企业安全监管的部门对企业实施监督检查时，应当重点检查下列内容： （1）粉尘防爆安全生产责任制和相关安全管理制度的建立、落实情况； （2）粉尘爆炸风险清单和辨识管控信息档案； （3）粉尘爆炸事故隐患排查治理台账； （4）粉尘清理和处置记录； （5）粉尘防爆专项安全生产教育和培训记录； （6）粉尘爆炸危险场所检修、维修、动火等作业安全管理情况； （7）安全设备定期维护保养、检测或者检查等情况； （8）涉及粉尘爆炸危险的安全设施与主体工程同时设计、同时施工、同时投入生产和使用情况； （9）应急预案的制定、演练情况
2	委托技术服务	《工贸企业粉尘防爆安全规定》第 25 条规定，负责粉尘涉爆企业安全监管的部门可以根据需要，委托安全生产技术服务机构提供安全评价、检测、检验、隐患排查等技术服务，并承担相关费用。安全生产技术服务机构对其出具的有关报告和作出的结果负责。 安全生产技术服务机构出具的有关报告或者作出的结果可以作为行政执法的依据之一。 粉尘涉爆企业不得拒绝、阻挠负责粉尘涉爆企业安全监管的部门委托的安全生产技术服务机构开展技术服务工作
3	执法能力	《工贸企业粉尘防爆安全规定》第 26 条规定，负责粉尘涉爆企业安全监管的部门应当加强对监督检查人员的粉尘防爆专业知识培训，使其了解相关法律、法规和标准要求，掌握执法检查重点事项和重大事故隐患判定标准，提高其行政执法能力

考点 3 违反《工贸企业粉尘防爆安全规定》应负的法律责任

序号	项目	内容
1	粉尘涉爆企业及其主管人员的法律责任	《工贸企业粉尘防爆安全规定》第 27 条规定，粉尘涉爆企业有下列行为之一的，由负责粉尘涉爆企业安全监管的部门依照《安全生产法》有关规定，责令限期改正，处 5 万元以下的罚款；逾期未改正的，处 5 万元以上 20 万元以下的罚款，对其直接负责的主管人员和其他直接责任人员处 1 万元以上 2 万元以下的罚款；情节严重的，责令停产停业整顿；构成犯罪的，依照刑法有关规定追究刑事责任： （1）未在产生、输送、收集、贮存可燃性粉尘，并且有较大危险因素的场所、设施和设备上设置明显的安全警示标志的； （2）粉尘防爆安全设备的安装、使用、检测、改造和报废不符合国家标准或者行业标准的； （3）未对粉尘防爆安全设备进行经常性维护、保养和定期检测或者检查的； （4）未为粉尘作业岗位相关从业人员提供符合国家标准或者行业标准的劳动防护用品的； （5）关闭、破坏直接关系粉尘防爆安全的监控、报警、防控等设备、设施，或者篡改、隐瞒、销毁其相关数据、信息的。 《工贸企业粉尘防爆安全规定》第 28 条规定，粉尘涉爆企业有下列行为之一的，由负责粉尘涉爆企业安全监管的部门依照《安全生产法》有关规定，责令限期改正，处 10 万

续表

序号	项目	内容
1	粉尘涉爆企业及其主管人员的法律责任	元以下的罚款；逾期未改正的，责令停产停业整顿，并处 10 万元以上 20 万元以下的罚款，对其直接负责的主管人员和其他直接责任人员处 2 万元以上 5 万元以下的罚款： （1）未按照规定对有关负责人和粉尘作业岗位相关从业人员进行粉尘防爆专项安全生产教育和培训，或者未如实记录专项安全生产教育和培训情况的； （2）未如实记录粉尘防爆隐患排查治理情况或者未向从业人员通报的； （3）未制定有关粉尘爆炸事故应急救援预案或者未定期组织演练的
2	安全生产技术服务机构及其直接责任人员的法律责任	《工贸企业粉尘防爆安全规定》第 31 条规定，安全生产技术服务机构接受委托开展技术服务工作，出具失实报告的，依照《安全生产法》有关规定，责令停业整顿，并处 3 万元以上 10 万元以下的罚款；给他人造成损害的，依法承担赔偿责任。 安全生产技术服务机构接受委托开展技术服务工作，出具虚假报告的，依照《安全生产法》有关规定，没收违法所得；违法所得在 10 万元以上的，并处违法所得 2 倍以上 5 倍以下的罚款；没有违法所得或者违法所得不足 10 万元的，单处或者并处 10 万元以上 20 万元以下的罚款；对其直接负责的主管人员和其他直接责任人员处 5 万元以上 10 万元以下的罚款；给他人造成损害的，与粉尘涉爆企业承担连带赔偿责任；构成犯罪的，依照刑法有关规定追究刑事责任。 对有前款违法行为的安全生产技术服务机构及其直接责任人员，吊销其相应资质和资格，5 年内不得从事安全评价、认证、检测、检验等工作，情节严重的，实行终身行业和职业禁入

第十一节　建设项目安全设施"三同时"监督管理办法

考点 1　建设项目安全预评价

序号	项目	内容
1	进行安全预评价的范围	《建设项目安全设施"三同时"监督管理办法》第 7 条规定，下列建设项目在进行可行性研究时，生产经营单位应当按照国家规定，进行安全预评价： （1）非煤矿矿山建设项目； （2）生产、储存危险化学品（包括使用长输管道输送危险化学品，下同）的建设项目； （3）生产、储存烟花爆竹的建设项目； （4）金属冶炼建设项目； （5）使用危险化学品从事生产并且使用量达到规定数量的化工建设项目（属于危险化学品生产的除外，下同）； （6）法律、行政法规和国务院规定的其他建设项目
2	预评价要求	《建设项目安全设施"三同时"监督管理办法》第 8 条规定，生产经营单位应当委托具有相应资质的安全评价机构，对其建设项目进行安全预评价，并编制安全预评价报告。 建设项目安全预评价报告应当符合国家标准或者行业标准的规定。 生产、储存危险化学品的建设项目和化工建设项目安全预评价报告除符合本条第二款的规定外，还应当符合有关危险化学品建设项目的规定

考点 2 建设项目安全设施设计审查

一、建设项目安全设施设计

序号	项目	内容
1	编制安全设施设计	（1）生产经营单位在建设项目初步设计时，应当委托有相应资质的设计单位对建设项目安全设施同时进行设计，编制安全设施设计。 （2）安全设施设计必须符合有关法律、法规、规章和国家标准或者行业标准、技术规范的规定，并尽可能采用先进适用的工艺、技术和可靠的设备、设施。《建设项目安全设施"三同时"监督管理办法》第 7 条规定的建设项目安全设施设计还应当充分考虑建设项目安全预评价报告提出的安全对策措施。 （3）安全设施设计单位、设计人应当对其编制的设计文件负责
2	建设项目安全设施设计的内容	建设项目安全设施设计应当包括下列内容： （1）设计依据； （2）建设项目概述； （3）建设项目潜在的危险、有害因素和危险、有害程度及周边环境安全分析； （4）建筑及场地布置； （5）重大危险源分析及检测监控； （6）安全设施设计采取的防范措施； （7）安全生产管理机构设置或者安全生产管理人员配备要求； （8）从业人员安全生产教育和培训要求； （9）工艺、技术和设备、设施的先进性和可靠性分析； （10）安全设施专项投资概算； （11）安全预评价报告中的安全对策及建议采纳情况； （12）预期效果以及存在的问题与建议； （13）可能出现的事故预防及应急救援措施； （14）法律、法规、规章、标准规定需要说明的其他事项

二、高危建设项目安全设施设计审查

序号	项目	内容
1	提交文件资料	非煤矿矿山建设项目，生产、储存危险化学品（包括使用长输管道输送危险化学品，下同）的建设项目，生产、储存烟花爆竹的建设项目，金属冶炼建设项目，安全设施设计完成后，生产经营单位应当按照规定向安全生产监督管理部门提出审查申请，并提交下列文件资料： （1）建设项目审批、核准或者备案的文件； （2）建设项目安全设施设计审查申请； （3）设计单位的设计资质证明文件； （4）建设项目安全设施设计； （5）建设项目安全预评价报告及相关文件资料； （6）法律、行政法规、规章规定的其他文件资料
2	受理	安全生产监督管理部门收到申请后，对属于本部门职责范围内的，应当及时进行审查，并在收到申请后 5 个工作日内作出受理或者不予受理的决定，书面告知申请人；对不属于本部门职责范围内的，应当将有关文件资料转送有审查权的安全生产监督管理部门，并书面告知申请人

序号	项目	内容
3	决定	对已经受理的建设项目安全设施设计审查申请，安全生产监督管理部门应当自受理之日起 20 个工作日内作出是否批准的决定，并书面告知申请人。20 个工作日内不能作出决定的，经本部门负责人批准，可以延长 10 个工作日，并应当将延长期限的理由书面告知申请人

三、不得开工建设的情形与安全设施设计的变更

序号	项目	内容
1	不得开工建设的情形	《建设项目安全设施"三同时"监督管理办法》第 14 条规定，建设项目安全设施设计有下列情形之一的，不予批准，并不得开工建设： （1）无建设项目审批、核准或者备案文件的； （2）未委托具有相应资质的设计单位进行设计的； （3）安全预评价报告由未取得相应资质的安全评价机构编制的； （4）设计内容不符合有关安全生产的法律、法规、规章和国家标准或者行业标准、技术规范的规定的； （5）未采纳安全预评价报告中的安全对策和建议，且未作充分论证说明的； （6）不符合法律、行政法规规定的其他条件的。 建设项目安全设施设计审查未予批准的，生产经营单位经过整改后可以向原审查部门申请再审
2	安全设施设计的变更	《建设项目安全设施"三同时"监督管理办法》第 15 条规定，已经批准的建设项目及其安全设施设计有下列情形之一的，生产经营单位应当报原批准部门审查同意；未经审查同意的，不得开工建设： （1）建设项目的规模、生产工艺、原料、设备发生重大变更的； （2）改变安全设施设计且可能降低安全性能的； （3）在施工期间重新设计的

考点3　建设项目安全设施施工和竣工验收

一、建设项目安全设施施工、监理与试运行

序号	项目	内容
1	施工	（1）建设项目安全设施的施工应当由取得相应资质的施工单位进行，并与建设项目主体工程同时施工。 （2）施工单位应当在施工组织设计中编制安全技术措施和施工现场临时用电方案，同时对危险性较大的分部分项工程依法编制专项施工方案，并附具安全验算结果，经施工单位技术负责人、总监理工程师签字后实施。 （3）施工单位应当严格按照安全设施设计和相关施工技术标准、规范施工，并对安全设施的工程质量负责。 （4）施工单位发现安全设施设计文件有错漏的，应当及时向生产经营单位、设计单位提出。生产经营单位、设计单位应当及时处理。 （5）施工单位发现安全设施存在重大事故隐患时，应当立即停止施工并报告生产经营单位进行整改。整改合格后，方可恢复施工

序号	项目	内容
2	监理	（1）工程监理单位应当审查施工组织设计中的安全技术措施或者专项施工方案是否符合工程建设强制性标准。 （2）工程监理单位在实施监理过程中，发现存在事故隐患的，应当要求施工单位整改；情况严重的，应当要求施工单位暂时停止施工，并及时报告生产经营单位。施工单位拒不整改或者不停止施工的，工程监理单位应当及时向有关主管部门报告。 （3）工程监理单位、监理人员应当按照法律、法规和工程建设强制性标准实施监理，并对安全设施工程的工程质量承担监理责任
3	试运行	《建设项目安全设施"三同时"监督管理办法》第7条规定的建设项目竣工后，根据规定建设项目需要试运行（包括生产、使用，下同）的，应当在正式投入生产或者使用前进行试运行。 试运行时间应当不少于30日，最长不得超过180日，国家有关部门有规定或者特殊要求的行业除外。 生产、储存危险化学品的建设项目和化工建设项目，应当在建设项目试运行前将试运行方案报负责建设项目安全许可的安全生产监督管理部门备案

二、建设单位不得通过竣工验收的情形

《建设项目安全设施"三同时"监督管理办法》第24条规定，建设项目的安全设施有下列情形之一的，建设单位不得通过竣工验收，并不得投入生产或者使用：

（1）未选择具有相应资质的施工单位施工的；

（2）未按照建设项目安全设施设计文件施工或者施工质量未达到建设项目安全设施设计文件要求的；

（3）建设项目安全设施的施工不符合国家有关施工技术标准的；

（4）未选择具有相应资质的安全评价机构进行安全验收评价或者安全验收评价不合格的；

（5）安全设施和安全生产条件不符合有关安全生产法律、法规、规章和国家标准或者行业标准、技术规范规定的；

（6）发现建设项目试运行期间存在事故隐患未整改的；

（7）未依法设置安全生产管理机构或者配备安全生产管理人员的；

（8）从业人员未经过安全生产教育和培训或者不具备相应资格的；

（9）不符合法律、行政法规规定的其他条件的。

考点4　建设项目违反"三同时"管理的法律责任

序号	项目	内容
1	高危建设项目违反"三同时"管理的责任	《建设项目安全设施"三同时"监督管理办法》第28条规定，生产经营单位对本办法第7条第（1）项、第（2）项、第（3）项和第（4）项规定的建设项目有下列情形之一的，责令停止建设或者停产停业整顿，限期改正；逾期未改正的，处50万元以上100万元以下的罚款，对其直接负责的主管人员和其他直接责任人员处2万元以上5万元以下的罚款；构成犯罪的，依照刑法有关规定追究刑事责任： （1）未按照本办法规定对建设项目进行安全评价的；

序号	项目	内容
1	高危建设项目违反"三同时"管理的责任	（2）没有安全设施设计或者安全设施设计未按照规定报经安全生产监督管理部门审查同意，擅自开工的； （3）施工单位未按照批准的安全设施设计施工的； （4）投入生产或者使用前，安全设施未经验收合格的
2	已经批准的建设项目安全设施设计发生重大变更	《建设项目安全设施"三同时"监督管理办法》第29条规定，已经批准的建设项目安全设施设计发生重大变更，生产经营单位未报原批准部门审查同意擅自开工建设的，责令限期改正，可以并处1万元以上3万元以下的罚款
3	其他建设项目违反"三同时"管理的责任	《建设项目安全设施"三同时"监督管理办法》第30条规定，本办法第7条第（1）项、第（2）项、第（3）项和第（4）项规定以外的建设项目有下列情形之一的，对有关生产经营单位责令限期改正，可以并处5000元以上3万元以下的罚款： （1）没有安全设施设计的； （2）安全设施设计未组织审查，并形成书面审查报告的； （3）施工单位未按照安全设施设计施工的； （4）投入生产或者使用前，安全设施未经竣工验收合格，并形成书面报告的
4	安全评价的机构弄虚作假、出具虚假报告	《建设项目安全设施"三同时"监督管理办法》第31条规定，承担建设项目安全评价的机构弄虚作假、出具虚假报告，尚未构成犯罪的，没收违法所得，违法所得在10万元以上的，并处违法所得二倍以上五倍以下的罚款；没有违法所得或者违法所得不足10万元的，单处或者并处10万元以上20万元以下的罚款，对其直接负责的主管人员和其他直接责任人员处2万元以上5万元以下的罚款；给他人造成损害的，与生产经营单位承担连带赔偿责任。对有前款违法行为的机构，吊销其相应资质

第十二节　煤矿企业安全生产许可证实施办法

📝 考点1　安全生产条件

序号	项目	内容
1	煤矿企业取得安全生产许可证的基本条件	《煤矿企业安全生产许可证实施办法》第6条规定，煤矿企业取得安全生产许可证，应当具备下列安全生产条件： （1）建立健全主要负责人、分管负责人、安全生产管理人员、职能部门、岗位安全生产责任制；制定安全目标管理、安全奖惩、安全技术审批、事故隐患排查治理、安全检查、安全办公会议、地质灾害普查、井下劳动组织定员、矿领导带班下井、井工煤矿入井检身与出入井人员清点等安全生产规章制度和各工种操作规程。 （2）安全投入满足安全生产要求，并按照有关规定足额提取和使用安全生产费用。 （3）设置安全生产管理机构，配备专职安全生产管理人员；煤与瓦斯突出矿井、水文地质类型复杂矿井还应设置专门的防治煤与瓦斯突出管理机构和防治水管理机构。 （4）主要负责人和安全生产管理人员的安全生产知识和管理能力经考核合格。 （5）参加工伤保险，为从业人员缴纳工伤保险费。 （6）制定重大危险源检测、评估和监控措施。 （7）制定应急救援预案，并按照规定设立矿山救护队，配备救援装备；不具备单独设立矿山救护队条件的煤矿企业，所属煤矿应当设立兼职救护队，并与邻近的救护队签订救护协议。

续表

序号	项目	内容
1	煤矿企业取得安全生产许可证的基本条件	（8）制定特种作业人员培训计划、从业人员培训计划、职业危害防治计划。 （9）法律、行政法规规定的其他条件
2	煤矿安全生产条件	《煤矿企业安全生产许可证实施办法》第7条规定，煤矿除符合本实施办法第6条规定的条件外，还必须符合下列条件： （1）特种作业人员经有关业务主管部门考核合格，取得特种作业操作资格证书； （2）从业人员进行安全生产教育培训，并经考试合格； （3）制定职业危害防治措施、综合防尘措施，建立粉尘检测制度，为从业人员配备符合国家标准或者行业标准的劳动防护用品； （4）依法进行安全评价； （5）制定矿井灾害预防和处理计划； （6）依法取得采矿许可证，并在有效期内
3	井工煤矿安全设施、设备、工艺条件	《煤矿企业安全生产许可证实施办法》第8条规定，井工煤矿除符合本实施办法第6条、第7条规定的条件外，其安全设施、设备、工艺还必须符合下列条件： （1）矿井至少有2个能行人的通达地面的安全出口，各个出口之间的距离不得小于30米；井下每一个水平到上一个水平和各采（盘）区至少有两个便于行人的安全出口，并与通达地面的安全出口相连接；采煤工作面有两个畅通的安全出口，一个通到进风巷道，另一个通到回风巷道。在用巷道净断面满足行人、运输、通风和安全设施及设备安装、检修、施工的需要。 （2）按规定进行瓦斯等级、煤层自燃倾向性和煤尘爆炸危险性鉴定。 （3）矿井有完善的独立通风系统。矿井、采区和采掘工作面的供风能力满足安全生产要求，矿井使用安装在地面的矿用主要通风机进行通风，并有同等能力的备用主要通风机，主要通风机按规定进行性能检测；生产水平和采区实行分区通风；高瓦斯和煤与瓦斯突出矿井、开采容易自燃煤层的矿井、煤层群联合布置矿井的每个采区设置专用回风巷，掘进工作面使用专用局部通风机进行通风，矿井有反风设施。 （4）矿井有安全监控系统，传感器的设置、报警和断电符合规定，有瓦斯检查制度和矿长、技术负责人瓦斯日报审查签字制度，配备足够的专职瓦斯检查员和瓦斯检测仪器；按规定建立瓦斯抽采系统，开采煤与瓦斯突出危险煤层的有预测预报、防治措施、效果检验和安全防护的综合防突措施。 （5）有防尘供水系统，有地面和井下排水系统；有水害威胁的矿井还应有专用探放水设备。 （6）制定井上、井下防火措施；有地面消防水池和井下消防管路系统，井上、井下有消防材料库；开采容易自燃和自燃煤层的矿井还应有防灭火专项设计和综合预防煤层自然发火的措施。 （7）矿井有两回路电源线路；严禁井下配电变压器中性点直接接地；井下电气设备的选型符合防爆要求，有短路、过负荷、接地、漏电等保护，掘进工作面的局部通风机按规定采用专用变压器、专用电缆、专用开关，实现风电、瓦斯电闭锁。 （8）运送人员的装置应当符合有关规定。使用检测合格的钢丝绳；带式输送机采用非金属聚合物制造的输送带的阻燃性能和抗静电性能符合规定，设置安全保护装置。 （9）有通信联络系统，按规定建立人员位置监测系统。 （10）按矿井瓦斯等级选用相应的煤矿许用炸药和电雷管，爆破工作由专职爆破工担任。 （11）不得使用国家有关危及生产安全淘汰目录规定的设备及生产工艺；使用的矿用产品应有安全标志。 （12）配备足够数量的自救器，自救器的选用型号应与矿井灾害类型相适应，按规定建立安全避险系统。 （13）有反映实际情况的图纸

续表

序号	项目	内容
4	露天煤矿安全设施、设备、工艺条件	《煤矿企业安全生产许可证实施办法》第 9 条规定，露天煤矿除符合本实施办法第 6 条、第 7 条规定的条件外，其安全设施、设备、工艺还必须符合下列条件： （1）按规定设置栅栏、安全挡墙、警示标志。 （2）露天采场最终边坡的台阶坡面角和边坡角符合最终边坡设计要求。 （3）配电线路、电动机、变压器的保护符合安全要求。 （4）爆炸物品的领用、保管和使用符合规定。 （5）有边坡工程、地质勘探工程、岩土物理力学试验和稳定性分析，有边坡监测措施。 （6）有防排水设施和措施。 （7）地面和采场内的防灭火措施符合规定；开采有自然发火倾向的煤层或者开采范围内存在火区时，制定专门防灭火措施。 （8）有反映实际情况的图纸

考点2 安全生产许可证的申请和颁发

一、申请领取安全生产许可证应当提供的文件、资料

序号	项目	内容
1	煤矿企业提供的文件、资料	（1）安全生产许可证申请书。 （2）主要负责人安全生产责任制（复制件），各分管负责人、安全生产管理人员以及职能部门负责人安全生产责任制目录清单。 （3）安全生产规章制度目录清单。 （4）设置安全生产管理机构、配备专职安全生产管理人员的文件（复制件）。 （5）主要负责人、安全生产管理人员安全生产知识和管理能力考核合格的证明材料。 （6）特种作业人员培训计划，从业人员安全生产教育培训计划。 （7）为从业人员缴纳工伤保险费的有关证明材料。 （8）重大危险源检测、评估和监控措施。 （9）事故应急救援预案，设立矿山救护队的文件或者与专业救护队签订的救护协议
2	煤矿提供的文件、资料和图纸	（1）安全生产许可证申请书。 （2）采矿许可证（复制件）。 （3）主要负责人安全生产责任制（复制件），各分管负责人、安全生产管理人员以及职能部门负责人安全生产责任制目录清单。 （4）安全生产规章制度和操作规程目录清单。 （5）设置安全生产管理机构和配备专职安全生产管理人员的文件（复制件）。 （6）矿长、安全生产管理人员安全生产知识和管理能力考核合格的证明材料。 （7）特种作业人员操作资格证书的证明材料。 （8）从业人员安全生产教育培训计划和考试合格的证明材料。 （9）为从业人员缴纳工伤保险费的有关证明材料。 （10）具备资质的中介机构出具的安全评价报告。 （11）矿井瓦斯等级鉴定文件；高瓦斯、煤与瓦斯突出矿井瓦斯参数测定报告，煤层自燃倾向性和煤尘爆炸危险性鉴定报告。 （12）矿井灾害预防和处理计划。 （13）井工煤矿采掘工程平面图，通风系统图。 （14）露天煤矿采剥工程平面图，边坡监测系统平面图。 （15）事故应急救援预案，设立矿山救护队的文件或者与专业矿山救护队签订的救护协议。 （16）井工煤矿主要通风机、主提升机、空压机、主排水泵的检测检验合格报告

二、安全生产许可证受理、审查、决定、变更与注销

序号	项目	内容
1	受理	安全生产许可证颁发管理机关对申请人提交的申请书及文件、资料，应当按照下列规定处理： （1）申请事项不属于本机关职权范围的，即时作出不予受理的决定，并告知申请人向有关行政机关申请； （2）申请材料存在可以当场更正的错误的，允许或者要求申请人当场更正，并即时出具受理的书面凭证，通过互联网申请的，符合要求后即时提供电子受理回执； （3）申请材料不齐全或者不符合要求的，应当当场或者在 5 个工作日内一次告知申请人需要补正的全部内容，逾期不告知的，自收到申请材料之日起即为受理； （4）申请材料齐全、符合要求或者按照要求全部补正的，自收到申请材料或者全部补正材料之日起为受理
2	审查	对已经受理的申请，安全生产许可证颁发管理机关应当指派有关人员对申请材料进行审查；对申请材料实质内容存在疑问，认为需要到现场核查的，应当到现场进行核查
3	决定	（1）安全生产许可证颁发管理机关应当对有关人员提出的审查意见进行讨论，并在受理申请之日起 45 个工作日内作出颁发或者不予颁发安全生产许可证的决定。 （2）对决定颁发的，安全生产许可证颁发管理机关应当自决定之日起 10 个工作日内送达或者通知申请人领取安全生产许可证；对不予颁发的，应当在 10 个工作日内书面通知申请人并说明理由
4	变更	煤矿企业在安全生产许可证有效期内有下列情形之一的，应当向原安全生产许可证颁发管理机关申请变更安全生产许可证： （1）变更主要负责人的； （2）变更隶属关系的； （3）变更经济类型的； （4）变更煤矿企业名称的； （5）煤矿改建、扩建工程经验收合格的
5	注销	煤矿企业停办、关闭的，应当自停办、关闭决定之日起 10 个工作日内向原安全生产许可证颁发管理机关申请注销安全生产许可证，并提供煤矿开采现状报告、实测图纸和遗留事故隐患的报告及防治措施

三、安全生产许可证的有效期与延期

序号	项目	内容
1	有效期	安全生产许可证的有效期为 3 年
2	延期	安全生产许可证有效期满需要延期的，煤矿企业应当于期满前 3 个月按照规定，向原安全生产许可证颁发管理机关提出延期申请
3	不再审查，直接办理延期手续的情形	《煤矿企业安全生产许可证实施办法》第 19 条规定，煤矿企业在安全生产许可证有效期内符合下列条件，在安全生产许可证有效期届满时，经原安全生产许可证颁发管理机关同意，不再审查，直接办理延期手续： （1）严格遵守有关安全生产的法律法规和本实施办法； （2）接受安全生产许可证颁发管理机关及煤矿安全监察机构的监督检查； （3）未因存在严重违法行为纳入安全生产不良记录"黑名单"管理； （4）未发生生产安全死亡事故； （5）煤矿安全质量标准化等级达到二级及以上

📝 考点3　安全生产许可证的监督管理

序号	项目	内容
1	撤销已经颁发的安全生产许可证	《煤矿企业安全生产许可证实施办法》第28条规定，安全生产许可证颁发管理机关发现有下列情形之一的，应当撤销已经颁发的安全生产许可证： （1）超越职权颁发安全生产许可证的； （2）违反本实施办法规定的程序颁发安全生产许可证的； （3）不具备本实施办法规定的安全生产条件颁发安全生产许可证的； （4）以欺骗、贿赂等不正当手段取得安全生产许可证的
2	注销安全生产许可证	《煤矿企业安全生产许可证实施办法》第29条规定，取得安全生产许可证的煤矿企业有下列情形之一的，安全生产许可证颁发管理机关应当注销其安全生产许可证： （1）终止煤炭生产活动的； （2）安全生产许可证被依法撤销的； （3）安全生产许可证被依法吊销的； （4）安全生产许可证有效期满未申请办理延期手续的

📝 考点4　违反《煤矿企业安全生产许可证实施办法》应负的法律责任

序号	项目	内容
1	吊销许可证	《煤矿企业安全生产许可证实施办法》第39条规定，取得安全生产许可证的煤矿企业，倒卖、出租、出借或者以其他形式非法转让安全生产许可证的，没收违法所得，处10万元以上50万元以下的罚款，吊销其安全生产许可证；构成犯罪的，依法追究刑事责任
2	未取得许可证擅自生产的	《煤矿企业安全生产许可证实施办法》第40条规定，发现煤矿企业有下列行为之一的，责令停止生产，没收违法所得，并处10万元以上50万元以下的罚款；构成犯罪的，依法追究刑事责任： （1）未取得安全生产许可证，擅自进行生产的； （2）接受转让的安全生产许可证的； （3）冒用安全生产许可证的； （4）使用伪造安全生产许可证的
3	有效期满未办理延期手续继续生产的	《煤矿企业安全生产许可证实施办法》第41条规定，在安全生产许可证有效期满未申请办理延期手续，继续进行生产的，责令停止生产，限期补办延期手续，没收违法所得，并处5万元以上10万元以下的罚款；逾期仍不申请办理延期手续，依照本实施办法第29条、第40条的规定处理
4	未办理变更	《煤矿企业安全生产许可证实施办法》第42条规定，在安全生产许可证有效期内，主要负责人、隶属关系、经济类型、煤矿企业名称发生变化，未按本实施办法申请办理变更手续的，责令限期补办变更手续，并处1万元以上3万元以下罚款。 　改建、扩建工程已经验收合格，未按本实施办法规定申请办理变更手续擅自投入生产的，责令停止生产，限期补办变更手续，并处1万元以上3万元以下罚款；逾期仍不办理变更手续，继续进行生产的，依照本实施办法第40条的规定处罚

第十三节 煤矿建设项目安全设施监察规定

考点1 煤矿建设项目安全设施监察的基本规定

序号	项目	内容
1	煤矿建设项目的要求	（1）煤矿建设项目应当进行安全评价，其初步设计应当按规定编制安全专篇。安全专篇应当包括安全条件的论证、安全设施的设计等内容。 （2）煤矿建设项目的安全设施的设计、施工应当符合工程建设强制性标准、煤矿安全规程和行业技术规范。 （3）煤矿建设项目施工前，其安全设施设计应当经煤矿安全监察机构审查同意；竣工投入生产或使用前，其安全设施和安全条件应当经煤矿建设单位验收合格。煤矿安全监察机构应当加强对建设单位验收活动和验收结果的监督核查
2	建设项目的管理	《煤矿建设项目安全设施监察规定》第6条规定，煤矿建设项目安全设施的设计审查，由煤矿安全监察机构按照设计或者新增的生产能力，实行分级负责。 （1）设计或者新增的生产能力在300万吨/年及以上的井工煤矿建设项目和1000万吨/年及以上的露天煤矿建设项目，由国家煤矿安全监察局（国家矿山安全监察局）负责设计审查。 （2）设计或者新增的生产能力在300万吨/年以下的井工煤矿建设项目和1000万吨/年以下的露天煤矿建设项目，由省级煤矿安全监察局（矿山安全监察局）负责设计审查。 《煤矿建设项目安全设施监察规定》第8条规定，经省级煤矿安全监察局（矿山安全监察局）审查同意的项目，应及时报国家煤矿安全监察局（国家矿山安全监察局）备案

考点2 安全评价

序号	项目	内容
1	安全评价	（1）煤矿建设项目的安全评价包括安全预评价和安全验收评价。煤矿建设项目在可行性研究阶段，应当进行安全预评价；在投入生产或者使用前，应当进行安全验收评价。 （2）煤矿建设项目的安全评价应由具有国家规定资质的安全中介机构承担。承担煤矿建设项目安全评价的安全中介机构对其作出的安全评价结果负责。 （3）煤矿企业应与承担煤矿建设项目安全评价的安全中介机构签订书面委托合同，明确双方各自的权利和义务。 （4）承担煤矿建设项目安全评价的安全中介机构，应当按照规定的标准和程序进行评价，提出评价报告
2	煤矿建设项目安全预评价报告的内容	（1）主要危险、有害因素和危害程度以及对公共安全影响的定性、定量评价。 （2）预防和控制的可能性评价。 （3）建设项目可能造成职业危害的评价。 （4）安全对策措施、安全设施设计原则。 （5）预评价结论。 （6）其他需要说明的事项

序号	项目	内容
3	煤矿建设项目安全验收评价报告的内容	（1）安全设施符合法律、法规、标准和规程规定以及设计文件的评价。 （2）安全设施在生产或使用中的有效性评价。 （3）职业危害防治措施的有效性评价。 （4）建设项目的整体安全性评价。 （5）存在的安全问题和解决问题的建议。 （6）验收评价结论。 （7）有关试运转期间的技术资料、现场检测、检验数据和统计分析资料。 （8）其他需要说明的事项

考点3 设计审查

序号	项目	内容
1	安全设施设计内容	（1）煤矿建设项目的安全设施设计应经煤矿安全监察机构审查同意；未经审查同意的，不得施工。 （2）煤矿建设项目的安全设施设计，应由具有相应资质的设计单位承担。设计单位对安全设施设计负责。 （3）煤矿建设项目的安全设施设计应当包括煤矿水、火、瓦斯、煤尘、顶板等主要灾害的防治措施，所确定的设施、设备、器材等应当符合国家标准和行业标准
2	申请煤矿建设项目的安全设施设计审查应当提交的资料	（1）安全设施设计审查申请报告及申请表。 （2）建设项目审批、核准或者备案的文件。 （3）采矿许可证或者矿区范围批准文件。 （4）安全预评价报告书。 （5）初步设计及安全专篇。 （6）其他需要说明的材料
3	设计审查不合格	《煤矿建设项目安全设施监察规定》第20条规定，煤矿安全监察机构接到审查申请后，应当对上报资料进行审查。有下列情形之一的，为设计审查不合格： （1）安全设施设计未由具备相应资质的设计单位承担的； （2）煤矿水、火、瓦斯、煤尘、顶板等主要灾害防治措施不符合规定的； （3）安全设施设计不符合工程建设强制性标准、煤矿安全规程和行业技术规范的； （4）所确定的设施、设备、器材不符合国家标准和行业标准的； （5）不符合国家煤矿安全监察局（国家矿山安全监察局）规定的其他条件的
4	设计审查时限	《煤矿建设项目安全设施监察规定》第21条规定，煤矿安全监察机构审查煤矿建设项目的安全设施设计，应当自收到审查申请起30日内审查完毕。经审查同意的，应当以文件形式批复；不同意的，应当提出审查意见，并以书面形式答复

考点4 施工和联合试运转

序号	项目	内容
1	施工	《煤矿建设项目安全设施监察规定》第24条规定，施工单位在施工期间，发现煤矿建设项目的安全设施设计不合理或者存在重大事故隐患时，应当立即停止施工，并报告煤矿企业。煤矿企业需对安全设施设计作重大变更的，应当按照本规定重新审查

序号	项目	内容
2	联合试运转	《煤矿建设项目安全设施监察规定》第26条规定，煤矿建设项目在竣工完成后，应当在正式投入生产或使用前进行联合试运转。联合试运转的时间一般为1至6个月，有特殊情况需要延长的，总时长不得超过12个月

考点5　竣工验收

序号	项目	内容
1	竣工验收主体	《煤矿建设项目安全设施监察规定》第29条规定，煤矿建设项目的安全设施和安全条件验收应当由煤矿建设单位负责组织；未经验收合格的，不得投入生产和使用。 煤矿建设单位实行多级管理的，应当由具体负责建设项目施工建设单位的上一级具有法人资格的公司（单位）负责组织验收
2	竣工验收不合格	《煤矿建设项目安全设施监察规定》第30条规定，煤矿建设单位或者其上一级具有法人资格的公司（单位）组织验收时，应当对有关资料进行审查并组织现场验收。有下列情形之一的，为验收不合格： （1）安全设施和安全条件不符合设计要求，或未通过工程质量认证的； （2）安全设施和安全条件不能满足正常生产和使用的； （3）未按规定建立安全生产管理机构和配备安全生产管理人员的； （4）矿长和特种作业人员不具备相应资格的； （5）不符合国家煤矿安全监察局（国家矿山安全监察局）规定的其他条件的

第十四节　煤矿安全规程

考点1　煤矿企业安全生产

序号	项目	内容
1	安全生产责任制	（1）从事煤炭生产与煤矿建设的企业（以下统称煤矿企业）必须遵守国家有关安全生产的法律、法规、规章、规程、标准和技术规范。 （2）煤矿企业必须加强安全生产管理，建立健全各级负责人、各部门、各岗位安全生产与职业病危害防治责任制。 （3）煤矿企业必须建立健全安全生产与职业病危害防治目标管理、投入、奖惩、技术措施审批、培训、办公会议制度，安全检查制度，安全风险分级管控工作制度，事故隐患排查、治理、报告制度，事故报告与责任追究制度等。 （4）煤矿企业必须制定重要设备材料的查验制度，做好检查验收和记录，防爆、阻燃抗静电、保护等安全性能不合格的不得入井使用。 （5）煤矿企业必须建立各种设备、设施检查维修制度，定期进行检查维修，并做好记录。 （6）煤矿必须制定本单位的作业规程和操作规程

序号	项目	内容
2	设置安全管理机构	煤矿企业必须设置专门机构负责煤矿安全生产与职业病危害防治管理工作，配备满足工作需要的人员及装备
3	三同时	煤矿建设项目的安全设施和职业病危害防护设施，必须与主体工程同时设计、同时施工、同时投入使用
4	风险告知	对作业场所和工作岗位存在的危险有害因素及防范措施、事故应急措施、职业病危害及其后果、职业病危害防护措施等，煤矿企业应当履行告知义务，从业人员有权了解并提出建议
5	从业人员的权利	从业人员有权制止违章作业，拒绝违章指挥；当工作地点出现险情时，有权立即停止作业，撤到安全地点；当险情没有得到处理不能保证人身安全时，有权拒绝作业。从业人员必须遵守煤矿安全生产规章制度、作业规程和操作规程，严禁违章指挥、违章作业
6	人员培训要求	（1）煤矿企业必须对从业人员进行安全教育和培训。培训不合格的，不得上岗作业。 （2）主要负责人和安全生产管理人员必须具备煤矿安全生产知识和管理能力，并经考核合格。特种作业人员必须按国家有关规定培训合格，取得资格证书，方可上岗作业。 （3）矿长必须具备安全专业知识，具有组织、领导安全生产和处理煤矿事故的能力
7	煤矿矿用产品安全标志	（1）煤矿使用的纳入安全标志管理的产品，必须取得煤矿矿用产品安全标志。未取得煤矿矿用产品安全标志的，不得使用。 （2）试验涉及安全生产的新技术、新工艺必须经过论证并制定安全措施；新设备、新材料必须经过安全性能检验，取得产品工业性试验安全标志。 （3）积极推广自动化、智能化开采，减少井下作业人数。 （4）严禁使用国家明令禁止使用或者淘汰的危及生产安全和可能产生职业病危害的技术、工艺、材料和设备
8	规划与计划的编制	（1）煤矿企业在编制生产建设长远发展规划和年度生产建设计划时，必须编制安全技术与职业病危害防治发展规划和安全技术措施计划。安全技术措施与职业病危害防治所需费用、材料和设备等必须列入企业财务、供应计划。煤炭生产与煤矿建设的安全投入和职业病危害防治费用提取、使用必须符合国家有关规定。 （2）煤矿必须编制年度灾害预防和处理计划，并根据具体情况及时修改。灾害预防和处理计划由矿长负责组织实施
9	入井（场）	（1）入井（场）人员必须戴安全帽等个体防护用品，穿带有反光标识的工作服。入井（场）前严禁饮酒。 （2）煤矿必须建立入井检身制度和出入井人员清点制度；必须掌握井下人员数量、位置等实时信息。 （3）入井人员必须随身携带自救器、标识卡和矿灯，严禁携带烟草和点火物品，严禁穿化纤衣服

📝 考点2　煤矿有关图纸要求

序号	项目	内容
1	井工煤矿	井工煤矿必须按规定填绘反映实际情况的下列图纸： （1）矿井地质图和水文地质图。 （2）井上、下对照图。 （3）巷道布置图。 （4）采掘工程平面图。

序号	项目	内容
1	井工煤矿	（5）通风系统图。 （6）井下运输系统图。 （7）安全监控布置图和断电控制图、人员位置监测系统图。 （8）压风、排水、防尘、防火注浆、抽采瓦斯等管路系统图。 （9）井下通信系统图。 （10）井上、下配电系统图和井下电气设备布置图。 （11）井下避灾路线图
2	露天煤矿	露天煤矿必须按规定填绘反映实际情况的下列图纸： （1）地形地质图。 （2）工程地质平面图、断面图。 （3）综合水文地质图。 （4）采剥、排土工程平面图和运输系统图。 （5）供配电系统图。 （6）通信系统图。 （7）防排水系统图。 （8）边坡监测系统平面图。 （9）井工采空区与露天矿平面对照图

考点3　煤矿应急救援

序号	项目	内容
1	停工停产期间的安全	井工煤矿必须制定停工停产期间的安全技术措施，保证矿井供电、通风、排水和安全监控系统正常运行，落实24小时值班制度。复工复产前必须进行全面安全检查
2	应急救援基本要求	（1）煤矿企业必须建立应急救援组织，健全规章制度，编制应急救援预案，储备应急救援物资、装备并定期检查补充。 （2）煤矿必须建立矿井安全避险系统，对井下人员进行安全避险和应急救援培训，每年至少组织1次应急演练。 （3）煤矿企业应当有创伤急救系统为其服务。创伤急救系统应当配备救护车辆、急救器材、急救装备和药品等。 （4）煤矿发生事故后，煤矿企业主要负责人和技术负责人必须立即采取措施组织抢救，矿长负责抢救指挥，并按有关规定及时上报

第十五节　煤矿安全培训规定

考点1　煤矿安全培训的基本规定

序号	项目	内容
1	适用范围	《煤矿安全培训规定》第2条规定，煤矿企业从业人员安全培训、考核、发证及监督管理工作适用本规定。

续表

序号	项目	内容
1	适用范围	本规定所称煤矿企业，是指在依法批准的矿区范围内从事煤炭资源开采活动的企业，包括集团公司、上市公司、总公司、矿务局、煤矿。 本规定所称煤矿企业从业人员，是指煤矿企业主要负责人、安全生产管理人员、特种作业人员和其他从业人员
2	培训管理体制	《煤矿安全培训规定》第4条规定，煤矿企业是安全培训的责任主体，应当依法对从业人员进行安全生产教育和培训，提高从业人员的安全生产意识和能力。 煤矿企业主要负责人对本企业从业人员安全培训工作全面负责

📓 考点2　安全培训的组织与管理

序号	项目		内容
1	培训计划和费用		《煤矿安全培训规定》第6条规定，煤矿企业应当建立完善安全培训管理制度，制定年度安全培训计划，明确负责安全培训工作的机构，配备专职或者兼职安全培训管理人员，按照国家规定的比例提取教育培训经费。其中，用于安全培训的资金不得低于教育培训经费总额的百分之四十
2	培训组织		不具备安全培训条件的煤矿企业应当委托具备安全培训条件的机构进行安全培训。 从事煤矿安全培训的机构，应当将教师、教学和实习与实训设施等情况书面报告所在地省级煤矿安全培训主管部门
3	培训档案	从业人员安全培训档案	《煤矿安全培训规定》第8条规定，煤矿企业应当建立健全从业人员安全培训档案，实行一人一档。煤矿企业从业人员安全培训档案的内容包括： （1）学员登记表，包括学员的文化程度、职务、职称、工作经历、技能等级晋升等情况； （2）身份证复印件、学历证书复印件； （3）历次接受安全培训、考核的情况； （4）安全生产违规违章行为记录，以及被追究责任，受到处分、处理的情况； （5）其他有关情况。 煤矿企业从业人员安全培训档案应当按照《企业文件材料归档范围和档案保管期限规定》（国家档案局令第10号）保存
		企业安全培训档案	《煤矿安全培训规定》第9条规定，煤矿企业除建立从业人员安全培训档案外，还应当建立企业安全培训档案，实行一期一档。煤矿企业安全培训档案的内容包括： （1）培训计划； （2）培训时间、地点； （3）培训课时及授课教师； （4）课程讲义； （5）学员名册、考勤、考核情况； （6）综合考评报告等； （7）其他有关情况。 对煤矿企业主要负责人和安全生产管理人员的煤矿企业安全培训档案应当保存三年以上，对特种作业人员的煤矿企业安全培训档案应当保存六年以上，其他从业人员的煤矿企业安全培训档案应当保存三年以上

考点3　主要负责人和安全生产管理人员的安全培训及考核

序号	项目		内容
1	主要负责人和安全生产管理人员的范围		《煤矿安全培训规定》所称煤矿企业主要负责人，是指煤矿企业的董事长、总经理，矿务局局长，煤矿矿长等人员。 《煤矿安全培训规定》所称煤矿企业安全生产管理人员，是指煤矿企业分管安全、采煤、掘进、通风、机电、运输、地测、防治水、调度等工作的副董事长、副总经理、副局长、副矿长，总工程师、副总工程师和技术负责人，安全生产管理机构负责人及其管理人员，采煤、掘进、通风、机电、运输、地测、防治水、调度等职能部门（含煤矿井、区、科、队）负责人
2	安全培训		煤矿企业应当每年组织主要负责人和安全生产管理人员进行新法律法规、新标准、新规程、新技术、新工艺、新设备和新材料等方面的安全培训
3	考试内容	煤矿企业主要负责人	煤矿企业主要负责人考试应当包括下列内容： （1）国家安全生产方针、政策和有关安全生产的法律、法规、规章及标准； （2）安全生产管理、安全生产技术和职业健康基本知识； （3）重大危险源管理、重大事故防范、应急管理和事故调查处理的有关规定； （4）国内外先进的安全生产管理经验； （5）典型事故和应急救援案例分析； （6）其他需要考试的内容
		煤矿企业安全生产管理人员	煤矿企业安全生产管理人员考试应当包括下列内容： （1）国家安全生产方针、政策和有关安全生产的法律、法规、规章及标准； （2）安全生产管理、安全生产技术、职业健康等知识； （3）伤亡事故报告、统计及职业危害的调查处理方法； （4）应急管理的内容及其要求； （5）国内外先进的安全生产管理经验； （6）典型事故和应急救援案例分析； （7）其他需要考试的内容
4	考核标准		《煤矿安全培训规定》第13条规定，国家煤矿安全监察局（国家矿山安全监察局）组织制定煤矿企业主要负责人和安全生产管理人员安全生产知识和管理能力考核的标准，建立国家级考试题库。 省级煤矿安全培训主管部门应当根据前款规定的考核标准，建立省级考试题库，并报国家煤矿安全监察局（国家矿山安全监察局）备案
5	考核管理		《煤矿安全培训规定》第16条规定，国家煤矿安全监察局（国家矿山安全监察局）负责中央管理的煤矿企业总部（含所属在京一级子公司）主要负责人和安全生产管理人员考核工作。 省级煤矿安全培训主管部门负责本行政区域内前款以外的煤矿企业主要负责人和安全生产管理人员考核工作。 国家煤矿安全监察局（国家矿山安全监察局）和省级煤矿安全培训主管部门（以下统称考核部门）应当定期组织考核，并提前公布考核时间
6	考核时间		《煤矿安全培训规定》第17条规定，煤矿企业主要负责人和安全生产管理人员应当自任职之日起六个月内通过考核部门组织的安全生产知识和管理能力考核，并持续保持相应水平和能力。 煤矿企业主要负责人和安全生产管理人员应当自任职之日起三十日内，按照本规定第16条的规定向考核部门提出考核申请，并提交其任职文件、学历、工作经历等相关材料。

续表

序号	项目	内容
6	考核时间	考核部门接到煤矿企业主要负责人和安全生产管理人员申请及其材料后，经审核符合条件的，应当及时组织相应的考试；发现申请人不符合本规定第11条规定的，不得对申请人进行安全生产知识和管理能力考试，并书面告知申请人及其所在煤矿企业或其任免机关调整其工作岗位
7	考核发证	《煤矿安全培训规定》第18条规定，煤矿企业主要负责人和安全生产管理人员的考试应当在规定的考点采用计算机方式进行。考试试题从国家级考试题库和省级考试题库随机抽取，其中抽取国家级考试题库试题比例占百分之八十以上。考试满分为一百分，八十分以上为合格。考核部门应当自考试结束之日起五个工作日内公布考试成绩。 《煤矿安全培训规定》第19条规定，煤矿企业主要负责人和安全生产管理人员考试合格后，考核部门应当在公布考试成绩之日起十个工作日内颁发安全生产知识和管理能力考核合格证明（以下简称考核合格证明）。考核合格证明在全国范围内有效

📝 考点4 特种作业人员的安全培训和考核发证

序号	项目	内容
1	培训时间	《煤矿安全培训规定》第25条规定，煤矿特种作业人员在参加资格考试前应当按照规定的培训大纲进行安全生产知识和实际操作能力的专门培训。其中，初次培训的时间不得少于九十学时。 已经取得职业高中、技工学校及中专以上学历的毕业生从事与其所学专业相应的特种作业，持学历证明经考核发证部门审核属实的，免予初次培训，直接参加资格考试
2	考核发证	（1）煤矿特种作业操作资格考试应当在规定的考点进行，安全生产知识考试应当使用统一的考试题库，使用计算机考试，实际操作能力考试采用国家统一考试标准进行考试。考试满分均为一百分，八十分以上为合格。 （2）考核发证部门应当在考试结束后十个工作日内公布考试成绩。 （3）申请人考试合格的，考核发证部门应当自考试合格之日起二十个工作日内完成发证工作。 （4）申请人考试不合格的，可以补考一次；经补考仍不合格的，重新参加相应的安全技术培训。 （5）特种作业操作证有效期六年
3	延期换证	《煤矿安全培训规定》第29条规定，特种作业操作证有效期届满需要延期换证的，持证人应当在有效期届满六十日前参加不少于二十四学时的专门培训，持培训合格证明由本人或其所在企业向当地考核发证部门或者原考核发证部门提出考试申请。经安全生产知识和实际操作能力考试合格的，考核发证部门应当在二十个工作日内予以换发新的特种作业操作证
4	重新考试	《煤矿安全培训规定》第30条规定，离开特种作业岗位六个月以上，但特种作业操作证仍在有效期内的特种作业人员，需要重新从事原特种作业的，应当重新进行实际操作能力考试，经考试合格后方可上岗作业

考点 5　其他从业人员的安全培训和考核

序号	项目	内容
1	人员范围	《煤矿安全培训规定》所称煤矿其他从业人员，是指除煤矿主要负责人、安全生产管理人员和特种作业人员以外，从事生产经营活动的其他从业人员，包括煤矿其他负责人、其他管理人员、技术人员和各岗位的工人、使用的被派遣劳动者和临时聘用人员
2	培训与发证	（1）煤矿企业应当对其他从业人员进行安全培训，保证其具备必要的安全生产知识、技能和事故应急处理能力，知悉自身在安全生产方面的权利和义务。 （2）煤矿企业或者具备安全培训条件的机构应当按照培训大纲对其他从业人员进行安全培训。其中，对从事采煤、掘进、机电、运输、通风、防治水等工作的班组长的安全培训，应当由其所在煤矿的上一级煤矿企业组织实施；没有上一级煤矿企业的，由本单位组织实施。 （3）煤矿企业其他从业人员的初次安全培训时间不得少于七十二学时，每年再培训的时间不得少于二十学时。 （4）煤矿企业或者具备安全培训条件的机构对其他从业人员安全培训合格后，应当颁发安全培训合格证明；未经培训并取得培训合格证明的，不得上岗作业

考点 6　监督管理

序号	项目	内容
1	给予行政处罚的情形	《煤矿安全培训规定》第 39 条规定，煤矿安全培训主管部门和煤矿安全监察机构应当对煤矿企业安全培训的下列情况进行监督检查，发现违法行为的，依法给予行政处罚： （1）建立安全培训管理制度，制定年度培训计划，明确负责安全培训管理工作的机构，配备专职或者兼职安全培训管理人员的情况； （2）按照本规定投入和使用安全培训资金的情况； （3）实行自主培训的煤矿企业的安全培训条件； （4）煤矿企业及其从业人员安全培训档案的情况； （5）主要负责人、安全生产管理人员考核的情况； （6）特种作业人员持证上岗的情况； （7）应用新工艺、新技术、新材料、新设备以及离岗、转岗时对从业人员安全培训的情况； （8）其他从业人员安全培训的情况
2	撤销特种作业操作证的情形	《煤矿安全培训规定》第 42 条规定，省级煤矿安全培训主管部门发现下列情形之一的，应当撤销特种作业操作证： （1）特种作业人员对发生生产安全事故负有直接责任的； （2）特种作业操作证记载信息虚假的。 特种作业人员违反上述规定被撤销特种作业操作证的，三年内不得再次申请特种作业操作证
3	禁止扣押	《煤矿安全培训规定》第 43 条规定，煤矿企业从业人员在劳动合同期满变更工作单位或者依法解除劳动合同的，原工作单位不得以任何理由扣押其考核合格证明或者特种作业操作证
4	信息共享	《煤矿安全培训规定》第 44 条规定，省级煤矿安全培训主管部门应当将煤矿企业主要负责人、安全生产管理人员和特种作业人员的考核情况，及时抄送省级煤矿安全监察局（矿山安全监察局）。 煤矿安全监察机构应当将煤矿企业主要负责人、安全生产管理人员和特种作业人员的行政处罚决定及时抄送同级煤矿安全培训主管部门

考点 7 违反《煤矿安全培训规定》应负的法律责任

《煤矿安全培训规定》第 47 条规定，煤矿企业有下列行为之一的，由煤矿安全培训主管部门或者煤矿安全监察机构责令其限期改正，可以处五万元以下的罚款；逾期未改正的，责令停产停业整顿，并处五万元以上十万元以下的罚款，对其直接负责的主管人员和其他直接责任人员处一万元以上二万元以下的罚款：

（1）主要负责人和安全生产管理人员未按照规定经考核合格的；

（2）未按照规定对从业人员进行安全生产培训的；

（3）未如实记录安全生产培训情况的；

（4）特种作业人员未经专门的安全培训并取得相应资格，上岗作业的。

《煤矿安全培训规定》第 48 条规定，煤矿安全培训主管部门或者煤矿安全监察机构发现煤矿企业有下列行为之一的，责令其限期改正，可以处一万元以上三万元以下的罚款：

（1）未建立安全培训管理制度或者未制定年度安全培训计划的；

（2）未明确负责安全培训工作的机构，或者未配备专兼职安全培训管理人员的；

（3）用于安全培训的资金不符合本规定的；

（4）未按照统一的培训大纲组织培训的；

（5）不具备安全培训条件进行自主培训，或者委托不具备安全培训条件机构进行培训的。

具备安全培训条件的机构未按照规定的培训大纲进行安全培训，或者未经安全培训并考试合格颁发有关培训合格证明的，依照前款规定给予行政处罚。

第十六节　非煤矿矿山企业安全生产许可证实施办法

考点 1 安全生产条件和申请

一、安全生产条件

《非煤矿矿山企业安全生产许可证实施办法》第 6 条规定，非煤矿矿山企业取得安全生产许可证，应当具备下列安全生产条件：

（1）建立健全主要负责人、分管负责人、安全生产管理人员、职能部门、岗位安全生产责任制；制定安全检查制度、职业危害预防制度、安全教育培训制度、生产安全事故管理制度、重大危险源监控和重大隐患整改制度、设备安全管理制度、安全生产档案管理制度、安全生产奖惩制度等规章制度；制定作业安全规程和各工种操作规程。

（2）安全投入符合安全生产要求，依照国家有关规定足额提取安全生产费用。

（3）设置安全生产管理机构，或者配备专职安全生产管理人员。

（4）主要负责人和安全生产管理人员经安全生产监督管理部门考核合格，取得安全资格证书。

（5）特种作业人员经有关业务主管部门考核合格，取得特种作业操作资格证书。

（6）其他从业人员依照规定接受安全生产教育和培训，并经考试合格。

（7）依法参加工伤保险，为从业人员缴纳保险费。

（8）制定防治职业危害的具体措施，并为从业人员配备符合国家标准或者行业标准的劳动防护用品。

（9）新建、改建、扩建工程项目依法进行安全评价，其安全设施经验收合格。

（10）危险性较大的设备、设施按照国家有关规定进行定期检测检验。

（11）制定事故应急救援预案，建立事故应急救援组织，配备必要的应急救援器材、设备；生产规模较小可以不建立事故应急救援组织的，应当指定兼职的应急救援人员，并与邻近的矿山救护队或者其他应急救援组织签订救护协议。

（12）符合有关国家标准、行业标准规定的其他条件。

二、非煤矿矿山企业安全生产许可证的申请与受理

序号	项目	内容
1	申请的受理部门	（1）海洋石油天然气企业申请领取安全生产许可证，向国家安全生产监督管理总局（应急管理部）提出申请。 （2）其他非煤矿矿山企业申请领取安全生产许可证，向企业所在地省级安全生产许可证颁发管理机关或其委托的设区的市级安全生产监督管理部门提出申请
2	应提交的文件、资料	《非煤矿矿山企业安全生产许可证实施办法》第8条规定，非煤矿矿山企业申请领取安全生产许可证，应当提交下列文件、资料： （1）安全生产许可证申请书。 （2）工商营业执照复印件。 （3）采矿许可证复印件。 （4）各种安全生产责任制复印件。 （5）安全生产规章制度和操作规程目录清单。 （6）设置安全生产管理机构或者配备专职安全生产管理人员的文件复印件。 （7）主要负责人和安全生产管理人员安全资格证书复印件。 （8）特种作业人员操作资格证书复印件。 （9）足额提取安全生产费用的证明材料。 （10）为从业人员缴纳工伤保险费的证明材料；因特殊情况不能办理工伤保险的，可以出具办理安全生产责任保险的证明材料。 （11）涉及人身安全、危险性较大的海洋石油开采特种设备和矿山井下特种设备由具备相应资质的检测检验机构出具合格的检测检验报告，并取得安全使用证或者安全标志。 （12）事故应急救援预案，设立事故应急救援组织的文件或者与矿山救护队、其他应急救援组织签订的救护协议。 （13）矿山建设项目安全设施验收合格的书面报告。 《非煤矿矿山企业安全生产许可证实施办法》第9条规定，非煤矿矿山企业总部申请领取安全生产许可证，不需要提交本实施办法第8条第（3）、（8）、（9）、（10）、（11）、（12）、（13）项规定的文件、资料

考点2　安全生产许可证的受理、审核和颁发

序号	项目	内容
1	受理	《非煤矿矿山企业安全生产许可证实施办法》第16条规定，安全生产许可证颁发管理机关对非煤矿矿山企业提交的申请书及文件、资料，应当依照下列规定分别处理：

序号	项目	内容
1	受理	（1）申请事项不属于本机关职权范围的，应当即时作出不予受理的决定，并告知申请人向有关机关申请； （2）申请材料存在可以当场更正的错误的，应当允许或者要求申请人当场更正，并即时出具受理的书面凭证； （3）申请材料不齐全或者不符合要求的，应当当场或者在5个工作日内一次性书面告知申请人需要补正的全部内容，逾期不告知的，自收到申请材料之日起即为受理； （4）申请材料齐全、符合要求或者依照要求全部补正的，自收到申请材料或者全部补正材料之日起为受理
2	审核	《非煤矿矿山企业安全生产许可证实施办法》第17条规定，安全生产许可证颁发管理机关应当依照本实施办法规定的法定条件组织对非煤矿矿山企业提交的申请材料进行审查，并在受理申请之日起45日内作出颁发或者不予颁发安全生产许可证的决定。安全生产许可证颁发管理机关认为有必要到现场对非煤矿矿山企业提交的申请材料进行复核的，应当到现场进行复核。复核时间不计算在本款规定的期限内。 对决定颁发的，安全生产许可证颁发管理机关应当自决定之日起10个工作日内送达或者通知申请人领取安全生产许可证；对决定不予颁发的，应当在10个工作日内书面通知申请人并说明理由
3	颁发	《非煤矿矿山企业安全生产许可证实施办法》第18条规定，安全生产许可证颁发管理机关应当依照下列规定颁发非煤矿矿山企业安全生产许可证： （1）对金属非金属矿山企业，向企业及其所属各独立生产系统分别颁发安全生产许可证；对于只有一个独立生产系统的企业，只向企业颁发安全生产许可证。 （2）对中央管理的陆上石油天然气企业，向企业总部直接管理的分公司、子公司以及下一级与油气勘探、开发生产、储运直接相关的生产作业单位分别颁发安全生产许可证；对设有分公司、子公司的地方石油天然气企业，向企业总部及其分公司、子公司颁发安全生产许可证；对其他陆上石油天然气企业，向具有法人资格的企业颁发安全生产许可证。 （3）对海洋石油天然气企业，向企业及其直接管理的分公司、子公司以及下一级与油气开发生产直接相关的生产作业单位、独立生产系统分别颁发安全生产许可证；对其他海洋石油天然气企业，向具有法人资格的企业颁发安全生产许可证。 （4）对地质勘探单位，向最下级具有企事业法人资格的单位颁发安全生产许可证。对采掘施工企业，向企业颁发安全生产许可证。 （5）对尾矿库单独颁发安全生产许可证

考点3　安全生产许可证延期和变更

序号	项目	内容
1	延期申请	《非煤矿矿山企业安全生产许可证实施办法》第19条规定，安全生产许可证的有效期为3年。安全生产许可证有效期满后需要延期的，非煤矿矿山企业应当在安全生产许可证有效期届满前3个月向原安全生产许可证颁发管理机关申请办理延期手续，并提交下列文件、资料： （1）延期申请书； （2）安全生产许可证正本和副本； （3）本实施办法第二章规定的相应文件、资料。 金属非金属矿山独立生产系统和尾矿库，以及石油天然气独立生产系统和作业单位还应当提交由具备相应资质的中介服务机构出具的合格的安全现状评价报告。 金属非金属矿山独立生产系统和尾矿库在提出延期申请之前6个月内经考评合格达到安全标准化等级的，可以不提交安全现状评价报告，但需要提交安全标准化等级的证明材料

序号	项目	内容
2	不再审查，直接办理延期手续	《非煤矿矿山企业安全生产许可证实施办法》第20条规定，非煤矿矿山企业符合下列条件的，当安全生产许可证有效期届满申请延期时，经原安全生产许可证颁发管理机关同意，不再审查，直接办理延期手续： (1) 严格遵守有关安全生产的法律法规的； (2) 取得安全生产许可证后，加强日常安全生产管理，未降低安全生产条件，并达到安全标准化等级二级以上的； (3) 接受安全生产许可证颁发管理机关及所在地人民政府安全生产监督管理部门的监督检查的； (4) 未发生死亡事故的
3	许可证变更的情形	《非煤矿矿山企业安全生产许可证实施办法》第21条规定，非煤矿矿山企业在安全生产许可证有效期内有下列情形之一的，应当自工商营业执照变更之日起30个工作日内向原安全生产许可证颁发管理机关申请变更安全生产许可证： (1) 变更单位名称的； (2) 变更主要负责人的； (3) 变更单位地址的； (4) 变更经济类型的； (5) 变更许可范围的

考点4　安全生产许可证的监督管理

序号	项目	内容
1	许可证的管理	非煤矿矿山企业发现在安全生产许可证有效期内采矿许可证到期失效的，应当在采矿许可证到期前15日内向原安全生产许可证颁发管理机关报告，并交回安全生产许可证正本和副本。 采矿许可证被暂扣、撤销、吊销和注销的，非煤矿矿山企业应当在暂扣、撤销、吊销和注销后5日内向原安全生产许可证颁发管理机关报告，并交回安全生产许可证正本和副本
2	撤销	《非煤矿矿山企业安全生产许可证实施办法》第30条规定，安全生产许可证颁发管理机关发现有下列情形之一的，应当撤销已经颁发的安全生产许可证： (1) 超越职权颁发安全生产许可证的； (2) 违反本实施办法规定的程序颁发安全生产许可证的； (3) 不具备本实施办法规定的安全生产条件颁发安全生产许可证的； (4) 以欺骗、贿赂等不正当手段取得安全生产许可证的
3	注销	《非煤矿矿山企业安全生产许可证实施办法》第31条规定，取得安全生产许可证的非煤矿矿山企业有下列情形之一的，安全生产许可证颁发管理机关应当注销其安全生产许可证： (1) 终止生产活动的； (2) 安全生产许可证被依法撤销的； (3) 安全生产许可证被依法吊销的
4	再次申请许可证的禁止	《非煤矿矿山企业安全生产许可证实施办法》第32条规定，非煤矿矿山企业隐瞒有关情况或者提供虚假材料申请安全生产许可证的，安全生产许可证颁发管理机关不予受理，该企业在1年内不得再次申请安全生产许可证。 非煤矿矿山企业以欺骗、贿赂等不正当手段取得安全生产许可证后被依法予以撤销的，该企业3年内不得再次申请安全生产许可证

考点5　违反《非煤矿矿山企业安全生产许可证实施办法》应负的法律责任

《非煤矿矿山企业安全生产许可证实施办法》第41条规定，取得安全生产许可证的非煤矿矿山企业有下列行为之一的，吊销其安全生产许可证：

（1）倒卖、出租、出借或者以其他形式非法转让安全生产许可证的；

（2）暂扣安全生产许可证后未按期整改或者整改后仍不具备安全生产条件的。

《非煤矿矿山企业安全生产许可证实施办法》第42条规定，非煤矿矿山企业有下列行为之一的，责令停止生产，没收违法所得，并处10万元以上50万元以下的罚款：

（1）未取得安全生产许可证，擅自进行生产的；

（2）接受转让的安全生产许可证的；

（3）冒用安全生产许可证的；

（4）使用伪造的安全生产许可证的。

《非煤矿矿山企业安全生产许可证实施办法》第43条规定，非煤矿矿山企业在安全生产许可证有效期内出现采矿许可证有效期届满和采矿许可证被暂扣、撤销、吊销、注销的情况，未依照本实施办法第28条的规定向安全生产许可证颁发管理机关报告并交回安全生产许可证的，处1万元以上3万元以下罚款。

《非煤矿矿山企业安全生产许可证实施办法》第44条规定，非煤矿矿山企业在安全生产许可证有效期内，出现需要变更安全生产许可证的情形，未按本实施办法第21条的规定申请、办理变更手续的，责令限期办理变更手续，并处1万元以上3万元以下罚款。

地质勘探单位、采掘施工单位在登记注册地以外进行跨省作业，未按照本实施办法第26条的规定书面报告的，责令限期办理书面报告手续，并处1万元以上3万元以下的罚款。

《非煤矿矿山企业安全生产许可证实施办法》第45条规定，非煤矿矿山企业在安全生产许可证有效期满未办理延期手续，继续进行生产的，责令停止生产，限期补办延期手续，没收违法所得，并处5万元以上10万元以下的罚款；逾期仍不办理延期手续，继续进行生产的，依照本实施办法第42条的规定处罚。

第十七节　非煤矿山外包工程安全管理暂行办法

考点1　发包单位的安全生产职责

序号	项目	内容
1	具备法定安全生产条件	《非煤矿山外包工程安全管理暂行办法》第6条规定，发包单位应当依法设置安全生产管理机构或者配备专职安全生产管理人员，对外包工程的安全生产实施管理和监督。发包单位不得擅自压缩外包工程合同约定的工期，不得违章指挥或者强令承包单位及其从业人员冒险作业。发包单位应当依法取得非煤矿山安全生产许可证

序号	项目	内容
2	审查承包单位的相关资质和条件	（1）发包单位应当审查承包单位的非煤矿山安全生产许可证和相应资质，不得将外包工程发包给不具备安全生产许可证和相应资质的承包单位。 （2）承包单位的项目部承担施工作业的，发包单位除审查承包单位的安全生产许可证和相应资质外，还应当审查项目部的安全生产管理机构、规章制度和操作规程、工程技术人员、主要设备设施、安全教育培训和负责人、安全生产管理人员、特种作业人员持证上岗等情况
3	安全生产管理协议	发包单位应当与承包单位签订安全生产管理协议，明确各自的安全生产管理职责。安全生产管理协议应当包括下列内容： （1）安全投入保障； （2）安全设施和施工条件； （3）隐患排查与治理； （4）安全教育与培训； （5）事故应急救援； （6）安全检查与考评； （7）违约责任
4	安全投入	（1）发包单位是外包工程安全投入的责任主体，应当按照国家有关规定和合同约定及时、足额向承包单位提供保障施工作业安全所需的资金，明确安全投入项目和金额，并监督承包单位落实到位。 （2）对合同约定以外发生的隐患排查治理和地下矿山通风、支护、防治水等所需的费用，发包单位应当提供合同价款以外的资金，保障安全生产需要
5	日常监督检查	（1）《非煤矿山外包工程安全管理暂行办法》第10条规定，石油天然气总发包单位、分项发包单位以及金属非金属矿山总发包单位，应当每半年对其承包单位的施工资质、安全生产管理机构、规章制度和操作规程、施工现场安全管理和履行本办法第27条规定的信息报告义务等情况进行一次检查；发现承包单位存在安全生产问题的，应当督促其立即整改。 （2）《非煤矿山外包工程安全管理暂行办法》第11条规定，金属非金属矿山分项发包单位，应当将承包单位及其项目部纳入本单位的安全管理体系，实行统一管理，重点加强对地下矿山领导带班下井、地下矿山从业人员出入井统计、特种作业人员、民用爆炸物品、隐患排查与治理、职业病防护等管理，并对外包工程的作业现场实施全过程监督检查
6	外包的限制	《非煤矿山外包工程安全管理暂行办法》第12条规定，金属非金属矿山总发包单位对地下矿山一个生产系统进行分项发包的，承包单位原则上不得超过3家，避免相互影响生产、作业安全。 前款规定的发包单位在地下矿山正常生产期间，不得将主通风、主提升、供排水、供配电、主供风系统及其设备设施的运行管理进行分项发包
7	工作交底和考核	发包单位应当向承包单位进行外包工程的技术交底，按照合同约定向承包单位提供与外包工程安全生产相关的勘察、设计、风险评价、检测检验和应急救援等资料，并保证资料的真实性、完整性和有效性。 发包单位应当建立健全外包工程安全生产考核机制，对承包单位每年至少进行一次安全生产考核
8	制定应急预案并定期演练	（1）发包单位应当按照国家有关规定建立应急救援组织，编制本单位事故应急预案，并定期组织演练。 （2）外包工程实行总发包的，发包单位应当督促总承包单位统一组织编制外包工程事故应急预案；实行分项发包的，发包单位应当将承包单位编制的外包工程现场应急处置方案纳入本单位应急预案体系，并定期组织演练

续表

序号	项目	内容
9	事故救援与报告	发包单位在接到外包工程事故报告后，应当立即启动相关事故应急预案，或者采取有效措施，组织抢救，防止事故扩大，并依照《生产安全事故报告和调查处理条例》的规定，立即如实地向事故发生地县级以上人民政府安全生产监督管理部门和负有安全生产监督管理职责的有关部门报告

📝 考点 2 承包单位的安全生产职责

序号	项目		内容
1	具备安全生产条件		承包单位应当依照有关法律、法规、规章和国家标准、行业标准的规定，以及承包合同和安全生产管理协议的约定，组织施工作业，确保安全生产
2	总承包和分项承包的职责		（1）外包工程实行总承包的，总承包单位对施工现场的安全生产负总责；分项承包单位按照分包合同的约定对总承包单位负责。总承包单位和分项承包单位对分包工程的安全生产承担连带责任。 （2）总承包单位依法将外包工程分包给其他单位的，其外包工程的主体部分应当由总承包单位自行完成。 （3）禁止承包单位转包其承揽的外包工程。 （4）禁止分项承包单位将其承揽的外包工程再次分包
3	依法取得安全生产相应资质		《非煤矿山外包工程安全管理暂行办法》第19条规定，承包单位应当依法取得非煤矿山安全生产许可证和相应等级的施工资质，并在其资质范围内承包工程。 承包金属非金属矿山生产、作业工程的资质等级，应当符合下列要求： （1）总承包大型地下矿山工程和深凹露天、高陡边坡及地质条件复杂的大型露天矿山工程的，具备矿山工程施工总承包二级以上（含本级，下同）施工资质； （2）总承包中型、小型地下矿山工程的，具备矿山工程施工总承包三级以上施工资质； （3）总承包其他露天矿山工程和分项承包金属非金属矿山工程的，具备矿山工程施工总承包或者相关的专业承包资质，具体规定由省级人民政府安全生产监督管理部门制定
4	承包单位对项目部的职责	加强对所属项目部的安全管理	承包单位应当加强对所属项目部的安全管理，每半年至少进行一次安全生产检查，对项目部人员每年至少进行一次安全生产教育培训与考核。禁止承包单位以转让、出租、出借资质证书等方式允许他人以本单位的名义承揽工程
		设置安全生产管理机构，配备专职安全生产管理人员和有关工程技术人员	《非煤矿山外包工程安全管理暂行办法》第21条规定，承包单位及其项目部应当根据承揽工程的规模和特点，依法健全安全生产责任体系，完善安全生产管理基本制度，设置安全生产管理机构，配备专职安全生产管理人员和有关工程技术人员。 承包地下矿山工程的项目部应当配备与工程施工作业相适应的专职工程技术人员，其中至少有1名注册安全工程师或者具有5年以上井下工作经验的安全生产管理人员。项目部具备初中以上文化程度的从业人员比例应当不低于50%。 项目部负责人应当取得安全生产管理人员安全资格证。承包地下矿山工程的项目部负责人不得同时兼任其他工程的项目部负责人

序号	项目	内容
5	安全投入	承包单位应当依照法律、法规、规章的规定以及承包合同和安全生产管理协议的约定，及时将发包单位投入的安全资金落实到位，不得挪作他用
6	负责现场安全管理	（1）承包单位应当依照有关规定制定施工方案，加强现场作业安全管理，及时发现并消除事故隐患，落实各项规章制度和安全操作规程。 （2）承包单位发现事故隐患后应当立即治理；不能立即治理的应当采取必要的防范措施，并及时书面报告发包单位协商解决，消除事故隐患。 （3）地下矿山工程承包单位及其项目部的主要负责人和领导班子其他成员应当严格依照《金属非金属地下矿山企业领导带班下井及监督检查暂行规定》执行带班下井制度
7	制定应急预案并定期演练	（1）外包工程实行总承包的，总承包单位应当统一组织编制外包工程应急预案。总承包单位和分项承包单位应当按照国家有关规定和应急预案的要求，分别建立应急救援组织或者指定应急救援人员，配备救援设备设施和器材，并定期组织演练。 （2）外包工程实行分项承包的，分项承包单位应当根据建设工程施工的特点、范围以及施工现场容易发生事故的部位和环节，编制现场应急处置方案，并配合发包单位定期进行演练
8	事故救援与报告	（1）外包工程发生事故后，事故现场有关人员应当立即向承包单位及项目部负责人报告。 （2）承包单位及项目部负责人接到事故报告后，应当立即如实地向发包单位报告，并启动相应的应急预案，采取有效措施，组织抢救，防止事故扩大

考点3　监督管理

序号	项目	内容
1	事故的通报与调查处理	《非煤矿山外包工程安全管理暂行办法》第28条规定，承包单位发生较大以上责任事故或者一年内发生三起以上一般事故的，事故发生地的省级人民政府安全生产监督管理部门应当向承包单位登记注册地的省级人民政府安全生产监督管理部门通报。 发生重大以上事故的，事故发生地省级人民政府安全生产监督管理部门应当邀请承包单位的安全生产许可证颁发机关参加事故调查处理工作
2	重点检查的事项	《非煤矿山外包工程安全管理暂行办法》第29条规定，安全生产监督管理部门应当加强对外包工程的安全生产监督检查，重点检查下列事项： （1）发包单位非煤矿山安全生产许可证、安全生产管理协议、安全投入等情况； （2）承包单位的施工资质、应当依法取得的非煤矿山安全生产许可证、安全投入落实、承包单位及其项目部的安全生产管理机构、技术力量配备、相关人员的安全资格和持证等情况； （3）违法发包、转包、分项发包等行为

考点4　违反《非煤矿山外包工程安全管理暂行办法》应负的法律责任

序号	项目	内容
1	发包单位	《非煤矿山外包工程安全管理暂行办法》第34条规定，有关发包单位有下列行为之一的，责令限期改正，给予警告，并处1万元以上3万元以下的罚款：

序号	项目	内容
1	发包单位	（1）违反本办法第10条、第14条的规定，未对承包单位实施安全生产监督检查或者考核的； （2）违反本办法第11条的规定，未将承包单位及其项目部纳入本单位的安全管理体系，实行统一管理的； （3）违反本办法第13条的规定，未向承包单位进行外包工程技术交底，或者未按照合同约定向承包单位提供有关资料的。 《非煤矿山外包工程安全管理暂行办法》第35条规定，对地下矿山实行分项发包的发包单位违反本办法第12条的规定，在地下矿山正常生产期间，将主通风、主提升、供排水、供配电、主供风系统及其设备设施的运行管理进行分项发包的，责令限期改正，处2万元以上3万元以下罚款
2	承包单位	《非煤矿山外包工程安全管理暂行办法》第36条规定，承包地下矿山工程的项目部负责人违反本办法第21条的规定，同时兼任其他工程的项目部负责人的，责令限期改正，处5000元以上1万元以下罚款。 《非煤矿山外包工程安全管理暂行办法》第37条规定，承包单位违反本办法第22条的规定，将发包单位投入的安全资金挪作他用的，责令限期改正，给予警告，并处1万元以上3万元以下罚款。 承包单位未按照本办法第23条的规定排查治理事故隐患的，责令立即消除或者限期消除；承包单位拒不执行的，责令停产停业整顿，并处10万元以上50万元以下的罚款，对其直接负责的主管人员和其他直接责任人员处2万元以上5万元以下的罚款。 《非煤矿山外包工程安全管理暂行办法》第38条规定，承包单位违反本办法第20条规定对项目部疏于管理，未定期对项目部人员进行安全生产教育培训与考核或者未对项目部进行安全生产检查的，责令限期改正，可以处5万元以下的罚款；逾期未改正的，责令停产停业整顿，并处5万元以上10万元以下的罚款，对其直接负责的主管人员和其他直接责任人员处1万元以上2万元以下的罚款。 承包单位允许他人以本单位的名义承揽工程的，移送有关部门依法处理。 《非煤矿山外包工程安全管理暂行办法》第39条规定，承包单位违反本办法第27条的规定，在登记注册的省、自治区、直辖市以外从事施工作业，未向作业所在地县级人民政府安全生产监督管理部门书面报告本单位取得有关许可和施工资质，以及所承包工程情况的，责令限期改正，处1万元以上3万元以下的罚款

第十八节　尾矿库安全监督管理规定

📝 考点1　尾矿库建设

序号	项目	内容
1	尾矿库建设项目	尾矿库建设项目包括新建、改建、扩建以及回采、闭库的尾矿库建设工程
2	尾矿库建设的资质	《尾矿库安全监督管理规定》第10条规定，尾矿库的勘察单位应当具有矿山工程或者岩土工程类勘察资质。设计单位应当具有金属非金属矿山工程设计资质。安全评价单位应当具有尾矿库评价资质。施工单位应当具有矿山工程施工资质。施工监理单位应当具有矿山工程监理资质。

续表

序号	项目	内容
2	尾矿库建设的资质	尾矿库的勘察、设计、安全评价、施工、监理等单位除符合前款规定外，还应当按照尾矿库的等别符合下列规定： （1）一等、二等、三等尾矿库建设项目，其勘察、设计、安全评价、监理单位具有甲级资质，施工单位具有总承包一级或者特级资质； （2）四等、五等尾矿库建设项目，其勘察、设计、安全评价、监理单位具有乙级或者乙级以上资质，施工单位具有总承包三级或者三级以上资质，或者专业承包一级、二级资质
3	建设项目的初步设计	（1）尾矿库建设项目应当进行安全设施设计，对尾矿库库址及尾矿坝稳定性、尾矿库防洪能力、排洪设施和安全观测设施的可靠性进行充分论证。 （2）尾矿库库址应当由设计单位根据库容、坝高、库区地形条件、水文地质、气象、下游居民区和重要工业构筑物等情况，经科学论证后，合理确定
4	建设项目安全设施的设计审查	（1）尾矿库建设项目应当进行安全设施设计并经安全生产监督管理部门审查批准后方可施工。无安全设施设计或者安全设施设计未经审查批准的，不得施工。 （2）严禁未经设计并审查批准擅自加高尾矿坝体
5	施工	（1）尾矿库施工应当执行有关法律、行政法规和国家标准、行业标准的规定，严格按照设计施工，确保工程质量，并做好施工记录。 （2）生产经营单位应当建立尾矿库工程档案和日常管理档案，特别是隐蔽工程档案、安全检查档案和隐患排查治理档案，并长期保存。 （3）施工中需要对设计进行局部修改的，应当经原设计单位同意；对涉及尾矿库库址、等别、排洪方式、尾矿坝坝型等重大设计变更的，应当报原审批部门批准
6	试运行	《尾矿库安全监督管理规定》第16条规定，尾矿库建设项目安全设施试运行应当向安全生产监督管理部门书面报告，试运行时间不得超过6个月，且尾砂排放不得超过初期坝坝顶标高。试运行结束后，建设单位应当组织安全设施竣工验收，并形成书面报告备查
7	竣工验收	《尾矿库安全监督管理规定》第17条规定，尾矿库建设项目安全设施经验收合格后，生产经营单位应当及时按照《非煤矿矿山企业安全生产许可证实施办法》的有关规定，申请尾矿库安全生产许可证。未依法取得安全生产许可证的尾矿库，不得投入生产运行。 生产经营单位在申请尾矿库安全生产许可证时，对于验收申请时已提交的符合颁证条件的文件、资料可以不再提交；安全生产监督管理部门在审核颁发安全生产许可证时，可以不再审查

考点2　尾矿库运行

序号	项目	内容
1	变更禁止	《尾矿库安全监督管理规定》第18条规定，对生产运行的尾矿库，未经技术论证和安全生产监督管理部门的批准，任何单位和个人不得对下列事项进行变更： （1）筑坝方式； （2）排放方式； （3）尾矿物化特性； （4）坝型、坝外坡坡比、最终堆积标高和最终坝轴线的位置； （5）坝体防渗、排渗及反滤层的设置； （6）排洪系统的型式、布置及尺寸； （7）设计以外的尾矿、废料或者废水进库等

序号	项目	内容
2	现状评价	（1）尾矿库应当每三年至少进行一次安全现状评价。安全现状评价应当符合国家标准或者行业标准的要求。 （2）尾矿库安全现状评价工作应当有能够进行尾矿坝稳定性验算、尾矿库水文计算、构筑物计算的专业技术人员参加。 （3）上游式尾矿坝堆积至二分之一至三分之二最终设计坝高时，应当对坝体进行一次全面勘察，并进行稳定性专项评价
3	安全管理	《尾矿库安全监督管理规定》第20条规定，尾矿库经安全现状评价或者专家论证被确定为危库、险库和病库的，生产经营单位应当分别采取下列措施： （1）确定为危库的，应当立即停产，进行抢险，并向尾矿库所在地县级人民政府、安全生产监督管理部门和上级主管单位报告； （2）确定为险库的，应当立即停产，在限定的时间内消除险情，并向尾矿库所在地县级人民政府、安全生产监督管理部门和上级主管单位报告； （3）确定为病库的，应当在限定的时间内按照正常库标准进行整治，消除事故隐患
4	应急预案及演练	《尾矿库安全监督管理规定》第21条规定，生产经营单位应当建立健全防汛责任制，实施24小时监测监控和值班值守，并针对可能发生的垮坝、漫顶、排洪设施损毁等生产安全事故和影响尾矿库运行的洪水、泥石流、山体滑坡、地震等重大险情制定并及时修订应急救援预案，配备必要的应急救援器材、设备，放置在便于应急时使用的地方。 应急预案应当按照规定报相应的安全生产监督管理部门备案，并每年至少进行一次演练
5	应急处置	《尾矿库安全监督管理规定》第24条规定，尾矿库出现下列重大险情之一的，生产经营单位应当按照安全监管权限和职责立即报告当地县级安全生产监督管理部门和人民政府，并启动应急预案，进行抢险： （1）坝体出现严重的管涌、流土等现象的； （2）坝体出现严重裂缝、坍塌和滑动迹象的； （3）库内水位超过限制的最高洪水位的； （4）在用排水井倒塌或者排水管（洞）坍塌堵塞的； （5）其他危及尾矿库安全的重大险情

考点3　尾矿库回采和闭库

一、尾矿库回采

（1）尾矿回采再利用工程应当进行回采勘察、安全预评价和回采设计，回采设计应当包括安全设施设计，并编制安全专篇。

（2）回采安全设施设计应当报安全生产监督管理部门审查批准。

（3）生产经营单位应当按照回采设计实施尾矿回采，并在尾矿回采期间进行日常安全管理和检查，防止尾矿回采作业对尾矿坝安全造成影响。

（4）尾矿全部回采后不再进行排尾作业的，生产经营单位应当及时报安全生产监督管理部门履行尾矿库注销手续。

二、尾矿库闭库

序号	项目	内容
1	闭库时限	（1）尾矿库运行到设计最终标高或者不再进行排尾作业的，应当在一年内完成闭库。 （2）特殊情况不能按期完成闭库的，应当报经相应的安全生产监督管理部门同意后方可延

续表

序号	项目	内容
1	闭库时限	期，但延长期限不得超过 6 个月
2	闭库设计	（1）尾矿库运行到设计最终标高的前 12 个月内，生产经营单位应当进行闭库前的安全现状评价和闭库设计，闭库设计应当包括安全设施设计。 （2）闭库安全设施设计应当经有关安全生产监督管理部门审查批准
3	安全设施验收条件	尾矿库闭库工程安全设施验收，应当具备下列条件： （1）尾矿库已停止使用； （2）尾矿库闭库工程安全设施设计已经有关安全生产监督管理部门审查批准； （3）有完备的闭库工程安全设施施工记录、竣工报告、竣工图和施工监理报告等； （4）法律、行政法规和国家标准、行业标准规定的其他条件
4	竣工验收提交材料	生产经营单位组织尾矿库闭库工程安全设施验收，应当审查下列内容及资料： （1）尾矿库库址所在行政区域位置、占地面积及尾矿库下游村庄、居民等情况； （2）尾矿库建设和运行时间以及在建设和运行中曾经出现过的重大问题及其处理措施； （3）尾矿库主要技术参数，包括初期坝结构、筑坝材料、堆坝方式、坝高、总库容、尾矿坝外坡坡比、尾矿粒度、尾矿堆积量、防洪排水型式等； （4）闭库工程安全设施设计及审批文件； （5）闭库工程安全设施设计的主要工程措施和闭库工程施工概况； （6）闭库工程安全验收评价报告； （7）闭库工程安全设施竣工报告及竣工图； （8）施工监理报告； （9）其他相关资料
5	闭库后的安全管理	尾矿库闭库工作及闭库后的安全管理由原生产经营单位负责。对解散或者关闭破产的生产经营单位，其已关闭或者废弃的尾矿库的管理工作，由生产经营单位出资人或其上级主管单位负责；无上级主管单位或者出资人不明确的，由安全生产监督管理部门提请县级以上人民政府指定管理单位

考点 4　监督管理

（1）安全生产监督管理部门应当严格按照有关法律、行政法规、国家标准、行业标准以及《尾矿库安全监督管理规定》要求和"分级属地"的原则，进行尾矿库建设项目安全设施设计审查；不符合规定条件的，不得批准。审查不得收取费用。

（2）安全生产监督管理部门应当加强对尾矿库生产经营单位安全生产的监督检查，对检查中发现的事故隐患和违法违规生产行为，依法作出处理。

第十九节　冶金企业和有色金属企业安全生产规定

考点 1　企业的安全生产保障

一、企业的安全生产保障的总体要求

（1）企业应当遵守有关安全生产法律、行政法规、规章和国家标准或者行业标准的规定。

（2）企业应当建立安全风险管控和事故隐患排查治理双重预防机制，落实从主要负责人到每一名从业人员的安全风险管控和事故隐患排查治理责任制。

（3）企业应当按照规定开展安全生产标准化建设工作，推进安全健康管理系统化、岗位操作行为规范化、设备设施本质安全化和作业环境器具定置化，并持续改进。

二、全员安全生产责任制及安全管理人员

序号	项目	内容
1	全员安全生产责任制	（1）企业应当建立健全全员安全生产责任制，主要负责人（包括法定代表人和实际控制人，下同）是本企业安全生产的第一责任人，对本企业的安全生产工作全面负责；其他负责人对分管范围内的安全生产工作负责；各职能部门负责人对职责范围内的安全生产工作负责。 （2）企业主要负责人应当每年向股东会或者职工代表大会报告本企业安全生产状况，接受股东和从业人员对安全生产工作的监督
2	安全管理人员配备	《冶金企业和有色金属企业安全生产规定》第10条规定，企业存在金属冶炼工艺，从业人员在一百人以上的，应当设置安全生产管理机构或者配备不低于从业人员千分之三的专职安全生产管理人员，但最低不少于三人；从业人员在一百人以下的，应当设置安全生产管理机构或者配备专职安全生产管理人员

三、安全教育和培训

《冶金企业和有色金属企业安全生产规定》第11条规定，企业主要负责人、安全生产管理人员应当接受安全生产教育和培训，具备与本企业生产经营活动相适应的安全生产知识和管理能力。其中，存在金属冶炼工艺的企业的主要负责人、安全生产管理人员自任职之日起六个月内，必须接受负有冶金有色安全生产监管职责的部门对其进行安全生产知识和管理能力考核，并考核合格。

企业应当按照国家有关规定对从业人员进行安全生产教育和培训，保证从业人员具备必要的安全生产知识，了解有关安全生产法律法规，熟悉本企业规章制度和安全技术操作规程，掌握本岗位安全操作技能，并建立培训档案，记录培训、考核等情况。未经安全生产教育培训合格的从业人员，不得上岗作业。

企业应当对新上岗从业人员进行厂（公司）、车间（职能部门）、班组三级安全生产教育和培训；对调整工作岗位、离岗半年以上重新上岗的从业人员，应当经车间（职能部门）、班组安全生产教育和培训合格后，方可上岗作业。

新工艺、新技术、新材料、新设备投入使用前，企业应当对有关操作岗位人员进行专门的安全生产教育和培训。

四、企业的其他安全生产保障

序号	项目	内容
1	建设项目"三同时"	企业新建、改建、扩建工程项目（以下统称建设项目）的安全设施和职业病防护设施应当严格执行国家有关安全生产、职业病防治法律、行政法规和国家标准或者行业标准的规定，并与主体工程同时设计、同时施工、同时投入生产和使用。安全设施和职业病防护设施的投资应当纳入建设项目概算

序号	项目	内容
2	安全设施设计验收	（1）金属冶炼建设项目在可行性研究阶段，建设单位应当依法进行安全评价。 （2）建设项目在初步设计阶段，建设单位应当委托具备国家规定资质的设计单位对其安全设施进行设计，并编制安全设施设计。 （3）建设项目竣工投入生产或者使用前，建设单位应当按照有关规定进行安全设施竣工验收
3	重大危险源管理	（1）企业应当对本企业存在的各类危险因素进行辨识，在有较大危险因素的场所和设施、设备上，按照有关国家标准、行业标准的要求设置安全警示标志，并定期进行检查维护。 （2）对于辨识出的重大危险源，企业应当登记建档、监测监控，定期检测、评估，制定应急预案并定期开展应急演练。 （3）企业应当将重大危险源及有关安全措施、应急预案报有关地方人民政府负有冶金有色安全生产监管职责的部门备案
4	应急管理	（1）企业应当建立应急救援组织。生产规模较小的，可以不建立应急救援组织，但应当指定兼职的应急救援人员，并且可以与邻近的应急救援队伍签订应急救援协议。 （2）企业应当配备必要的应急救援器材、设备和物资，并进行经常性维护、保养，保证正常运转
5	职业健康监护	（1）企业应当采取有效措施预防、控制和消除职业病危害，保证工作场所的职业卫生条件符合法律、行政法规和国家标准或者行业标准的规定。 （2）企业应当定期对工作场所存在的职业病危害因素进行检测、评价，检测结果应当在本企业醒目位置进行公布。 （3）企业应当按照有关规定加强职业健康监护工作，对接触职业病危害的从业人员，应当在上岗前、在岗期间和离岗时组织职业健康检查，将检查结果书面告知从业人员，并为其建立职业健康监护档案
6	建设项目的发包出租管理	（1）企业应当加强对施工、检修等重点工程和生产经营项目、场所的承包单位的安全管理，不得将有关工程、项目、场所发包给不具备安全生产条件或者相应资质的单位。企业和承包单位的承包协议应当明确约定双方的安全生产责任和义务。 （2）企业应当对承包单位的安全生产进行统一协调、管理，对从事检修工程的承包单位检修方案中的安全措施和应急处置措施进行审核，监督承包单位落实。 （3）企业应当对承包检修作业现场进行安全交底，并安排专人负责安全检查和协调
7	交叉作业	企业的正常生产活动与其他单位的建设施工或者检修活动同时在本企业同一作业区域内进行的，企业应当指定专职安全生产管理人员负责作业现场的安全检查工作，对有关作业活动进行统一协调、管理
8	设备设施维护	（1）企业应当建立健全设备设施安全管理制度，加强设备设施的检查、维护、保养和检修，确保设备设施安全运行。 （2）对重要岗位的电气、机械等设备，企业应当实行操作牌制度
9	技术工艺设备禁止规定	企业不得使用不符合国家标准或者行业标准的技术、工艺和设备；对现有工艺、设备进行更新或者改造的，不得降低其安全技术性能
10	建筑物安全检查	（1）企业的建（构）筑物应当按照国家标准或者行业标准规定，采取防火、防爆、防雷、防震、防腐蚀、隔热等防护措施，对承受重荷载、荷载发生变化或者受高温熔融金属喷溅、酸碱腐蚀等危害的建（构）筑物，应当定期对建（构）筑物结构进行安全检查。 （2）企业对起重设备进行改造并增加荷重的，应当同时对承重厂房结构进行荷载核定，并对承重结构采取必要的加固措施，确保承重结构具有足够的承重能力

序号	项目	内容
11	会议室等活动场所设置	企业的操作室、会议室、活动室、休息室、更衣室等场所不得设置在高温熔融金属吊运的影响范围内。进行高温熔融金属吊运时，吊炉与大型槽体、高压设备、高压管路、压力容器的安全距离应当符合有关国家标准或者行业标准的规定，并采取有效的防护措施
12	高温熔融管理	（1）企业在进行高温熔融金属冶炼、保温、运输、吊运过程中，应当采取防止泄漏、喷溅、爆炸伤人的安全措施，其影响区域不得有非生产性积水。 （2）高温熔融金属运输专用路线应当避开煤气、氧气、氢气、天然气、水管等管道及电缆；确需通过的，运输车辆与管道、电缆之间应当保持足够的安全距离，并采取有效的隔热措施。 （3）严禁运输高温熔融金属的车辆在管道或者电缆下方，以及有易燃易爆物质的区域停留
13	电炉电解管理	（1）企业对电炉、电解车间应当采取防雨措施和有效的排水设施，防止雨水进入槽下地坪，确保电炉、电解槽下没有积水。 （2）企业对电炉、铸造熔炼炉、保温炉、倾翻炉、铸机、流液槽、熔盐电解槽等设备，应当设置熔融金属紧急排放和储存的设施，并在设备周围设置拦挡围堰，防止熔融金属外流
14	煤气使用管理	（1）生产、储存、使用煤气的企业应当建立煤气防护站（组），配备必要的煤气防护人员、煤气检测报警装置及防护设施，并且每年至少组织一次煤气事故应急演练。 （2）生产、储存、使用煤气的企业应当严格执行《工业企业煤气安全规程》（GB 6222），在可能发生煤气泄漏、聚集的场所，设置固定式煤气检测报警仪和安全警示标志。 （3）进入煤气区域作业的人员，应当携带便携式一氧化碳检测报警仪，配备空气呼吸器，并由企业安排专门人员进行安全管理。 （4）煤气柜区域应当设有隔离围栏，安装在线监控设备，并由企业安排专门人员值守。煤气柜区域严禁烟火
15	防火防爆管理	（1）企业对涉及煤气、氧气、氢气等易燃易爆危险化学品生产、输送、使用、储存的设施以及油库、电缆隧道（沟）等重点防火部位，应当按照有关规定采取有效、可靠的防火、防爆和防泄漏措施。 （2）企业对具有爆炸危险环境的场所，应当按照《爆炸性环境第1部分：设备 通用要求》GB/T 3836.1及《爆炸危险环境电力装置设计规范》（GB 50058）设置自动检测报警和防灭火装置
16	防腐等危害管理	（1）企业对反应槽、罐、池、釜和储液罐、酸洗槽应当采取防腐蚀措施，设置事故池，进行经常性安全检查、维护、保养，并定期检测，保证正常运转。企业实施浸出、萃取作业时，应当采取防火防爆、防冒槽喷溅和防中毒等安全措施。 （2）企业从事产生酸雾危害的电解作业时，应当采取防止酸雾扩散及槽体、厂房防腐措施。电解车间应当保持厂房通风良好，防止电解产生的氢气聚集。 （3）企业在使用酸、碱的作业场所，应当采取防止人员灼伤的措施，并设置安全喷淋或者洗涤设施。采用剧毒物品的电镀、钝化等作业，企业应当在电镀槽的下方设置事故池，并加强对剧毒物品的安全管理
17	防中毒管理	（1）企业对生产过程中存在二氧化硫、氯气、砷化氢、氟化氢等有毒有害气体的工作场所，应当采取防止人员中毒的措施。 （2）企业对存在铅、镉、铬、砷、汞等重金属蒸气、粉尘的作业场所，应当采取预防重金属中毒的措施
18	有限空间等危险作业的审批	企业应当建立有限空间、动火、高处作业、能源介质停送等较大危险作业和检修、维修作业审批制度，实施工作票（作业票）和操作票管理，严格履行内部审批手续，并安排专门人员进行现场安全管理，确保作业安全
19	复产检查	企业在生产装置复产前，应当组织安全检查，进行安全条件确认

考点 2　监督管理

《冶金企业和有色金属企业安全生产规定》第 41～43 条对冶金企业和有色金属企业安全生产的监督管理做了如下规定：

（1）负有冶金有色安全生产监管职责的部门应当将企业安全生产标准化建设、安全生产风险管控和隐患排查治理双重预防机制的建立情况纳入安全生产年度监督检查计划，并按照计划检查督促企业开展工作。

（2）负有冶金有色安全生产监管职责的部门应当加强对监督检查人员的冶金和有色金属安全生产专业知识的培训，提高其行政执法能力。

（3）负有冶金有色安全生产监管职责的部门应当为进入有限空间等特定作业场所进行监督检查的人员，配备必需的个体防护用品和监测检查仪器。

第二十节　烟花爆竹生产企业安全生产许可证实施办法

考点 1　申请安全生产许可证的条件

序号	项目	内容
1	产业结构和选址	《烟花爆竹生产企业安全生产许可证实施办法》第 6 条规定，企业的设立应当符合国家产业政策和当地产业结构规划，企业的选址应当符合当地城乡规划。企业与周边建筑、设施的安全距离必须符合国家标准、行业标准的规定
2	企业的基本建设项目	《烟花爆竹生产企业安全生产许可证实施办法》第 7 条规定，企业的基本建设项目应当依照有关规定经县级以上人民政府或者有关部门批准，并符合下列条件： （1）建设项目的设计由具有乙级以上军工行业的弹箭、火炸药、民爆器材工程设计类别工程设计资质或者化工石化医药行业的有机化工、石油冶炼、石油产品深加工工程设计类型工程设计资质的单位承担； （2）建设项目的设计符合《烟花爆竹工程设计安全规范》（GB 50161）的要求，并依法进行安全设施设计审查和竣工验收
3	厂房和基础设施的规定	《烟花爆竹生产企业安全生产许可证实施办法》第 8 条规定，企业的厂房和仓库等基础设施、生产设备、生产工艺以及防火、防爆、防雷、防静电等安全设备设施必须符合《烟花爆竹工程设计安全规范》（GB 50161）、《烟花爆竹作业安全技术规程》（GB 11652）等国家标准、行业标准的规定。 从事礼花弹生产的企业除符合前款规定外，还应当符合礼花弹生产安全条件的规定
4	仓库的规定	《烟花爆竹生产企业安全生产许可证实施办法》第 9 条规定，企业的药物和成品总仓库、药物和半成品中转库、机械混药和装药工房、晾晒场、烘干房等重点部位应当根据《烟花爆竹企业安全监控系统通用技术条件》（AQ4101）的规定安装视频监控和异常情况报警装置，并设置明显的安全警示标志
5	品种等规定	《烟花爆竹生产企业安全生产许可证实施办法》第 11 条规定，企业生产的产品品种、类别、级别、规格、质量、包装、标志应当符合《烟花爆竹安全与质量》（GB 10631）等国家标准、行业标准的规定

续表

序号	项目	内容
6	应急预案及其他规定	《烟花爆竹生产企业安全生产许可证实施办法》第15～19条规定如下： （1）企业应当依法参加工伤保险，为从业人员缴纳保险费。 （2）企业应当依照国家有关规定提取和使用安全生产费用，不得挪作他用。 （3）企业必须为从业人员配备符合国家标准或者行业标准的劳动防护用品，并依照有关规定对从业人员进行职业健康检查。 （4）企业应当建立生产安全事故应急救援组织，制定事故应急预案，并配备应急救援人员和必要的应急救援器材、设备。 （5）企业应当根据《烟花爆竹流向登记通用规范》（AQ4102）和国家有关烟花爆竹流向信息化管理的规定，建立并应用烟花爆竹流向管理信息系统
7	安全生产管理机构及相关人员	《烟花爆竹生产企业安全生产许可证实施办法》第12条规定，企业应当设置安全生产管理机构，配备专职安全生产管理人员，并符合下列要求： （1）确定安全生产主管人员； （2）配备占本企业从业人员总数1%以上且至少有2名专职安全生产管理人员； （3）配备占本企业从业人员总数5%以上的兼职安全员
8	安全生产规章制度	《烟花爆竹生产企业安全生产许可证实施办法》第13条规定，企业应当建立健全主要负责人、分管负责人、安全生产管理人员、职能部门、岗位的安全生产责任制，制定下列安全生产规章制度和操作规程： （1）符合《烟花爆竹作业安全技术规程》（GB 11652）等国家标准、行业标准规定的岗位安全操作规程； （2）药物存储管理、领取管理和余（废）药处理制度； （3）企业负责人及涉裸药生产线负责人值（带）班制度； （4）特种作业人员管理制度； （5）从业人员安全教育培训制度； （6）安全检查和隐患排查治理制度； （7）产品购销合同和销售流向登记管理制度； （8）新产品、新药物研发管理制度； （9）安全设施设备维护管理制度； （10）原材料购买、检验、储存及使用管理制度； （11）职工出入厂（库）区登记制度； （12）厂（库）区门卫值班（守卫）制度； （13）重大危险源（重点危险部位）监控管理制度； （14）安全生产费用提取和使用制度； （15）劳动防护用品配备、使用和管理制度； （16）工作场所职业病危害防治制度

考点2　安全生产许可证的申请和颁发

序号	项目		内容
1	申请	申请材料	《烟花爆竹生产企业安全生产许可证实施办法》第21条规定，企业申请安全生产许可证，应当向所在地设区的市级人民政府安全生产监督管理部门（以下统称初审机关）提出安全审查申请，提交下列文件、资料，并对其真实性负责： （1）安全生产许可证申请书（一式三份）； （2）工商营业执照或者企业名称工商预先核准文件（复制件）； （3）建设项目安全设施设计审查和竣工验收的证明材料；

续表

序号	项目		内容
1	申请	申请材料	（4）安全生产管理机构及安全生产管理人员配备情况的书面文件； （5）各种安全生产责任制文件（复制件）； （6）安全生产规章制度和岗位安全操作规程目录清单； （7）企业主要负责人、分管安全生产负责人、专职安全生产管理人员名单和安全资格证（复制件）； （8）特种作业人员的特种作业操作证（复制件）和其他从业人员安全生产教育培训合格的证明材料； （9）为从业人员缴纳工伤保险费的证明材料； （10）安全生产费用提取和使用情况的证明材料； （11）具备资质的中介机构出具的安全评价报告
		申请时限	新建企业申请安全生产许可证，应当在建设项目竣工验收通过之日起 20 个工作日内向所在地初审机关提出安全审查申请
2	初审		《烟花爆竹生产企业安全生产许可证实施办法》第 23 条规定，初审机关收到企业提交的安全审查申请后，应当对企业的设立是否符合国家产业政策和当地产业结构规划、企业的选址是否符合城乡规划以及有关申请文件、资料是否符合要求进行初步审查，并且收到申请之日起 20 个工作日内提出初步审查意见（以下简称初审意见），连同申请文件、资料一并报省、自治区、直辖市人民政府安全生产监督管理部门（以下简称发证机关）。 初审机关在审查过程中，可以就企业的有关情况征求企业所在地县级人民政府的意见
3	受理		《烟花爆竹生产企业安全生产许可证实施办法》第 24 条规定，发证机关收到初审机关报送的申请文件、资料和初审意见后，应当按照下列情况分别作出处理： （1）申请文件、资料不齐全或者不符合要求的，当场告知或者在 5 个工作日内出具补正通知书，一次告知企业需要补正的全部内容；逾期不告知的，自收到申请材料之日起即为受理。 （2）申请文件、资料齐全，符合要求或者按照发证机关要求提交全部补正材料的，自收到申请文件、资料或者全部补正材料之日即为受理。 发证机关应当将受理或者不予受理决定书面告知申请企业和初审机关
4	发证		《烟花爆竹生产企业安全生产许可证实施办法》第 25 条规定，发证机关受理申请后，应当结合初审意见，组织有关人员对申请文件、资料进行审查。需要到现场核查的，应当指派 2 名以上工作人员进行现场核查；对从事黑火药、引火线、礼花弹生产的企业，应当指派 2 名以上工作人员进行现场核查。 发证机关应当自受理之日起 45 个工作日内作出颁发或者不予颁发安全生产许可证的决定。 对决定颁发的，发证机关应当自决定之日起 10 个工作日内送达或者通知企业领取安全生产许可证；对不予颁发的，应当在 10 个工作日内书面通知企业并说明理由。 现场核查所需时间不计算在本条规定的期限内

考点 3　安全生产许可证的变更和延期

序号	项目	内容
1	变更	《烟花爆竹生产企业安全生产许可证实施办法》第 27 条规定，企业在安全生产许可证有效期内有下列情形之一的，应当按照本办法规定申请变更安全生产许可证： （1）改建、扩建烟花爆竹生产（含储存）设施的； （2）变更产品类别、级别范围的； （3）变更企业主要负责人的； （4）变更企业名称的

续表

序号	项目		内容
2	延期	时限	（1）安全生产许可证有效期为 3 年。 （2）安全生产许可证有效期满需要延期的，企业应当于有效期届满前 3 个月向原发证机关申请办理延期手续
		延期申请的资料	《烟花爆竹生产企业安全生产许可证实施办法》第 31 条规定，企业提出延期申请的，应当向发证机关提交下列文件、资料： （1）安全生产许可证延期申请书（一式三份）； （2）本办法第 21 条第四项至第十一项规定的文件、资料； （3）达到安全生产标准化三级的证明材料。 发证机关收到延期申请后，应当按照本办法第 24 条、第 25 条的规定办理延期手续
		不再审查，直接办理延期	《烟花爆竹生产企业安全生产许可证实施办法》第 32 条规定，企业在安全生产许可证有效期内符合下列条件，在许可证有效期届满时，经原发证机关同意，不再审查，直接办理延期手续： （1）严格遵守有关安全生产法律、法规和本办法； （2）取得安全生产许可证后，加强日常安全生产管理，不断提升安全生产条件，达到安全生产标准化二级以上； （3）接受发证机关及所在地人民政府安全生产监督管理部门的监督检查； （4）未发生生产安全死亡事故

考点 4　监督管理

序号	项目	内容
1	撤销安全生产许可证	《烟花爆竹生产企业安全生产许可证实施办法》第 36 条规定，发证机关发现企业以欺骗、贿赂等不正当手段取得安全生产许可证的，应当撤销已颁发的安全生产许可证
2	注销安全生产许可证	《烟花爆竹生产企业安全生产许可证实施办法》第 37 条规定，取得安全生产许可证的企业有下列情形之一的，发证机关应当注销其安全生产许可证： （1）安全生产许可证有效期满未被批准延期的； （2）终止烟花爆竹生产活动的； （3）安全生产许可证被依法撤销的； （4）安全生产许可证被依法吊销的。 发证机关注销安全生产许可证后，应当在当地主要媒体或者本机关政府网站上及时公告被注销安全生产许可证的企业名单，并通报同级人民政府有关部门和企业所在地县级人民政府
3	禁止性规定	《烟花爆竹生产企业安全生产许可证实施办法》第 40 条规定，企业取得安全生产许可证后，不得出租、转让安全生产许可证，不得将企业、生产线或者工（库）房转包、分包给不具备安全生产条件或相应资质的其他任何单位或者个人，不得多股东各自独立进行烟花爆竹生产活动。 企业不得从其他企业购买烟花爆竹半成品加工后销售或者购买其他企业烟花爆竹成品加贴本企业标签后销售，不得向其他企业销售烟花爆竹半成品。从事礼花弹生产的企业不得将礼花弹销售给未经公安机关批准的燃放活动

考点 5 违反《烟花爆竹生产企业安全生产许可证实施办法》应负的法律责任

序号	项目	内容
1	发证机关、初审机关及其工作人员	《烟花爆竹生产企业安全生产许可证实施办法》第42条规定，发证机关、初审机关及其工作人员有下列行为之一的，给予降级或者撤职的行政处分；构成犯罪的，依法追究刑事责任： (1) 向不符合本办法规定的安全生产条件的企业颁发安全生产许可证的； (2) 发现企业未依法取得安全生产许可证擅自从事烟花爆竹生产活动，不依法处理的； (3) 发现取得安全生产许可证的企业不再具备本办法规定的安全生产条件，不依法处理的； (4) 接到违反本办法规定行为的举报后，不及时处理的； (5) 在安全生产许可证颁发、管理和监督检查工作中，索取或者接受企业财物、帮助企业弄虚作假或者谋取其他不正当利益的
2	未按规定变更	《烟花爆竹生产企业安全生产许可证实施办法》第43条规定，企业有下列行为之一的，责令停止违法活动或者限期改正，并处1万元以上3万元以下的罚款： (1) 变更企业主要负责人或者名称，未办理安全生产许可证变更手续的； (2) 从其他企业购买烟花爆竹半成品加工后销售，或者购买其他企业烟花爆竹成品加贴本企业标签后销售，或者向其他企业销售烟花爆竹半成品的
3	暂扣许可证	《烟花爆竹生产企业安全生产许可证实施办法》第44条规定，企业有下列行为之一的，依法暂扣其安全生产许可证： (1) 多股东各自独立进行烟花爆竹生产活动的； (2) 从事礼花弹生产的企业将礼花弹销售给未经公安机关批准的燃放活动的； (3) 改建、扩建烟花爆竹生产（含储存）设施未办理安全生产许可证变更手续的； (4) 发生较大以上生产安全责任事故的； (5) 不再具备本办法规定的安全生产条件的。 企业有前款第（1）项、第（2）项、第（3）项行为之一的，并处1万元以上3万元以下的罚款
4	吊销许可证	《烟花爆竹生产企业安全生产许可证实施办法》第45条规定，企业有下列行为之一的，依法吊销其安全生产许可证： (1) 出租、转让安全生产许可证的； (2) 被暂扣安全生产许可证，经停产整顿后仍不具备本办法规定的安全生产条件的。 企业有前款第（1）项行为的，没收违法所得，并处10万元以上50万元以下的罚款
5	其他违法行为的法律责任	《烟花爆竹生产企业安全生产许可证实施办法》第46条规定，企业有下列行为之一的，责令停止生产，没收违法所得，并处10万元以上50万元以下的罚款： (1) 未取得安全生产许可证擅自进行烟花爆竹生产的； (2) 变更产品类别或者级别范围未办理安全生产许可证变更手续的

第二十一节 烟花爆竹经营许可实施办法

考点 1 批发许可证的申请和颁发

一、批发企业应当符合的条件

《烟花爆竹经营许可实施办法》第6条规定，批发企业应当符合下列条件：

（1）具备企业法人条件；

（2）符合所在地省级安全监管局制定的批发企业布点规划；

（3）具有与其经营规模和产品相适应的仓储设施。仓库的内外部安全距离、库房布局、建筑结构、疏散通道、消防、防爆、防雷、防静电等安全设施以及电气设施等，符合《烟花爆竹工程设计安全规范》（GB 50161）等国家标准和行业标准的规定。仓储区域及仓库安装有符合《烟花爆竹企业安全监控系统通用技术条件》（AQ4101）规定的监控设施，并设立符合《烟花爆竹安全生产标志》（AQ 4114）规定的安全警示标志和标识牌；

（4）具备与其经营规模、产品和销售区域范围相适应的配送服务能力；

（5）建立安全生产责任制和各项安全管理制度、操作规程。安全管理制度和操作规程至少包括：仓库安全管理制度、仓库保管守卫制度、防火防爆安全管理制度、安全检查和隐患排查治理制度、事故应急救援与事故报告制度、买卖合同管理制度、产品流向登记制度、产品检验验收制度、从业人员安全教育培训制度、违规违章行为处罚制度、企业负责人值（带）班制度、安全生产费用提取和使用制度、装卸（搬运）作业安全规程；

（6）有安全管理机构或者专职安全生产管理人员；

（7）主要负责人、分管安全生产负责人、安全生产管理人员具备烟花爆竹经营方面的安全知识和管理能力，并经培训考核合格，取得相应资格证书。仓库保管员、守护员接受烟花爆竹专业知识培训，并经考核合格，取得相应资格证书。其他从业人员经本单位安全知识培训合格；

（8）按照《烟花爆竹流向登记通用规范》（AQ4102）和烟花爆竹流向信息化管理的有关规定，建立并应用烟花爆竹流向信息化管理系统；

（9）有事故应急救援预案、应急救援组织和人员，并配备必要的应急救援器材、设备；

（10）依法进行安全评价；

（11）法律、法规规定的其他条件。

从事烟花爆竹进出口的企业申请领取批发许可证，应当具备前款第（1）项至第（3）项和第（5）项至第（11）项规定的条件。

《烟花爆竹经营许可实施办法》第 7 条规定，从事黑火药、引火线批发的企业，除具备本办法第六条规定的条件外，还应当具备必要的黑火药、引火线安全保管措施，自有的专用运输车辆能够满足其配送服务需要，且符合国家相关标准。

二、申请领取批发许可证

序号	项目	内容
1	应提交的材料	《烟花爆竹经营许可实施办法》第 8 条规定，批发企业申请领取批发许可证时，应当向发证机关提交下列申请文件、资料，并对其真实性负责： （1）批发许可证申请书（一式三份）； （2）企业法人营业执照副本或者企业名称工商预核准文件复制件； （3）安全生产责任制文件、事故应急救援预案备案登记文件、安全管理制度和操作规程的目录清单； （4）主要负责人、分管安全生产负责人、安全生产管理人员和仓库保管员、守护员的相关资格证书复制件；

序号	项目	内容
1	应提交的材料	（5）具备相应资质的设计单位出具的库区外部安全距离实测图和库区仓储设施平面布置图； （6）具备相应资质的安全评价机构出具的安全评价报告，安全评价报告至少包括本办法第 6 条第（3）项、第（4）项、第（8）项、第（9）项和第 7 条规定条件的符合性评价内容； （7）建设项目安全设施设计审查和竣工验收的证明材料； （8）从事黑火药、引火线批发的企业自有专用运输车辆以及驾驶员、押运员的相关资质（资格）证书复制件； （9）法律、法规规定的其他文件、资料
2	受理	《烟花爆竹经营许可实施办法》第 9 条规定，发证机关对申请人提交的申请书及文件、资料，应当按照下列规定分别处理： （1）申请事项不属于本发证机关职责范围的，应当即时作出不予受理的决定，并告知申请人向相应发证机关申请； （2）申请材料存在可以当场更改的错误的，应当允许或者要求申请人当场更正，并在更正后即时出具受理的书面凭证； （3）申请材料不齐全或者不符合要求的，应当当场或者在 5 个工作日内书面一次告知申请人需要补正的全部内容。逾期不告知的，自收到申请材料之日起即为受理； （4）申请材料齐全、符合要求或者按照要求全部补正的，自收到申请材料或者全部补正材料之日起即为受理
3	审查	《烟花爆竹经营许可实施办法》第 10 条规定，发证机关受理申请后，应当对申请材料进行审查。需要对经营储存场所的安全条件进行现场核查的，应当指派 2 名以上工作人员组织技术人员进行现场核查。对烟花爆竹进出口企业和设有 1.1 级仓库的企业，应当指派 2 名以上工作人员组织技术人员进行现场核查。负责现场核查的人员应当提出书面核查意见
4	决定	《烟花爆竹经营许可实施办法》第 11 条规定，发证机关应当自受理申请之日起 30 个工作日内作出颁发或者不予颁发批发许可证的决定。 对决定不予颁发的，应当自作出决定之日起 10 个工作日内书面通知申请人并说明理由；对决定颁发的，应当自作出决定之日起 10 个工作日内送达或者通知申请人领取批发许可证。 发证机关在审查过程中，现场核查和企业整改所需时间，不计算在本办法规定的期限内

三、批发许可证的有效期、延期及变更

序号	项目	内容
1	有效期	批发许可证的有效期限为 3 年
2	延期	《烟花爆竹经营许可实施办法》第 12 条规定，批发许可证有效期满后，批发企业拟继续从事烟花爆竹批发经营活动的，应当在有效期届满前 3 个月向原发证机关提出延期申请，并提交下列文件、资料： （1）批发许可证延期申请书（一式三份）； （2）本办法第 8 条第（3）项、第（4）项、第（5）项、第（8）项规定的文件、资料； （3）安全生产标准化达标的证明材料。 《烟花爆竹经营许可实施办法》第 14 条规定，批发企业符合下列条件的，经发证机关同意，可以不再现场核查，直接办理批发许可证延期手续： （1）严格遵守有关法律、法规和本办法规定，无违法违规经营行为的；

续表

序号	项目	内容
2	延期	（2）取得批发许可证后，持续加强安全生产管理，不断提升安全生产条件，达到安全生产标准化二级以上的； （3）接受发证机关及所在地人民政府安全生产监督管理部门的监督检查的； （4）未发生生产安全伤亡事故的
3	变更	《烟花爆竹经营许可实施办法》第15条规定，批发企业在批发许可证有效期内变更企业名称、主要负责人和注册地址的，应当自变更之日起10个工作日内向原发证机关提出变更，并提交下列文件、资料： （1）批发许可证变更申请书（一式三份）； （2）变更后的企业名称工商预核准文件或者工商营业执照副本复制件； （3）变更后的主要负责人安全资格证书复制件。 批发企业变更经营许可范围、储存仓库地址和仓储设施新建、改建、扩建的，应当重新申请办理许可手续

📝 考点2　零售许可证的申请和颁发

序号	项目	内容
1	零售经营者应当符合的条件	《烟花爆竹经营许可实施办法》第16条规定，零售经营者应当符合下列条件： （1）符合所在地县级安全监管局制定的零售经营布点规划； （2）主要负责人经过安全培训合格，销售人员经过安全知识教育； （3）春节期间零售点、城市长期零售点实行专店销售。乡村长期零售点在淡季实行专柜销售时，安排专人销售，专柜相对独立，并与其他柜台保持一定的距离，保证安全通道畅通； （4）零售场所的面积不小于10平方米，其周边50米范围内没有其他烟花爆竹零售点，并与学校、幼儿园、医院、集贸市场等人员密集场所和加油站等易燃易爆物品生产、储存设施等重点建筑物保持100米以上的安全距离； （5）零售场所配备必要的消防器材，张贴明显的安全警示标志； （6）法律、法规规定的其他条件
2	应提交的材料	《烟花爆竹经营许可实施办法》第17条规定，零售经营者申请领取零售许可证时，应当向所在地发证机关提交申请书、零售点及其周围安全条件说明和发证机关要求提供的其他材料
3	审查	《烟花爆竹经营许可实施办法》第18条规定，发证机关受理申请后，应当对申请材料和零售场所的安全条件进行现场核查。负责现场核查的人员应当提出书面核查意见
4	决定	《烟花爆竹经营许可实施办法》第19条规定，发证机关应当自受理申请之日起20个工作日内作出颁发或者不予颁发零售许可证的决定，并书面告知申请人。对决定不予颁发的，应当书面说明理由
5	有效期及重新申请	《烟花爆竹经营许可实施办法》第21条规定，零售许可证的有效期限由发证机关确定，最长不超过2年。零售许可证有效期满后拟继续从事烟花爆竹零售经营活动，或者在有效期内变更零售点名称、主要负责人、零售场所和许可范围的，应当重新申请取得零售许可证

考点3 监督管理

序号	项目	内容
1	禁止性规定	《烟花爆竹经营许可实施办法》第22条规定，批发企业、零售经营者不得采购和销售非法生产、经营的烟花爆竹和产品质量不符合国家标准或者行业标准规定的烟花爆竹。 批发企业不得向未取得零售许可证的单位或者个人销售烟花爆竹，不得向零售经营者销售礼花弹等应当由专业燃放人员燃放的烟花爆竹；从事黑火药、引火线批发的企业不得向无《烟花爆竹安全生产许可证》的单位或者个人销售烟火药、黑火药、引火线。 零售经营者应当向批发企业采购烟花爆竹，不得采购、储存和销售礼花弹等应当由专业燃放人员燃放的烟花爆竹，不得采购、储存和销售烟火药、黑火药、引火线。 《烟花爆竹经营许可实施办法》第23条规定，禁止在烟花爆竹经营许可证载明的储存（零售）场所以外储存烟花爆竹。 烟花爆竹仓库储存的烟花爆竹品种、规格和数量，不得超过国家标准或者行业标准规定的危险等级和核定限量。 零售点存放的烟花爆竹品种和数量，不得超过烟花爆竹经营许可证载明的范围和限量。 《烟花爆竹经营许可实施办法》第26条规定，烟花爆竹经营单位不得出租、出借、转让、买卖、冒用或者使用伪造的烟花爆竹经营许可证。
2	备查备案	《烟花爆竹经营许可实施办法》第25条规定，批发企业应当建立并严格执行合同管理、流向登记制度，健全合同管理和流向登记档案，并留存3年备查。 黑火药、引火线批发企业的采购、销售记录，应当自购买或者销售之日起3日内报所在地县级安全监管局备案
3	撤销或注销	《烟花爆竹经营许可实施办法》第28条规定，对违反本办法规定的程序、超越职权或者不具备本办法规定的安全条件颁发的烟花爆竹经营许可证，发证机关应当依法撤销其经营许可证。 取得烟花爆竹经营许可证的单位依法终止烟花爆竹经营活动的，发证机关应当依法注销其经营许可证

考点4 违反《烟花爆竹经营许可实施办法》应负的法律责任

一、批发企业应负的法律责任

《烟花爆竹经营许可实施办法》第32条规定，批发企业有下列行为之一的，责令其限期改正，处5000元以上3万元以下的罚款：

（1）在城市建成区内设立烟花爆竹储存仓库，或者在批发（展示）场所摆放有药样品的；

（2）采购和销售质量不符合国家标准或者行业标准规定的烟花爆竹的；

（3）在仓库内违反国家标准或者行业标准规定储存烟花爆竹的；

（4）在烟花爆竹经营许可证载明的仓库以外储存烟花爆竹的；

（5）对假冒伪劣、过期、含有超量、违禁药物以及其他存在严重质量问题的烟花爆竹未及时销毁的；

（6）未执行合同管理、流向登记制度或者未按照规定应用烟花爆竹流向管理信息系统的；

（7）未将黑火药、引火线的采购、销售记录报所在地县级安全监管局备案的；

（8）仓储设施新建、改建、扩建后，未重新申请办理许可手续的；

（9）变更企业名称、主要负责人、注册地址，未申请办理许可证变更手续的；

（10）向未取得零售许可证的单位或者个人销售烟花爆竹的。

《烟花爆竹经营许可实施办法》第33条规定，批发企业有下列行为之一的，责令其停业整顿，依法暂扣批发许可证，处2万元以上10万元以下的罚款，并没收非法经营的物品及违法所得；情节严重的，依法吊销批发许可证：

（1）向未取得烟花爆竹安全生产许可证的单位或者个人销售烟火药、黑火药、引火线的；

（2）向零售经营者供应非法生产、经营的烟花爆竹的；

（3）向零售经营者供应礼花弹等按照国家标准规定应当由专业人员燃放的烟花爆竹的。

二、零售经营者应负的法律责任

《烟花爆竹经营许可实施办法》第34条规定，零售经营者有下列行为之一的，责令其停止违法行为，处1000元以上5000元以下的罚款，并没收非法经营的物品及违法所得；情节严重的，依法吊销零售许可证：

（1）销售非法生产、经营的烟花爆竹的；

（2）销售礼花弹等按照国家标准规定应当由专业人员燃放的烟花爆竹的。

《烟花爆竹经营许可实施办法》第35条规定，零售经营者有下列行为之一的，责令其限期改正，处1000元以上5000元以下的罚款；情节严重的，处5000元以上30000元以下的罚款：

（1）变更零售点名称、主要负责人或者经营场所，未重新办理零售许可证的；

（2）存放的烟花爆竹数量超过零售许可证载明范围的。

第二十二节　烟花爆竹生产经营安全规定

📝 考点1　安全要求

序号	项目	内容
1	规章制度和操作规程	生产企业、批发企业应当建立健全全员安全生产责任制，建立健全安全生产工作责任体系，制定并落实符合法律、行政法规和国家标准或者行业标准的安全生产规章制度和操作规程
2	设施设计和施工	（1）生产企业、批发企业应当不断完善安全生产基础设施，持续保障和提升安全生产条件。 （2）生产企业、批发企业的防雷设施应当经具有相应资质的机构设计、施工，确保符合相关国家标准或者行业标准的规定；防范静电危害的措施应当符合相关国家标准或者行业标准的规定。

序号	项目	内容
2	设施设计和施工	（3）生产企业、批发企业在工艺技术条件发生变化和扩大生产储存规模投入生产前，应当对企业的总体布局、工艺流程、危险性工（库）房、安全防护屏障、防火防雷防静电等基础设施进行安全评价。 （4）新的国家标准、行业标准公布后，生产企业、批发企业应当对企业的总体布局、工艺流程、危险性工（库）房、安全防护屏障、防火防雷防静电等基础设施以及安全管理制度进行符合性检查，并依据新的国家标准、行业标准采取相应的改进、完善措施。 （5）鼓励生产企业、批发企业制定并实施严于国家标准、行业标准的企业标准
3	安全生产资金投入	《烟花爆竹生产经营安全规定》第10条规定，生产企业、批发企业应当保证下列事项所需安全生产资金投入： （1）安全设备设施维修维护； （2）工（库）房按国家标准、行业标准规定的条件改造； （3）重点部位和库房监控； （4）安全风险管控与隐患排查治理； （5）风险评估与安全评价； （6）安全生产教育培训； （7）劳动防护用品配备； （8）应急救援器材和物资配备； （9）应急救援训练及演练； （10）投保安全生产责任保险等其他需要投入资金的安全生产事项
4	安全培训	《烟花爆竹生产经营安全规定》第12条规定，生产经营单位应当对本单位从业人员进行烟花爆竹安全知识、岗位操作技能等培训，未经安全生产教育和培训的从业人员，不得上岗作业。危险工序作业等特种作业人员应当依法取得相应资格，方可上岗作业。 生产经营单位的主要负责人和安全生产管理人员应当由安全生产监督管理部门对其进行安全生产知识和管理能力考核合格。考核不得收费
5	风险管理和事故排查治理	《烟花爆竹生产经营安全规定》第15条规定，生产企业、批发企业应当依法建立安全风险分级管控和事故隐患排查治理双重预防机制，采取技术、管理等措施，管控安全风险，及时消除事故隐患，建立安全风险分级管控和事故隐患排查治理档案，如实记录安全风险分级管控和事故隐患排查治理情况，并向本企业从业人员通报
6	火药管理	《烟花爆竹生产经营安全规定》第18条规定，生产企业和经营黑火药、引火线的批发企业应当要求供货单位提供并查验购进的黑火药、引火线及化工原材料的质检报告或者产品合格证，确保其安全性能符合国家标准或者行业标准的规定；对总仓库和中转库的黑火药、引火线、烟火药及裸药效果，应当建立并实施由专人管理、登记、分发的安全管理制度
7	作业场所管理	《烟花爆竹生产经营安全规定》第22条规定，生产企业、批发企业应当定期检查工（库）房、安全设施、电气线路、机械设备等的运行状况和作业环境，及时维护保养；对有药物粉尘的工房，应当按照操作规程及时清理冲洗。 对工（库）房、安全设施、电气线路、机械设备等进行检测、检修、维修、改造作业前，生产企业、批发企业应当制定安全作业方案，停止相关生产经营活动，转移烟花爆竹成品、半成品和原材料，清除残存药物和粉尘，切断被检测、检修、维修、改造的电气线路和机械设备电源，严格控制检修、维修作业人员数量，撤离无关的人员
8	流向登记	《烟花爆竹生产经营安全规定》第23条规定，生产企业、批发企业在烟花爆竹购销活动中，应当依法签订规范的烟花爆竹买卖合同，建立烟花爆竹买卖合同和流向管理制度，使用全国统一的烟花爆竹流向管理信息系统，如实登记烟花爆竹流向。 生产企业应当在专业燃放类产品包装（包括运输包装和销售包装）及个人燃放类产品运输包装上张贴流向登记标签，并在产品入库和销售出库时登记录入。批发企业购进烟花爆竹时，应当查验流向登记标签，并在产品入库和销售出库时登记录入

考点 2　监督管理

序号	项目	内容
1	行政处罚	《烟花爆竹生产经营安全规定》第 29 条规定，地方各级安全生产监督管理部门应当加强对本行政区域内生产经营单位的监督检查，明确每个生产经营单位的安全生产监督管理主体，制定并落实年度监督检查计划，对生产经营单位的安全生产违法行为，依法实施行政处罚
2	检验检测	《烟花爆竹生产经营安全规定》第 30 条规定，安全生产监督管理部门可以根据需要，委托专业技术服务机构对生产经营单位的安全设施等进行检验检测，并承担检验检测费用，不得向企业收取。专业技术服务机构对其作出的检验检测结果负责。委托检验检测结果可以作为行政执法的依据。 生产经营单位不得拒绝、阻挠安全生产监督管理部门委托的专业技术服务机构开展检验检测工作

考点 3　违反《烟花爆竹生产经营安全规定》应负的法律责任

序号	项目	内容
1	未按规定设置标识等	《烟花爆竹生产经营安全规定》第 33 条规定，生产企业、批发企业有下列行为之一的，责令限期改正；逾期未改正的，处一万元以上三万元以下的罚款： （1）工（库）房没有设置准确、清晰、醒目的定员、定量、定级标识的； （2）未向零售经营者或者零售经营场所提供烟花爆竹配送服务的
2	未按规定进行安全论证等	《烟花爆竹生产经营安全规定》第 34 条规定，生产企业、批发企业有下列行为之一的，责令限期改正，可以处五万元以下的罚款；逾期未改正的，处五万元以上二十万元以下的罚款，对其直接负责的主管人员和其他直接责任人员处一万元以上二万元以下的罚款；情节严重的，责令停产停业整顿： （1）防范静电危害的措施不符合相关国家标准或者行业标准规定的； （2）使用新安全设备，未进行安全性论证的； （3）在生产区、工（库）房等有药区域对安全设备进行检测、改造作业时，未将工（库）房内的药物、有药半成品、成品搬走并清理作业现场的
3	人员车辆未按规定登记等	《烟花爆竹生产经营安全规定》第 35 条规定，生产企业、批发企业有下列行为之一的，责令限期改正，可以处十万元以下的罚款；逾期未改正的，责令停产停业整顿，并处十万元以上二十万元以下的罚款，对其直接负责的主管人员和其他直接责任人员处二万元以上五万元以下的罚款： （1）未建立从业人员、外来人员、车辆出入厂（库）区登记制度的； （2）未制定专人管理、登记、分发黑火药、引火线、烟火药及库存和中转效果件的安全管理制度的； （3）未建立烟花爆竹买卖合同管理制度的； （4）未按规定建立烟花爆竹流向管理制度的
4	违反规定存储烟花爆竹	《烟花爆竹生产经营安全规定》第 36 条规定，零售经营者有下列行为之一的，责令其限期改正，可以处一千元以上五千元以下的罚款；逾期未改正的，处五千元以上一万元以下的罚款： （1）超越许可证载明限量储存烟花爆竹的； （2）到批发企业仓库自行提取烟花爆竹的

序号	项目	内容
5	设备设施未按规定检测等	《烟花爆竹生产经营安全规定》第 37 条规定，生产经营单位有下列行为之一的，责令改正；拒不改正的，处一万元以上三万元以下的罚款，对其直接负责的主管人员和其他直接责任人员处五千元以上一万元以下的罚款： （1）对工（库）房、安全设施、电气线路、机械设备等进行检测、检修、维修、改造作业前，未制定安全作业方案，或者未切断被检修、维修的电气线路和机械设备电源的； （2）拒绝、阻挠受安全生产监督管理部门委托的专业技术服务机构开展检验、检测的
6	未采取措施消除事故隐患的	《烟花爆竹生产经营安全规定》第 38 条规定，生产经营单位未采取措施消除下列事故隐患的，责令立即消除或者限期消除；生产经营单位拒不执行的，责令停产停业整顿，并处十万元以上五十万元以下的罚款，对其直接负责的主管人员和其他直接责任人员处二万元以上五万元以下的罚款： （1）工（库）房超过核定人员、药量或者擅自改变设计用途使用工（库）房的； （2）仓库内堆码、分类分级储存等违反国家标准或者行业标准规定的； （3）在仓库内进行拆箱、包装作业，将性质不相容的物质混存的； （4）在中转库、中转间内，超量、超时储存药物、半成品、成品的； （5）留存过期及废弃的烟花爆竹成品、半成品、原材料等危险废弃物的； （6）企业内部及生产区、库区之间运输烟花爆竹成品、半成品及原材料的车辆、工具不符合国家标准或者行业标准规定安全条件的； （7）允许未安装阻火装置等不具备国家标准或者行业标准规定安全条件的机动车辆进入生产区和仓库区的； （8）其他事故隐患

第二十三节　危险化学品生产企业安全生产许可证实施办法

考点 1　申请安全生产许可证的条件

一、选址布局、厂房、场所及设备设施的条件

序号	项目	内容
1	选址布局	《危险化学品生产企业安全生产许可证实施办法》第 8 条规定，企业选址布局、规划设计以及与重要场所、设施、区域的距离应当符合下列要求： （1）国家产业政策；当地县级以上（含县级）人民政府的规划和布局；新设立企业建在地方人民政府规划的专门用于危险化学品生产、储存的区域内。 （2）危险化学品生产装置或者储存危险化学品数量构成重大危险源的储存设施，与《危险化学品安全管理条例》第 19 条第一款规定的八类场所、设施、区域的距离符合有关法律、法规、规章和国家标准或者行业标准的规定。 （3）总体布局符合《化工企业总图运输设计规范》（GB 50489）、《工业企业总平面设计规范》（GB 50187）、《建筑设计防火规范》（GB 50016）等标准的要求。 石油化工企业除符合本条第一款规定条件外，还应当符合《石油化工企业设计防火标准》（GB 50160）的要求

续表

序号	项目	内容
2	厂房、场所及设备设施	《危险化学品生产企业安全生产许可证实施办法》第9条规定，企业的厂房、作业场所、储存设施和安全设施、设备、工艺应当符合下列要求： （1）新建、改建、扩建建设项目经具备国家规定资质的单位设计、制造和施工建设；涉及危险化工工艺、重点监管危险化学品的装置，由具有综合甲级资质或者化工石化专业甲级设计资质的化工石化设计单位设计。 （2）不得采用国家明令淘汰、禁止使用和危及安全生产的工艺、设备；新开发的危险化学品生产工艺必须在小试、中试、工业化试验的基础上逐步放大到工业化生产；国内首次使用的化工工艺，必须经过省级人民政府有关部门组织的安全可靠性论证。 （3）涉及危险化工工艺、重点监管危险化学品的装置装设自动化控制系统；涉及危险化工工艺的大型化工装置装设紧急停车系统；涉及易燃易爆、有毒有害气体化学品的场所装设易燃易爆、有毒有害介质泄漏报警等安全设施。 （4）生产区与非生产区分开设置，并符合国家标准或者行业标准规定的距离。 （5）危险化学品生产装置和储存设施之间及其与建（构）筑物之间的距离符合有关标准规范的规定

二、申请安全生产许可证的安全生产规章制度

《危险化学品生产企业安全生产许可证实施办法》第14条规定，企业应当根据化工工艺、装置、设施等实际情况，制定完善下列主要安全生产规章制度：

（1）安全生产例会等安全生产会议制度；

（2）安全投入保障制度；

（3）安全生产奖惩制度；

（4）安全培训教育制度；

（5）领导干部轮流现场带班制度；

（6）特种作业人员管理制度；

（7）安全检查和隐患排查治理制度；

（8）重大危险源评估和安全管理制度；

（9）变更管理制度；

（10）应急管理制度；

（11）生产安全事故或者重大事件管理制度；

（12）防火、防爆、防中毒、防泄漏管理制度；

（13）工艺、设备、电气仪表、公用工程安全管理制度；

（14）动火、进入受限空间、吊装、高处、盲板抽堵、动土、断路、设备检维修等作业安全管理制度；

（15）危险化学品安全管理制度；

（16）职业健康相关管理制度；

（17）劳动防护用品使用维护管理制度；

（18）承包商管理制度；

（19）安全管理制度及操作规程定期修订制度。

三、申请安全生产许可证其他安全条件

序号	项目	内容
1	安全生产机构及人员	《危险化学品生产企业安全生产许可证实施办法》第12条规定，企业应当依法设置安全生产管理机构，配备专职安全生产管理人员。配备的专职安全生产管理人员必需能够满足安全生产的需要
2	有关人员的要求	《危险化学品生产企业安全生产许可证实施办法》第16条规定，企业主要负责人、分管安全负责人和安全生产管理人员必须具备与其从事的生产经营活动相适应的安全生产知识和管理能力，依法参加安全生产培训，并经考核合格，取得安全合格证。 企业分管安全负责人、分管生产负责人、分管技术负责人应当具有一定的化工专业知识或者相应的专业学历，专职安全生产管理人员应当具备国民教育化工化学类（或安全工程）中等职业教育以上学历或者化工化学类中级以上专业技术职称。 企业应当有危险物品安全类注册安全工程师从事安全生产管理工作。 特种作业人员应当依照《特种作业人员安全技术培训考核管理规定》，经专门的安全技术培训并考核合格，取得特种作业操作证书。 本条第一、二、四款规定以外的其他从业人员应当按照国家有关规定，经安全教育培训合格
3	安全投入等要求	（1）企业应当按照国家规定提取与安全生产有关的费用，并保证安全生产所必需的资金投入。 （2）企业应当依法参加工伤保险，为从业人员缴纳保险费。 （3）企业应当依法委托具备国家规定资质的安全评价机构进行安全评价，并按照安全评价报告的意见对存在的安全生产问题进行整改
4	重大危险源管理	《危险化学品生产企业安全生产许可证实施办法》第11条规定，企业应当依据《危险化学品重大危险源辨识》（GB 18218），对本企业的生产、储存和使用装置、设施或者场所进行重大危险源辨识。 对已确定为重大危险源的生产和储存设施，应当执行《危险化学品重大危险源监督管理暂行规定》
5	应急管理	《危险化学品生产企业安全生产许可证实施办法》第21条规定，企业应当符合下列应急管理要求： （1）按照国家有关规定编制危险化学品事故应急预案并报有关部门备案； （2）建立应急救援组织，规模较小的企业可以不建立应急救援组织，但应指定兼职的应急救援人员； （3）配备必要的应急救援器材、设备和物资，并进行经常性维护、保养，促证正常运转。 生产、储存和使用氯气、氨气、光气、硫化氢等吸入性有毒有害气体的企业，除符合本条第1款的规定外，还应当配备至少两套以上全封闭防化服；构成重大危险源的，还应当设立气体防护站（组）。 《危险化学品生产企业安全生产许可证实施办法》第22条规定，企业除符合本章规定的安全生产条件，还应当符合有关法律、行政法规和国家标准或者行业标准规定的其他安全生产条件

📝 考点2 安全生产许可证的申请

序号	项目	内容
1	受理主体	《危险化学品生产企业安全生产许可证实施办法》第23条规定，中央企业及其直接控股涉及危险化学品生产的企业（总部）以外的企业向所在地省级安全生产监督管理部门或其委托的安全生产监督管理部门申请安全生产许可证

续表

序号	项目	内容
2	申请时限	《危险化学品生产企业安全生产许可证实施办法》第24条规定，新建企业安全生产许可证的申请，应当在危险化学品生产建设项目安全设施竣工验收通过后10个工作日内提出
3	应提交的材料	《危险化学品生产企业安全生产许可证实施办法》第25条规定，企业申请安全生产许可证时，应当提交下列文件、资料，并对其内容的真实性负责： （1）申请安全生产许可证的文件及申请书； （2）安全生产责任制文件，安全生产规章制度、岗位操作安全规程清单； （3）设置安全生产管理机构，配备专职安全生产管理人员的文件复制件； （4）主要负责人、分管安全负责人、安全生产管理人员和特种作业人员的安全合格证或者特种作业操作证复制件； （5）与安全生产有关的费用提取和使用情况报告，新建企业提交有关安全生产费用提取和使用规定的文件； （6）为从业人员缴纳工伤保险费的证明材料； （7）危险化学品事故应急救援预案的备案证明文件； （8）危险化学品登记证复制件； （9）工商营业执照副本或者工商核准文件复制件； （10）具备资质的中介机构出具的安全评价报告； （11）新建企业的竣工验收报告； （12）应急救援组织或者应急救援人员，以及应急救援器材、设备设施清单

📝 考点3　安全生产许可证的颁发

序号	项目	内容
1	受理	《危险化学品生产企业安全生产许可证实施办法》第26条规定，实施机关收到企业申请文件、资料后，应当按照下列情况分别作出处理： （1）申请事项依法不需要取得安全生产许可证的，即时告知企业不予受理。 （2）申请事项依法不属于本实施机关职责范围的，即时作出不予受理的决定，并告知企业向相应的实施机关申请。 （3）申请材料存在可以当场更正的错误的，允许企业当场更正，并受理其申请。 （4）申请材料不齐全或者不符合法定形式的，当场告知或者在5个工作日内出具补正告知书，一次告知企业需要补正的全部内容；逾期不告知的，自收到申请材料之日起即为受理。 （5）企业申请材料齐全、符合法定形式，或者按照实施机关要求提交全部补正材料的，立即受理其申请
2	决定、颁证	（1）实施机关应当在受理之日起45个工作日内作出是否准予许可的决定。 （2）实施机关作出准予许可决定的，应当自决定之日起10个工作日内颁发安全生产许可证。 （3）实施机关作出不予许可的决定的，应当在10个工作日内书面告知企业并说明理由
3	变更	《危险化学品生产企业安全生产许可证实施办法》第30条规定，企业在安全生产许可证有效期内变更主要负责人、企业名称或者注册地址的，应当自工商营业执照或者隶属关系变更之日起10个工作日内向实施机关提出变更申请，并提交下列文件、资料：

续表

序号	项目	内容
3	变更	(1) 变更后的工商营业执照副本复制件； (2) 变更主要负责人的，还应当提供主要负责人经安全生产监督管理部门考核合格后颁发的安全合格证复制件； (3) 变更注册地址的，还应当提供相关证明材料。 对已经受理的变更申请，实施机关应当在对企业提交的文件、资料审查无误后，方可办理安全生产许可证变更手续。 企业在安全生产许可证有效期内变更隶属关系的，仅需提交隶属关系变更证明材料报实施机关备案
4	有效期及延期	(1) 安全生产许可证有效期为3年。 (2) 企业安全生产许可证有效期届满后继续生产危险化学品的，应当在安全生产许可证有效期届满前3个月提出延期申请

考点4 监督管理

序号	项目	内容
1	撤销许可证	《危险化学品生产企业安全生产许可证实施办法》第39条规定，有下列情形之一的，实施机关应当撤销已经颁发的安全生产许可证： (1) 超越职权颁发安全生产许可证的； (2) 违反本办法规定的程序颁发安全生产许可证的； (3) 以欺骗、贿赂等不正当手段取得安全生产许可证的
2	注销许可证	《危险化学品生产企业安全生产许可证实施办法》第40条规定，企业取得安全生产许可证后有下列情形之一的，实施机关应当注销其安全生产许可证： (1) 安全生产许可证有效期届满未被批准延续的； (2) 终止危险化学品生产活动的； (3) 安全生产许可证被依法撤销的； (4) 安全生产许可证被依法吊销的

考点5 违反《危险化学品生产企业安全生产许可证实施办法》应负的法律责任

一、机关工作人员与安全评价违法行为的法律责任

序号	项目	内容
1	机关工作人员	《危险化学品生产企业安全生产许可证实施办法》第42条规定，实施机关工作人员有下列行为之一的，给予降级或者撤职的处分；构成犯罪的，依法追究刑事责任： (1) 向不符合本办法第二章规定的安全生产条件的企业颁发安全生产许可证的； (2) 发现企业未依法取得安全生产许可证擅自从事危险化学品生产活动，不依法处理的； (3) 发现取得安全生产许可证的企业不再具备本办法第二章规定的安全生产条件，不依法处理的； (4) 接到对违反本办法规定行为的举报后，不及时依法处理的；

序号	项目	内容
1	机关工作人员	（5）在安全生产许可证颁发和监督管理工作中，索取或者接受企业的财物，或者谋取其他非法利益的
2	安全评价机构	《危险化学品生产企业安全生产许可证实施办法》第50条规定，安全评价机构有下列情形之一的，给予警告，并处1万元以下的罚款；情节严重的，暂停资质半年，并处1万元以上3万元以下的罚款；对相关责任人依法给予处理： （1）从业人员不到现场开展安全评价活动的； （2）安全评价报告与实际情况不符，或者安全评价报告存在重大疏漏，但尚未造成重大损失的； （3）未按照有关法律、法规、规章和国家标准或者行业标准的规定从事安全评价活动的。 《危险化学品生产企业安全生产许可证实施办法》第51条规定，承担安全评价、检测、检验的机构出具虚假证明的，没收违法所得；违法所得在10万元以上的，并处违法所得2倍以上5倍以下的罚款；没有违法所得或者违法所得不足10万元的，单处或者并处10万元以上20万元以下的罚款；对其直接负责的主管人员和其他直接责任人员处2万元以上5万元以下的罚款；给他人造成损害的，与企业承担连带赔偿责任；构成犯罪的，依照刑法有关规定追究刑事责任。 对有前款违法行为的机构，依法吊销其相应资质

二、企业违法行为的法律责任

序号	项目	内容
1	暂扣许可证	《危险化学品生产企业安全生产许可证实施办法》第43条规定，企业取得安全生产许可证后发现其不具备本办法规定的安全生产条件的，依法暂扣其安全生产许可证1个月以上6个月以下；暂扣期满仍不具备本办法规定的安全生产条件的，依法吊销其安全生产许可证
2	出租、出借	《危险化学品生产企业安全生产许可证实施办法》第44条规定，企业出租、出借或者以其他形式转让安全生产许可证的，没收违法所得，处10万元以上50万元以下的罚款，并吊销安全生产许可证；构成犯罪的，依法追究刑事责任
3	未取得安全生产许可证，擅自进行危险化学品生产等	《危险化学品生产企业安全生产许可证实施办法》第45条规定，企业有下列情形之一的，责令停止生产危险化学品，没收违法所得，并处10万元以上50万元以下的罚款；构成犯罪的，依法追究刑事责任： （1）未取得安全生产许可证，擅自进行危险化学品生产的； （2）接受转让的安全生产许可证的； （3）冒用或者使用伪造的安全生产许可证的
4	有效期届满未延期	《危险化学品生产企业安全生产许可证实施办法》第46条规定，企业在安全生产许可证有效期届满未办理延期手续，继续进行生产的，责令停止生产，限期补办延期手续，没收违法所得，并处5万元以上10万元以下的罚款；逾期仍不办理延期手续，继续进行生产的，依照本办法第45条的规定进行处罚
5	未办理变更	《危险化学品生产企业安全生产许可证实施办法》第47条规定，企业在安全生产许可证有效期内主要负责人、企业名称、注册地址、隶属关系发生变更或者新增产品、改变工艺技术对企业安全生产产生重大影响，未按照本办法第30条规定的时限提出安全生产许可证变更申请的，责令限期申请，处1万元以上3万元以下的罚款。 《危险化学品生产企业安全生产许可证实施办法》第48条规定，企业在安全生产许可证有效期内，其危险化学品建设项目安全设施竣工验收合格后，未按照本办法第32条规定的时限提出安全生产许可证变更申请并且擅自投入运行的，责令停止生产，限期申请，没收违法所得，并处1万元以上3万元以下的罚款

序号	项目	内容
6	隐瞒有关情况等	《危险化学品生产企业安全生产许可证实施办法》第 49 条规定，发现企业隐瞒有关情况或者提供虚假材料申请安全生产许可证的，实施机关不予受理或者不予颁发安全生产许可证，并给予警告，该企业在 1 年内不得再次申请安全生产许可证。 企业以欺骗、贿赂等不正当手段取得安全生产许可证的，自实施机关撤销其安全生产许可证之日起 3 年内，该企业不得再次申请安全生产许可证

第二十四节　危险化学品经营许可证管理办法

考点 1　申请经营许可证的条件

序号	项目	内容
1	基本条件	《危险化学品经营许可证管理办法》第 6 条规定，从事危险化学品经营的单位（以下统称申请人）应当依法登记注册为企业，并具备下列基本条件： （1）经营和储存场所、设施、建筑物符合《建筑设计防火规范》（GB 50016）、《石油化工企业设计防火标准》（GB 50160）、《汽车加油加气加氢站技术标准》（GB 50156）、《石油库设计规范》（GB 50074）等相关国家标准、行业标准的规定。 （2）企业主要负责人和安全生产管理人员具备与本企业危险化学品经营活动相适应的安全生产知识和管理能力，经专门的安全生产培训和安全生产监督管理部门考核合格，取得相应安全资格证书；特种作业人员经专门的安全作业培训，取得特种作业操作证；其他从业人员依照有关规定经安全生产教育和专业技术培训合格。 （3）有健全的安全生产规章制度和岗位操作规程。 （4）有符合国家规定的危险化学品事故应急预案，并配备必要的应急救援器材、设备。 （5）法律、法规和国家标准或者行业标准规定的其他安全生产条件
2	特殊条件	《危险化学品经营许可证管理办法》第 8 条规定，申请人带有储存设施经营危险化学品的，除符合本办法第 6 条规定的条件外，还应当具备下列条件： （1）新设立的专门从事危险化学品仓储经营的，其储存设施建立在地方人民政府规划的用于危险化学品储存的专门区域内； （2）储存设施与相关场所、设施、区域的距离符合有关法律、法规、规章和标准的规定； （3）依照有关规定进行安全评价，安全评价报告符合《危险化学品经营企业安全评价细则》的要求； （4）专职安全生产管理人员具备国民教育化工化学类或者安全工程类中等职业教育以上学历，或者化工化学类中级以上专业技术职称，或者危险物品安全类注册安全工程师资格； （5）符合《危险化学品安全管理条例》《危险化学品重大危险源监督管理暂行规定》《常用化学危险品贮存通则》（GB 15603）的相关规定

考点2　经营许可证的申请与颁发

一、申请经营许可证应提交的材料与受理

序号	项目	内容
1	应提交的材料	《危险化学品经营许可证管理办法》第 9 条规定，申请人申请经营许可证，应当依照本办法的规定向所在地市级或者县级发证机关（以下统称发证机关）提出申请，提交下列文件、资料，并对其真实性负责： （1）申请经营许可证的文件及申请书； （2）安全生产规章制度和岗位操作规程的目录清单； （3）企业主要负责人、安全生产管理人员、特种作业人员的相关资格证书（复制件）和其他从业人员培训合格的证明材料； （4）经营场所产权证明文件或者租赁证明文件（复制件）； （5）工商行政管理部门颁发的企业性质营业执照或者企业名称预先核准文件（复制件）； （6）危险化学品事故应急预案备案登记表（复制件）。 　带有储存设施经营危险化学品的，申请人还应当提交下列文件、资料： （1）储存设施相关证明文件（复制件）；租赁储存设施的，需要提交租赁证明文件（复制件）；储存设施新建、改建、扩建的，需要提交危险化学品建设项目安全设施竣工验收报告。 （2）重大危险源备案证明材料、专职安全生产管理人员的学历证书、技术职称证书或者危险物品安全类注册安全工程师资格证书（复制件）。 （3）安全评价报告
2	受理审查	《危险化学品经营许可证管理办法》第 10 条规定，发证机关收到申请人提交的文件、资料后，应当按照下列情况分别作出处理： （1）申请事项不需要取得经营许可证的，当场告知申请人不予受理。 （2）申请事项不属于本发证机关职责范围的，当场作出不予受理的决定，告知申请人向相应的发证机关申请，并退回申请文件、资料。 （3）申请文件、资料存在可以当场更正的错误的，允许申请人当场更正，并受理其申请。 （4）申请文件、资料不齐全或者不符合要求的，当场告知或者在 5 个工作日内出具补正告知书，一次告知申请人需要补正的全部内容；逾期不告知的，自收到申请文件、资料之日起即为受理。 （5）申请文件、资料齐全，符合要求，或者申请人按照发证机关要求提交全部补正材料的，立即受理其申请

二、许可时限、许可证的变更与重新办理

序号	项目	内容
1	许可时限	《危险化学品经营许可证管理办法》第 11 条规定，发证机关受理经营许可证申请后，应当组织对申请人提交的文件、资料进行审查，指派 2 名以上工作人员对申请人的经营场所、储存设施进行现场核查，并自受理之日起 30 日内作出是否准予许可的决定。 　《危险化学品经营许可证管理办法》第 12 条规定，发证机关作出准予许可决定的，应当自决定之日起 10 个工作日内颁发经营许可证；发证机关作出不予许可决定的，应当在 10 个工作日内书面告知申请人并说明理由，告知书应当加盖本机关印章
2	许可证内容	《危险化学品经营许可证管理办法》第 13 条规定，经营许可证分为正本、副本，正本为悬挂式，副本为折页式。正本、副本具有同等法律效力。 　经营许可证正本、副本应当分别载明下列事项： （1）企业名称；

序号	项目	内容
2	许可证内容	（2）企业住所（注册地址、经营场所、储存场所）； （3）企业法定代表人姓名； （4）经营方式； （5）许可范围； （6）发证日期和有效期限； （7）证书编号； （8）发证机关； （9）有效期延续情况
3	许可证变更	《危险化学品经营许可证管理办法》第14条规定，已经取得经营许可证的企业变更企业名称、主要负责人、注册地址或者危险化学品储存设施及其监控措施的，应当自变更之日起20个工作日内，向本办法第五条规定的发证机关提出书面变更申请，并提交下列文件、资料： （1）经营许可证变更申请书； （2）变更后的工商营业执照副本（复制件）； （3）变更后的主要负责人安全资格证书（复制件）； （4）变更注册地址的相关证明材料； （5）变更后的危险化学品储存设施及其监控措施的专项安全评价报告。 《危险化学品经营许可证管理办法》第15条规定，发证机关受理变更申请后，应当组织对企业提交的文件、资料进行审查，并自收到申请文件、资料之日起10个工作日内作出是否准予变更的决定。 发证机关作出准予变更决定的，应当重新颁发经营许可证，并收回原经营许可证；不予变更的，应当说明理由并书面通知企业。 经营许可证变更的，经营许可证有效期的起始日和截止日不变，但应当载明变更日期。 《危险化学品经营许可证管理办法》第16条规定，已经取得经营许可证的企业有新建、改建、扩建危险化学品储存设施建设项目的，应当自建设项目安全设施竣工验收合格之日起20个工作日内，向本办法第五条规定的发证机关提出变更申请，并提交危险化学品建设项目安全设施竣工验收报告等相关文件、资料。发证机关应当按照本办法第10条、第15条的规定进行审查，办理变更手续
4	重新办理经营许可证	《危险化学品经营许可证管理办法》第17条规定，已经取得经营许可证的企业，有下列情形之一的，应当按照本办法的规定重新申请办理经营许可证，并提交相关文件、资料： （1）不带有储存设施的经营企业变更其经营场所的； （2）带有储存设施的经营企业变更其储存场所的； （3）仓储经营的企业异地重建的； （4）经营方式发生变化的； （5）许可范围发生变化的
5	经营许可证的延期	（1）经营许可证的有效期为3年。 （2）有效期满后，企业需要继续从事危险化学品经营活动的，应当在经营许可证有效期满3个月前提出经营许可证的延期申请

考点3 经营许可证的监督管理

序号	项目	内容
1	撤销经营许可证	《危险化学品经营许可证管理办法》第26条规定，发证机关发现企业以欺骗、贿赂等不正当手段取得经营许可证的，应当撤销已经颁发的经营许可证

序号	项目	内容
2	注销经营许可证	《危险化学品经营许可证管理办法》第27条规定,已经取得经营许可证的企业有下列情形之一的,发证机关应当注销其经营许可证: (1)经营许可证有效期届满未被批准延期的; (2)终止危险化学品经营活动的; (3)经营许可证被依法撤销的; (4)经营许可证被依法吊销的

考点4 违反《危险化学品经营许可证管理办法》应负的法律责任

序号	项目	内容
1	非法从事危险化学品经营	《危险化学品经营许可证管理办法》第29条规定,未取得经营许可证从事危险化学品经营的,依照《安全生产法》有关未经依法批准擅自生产、经营、储存危险物品的法律责任条款并处罚款;构成犯罪的,依法追究刑事责任。 企业在经营许可证有效期届满后,仍然从事危险化学品经营的,依照前款规定给予处罚
2	带有储存设施的企业违法行为	《危险化学品经营许可证管理办法》第30条规定,带有储存设施的企业违反《危险化学品安全管理条例》规定,有下列情形之一的,责令改正,处5万元以上10万元以下的罚款;拒不改正的,责令停产停业整顿;经停产停业整顿仍不具备法律、法规、规章、国家标准和行业标准规定的安全生产条件的,吊销其经营许可证: (1)对重复使用的危险化学品包装物、容器,在重复使用前不进行检查的; (2)未根据其储存的危险化学品的种类和危险特性,在作业场所设置相关安全设施、设备,或者未按照国家标准、行业标准或者国家有关规定对安全设施、设备进行经常性维护、保养的; (3)未将危险化学品储存在专用仓库内,或者未将剧毒化学品以及储存数量构成重大危险源的其他危险化学品在专用仓库内单独存放的; (4)未对其安全生产条件定期进行安全评价的; (5)危险化学品的储存方式、方法或者储存数量不符合国家标准或者国家有关规定的; (6)危险化学品专用仓库不符合国家标准、行业标准的要求的; (7)未对危险化学品专用仓库的安全设施、设备定期进行检测、检验的
3	伪造、变造经营许可证	《危险化学品经营许可证管理办法》第31条规定,伪造、变造或者出租、出借、转让经营许可证,或者使用伪造、变造的经营许可证的,处10万元以上20万元以下的罚款;有违法所得的,没收违法所得;构成违反治安管理行为的,依法给予治安管理处罚;构成犯罪的,依法追究刑事责任
4	未按规定变更	《危险化学品经营许可证管理办法》第33条规定,已经取得经营许可证的企业出现本办法第14条、第16条规定的情形之一,未依照本办法的规定申请变更的,责令限期改正,处1万元以下的罚款;逾期仍不申请变更的,处1万元以上3万元以下的罚款

第二十五节 危险化学品安全使用许可证实施办法

考点1 申请安全使用许可证的条件

序号	项目	内容
1	总体布局要求	《危险化学品安全使用许可证实施办法》第6条规定，企业与重要场所、设施、区域的距离和总体布局应当符合下列要求，并确保安全： （1）储存危险化学品数量构成重大危险源的储存设施，与《危险化学品安全管理条例》第19条第1款规定的八类场所、设施、区域的距离符合国家有关法律、法规、规章和国家标准或者行业标准的规定； （2）总体布局符合《工业企业总平面设计规范》（GB 50187）《化工企业总图运输设计规范》（GB 50489）《建筑设计防火规范》（GB 50016）等相关标准的要求；石油化工企业还应当符合《石油化工企业设计防火标准》（GB 50160）的要求； （3）新建企业符合国家产业政策、当地县级以上（含县级）人民政府的规划和布局
2	厂房、作业场所、储存设施和安全设施、设备的要求	《危险化学品安全使用许可证实施办法》第7条规定，企业的厂房、作业场所、储存设施和安全设施、设备、工艺应当符合下列要求： （1）新建、改建、扩建使用危险化学品的化工建设项目（以下统称建设项目）由具备国家规定资质的设计单位设计和施工单位建设；其中，涉及原国家安全生产监督管理总局（应急管理部）公布的重点监管危险化工工艺、重点监管危险化学品的装置，由具备石油化工医药行业相应资质的设计单位设计。 （2）不得采用国家明令淘汰、禁止使用和危及安全生产的工艺、设备；新开发的使用危险化学品从事化工生产的工艺（以下简称化工工艺），在小试、中试、工业化试验的基础上逐步放大到工业化生产；国内首次使用的化工工艺，经过省级人民政府有关部门组织的安全可靠性论证。 （3）涉及原国家安全生产监督管理总局（应急管理部）公布的重点监管危险化工工艺、重点监管危险化学品的装置装设自动化控制系统；涉及原国家安全生产监督管理总局（应急管理部）公布的重点监管危险化工工艺的大型化工装置装设紧急停车系统；涉及易燃易爆、有毒有害气体化学品的作业场所装设易燃易爆、有毒有害介质泄漏报警等安全设施。 （4）新建企业的生产区与非生产区分开设置，并符合国家标准或者行业标准规定的距离。 （5）新建企业的生产装置和储存设施之间及其建（构）筑物之间的距离符合国家标准或者行业标准的规定。 同一厂区内（生产或者储存区域）的设备、设施及建（构）筑物的布置应当适用同一标准的规定
3	安全生产管理机构和人员的要求	《危险化学品安全使用许可证实施办法》第8条规定，企业应当依法设置安全生产管理机构，按照国家规定配备专职安全生产管理人员。配备的专职安全生产管理人员必须能够满足安全生产的需要。 《危险化学品安全使用许可证实施办法》第9条规定，企业主要负责人、分管安全负责人和安全生产管理人员必须具备与其从事生产经营活动相适应的安全知识和管理能力，参加安全资格培训，并经考核合格，取得安全合格证。 特种作业人员应当依照《特种作业人员安全技术培训考核管理规定》，经专门的安全技术培训并考核合格，取得特种作业操作证书。 本条第1款、第2款规定以外的其他从业人员应当按照国家有关规定，经安全教育培训合格
4	安全生产规章制度和操作规程的要求	《危险化学品安全使用许可证实施办法》第11条规定，企业根据化工工艺、装置、设施等实际情况，至少应当制定、完善下列主要安全生产规章制度：

续表

序号	项目	内容
4	安全生产规章制度和操作规程的要求	（1）安全生产例会等安全生产会议制度； （2）安全投入保障制度； （3）安全生产奖惩制度； （4）安全培训教育制度； （5）领导干部轮流现场带班制度； （6）特种作业人员管理制度； （7）安全检查和隐患排查治理制度； （8）重大危险源的评估和安全管理制度； （9）变更管理制度； （10）应急管理制度； （11）生产安全事故或者重大事件管理制度； （12）防火、防爆、防中毒、防泄漏管理制度； （13）工艺、设备、电气仪表、公用工程安全管理制度； （14）动火、进入受限空间、吊装、高处、盲板抽堵、临时用电、动土、断路、设备检维修等作业安全管理制度； （15）危险化学品安全管理制度； （16）职业健康相关管理制度； （17）劳动防护用品使用维护管理制度； （18）承包商管理制度； （19）安全管理制度及操作规程定期修订制度。 《危险化学品安全使用许可证实施办法》第12条规定，企业应当根据工艺、技术、设备特点和原辅料的危险性等情况编制岗位安全操作规程
5	安全评价、防护与重大危险源安全管理的要求	《危险化学品安全使用许可证实施办法》第13条规定，企业应当依法委托具备国家规定资质条件的安全评价机构进行安全评价，并按照安全评价报告的意见对存在的安全生产问题进行整改。 《危险化学品安全使用许可证实施办法》第14条规定，企业应当有相应的职业病危害防护设施，并为从业人员配备符合国家标准或者行业标准的劳动防护用品。 《危险化学品安全使用许可证实施办法》第15条规定，企业应当依据《危险化学品重大危险源辨识》（GB 18218），对本企业的生产、储存和使用装置、设施或者场所进行重大危险源辨识。 对于已经确定为重大危险源的，应当按照《危险化学品重大危险源监督管理暂行规定》进行安全管理
6	应急管理的要求	《危险化学品安全使用许可证实施办法》第16条规定，企业应当符合下列应急管理要求： （1）按照国家有关规定编制危险化学品事故应急预案，并报送有关部门备案； （2）建立应急救援组织，明确应急救援人员，配备必要的应急救援器材、设备设施，并按照规定定期进行应急预案演练。 储存和使用氯气、氨气等对皮肤有强烈刺激的吸入性有毒有害气体的企业，除符合本条第一款的规定外，还应当配备至少两套以上全封闭防化服；构成重大危险源的，还应当设立气体防护站（组）

考点2　安全使用许可证的申请

序号	项目	内容
1	申请应提交的材料	《危险化学品安全使用许可证实施办法》第18条规定，企业向发证机关申请安全使用许可证时，应当提交下列文件、资料，并对其内容的真实性负责：

续表

序号	项目	内容
1	申请应提交的材料	（1）申请安全使用许可证的文件及申请书； （2）新建企业的选址布局符合国家产业政策、当地县级以上人民政府的规划和布局的证明材料复制件； （3）安全生产责任制文件，安全生产规章制度、岗位安全操作规程清单； （4）设置安全生产管理机构，配备专职安全生产管理人员的文件复制件； （5）主要负责人、分管安全负责人、安全生产管理人员安全合格证和特种作业人员操作证复制件； （6）危险化学品事故应急救援预案的备案证明文件； （7）由供货单位提供的所使用危险化学品的安全技术说明书和安全标签； （8）工商营业执照副本或者工商核准文件复制件； （9）安全评价报告及其整改结果的报告； （10）新建企业的建设项目安全设施竣工验收报告； （11）应急救援组织、应急救援人员，以及应急救援器材、设备设施清单。 有危险化学品重大危险源的企业，除应当提交本条第一款规定的文件、资料外，还应当提交重大危险源的备案证明文件
2	申请时限	新建企业安全使用许可证的申请，应当在建设项目安全设施竣工验收通过之日起10个工作日内提出

📝 考点3　安全使用许可证的颁发

序号	项目	内容
1	受理	《危险化学品安全使用许可证实施办法》第20条规定，发证机关收到企业申请文件、资料后，应当按照下列情况分别作出处理： （1）申请事项依法不需要取得安全使用许可证的，当场告知企业不予受理。 （2）申请材料存在可以当场更正的错误的，允许企业当场更正。 （3）申请材料不齐全或者不符合法定形式的，当场或者在5个工作日内一次告知企业需要补正的全部内容，并出具补正告知书；逾期不告知的，自收到申请材料之日起即为受理。 （4）企业申请材料齐全、符合法定形式，或者按照发证机关要求提交全部补正申请材料的，立即受理其申请。 发证机关受理或者不予受理行政许可申请，应当出具加盖本机关专用印章和注明日期的书面凭证
2	颁证	（1）发证机关应当在受理之日起45日内作出是否准予许可的决定。发证机关现场核查和企业整改有关问题所需时间不计算在本条规定的期限内。 （2）发证机关作出准予许可的决定的，应当自决定之日起10个工作日内颁发安全使用许可证。 （3）发证机关作出不予许可的决定的，应当在10个工作日内书面告知企业并说明理由
3	变更	《危险化学品安全使用许可证实施办法》第24条规定，企业在安全使用许可证有效期内变更主要负责人、企业名称或者注册地址的，应当自工商营业执照变更之日起10个工作日内提出变更申请，并提交下列文件、资料： （1）变更申请书； （2）变更后的工商营业执照副本复制件； （3）变更主要负责人的，还应当提供主要负责人经安全生产监督管理部门考核合格后颁发的安全合格证复制件。 （4）变更注册地址的，还应当提供相关证明材料。 对已经受理的变更申请，发证机关对企业提交的文件、资料审查无误后，方可办理安全使用许

续表

序号	项目	内容
3	变更	可证变更手续。 企业在安全使用许可证有效期内变更隶属关系的，应当在隶属关系变更之日起 10 日内向发证机关提交证明材料
4	有效期及延期	（1）安全使用许可证有效期为 3 年。 （2）企业安全使用许可证有效期届满后需要继续使用危险化学品从事生产，且达到危险化学品使用量的数量标准规定的，应当在安全使用许可证有效期届满前 3 个月提出延期申请

考点 4　监督管理

序号	项目	内容
1	撤销安全使用许可证	《危险化学品安全使用许可证实施办法》第 32 条规定，有下列情形之一的，发证机关应当撤销已经颁发的安全使用许可证： （1）滥用职权、玩忽职守颁发安全使用许可证的； （2）超越职权颁发安全使用许可证的； （3）违反本办法规定的程序颁发安全使用许可证的； （4）对不具备申请资格或者不符合法定条件的企业颁发安全使用许可证的； （5）以欺骗、贿赂等不正当手段取得安全使用许可证的
2	注销安全使用许可证	《危险化学品安全使用许可证实施办法》第 33 条规定，企业取得安全使用许可证后有下列情形之一的，发证机关应当注销其安全使用许可证： （1）安全使用许可证有效期届满未被批准延期的； （2）终止使用危险化学品从事生产的； （3）继续使用危险化学品从事生产，但使用量降低后未达到危险化学品使用量的数量标准规定的； （4）安全使用许可证被依法撤销的； （5）安全使用许可证被依法吊销的

考点 5　违反《危险化学品安全使用许可证实施办法》应负的法律责任

序号	项目	内容
1	未取得安全使用许可证，擅自使用危险化学品从事生产	《危险化学品安全使用许可证实施办法》第 37 条规定，企业未取得安全使用许可证，擅自使用危险化学品从事生产，且达到危险化学品使用量的数量标准规定的，责令立即停止违法行为并限期改正，处 10 万元以上 20 万元以下的罚款；逾期不改正的，责令停产整顿。 企业在安全使用许可证有效期届满后未办理延期手续，仍然使用危险化学品从事生产，且达到危险化学品使用量的数量标准规定的，依照前款规定给予处罚
2	伪造、变造安全使用许可证	《危险化学品安全使用许可证实施办法》第 38 条规定，企业伪造、变造或者出租、出借、转让安全使用许可证，或者使用伪造、变造的安全使用许可证的，处 10 万元以上 20 万元以下的罚款，有违法所得的，没收违法所得；构成违反治安管理行为的，依法给予治安管理处罚；构成犯罪的，依法追究刑事责任

续表

序号	项目	内容
3	未按规定变更	《危险化学品安全使用许可证实施办法》第 39 条规定，企业在安全使用许可证有效期内主要负责人、企业名称、注册地址、隶属关系发生变更，未按照本办法第 24 条规定的时限提出安全使用许可证变更申请或者将隶属关系变更证明材料报发证机关的，责令限期办理变更手续，处 1 万元以上 3 万元以下的罚款。 《危险化学品安全使用许可证实施办法》第 40 条规定，企业在安全使用许可证有效期内有下列情形之一，未按照本办法第 25 条的规定提出变更申请，继续从事生产的，责令限期改正，处 1 万元以上 3 万元以下的罚款： (1) 增加使用的危险化学品品种，且达到危险化学品使用量的数量标准规定的； (2) 涉及危险化学品安全使用许可范围的新建、改建、扩建建设项目，其安全设施已经竣工验收合格的； (3) 改变工艺技术对企业的安全生产条件产生重大影响的
4	企业隐瞒有关情况	《危险化学品安全使用许可证实施办法》第 41 条规定，发现企业隐瞒有关情况或者提供虚假文件、资料申请安全使用许可证的，发证机关不予受理或者不予颁发安全使用许可证，并给予警告，该企业在 1 年内不得再次申请安全使用许可证。 企业以欺骗、贿赂等不正当手段取得安全使用许可证的，自发证机关撤销其安全使用许可证之日起 3 年内，该企业不得再次申请安全使用许可证

第二十六节　危险化学品输送管道安全管理规定

考点 1　危险化学品管道的规划

序号	项目	内容
1	原则	危险化学品管道建设应当遵循安全第一、节约用地和经济合理的原则，并按照相关国家标准、行业标准和技术规范进行科学规划
2	禁止性规定	《危险化学品输送管道安全管理规定》第 7 条规定，禁止光气、氯气等剧毒气体化学品管道穿（跨）越公共区域。严格控制氨、硫化氢等其他有毒气体的危险化学品管道穿（跨）越公共区域
3	安全距离	《危险化学品输送管道安全管理规定》第 8 条规定，危险化学品管道建设的选线应当避开地震活动断层和容易发生洪灾、地质灾害的区域；确实无法避开的，应当采取可靠的工程处理措施，确保不受地质灾害影响。 危险化学品管道与居民区、学校等公共场所以及建筑物、构筑物、铁路、公路、航道、港口、市政设施、通讯设施、军事设施、电力设施的距离，应当符合有关法律、行政法规和国家标准、行业标准的规定

考点 2　危险化学品管道的建设

序号	项目	内容
1	安全准入	《危险化学品输送管道安全管理规定》第 9 条规定，对新建、改建、扩建的危险化学品管道，建设单位应当依照国家安全生产监督管理总局（应急管理部）有关危险化学品建设项目安全监督管理的规定，依法办理安全条件审查、安全设施设计审查和安全设施竣工验收手续

序号	项目	内容
2	设计	《危险化学品输送管道安全管理规定》第10条规定，对新建、改建、扩建的危险化学品管道，建设单位应当依照有关法律、行政法规的规定，委托具备相应资质的设计单位进行设计
3	施工	《危险化学品输送管道安全管理规定》第11条规定，承担危险化学品管道的施工单位应当具备有关法律、行政法规规定的相应资质。施工单位应当按照有关法律、法规、国家标准、行业标准和技术规范的规定，以及经过批准的安全设施设计进行施工，并对工程质量负责。参加危险化学品管道焊接、防腐、无损检测作业的人员应当具备相应的操作资格证书
4	监理	《危险化学品输送管道安全管理规定》第12条规定，负责危险化学品管道工程的监理单位应当对管道的总体建设质量进行全过程监督，并对危险化学品管道的总体建设质量负责。管道施工单位应当严格按照有关国家标准、行业标准的规定对管道的焊缝和防腐质量进行检查，并按照设计要求对管道进行压力试验和气密性试验。 对敷设在江、河、湖泊或者其他环境敏感区域的危险化学品管道，应当采取增加管道压力设计等级、增加防护套管等措施，确保危险化学品管道安全
5	生产（使用）前的检查	（1）《危险化学品输送管道安全管理规定》第13条规定，危险化学品管道试生产（使用）前，管道单位应当对有关保护措施进行安全检查，科学制定安全投入生产（使用）方案，并严格按照方案实施。 （2）《危险化学品输送管道安全管理规定》第14条规定，危险化学品管道试压半年后一直未投入生产（使用）的，管道单位应当在其投入生产（使用）前重新进行气密性试验；对敷设在江、河或者其他环境敏感区域的危险化学品管道，应当相应缩短重新进行气密性试验的时间间隔

考点3　危险化学品管道的运行

序号	项目	内容
1	标志	《危险化学品输送管道安全管理规定》第15条规定，危险化学品管道应当设置明显标志。发现标志毁损的，管道单位应当及时予以修复或者更新
2	巡查	《危险化学品输送管道安全管理规定》第16条规定，管道单位应当建立、健全危险化学品管道巡护制度，配备专人进行日常巡护。巡护人员发现危害危险化学品管道安全生产情形的，应当立即报告单位负责人并及时处理。 《危险化学品输送管道安全管理规定》第17条规定，管道单位对危险化学品管道存在的事故隐患应当及时排除；对自身排除确有困难的外部事故隐患，应当向当地安全生产监督管理部门报告
3	检测维护	《危险化学品输送管道安全管理规定》第18条规定，管道单位应当按照有关国家标准、行业标准和技术规范对危险化学品管道进行定期检测、维护，确保其处于完好状态；对安全风险较大的区段和场所，应当进行重点监测、监控；对不符合安全标准的危险化学品管道，应当及时更新、改造或者停止使用，并向当地安全生产监督管理部门报告。对涉及更新、改造的危险化学品管道，还应当按照本办法第九条的规定办理安全条件审查手续
4	禁止擅自开启阀门等重大危害行为	《危险化学品输送管道安全管理规定》第19条规定，管道单位发现下列危害危险化学品管道安全运行行为的，应当及时予以制止，无法处置时应当向当地安全生产监督管理部门报告： （1）擅自开启、关闭危险化学品管道阀门； （2）采用移动、切割、打孔、砸撬、拆卸等手段损坏管道及其附属设施； （3）移动、毁损、涂改管道标志； （4）在埋地管道上方和巡查便道上行驶重型车辆；

续表

序号	项目	内容
4	禁止擅自开启阀门等重大危害行为	（5）对埋地、地面管道进行占压，在架空管道线路和管桥上行走或者放置重物； （6）利用地面管道、架空管道、管架桥等固定其他设施缆绳悬挂广告牌、搭建构筑物； （7）其他危害危险化学品管道安全运行的行为
5	禁止在管道两侧违规种植与取土采石等行为	《危险化学品输送管道安全管理规定》第21条规定，在危险化学品管道及其附属设施外缘两侧各5米地域范围内，管道单位发现下列危害管道安全运行的行为的，应当及时予以制止，无法处置时应当向当地安全生产监督管理部门报告： （1）种植乔木、灌木、藤类、芦苇、竹子或者其他根系深达管道埋设部位可能损坏管道防腐层的深根植物； （2）取土、采石、用火、堆放重物、排放腐蚀性物质、使用机械工具进行挖掘施工、工程钻探； （3）挖塘、修渠、修晒场、修建水产养殖场、建温室、建家畜棚圈、建房以及修建其他建（构）筑物
6	禁止在管道两侧违规建设	《危险化学品输送管道安全管理规定》第22条规定，在危险化学品管道中心线两侧及危险化学品管道附属设施外缘两侧5米外的周边范围内，管道单位发现下列建（构）筑物与管道线路、管道附属设施的距离不符合国家标准、行业标准要求的，应当及时向当地安全生产监督管理部门报告： （1）居民小区、学校、医院、餐饮娱乐场所、车站、商场等人口密集的建筑物； （2）加油站、加气站、储油罐、储气罐等易燃易爆物品的生产、经营、存储场所； （3）变电站、配电站、供水站等公用设施
7	对可能危及危险化学品管道安全运行的施工作业进行管道安全保护指导	《危险化学品输送管道安全管理规定》第25条规定，实施下列可能危及危险化学品管道安全运行的施工作业的，施工单位应当在开工的7日前书面通知管道单位，将施工作业方案报管道单位，并与管道单位共同制定应急预案，采取相应的安全防护措施，管道单位应当指派专人到现场进行管道安全保护指导： （1）穿（跨）越管道的施工作业； （2）在管道线路中心线两侧5米至50米和管道附属设施周边100米地域范围内，新建、改建、扩建铁路、公路、河渠，架设电力线路，埋设地下电缆、光缆，设置安全接地体、避雷接地体； （3）在管道线路中心线两侧200米和管道附属设施周边500米地域范围内，实施爆破、地震法勘探或者工程挖掘、工程钻探、采矿等作业

考点4　监督管理

《危险化学品输送管道安全管理规定》第30条规定，省级、设区的市级安全生产监督管理部门应当按照原国家安全生产监督管理总局（应急管理部）有关危险化学品建设项目安全监督管理的规定，对新建、改建、扩建管道建设项目办理安全条件审查、安全设施设计审查、试生产（使用）方案备案和安全设施竣工验收手续。

《危险化学品输送管道安全管理规定》第32条规定，县级以上安全生产监督管理部门接到危险化学品管道生产安全事故报告后，应当按照有关规定及时上报事故情况，并根据实际情况采取事故处置措施。

📝 考点5　违反《危险化学品输送管道安全管理规定》应负的法律责任

序号	项目	内容
1	建设项目违法建设	《危险化学品输送管道安全管理规定》第33条规定，新建、改建、扩建危险化学品管道建设项目未经安全条件审查的，由安全生产监督管理部门责令停止建设，限期改正；逾期不改正的，处50万元以上100万元以下的罚款；构成犯罪的，依法追究刑事责任。 危险化学品管道建设单位将管道建设项目发包给不具备相应资质等级的勘察、设计、施工单位或者委托给不具有相应资质等级的工程监理单位的，由安全生产监督管理部门移送建设行政主管部门依照《建设工程质量管理条例》第54条规定予以处罚
2	未按规定设置警示标志等	《危险化学品输送管道安全管理规定》第34条规定，管道单位未对危险化学品管道设置明显的安全警示标志的，由安全生产监督管理部门责令限期改正，可以处5万元以下的罚款；逾期未改正的，处5万元以上20万元以下的罚款，对其直接负责的主管人员和其他直接责任人员处1万元以上2万元以下的罚款；情节严重的，责令停产停业整顿；构成犯罪的，依照刑法有关规定追究刑事责任。 《危险化学品输送管道安全管理规定》第35条规定，有下列情形之一的，由安全生产监督管理部门责令改正，可以处5万元以下的罚款；拒不改正的，处5万元以上10万元以下的罚款；情节严重的，责令停产停业整顿： （1）管道单位未按照本规定对管道进行检测、维护的； （2）进行可能危及危险化学品管道安全的施工作业，施工单位未按照规定书面通知管道单位，或者未与管道单位共同制定应急预案并采取相应的防护措施，或者管道单位未指派专人到现场进行管道安全保护指导的
3	管道单位违法转产停产停止使用等	《危险化学品输送管道安全管理规定》第36条规定，对转产、停产、停止使用的危险化学品管道，管道单位未采取有效措施及时、妥善处置的，由安全生产监督管理部门责令改正，处5万元以上10万元以下的罚款；构成犯罪的，依法追究刑事责任。 对转产、停产、停止使用的危险化学品管道，管道单位未按照本规定将处置方案报县级以上安全生产监督管理部门的，由安全生产监督管理部门责令改正，可以处1万元以下的罚款；拒不改正的，处1万元以上5万元以下的罚款

第二十七节　危险化学品建设项目安全监督管理办法

📝 考点1　建设项目安全条件审查

序号	项目	内容
1	安全评价报告	（1）建设单位应当在建设项目的可行性研究阶段，委托具备相应资质的安全评价机构对建设项目进行安全评价。 （2）《危险化学品建设项目安全监督管理办法》第9条规定，建设项目有下列情形之一的，应当由甲级安全评价机构进行安全评价： ①国务院及其投资主管部门审批（核准、备案）的； ②生产剧毒化学品的； ③跨省、自治区、直辖市的； ④法律、法规、规章另有规定的

序号	项目	内容
2	申请	《危险化学品建设项目安全监督管理办法》第10条规定，建设单位应当在建设项目开始初步设计前，向规定的安全生产监督管理部门申请建设项目安全条件审查，提交下列文件、资料，并对其真实性负责： （1）建设项目安全条件审查申请书及文件； （2）建设项目安全评价报告； （3）建设项目批准、核准或者备案文件和规划相关文件（复制件）； （4）工商行政管理部门颁发的企业营业执照或者企业名称预先核准通知书（复制件）
3	受理	《危险化学品建设项目安全监督管理办法》第11条规定，建设单位申请安全条件审查的文件、资料齐全，符合法定形式的，安全生产监督管理部门应当当场予以受理，并书面告知建设单位。 建设单位申请安全条件审查的文件、资料不齐全或者不符合法定形式的，安全生产监督管理部门应当自收到申请文件、资料之日起5个工作日内一次性书面告知建设单位需要补正的全部内容；逾期不告知的，收到申请文件、资料之日即为受理
4	审查	《危险化学品建设项目安全监督管理办法》第12条规定，对已经受理的建设项目安全条件审查申请，安全生产监督管理部门应当指派有关人员或者组织专家对申请文件、资料进行审查，并自受理申请之日起45日内向建设单位出具建设项目安全条件审查意见书。建设项目安全条件审查意见书的有效期为2年
5	不予通过的情形	《危险化学品建设项目安全监督管理办法》第13条规定，建设项目有下列情形之一的，安全条件审查不予通过： （1）安全评价报告存在重大缺陷、漏项的，包括建设项目主要危险、有害因素辨识和评价不全或者不准确的； （2）建设项目与周边场所、设施的距离或者拟建场址自然条件不符合有关安全生产法律、法规、规章和国家标准、行业标准的规定的； （3）主要技术、工艺未确定，或者不符合有关安全生产法律、法规、规章和国家标准、行业标准的规定的； （4）国内首次使用的化工工艺，未经省级人民政府有关部门组织的安全可靠性论证的； （5）对安全设施设计提出的对策与建议不符合法律、法规、规章和国家标准、行业标准的规定的； （6）未委托具备相应资质的安全评价机构进行安全评价的； （7）隐瞒有关情况或者提供虚假文件、资料的
6	重新申请	《危险化学品建设项目安全监督管理办法》第14条规定，已经通过安全条件审查的建设项目有下列情形之一的，建设单位应当重新进行安全评价，并申请审查： （1）建设项目周边条件发生重大变化的； （2）变更建设地址的； （3）主要技术、工艺路线、产品方案或者装置规模发生重大变化的； （4）建设项目在安全条件审查意见书有效期内未开工建设，期限届满后需要开工建设的

考点2　建设项目安全设施设计审查

序号	项目	内容
1	申请	《危险化学品建设项目安全监督管理办法》第16条规定，建设单位应当在建设项目初步设计完成后、详细设计开始前，向出具建设项目安全条件审查意见书的安全生产监督管理部门申请建设项目安全设施设计审查，提交下列文件、资料，并对其真实性负责：

序号	项目	内容
1	申请	（1）建设项目安全设施设计审查申请书及文件； （2）设计单位的设计资质证明文件（复制件）； （3）建设项目安全设施设计专篇
2	受理	《危险化学品建设项目安全监督管理办法》第17条规定，建设单位申请安全设施设计审查的文件、资料齐全，符合法定形式的，安全生产监督管理部门应当当场予以受理；未经安全条件审查或者审查未通过的，不予受理。受理或者不予受理的情况，安全生产监督管理部门应当书面告知建设单位。 安全设施设计审查申请文件、资料不齐全或者不符合要求的，安全生产监督管理部门应当自收到申请文件、资料之日起5个工作日内一次性书面告知建设单位需要补正的全部内容；逾期不告知的，收到申请文件、资料之日起即为受理
3	设计审查	《危险化学品建设项目安全监督管理办法》第18条规定，对已经受理的建设项目安全设施设计审查申请，安全生产监督管理部门应当指派有关人员或者组织专家对申请文件、资料进行审查，并在受理申请之日起20个工作日内作出同意或者不同意建设项目安全设施设计专篇的决定，向建设单位出具建设项目安全设施设计的审查意见书；20个工作日内不能出具审查意见的，经本部门负责人批准，可以延长10个工作日，并应当将延长的期限和理由告知建设单位
4	不予通过的情形	《危险化学品建设项目安全监督管理办法》第19条规定，建设项目安全设施设计有下列情形之一的，审查不予通过： （1）设计单位资质不符合相关规定的； （2）未按照有关安全生产的法律、法规、规章和国家标准、行业标准的规定进行设计的； （3）对未采纳的建设项目安全评价报告中的安全对策和建议，未作充分论证说明的； （4）隐瞒有关情况或者提供虚假文件、资料的
5	变更设计审查	《危险化学品建设项目安全监督管理办法》第20条规定，已经审查通过的建设项目安全设施设计有下列情形之一的，建设单位应当向原审查部门申请建设项目安全设施变更设计的审查： （1）改变安全设施设计且可能降低安全性能的； （2）在施工期间重新设计的

考点3　建设项目试生产（使用）

《危险化学品建设项目安全监督管理办法》第22条规定，建设单位应当组织建设项目的设计、施工、监理等有关单位和专家，研究提出建设项目试生产（使用）（以下简称试生产〈使用〉）可能出现的安全问题及对策，并按照有关安全生产法律、法规、规章和国家标准、行业标准的规定，制定周密的试生产（使用）方案。试生产（使用）方案应当包括下列有关安全生产的内容：

（1）建设项目设备及管道试压、吹扫、气密、单机试车、仪表调校、联动试车等生产准备的完成情况；

（2）投料试车方案；

（3）试生产（使用）过程中可能出现的安全问题、对策及应急预案；

（4）建设项目周边环境与建设项目安全试生产（使用）相互影响的确认情况；

（5）危险化学品重大危险源监控措施的落实情况；

（6）人力资源配置情况；

（7）试生产（使用）起止日期。

建设项目试生产期限应当不少于 30 日，不超过 1 年。

📝 考点4　建设项目安全设施竣工验收

序号	项目	内容
1	安全设施施工情况报告	《危险化学品建设项目安全监督管理办法》第 24 条规定，建设项目安全设施施工完成后，施工单位应当编制建设项目安全设施施工情况报告。建设项目安全设施施工情况报告应当包括下列内容： （1）施工单位的基本情况，包括施工单位以往所承担的建设项目施工情况； （2）施工单位的资质情况（提供相关资质证明材料复印件）； （3）施工依据和执行的有关法律、法规、规章和国家标准、行业标准； （4）施工质量控制情况； （5）施工变更情况，包括建设项目在施工和试生产期间有关安全生产的设施改动情况
2	安全验收评价	《危险化学品建设项目安全监督管理办法》第 25 条规定，建设项目试生产期间，建设单位应当按照本办法的规定委托有相应资质的安全评价机构对建设项目及其安全设施试生产（使用）情况进行安全验收评价，且不得委托在可行性研究阶段进行安全评价的同一安全评价机构。 安全评价机构应当根据有关安全生产的法律、法规、规章和国家标准、行业标准进行评价。建设项目安全验收评价报告应当符合《危险化学品建设项目安全评价细则》的要求
3	竣工验收	《危险化学品建设项目安全监督管理办法》第 26 条规定，建设项目投入生产和使用前，建设单位应当组织人员进行安全设施竣工验收，作出建设项目安全设施竣工验收是否通过的结论。参加验收人员的专业能力应当涵盖建设项目涉及的所有专业内容。 建设单位应当向参加验收人员提供下列文件、资料，并组织进行现场检查： （1）建设项目安全设施施工、监理情况报告； （2）建设项目安全验收评价报告； （3）试生产（使用）期间是否发生事故、采取的防范措施以及整改情况报告； （4）建设项目施工、监理单位资质证书（复制件）； （5）主要负责人、安全生产管理人员、注册安全工程师资格证书（复制件），以及特种作业人员名单； （6）从业人员安全教育、培训合格的证明材料； （7）劳动防护用品配备情况说明； （8）安全生产责任制文件，安全生产规章制度清单、岗位操作安全规程清单； （9）设置安全生产管理机构和配备专职安全生产管理人员的文件（复制件）； （10）为从业人员缴纳工伤保险费的证明材料（复制件）
4	竣工验收不予通过	《危险化学品建设项目安全监督管理办法》第 27 条规定，建设项目安全设施有下列情形之一的，建设项目安全设施竣工验收不予通过： （1）未委托具备相应资质的施工单位施工的； （2）未按照已经通过审查的建设项目安全设施设计施工或者施工质量未达到建设项目安全设施设计文件要求的； （3）建设项目安全设施的施工不符合国家标准、行业标准的规定的； （4）建设项目安全设施竣工后未按照本办法的规定进行检验、检测，或者经检验、检测不合格的； （5）未委托具备相应资质的安全评价机构进行安全验收评价的； （6）安全设施和安全生产条件不符合或者未达到有关安全生产法律、法规、规章和国家标准、行业标准的规定的；

序号	项目	内容
4	竣工验收不予通过	（7）安全验收评价报告存在重大缺陷、漏项，包括建设项目主要危险、有害因素辨识和评价不正确的； （8）隐瞒有关情况或者提供虚假文件、资料的； （9）未按照本办法规定向参加验收人员提供文件、材料，并组织现场检查的

考点5　监督管理

《危险化学品建设项目安全监督管理办法》第30条规定，有下列情形之一的，负责审查的安全生产监督管理部门或者其上级安全生产监督管理部门可以撤销建设项目的安全审查：

（1）滥用职权、玩忽职守的；

（2）超越法定职权的；

（3）违反法定程序的；

（4）申请人不具备申请资格或者不符合法定条件的；

（5）依法可以撤销的其他情形。

建设单位以欺骗、贿赂等不正当手段通过安全审查的，应当予以撤销。

第二十八节　危险化学品重大危险源监督管理暂行规定

考点1　辨识与评估

序号	项目	内容
1	重大危险源评估	《危险化学品重大危险源监督管理暂行规定》第8条规定，危险化学品单位应当对重大危险源进行安全评估并确定重大危险源等级。危险化学品单位可以组织本单位的注册安全工程师、技术人员或者聘请有关专家进行安全评估，也可以委托具有相应资质的安全评价机构进行安全评估。 依照法律、行政法规的规定，危险化学品单位需要进行安全评价的，重大危险源安全评估可以与本单位的安全评价一起进行，以安全评价报告代替安全评估报告，也可以单独进行重大危险源安全评估
2	重大危险源分级	重大危险源根据其危险程度，分为一级、二级、三级和四级，一级为最高级别
3	重大危险源安全评估报告	《危险化学品重大危险源监督管理暂行规定》第10条规定，重大危险源安全评估报告应当客观公正、数据准确、内容完整、结论明确、措施可行，并包括下列内容： （1）评估的主要依据； （2）重大危险源的基本情况； （3）事故发生的可能性及危害程度； （4）个人风险和社会风险值（仅适用定量风险评价方法）； （5）可能受事故影响的周边场所、人员情况；

序号	项目	内容
3	重大危险源安全评估报告	（6）重大危险源辨识、分级的符合性分析； （7）安全管理措施、安全技术和监控措施； （8）事故应急措施； （9）评估结论与建议
4	重新辨识和评估	《危险化学品重大危险源监督管理暂行规定》第11条规定，有下列情形之一的，危险化学品单位应当对重大危险源重新进行辨识、安全评估及分级： （1）重大危险源安全评估已满三年的； （2）构成重大危险源的装置、设施或者场所进行新建、改建、扩建的； （3）危险化学品种类、数量、生产、使用工艺或者储存方式及重要设备、设施等发生变化，影响重大危险源级别或者风险程度的； （4）外界生产安全环境因素发生变化，影响重大危险源级别和风险程度的； （5）发生危险化学品事故造成人员死亡，或者10人以上受伤，或者影响到公共安全的； （6）有关重大危险源辨识和安全评估的国家标准、行业标准发生变化的

📝 考点2　安全管理

序号	项目	内容
1	监控体系	《危险化学品重大危险源监督管理暂行规定》第13条规定，危险化学品单位应当根据构成重大危险源的危险化学品种类、数量、生产、使用工艺（方式）或者相关设备、设施等实际情况，按照下列要求建立健全安全监测监控体系，完善控制措施： （1）重大危险源配备温度、压力、液位、流量、组份等信息的不间断采集和监测系统以及可燃气体和有毒有害气体泄漏检测报警装置，并具备信息远传、连续记录、事故预警、信息存储等功能；一级或者二级重大危险源，具备紧急停车功能。记录的电子数据的保存时间不少于30天。 （2）重大危险源的化工生产装置装备满足安全生产要求的自动化控制系统；一级或者二级重大危险源，装备紧急停车系统。 （3）对重大危险源中的毒性气体、剧毒液体和易燃气体等重点设施，设置紧急切断装置；毒性气体的设施，设置泄漏物紧急处置装置。涉及毒性气体、液化气体、剧毒液体的一级或者二级重大危险源，配备独立的安全仪表系统（SIS）。 （4）重大危险源中储存剧毒物质的场所或者设施，设置视频监控系统。 （5）安全监测监控系统符合国家标准或者行业标准的规定
2	设备保养	《危险化学品重大危险源监督管理暂行规定》第15条规定，危险化学品单位应当按照国家有关规定，定期对重大危险源的安全设施和安全监测监控系统进行检测、检验，并进行经常性维护、保养，保证重大危险源的安全设施和安全监测监控系统有效、可靠运行。维护、保养、检测应当作好记录，并由有关人员签字
3	消除隐患	《危险化学品重大危险源监督管理暂行规定》第16条规定，危险化学品单位应当明确重大危险源中关键装置、重点部位的责任人或者责任机构，并对重大危险源的安全生产状况进行定期检查，及时采取措施消除事故隐患。事故隐患难以立即排除的，应当及时制定治理方案，落实整改措施、责任、资金、时限和预案
4	警示标志	《危险化学品重大危险源监督管理暂行规定》第18条规定，危险化学品单位应当在重大危险源所在场所设置明显的安全警示标志，写明紧急情况下的应急处置办法。 《危险化学品重大危险源监督管理暂行规定》第19条规定，危险化学品单位应当将重大危险源可能发生的事故后果和应急措施等信息，以适当方式告知可能受影响的单位、区域及人员

序号	项目	内容
5	安全培训	《危险化学品重大危险源监督管理暂行规定》第17条规定，危险化学品单位应当对重大危险源的管理和操作岗位人员进行安全操作技能培训，使其了解重大危险源的危险特性，熟悉重大危险源安全管理规章制度和安全操作规程，掌握本岗位的安全操作技能和应急措施
6	应急预案和装备	《危险化学品重大危险源监督管理暂行规定》第20条规定，危险化学品单位应当依法制定重大危险源事故应急预案，建立应急救援组织或者配备应急救援人员，配备必要的防护装备及应急救援器材、设备、物资，并保障其完好和方便使用；配合地方人民政府安全生产监督管理部门制定所在地区涉及本单位的危险化学品事故应急预案。 对存在吸入性有毒、有害气体的重大危险源，危险化学品单位应当配备便携式浓度检测设备、空气呼吸器、化学防护服、堵漏器材等应急器材和设备；涉及剧毒气体的重大危险源，还应当配备两套以上（含本数）气密型化学防护服；涉及易燃易爆气体或者易燃液体蒸气的重大危险源，还应当配备一定数量的便携式可燃气体检测设备
7	应急演练	《危险化学品重大危险源监督管理暂行规定》第21条规定，危险化学品单位应当制定重大危险源事故应急预案演练计划，并按照下列要求进行事故应急预案演练： （1）对重大危险源专项应急预案，每年至少进行一次； （2）对重大危险源现场处置方案，每半年至少进行一次
8	重大危险源档案	《危险化学品重大危险源监督管理暂行规定》第22条规定，危险化学品单位应当对辨识确认的重大危险源及时、逐项进行登记建档。 重大危险源档案应当包括下列文件、资料： （1）辨识、分级记录； （2）重大危险源基本特征表； （3）涉及的所有化学品安全技术说明书； （4）区域位置图、平面布置图、工艺流程图和主要设备一览表； （5）重大危险源安全管理规章制度及安全操作规程； （6）安全监测监控系统、措施说明、检测、检验结果； （7）重大危险源事故应急预案、评审意见、演练计划和评估报告； （8）安全评估报告或者安全评价报告； （9）重大危险源关键装置、重点部位的责任人、责任机构名称； （10）重大危险源场所安全警示标志的设置情况； （11）其他文件、资料
9	重大危险源安全监管部门备案	《危险化学品重大危险源监督管理暂行规定》第23条规定，危险化学品单位在完成重大危险源安全评估报告或者安全评价报告后15日内，应当填写重大危险源备案申请表，连同本规定第22条规定的重大危险源档案材料（其中第2款第5项规定的文件资料只需提供清单），报送所在地县级人民政府安全生产监督管理部门备案。 县级人民政府安全生产监督管理部门应当每季度将辖区内的一级、二级重大危险源备案材料报送至设区的市级人民政府安全生产监督管理部门。设区的市级人民政府安全生产监督管理部门应当每半年将辖区内的一级重大危险源备案材料报送至省级人民政府安全生产监督管理部门。 重大危险源出现本规定第11条所列情形之一的，危险化学品单位应当及时更新档案，并向所在地县级人民政府安全生产监督管理部门重新备案。 《危险化学品重大危险源监督管理暂行规定》第24条规定，危险化学品单位新建、改建和扩建危险化学品建设项目，应当在建设项目竣工验收前完成重大危险源的辨识、安全评估和分级、登记建档工作，并向所在地县级人民政府安全生产监督管理部门备案

考点3　监督检查

序号	项目		内容
1	建立健全管理制度		《危险化学品重大危险源监督管理暂行规定》第25条规定，县级人民政府安全生产监督管理部门应当建立健全危险化学品重大危险源管理制度，明确责任人员，加强资料归档
2	及时报送		《危险化学品重大危险源监督管理暂行规定》第26条规定，县级人民政府安全生产监督管理部门应当在每年1月15日前，将辖区内上一年度重大危险源的汇总信息报送至设区的市级人民政府安全生产监督管理部门。设区的市级人民政府安全生产监督管理部门应当在每年1月31日前，将辖区内上一年度重大危险源的汇总信息报送至省级人民政府安全生产监督管理部门。省级人民政府安全生产监督管理部门应当在每年2月15日前，将辖区内上一年度重大危险源的汇总信息报送至原国家安全生产监督管理总局（应急管理部）
3	核销	申请核销	《危险化学品重大危险源监督管理暂行规定》第27条规定，重大危险源经过安全评价或者安全评估不再构成重大危险源的，危险化学品单位应当向所在地县级人民政府安全生产监督管理部门申请核销。 申请核销重大危险源应当提交下列文件、资料： （1）载明核销理由的申请书； （2）单位名称、法定代表人、住所、联系人、联系方式； （3）安全评价报告或者安全评估报告
		审查	《危险化学品重大危险源监督管理暂行规定》第28条规定，县级人民政府安全生产监督管理部门应当自收到申请核销的文件、资料之日起30日内进行审查，符合条件的，予以核销并出具证明文件；不符合条件的，说明理由并书面告知申请单位。必要时，县级人民政府安全生产监督管理部门应当聘请有关专家进行现场核查
4	检查		《危险化学品重大危险源监督管理暂行规定》第30条规定，县级以上地方各级人民政府安全生产监督管理部门应当加强对存在重大危险源的危险化学品单位的监督检查，督促危险化学品单位做好重大危险源的辨识、安全评估及分级、登记建档、备案、监测监控、事故应急预案编制、核销和安全管理工作。 首次对重大危险源的监督检查应当包括下列主要内容： （1）重大危险源的运行情况、安全管理规章制度及安全操作规程制定和落实情况； （2）重大危险源的辨识、分级、安全评估、登记建档、备案情况； （3）重大危险源的监测监控情况； （4）重大危险源安全设施和安全监测监控系统的检测、检验以及维护保养情况； （5）重大危险源事故应急预案的编制、评审、备案、修订和演练情况； （6）有关从业人员的安全培训教育情况； （7）安全标志设置情况； （8）应急救援器材、设备、物资配备情况； （9）预防和控制事故措施的落实情况

考点4　违反《危险化学品重大危险源监督管理暂行规定》应负的法律责任

序号	项目	内容
1	未登记建档等	《危险化学品重大危险源监督管理暂行规定》第32条规定，危险化学品单位有下列行为之一的，由县级以上人民政府安全生产监督管理部门责令限期改正，可以处10万元以下的罚款；逾期未改正的，责令停产停业整顿，并处10万元以上20万元以下的罚款，对其直接负责的主管人员和其他直接责任人员处2万元以上5万元以下的罚款；构成犯罪的，依照刑法有关规定追究刑事责任：

续表

序号	项目	内容
1	未登记建档等	(1) 未按照本规定要求对重大危险源进行安全评估或者安全评价的； (2) 未按照本规定要求对重大危险源进行登记建档的； (3) 未按照本规定及相关标准要求对重大危险源进行安全监测监控的； (4) 未制定重大危险源事故应急预案的
2	未设置安全标志等	《危险化学品重大危险源监督管理暂行规定》第33条规定，危险化学品单位有下列行为之一的，由县级以上人民政府安全生产监督管理部门责令限期改正，可以处5万元以下的罚款；逾期未改正的，处5万元以上20万元以下的罚款，对其直接负责的主管人员和其他直接责任人员处1万元以上2万元以下的罚款；情节严重的，责令停产停业整顿；构成犯罪的，依照刑法有关规定追究刑事责任： (1) 未在构成重大危险源的场所设置明显的安全警示标志的； (2) 未对重大危险源中的设备、设施等进行定期检测、检验的
3	未进行重大危险源辨识等	《危险化学品重大危险源监督管理暂行规定》第34条规定，危险化学品单位有下列情形之一的，由县级以上人民政府安全生产监督管理部门给予警告，可以并处5000元以上3万元以下的罚款： (1) 未按照标准对重大危险源进行辨识的； (2) 未按照本规定明确重大危险源中关键装置、重点部位的责任人或者责任机构的； (3) 未按照本规定建立应急救援组织或者配备应急救援人员，以及配备必要的防护装备及器材、设备、物资，并保障其完好的； (4) 未按照本规定进行重大危险源备案或者核销的； (5) 未将重大危险源可能引发的事故后果、应急措施等信息告知可能受影响的单位、区域及人员的； (6) 未按照本规定要求开展重大危险源事故应急预案演练的
4	未定期检查	《危险化学品重大危险源监督管理暂行规定》第35条规定，危险化学品单位未按照本规定对重大危险源的安全生产状况进行定期检查，采取措施消除事故隐患的，责令立即消除或者限期消除；危险化学品单位拒不执行的，责令停产停业整顿，并处10万元以上20万元以下的罚款，对其直接负责的主管人员和其他直接责任人员处2万元以上5万元以下的罚款

第二十九节　工贸企业有限空间作业安全管理与监督暂行规定

考点1　有限空间作业的安全保障

序号	项目	内容
1	安全生产制度和规程	《工贸企业有限空间作业安全管理与监督暂行规定》第5条规定，存在有限空间作业的工贸企业应当建立下列安全生产制度和规程： (1) 有限空间作业安全责任制度； (2) 有限空间作业审批制度； (3) 有限空间作业现场安全管理制度； (4) 有限空间作业现场负责人、监护人员、作业人员、应急救援人员安全培训教育制度； (5) 有限空间作业应急管理制度； (6) 有限空间作业安全操作规程

序号	项目	内容
2	安全培训	《工贸企业有限空间作业安全管理与监督暂行规定》第6条规定，工贸企业应当对从事有限空间作业的现场负责人、监护人员、作业人员、应急救援人员进行专项安全培训。专项安全培训应当包括下列内容： （1）有限空间作业的危险有害因素和安全防范措施； （2）有限空间作业的安全操作规程； （3）检测仪器、劳动防护用品的正确使用； （4）紧急情况下的应急处置措施
3	登记管理	《工贸企业有限空间作业安全管理与监督暂行规定》第7条规定，工贸企业应当对本企业的有限空间进行辨识，确定有限空间的数量、位置以及危险有害因素等基本情况，建立有限空间管理台账，并及时更新
4	按方案施工	《工贸企业有限空间作业安全管理与监督暂行规定》第8条规定，工贸企业实施有限空间作业前，应当对作业环境进行评估，分析存在的危险有害因素，提出消除、控制危害的措施，制定有限空间作业方案，并经本企业安全生产管理人员审核，负责人批准。 《工贸企业有限空间作业安全管理与监督暂行规定》第9条规定，工贸企业应当按照有限空间作业方案，明确作业现场负责人、监护人员、作业人员及其安全职责。 《工贸企业有限空间作业安全管理与监督暂行规定》第10条规定，工贸企业实施有限空间作业前，应当将有限空间作业方案和作业现场可能存在的危险有害因素、防空措施告知作业人员。现场负责人应当监督作业人员按照方案进行作业准备
5	隔离措施	《工贸企业有限空间作业安全管理与监督暂行规定》第11条规定，工贸企业应采取可靠的隔断（隔离）措施，将可能危及作业安全的设施设备、存在有毒有害物质的空间与作业地点隔开
6	作业程序	《工贸企业有限空间作业安全管理与监督暂行规定》第12条规定，有限空间作业应当严格遵守"先通风、再检测、后作业"的原则。 未经通风和检测合格，任何人员不得进入有限空间作业。检测的时间不得早于作业开始前30分钟。 《工贸企业有限空间作业安全管理与监督暂行规定》第16条规定，在有限空间作业过程中，工贸企业应当对作业场所中的危险有害因素进行定时检测或者连续监测。 作业中断超过30分钟，作业人员再次进入有限空间作业前，应当重新通风、检测合格后方可进入
7	照明安全	《工贸企业有限空间作业安全管理与监督暂行规定》第17条规定，有限空间作业场所的照明灯具电压应当符合《特低电压（ELV）限值》（GB/T 3805）等国家标准或者行业标准的规定；作业场所存在可燃性气体、粉尘的，其电气设施设备及照明灯具的防爆安全要求应当符合《爆炸性环境第1部分：设备 通用要求》（GB 3836.1）等国家标准或者行业标准的规定
8	劳动防护	《工贸企业有限空间作业安全管理与监督暂行规定》第18条规定，工贸企业应当根据有限空间存在危险有害因素的种类和危害程度，为作业人员提供符合国家标准或者行业标准规定的劳动防护用品，并教育监督作业人员正确佩戴与使用
9	应急预案	《工贸企业有限空间作业安全管理与监督暂行规定》第21条规定，工贸企业应当根据本企业有限空间作业的特点，制定应急预案，并配备相关的呼吸器、防毒面罩、通讯设备、安全绳索等应急装备和器材。有限空间作业的现场负责人、监护人员、作业人员和应急救援人员应当掌握相关应急预案内容，定期进行演练，提高应急处置能力
10	发包安全管理	《工贸企业有限空间作业安全管理与监督暂行规定》第22条规定，工贸企业将有限空间作业发包给其他单位实施的，应当发包给具备国家规定资质或者安全生产条件的承包方，并与承包方签订专门的安全生产管理协议或者在承包合同中明确各自的安全生产职责。工贸企业应当对承包单位的安全生产工作统一协调、管理，定期进行安全检查，发现安全问题的，应当及时督促整改。 工贸企业对其发包的有限空间作业安全承担主体责任。承包方对其承包的有限空间作业安全承担直接责任

279

续表

序号	项目	内容
11	报警	《工贸企业有限空间作业安全管理与监督暂行规定》第 23 条规定，有限空间作业中发生事故后，现场有关人员应当立即报警，禁止盲目施救。应急救援人员实施救援时，应当做好自身防护，佩戴必要的呼吸器具、救援器材
12	其他安全要求	《工贸企业有限空间作业安全管理与监督暂行规定》第 19 条规定，工贸企业有限空间作业还应当符合下列要求： （1）保持有限空间出入口畅通； （2）设置明显的安全警示标志和警示说明； （3）作业前清点作业人员和工器具； （4）作业人员与外部有可靠的通讯联络； （5）监护人员不得离开作业现场，并与作业人员保持联系； （6）存在交叉作业时，采取避免互相伤害的措施

考点 2　有限空间作业的安全监督管理

（1）安全生产监督管理部门对工贸企业有限空间作业实施监督检查时，应当重点抽查有限空间作业安全管理制度、有限空间管理台账、检测记录、劳动防护用品配备、应急救援演练、专项安全培训等情况。

（2）安全生产监督管理部门及其行政执法人员发现有限空间作业存在重大事故隐患的，应当责令立即或者限期整改；重大事故隐患排除前或者排除过程中无法保证安全的，应当责令暂时停止作业，撤出作业人员；重大事故隐患排除后，经审查同意，方可恢复作业。

考点 3　违反《工贸企业有限空间作业安全管理与监督暂行规定》应负的法律责任

序号	项目	内容
1	未按规定设置警示标志等	《工贸企业有限空间作业安全管理与监督暂行规定》第 28 条规定，工贸企业有下列行为之一的，由县级以上安全生产监督管理部门责令限期改正，可以处 5 万元以下的罚款；逾期未改正的，处 5 万元以上 20 万元以下的罚款，其直接负责的主管人员和其他直接责任人员处 1 万元以上 2 万元以下的罚款；情节严重的，责令停产停业整顿： （1）未在有限空间作业场所设置明显的安全警示标志的； （2）未按照本规定为作业人员提供符合国家标准或者行业标准的劳动防护用品的
2	未按规定定期演练等	《工贸企业有限空间作业安全管理与监督暂行规定》第 29 条规定，工贸企业有下列情形之一的，由县级以上安全生产监督管理部门责令限期改正，可以处 5 万元以下的罚款；逾期未改正的，责令停产停业整顿，并处 5 万元以上 10 万元以下的罚款，对其直接负责的主管人员和其他直接责任人员处 1 万元以上 2 万元以下的罚款： （1）未按照本规定对有限空间的现场负责人、监护人员、作业人员和应急救援人员进行安全培训的； （2）未按照本规定对有限空间作业制定应急预案，或者定期进行演练的

序号	项目	内容
3	未按规定建立管理台账等	《工贸企业有限空间作业安全管理与监督暂行规定》第 30 条规定，工贸企业有下列情形之一的，由县级以上安全生产监督管理部门责令限期改正，可以处 3 万元以下的罚款，对其直接负责的主管人员和其他直接责任人员处 1 万元以下的罚款： （1）未按照本规定对有限空间作业进行辨识、提出防范措施、建立有限空间管理台账的； （2）未按照本规定对有限空间作业制定作业方案或者方案未经审批擅自作业的； （3）有限空间作业未按本规定进行危险有害因素检测或者监测，并实行专人监护作业的

第三十节　食品生产企业安全生产监督管理暂行规定

📝 考点 1　安全生产的基本要求

序号	项目	内容
1	机构和人员	《食品生产企业安全生产监督管理暂行规定》第 6 条规定，从业人员超过 100 人的食品生产企业，应当设置安全生产管理机构或者配备 3 名以上专职安全生产管理人员，鼓励配备注册安全工程师从事安全生产管理工作。 前款规定以外的其他食品生产企业，应当配备专职或者兼职安全生产管理人员，或者委托安全生产中介机构提供安全生产服务。 委托安全生产中介机构提供安全生产技术、管理服务的，保证安全生产的责任仍由本企业负责
2	建设项目"三同时"	《食品生产企业安全生产监督管理暂行规定》第 9 条规定，食品生产企业新建、改建和扩建建设项目（以下统称建设项目）的安全设施，必须与主体工程同时设计、同时施工、同时投入生产和使用。安全设施投资应当纳入建设项目概算
3	隐患排查治理	《食品生产企业安全生产监督管理暂行规定》第 12 条规定，食品生产企业应当建立健全事故隐患排查治理制度，明确事故隐患治理的措施、责任、资金、时限和预案，采取技术、管理措施，及时发现并消除事故隐患。事故隐患排查治理情况应当如实记录，向从业人员通报，并按规定报告所在地负责食品生产企业安全生产监管的部门
4	承包承租	《食品生产企业安全生产监督管理暂行规定》第 13 条规定，食品生产企业的加工、制作等项目有多个承包单位、承租单位，或者存在空间交叉的，应当对承包单位、承租单位的安全生产工作进行统一协调、管理。承包单位、承租单位应当服从食品生产企业的统一管理，并对作业现场的安全生产负责
5	安全教育培训	《食品生产企业安全生产监督管理暂行规定》第 14 条规定，食品生产企业应当对新录用、季节性复工、调整工作岗位和离岗半年以上重新上岗的从业人员，进行相应的安全生产教育培训。未经安全生产教育培训合格的从业人员，不得上岗作业

281

续表

序号	项目	内容
6	紧急情况的处置	《食品生产企业安全生产监督管理暂行规定》第15条规定，食品生产企业应当定期组织开展危险源辨识，并将其工作场所存在和作业过程中可能产生的危险因素、防范措施和事故应急措施等如实书面告知从业人员，不得隐瞒或者欺骗。 从业人员发现直接危及人身安全的紧急情况时，有权停止作业或者在采取可能的应急措施后撤离作业场所。食品生产企业不得因此降低其工资、福利待遇或者解除劳动合同

📝 考点2 作业过程的安全管理

序号	项目	内容
1	食品生产企业的作业场所管理	《食品生产企业安全生产监督管理暂行规定》第16条规定，食品生产企业的作业场所应当符合下列要求： （1）生产设施设备，按照国家有关规定配备有温度、压力、流量、液位以及粉尘浓度、可燃和有毒气体浓度等工艺指标的超限报警装置。 （2）用电设备设施和场所，采取保护措施，并在配电设备设施上安装剩余电流动作保护装置或者其他防止触电的装置。 （3）涉及烘制、油炸等高温的设施设备和岗位，采用必要的防过热自动报警切断和隔热板、墙等保护设施。 （4）涉及淀粉等可燃性粉尘爆炸危险的场所、设施设备，采用惰化、抑爆、阻爆、泄爆等措施防止粉尘爆炸，现场安全管理措施和条件符合《粉尘防爆安全规程》（GB 15577）等国家标准或者行业标准的要求。 （5）油库（罐）、燃气站、除尘器、压缩空气站、压力容器、压力管道、电缆隧道（沟）等重点防火防爆部位，采取有效、可靠的监控、监测、预警、防火、防爆、防毒等安全措施。安全附件和联锁装置不得随意拆弃和解除，声、光报警等信号不得随意切断。 （6）制冷车间符合《冷库设计标准》（GB 50072）、《冷库安全规程》（GB 28009）等国家标准或者行业标准的规定，设置气体浓度报警装置，且与制冷电机联锁、与事故排风机联动。在包装间、分割间等人员密集场所，严禁采用氨直接蒸发的制冷系统
2	危险化学品的管理	《食品生产企业安全生产监督管理暂行规定》第17条规定，食品生产企业涉及生产、储存和使用危险化学品的，应当严格按照《危险化学品安全管理条例》等法律、行政法规、国家标准或者行业标准的规定，根据危险化学品的种类和危险特性，在生产、储存和使用场所设置相应的监测、监控、通风、防晒、调温、防火、灭火、防爆、泄压、防毒、中和、防潮、防雷、防静电、防腐、防泄漏以及防护围堤等安全设施设备，并对安全设施设备进行经常性维护保养，保证其正常运行。 食品生产企业的中间产品为危险化学品的，应当依照有关规定取得危险化学品安全生产许可证
3	安全检查	《食品生产企业安全生产监督管理暂行规定》第18条规定，食品生产企业应当定期组织对作业场所、仓库、设备设施使用、从业人员持证、劳动防护用品配备和使用、危险源管理情况进行检查，对检查发现的问题应当立即整改；不能立即整改的，应当制定相应的防范措施和整改计划，限期整改。检查应当作好记录，并由有关人员签字
4	消防管理	《食品生产企业安全生产监督管理暂行规定》第19条规定，食品生产企业应当加强日常消防安全管理，按照有关规定配置并保持消防设施完好有效。生产作业场所应当设有标志明显、符合要求的安全出口和疏散通道，禁止封堵、锁闭生产作业场所的安全出口和疏散通道

续表

序号	项目	内容
5	安全警示标志	《食品生产企业安全生产监督管理暂行规定》第 20 条规定，食品生产企业应当使用符合安全技术规范要求的特种设备，并按照国家规定向有关部门登记，进行定期检验。 食品生产企业应当在有危险因素的场所和有关设施、设备上设置明显的安全警示标志和警示说明
6	危险作业管理	《食品生产企业安全生产监督管理暂行规定》第 21 条规定，食品生产企业进行高处作业、吊装作业、临近高压输电线路作业、电焊气焊等动火作业，以及在污水池等有限空间内作业的，应当实行作业审批制度，安排专门人员负责现场安全管理，落实现场安全管理措施

考点 3 监督管理

《食品生产企业安全生产监督管理暂行规定》第 24 条规定，县级以上地方人民政府负责食品生产企业安全生产监管的部门接到食品生产企业报告的重大事故隐患后，应当根据需要，进行现场核查，督促食品生产企业按照治理方案排除事故隐患，防止事故发生；必要时，可以责令食品生产企业暂时停产停业或者停止使用；重大事故隐患治理后，经县级以上地方人民政府负责食品生产企业安全生产监管的部门审查同意，方可恢复生产经营和使用。

考点 4 违反《食品生产企业安全生产监督管理暂行规定》应负的法律责任

序号	项目	内容
1	食品生产企业	《食品生产企业安全生产监督管理暂行规定》第 26 条规定，食品生产企业有下列行为之一的，责令限期改正，可以处 5 万元以下的罚款；逾期未改正的，责令停产停业整顿，并处 5 万元以上 10 万元以下的罚款，对其直接负责的主管人员和其他直接责任人员处 1 万元以上 2 万元以下的罚款： （1）未按照规定设置安全生产管理机构或者配备安全生产管理人员的； （2）未如实记录安全生产教育和培训情况的； （3）未将事故隐患排查治理情况如实记录或者未向从业人员通报的。 《食品生产企业安全生产监督管理暂行规定》第 27 条规定，食品生产企业不具备法律、行政法规和国家标准或者行业标准规定的安全生产条件，经停产整顿后仍不具备安全生产条件的，县级以上地方人民政府负责食品生产企业安全生产监管的部门应当提请本级人民政府依法予以关闭
2	监督检查人员	《食品生产企业安全生产监督管理暂行规定》第 28 条规定，监督检查人员在对食品生产企业进行监督检查时，滥用职权、玩忽职守、徇私舞弊的，依照有关规定给予处分；构成犯罪的，依法追究刑事责任

第三十一节 建筑施工企业安全生产许可证管理规定

考点 1 安全生产条件

《建筑施工企业安全生产许可证管理规定》第 4 条规定，建筑施工企业取得安全生产许可证，应当具备下列安全生产条件：

（1）建立、健全安全生产责任制，制定完备的安全生产规章制度和操作规程；

（2）保证本单位安全生产条件所需资金的投入；

（3）设置安全生产管理机构，按照国家有关规定配备专职安全生产管理人员；

（4）主要负责人、项目负责人、专职安全生产管理人员经住房城乡建设主管部门或者其他有关部门考核合格；

（5）特种作业人员经有关业务主管部门考核合格，取得特种作业操作资格证书；

（6）管理人员和作业人员每年至少进行一次安全生产教育培训并考核合格；

（7）依法参加工伤保险，依法为施工现场从事危险作业的人员办理意外伤害保险，为从业人员交纳保险费；

（8）施工现场的办公、生活区及作业场所和安全防护用具、机械设备、施工机具及配件符合有关安全生产法律、法规、标准和规程的要求；

（9）有职业危害防治措施，并为作业人员配备符合国家标准或者行业标准的安全防护用具和安全防护服装；

（10）有对危险性较大的分部分项工程及施工现场易发生重大事故的部位、环节的预防、监控措施和应急预案；

（11）有生产安全事故应急救援预案、应急救援组织或者应急救援人员，配备必要的应急救援器材、设备；

（12）法律、法规规定的其他条件。

考点2 安全生产许可证的申请与颁发

序号	项目		内容
1	申请材料		《建筑施工企业安全生产许可证管理规定》第6条规定，建筑施工企业申请安全生产许可证时，应当向建设主管部门提供下列材料： （1）建筑施工企业安全生产许可证申请表； （2）企业法人营业执照； （3）第4条规定的相关文件、材料
2	审查颁证		《建筑施工企业安全生产许可证管理规定》第7条规定，住房城乡建设主管部门应当自受理建筑施工企业的申请之日起45日内审查完毕；经审查符合安全生产条件的，颁发安全生产许可证；不符合安全生产条件的，不予颁发安全生产许可证，书面通知企业并说明理由。企业自接到通知之日起应当进行整改，整改合格后方可再次提出申请
3	延期	有效期	安全生产许可证的有效期为3年
		申请时限	安全生产许可证有效期满需要延期的，企业应当于期满前3个月向原安全生产许可证颁发管理机关申请办理延期手续
		不再审查	企业在安全生产许可证有效期内，严格遵守有关安全生产的法律法规，未发生死亡事故的，安全生产许可证有效期届满时，经原安全生产许可证颁发管理机关同意，不再审查，安全生产许可证有效期延期3年
4	变更		建筑施工企业变更名称、地址、法定代表人等，应当在变更后10日内，到原安全生产许可证颁发管理机关办理安全生产许可证变更手续

考点3　监督管理

《建筑施工企业安全生产许可证管理规定》第16条规定，安全生产许可证颁发管理机关或者其上级行政机关发现有下列情形之一的，可以撤销已经颁发的安全生产许可证：

（1）安全生产许可证颁发管理机关工作人员滥用职权、玩忽职守颁发安全生产许可证的；

（2）超越法定职权颁发安全生产许可证的；

（3）违反法定程序颁发安全生产许可证的；

（4）对不具备安全生产条件的建筑施工企业颁发安全生产许可证的；

（5）依法可以撤销已经颁发的安全生产许可证的其他情形。

考点4　违反《建筑施工企业安全生产许可证管理规定》应负的法律责任

一、住房城乡建设主管部门工作人员的违法行为及法律责任

《建筑施工企业安全生产许可证管理规定》第21条规定，违反本规定，住房城乡建设主管部门工作人员有下列行为之一的，给予降级或者撤职的行政处分；构成犯罪的，依法追究刑事责任：

（1）向不符合安全生产条件的建筑施工企业颁发安全生产许可证的；

（2）发现建筑施工企业未依法取得安全生产许可证擅自从事建筑施工活动，不依法处理的；

（3）发现取得安全生产许可证的建筑施工企业不再具备安全生产条件，不依法处理的；

（4）接到对违反本规定行为的举报后，不及时处理的；

（5）在安全生产许可证颁发、管理和监督检查工作中，索取或者接受建筑施工企业的财物，或者谋取其他利益的。

由于建筑施工企业弄虚作假，造成前款第（1）项行为的，对住房城乡建设主管部门工作人员不予处分。

二、施工企业的违法行为及法律责任

序号	项目	内容
1	未取得许可证擅自施工	《建筑施工企业安全生产许可证管理规定》第24条规定，违反本规定，建筑施工企业未取得安全生产许可证擅自从事建筑施工活动的，责令其在建项目停止施工，没收违法所得，并处10万元以上50万元以下的罚款；造成重大安全事故或者其他严重后果，构成犯罪的，依法追究刑事责任
2	未办理延期手续	《建筑施工企业安全生产许可证管理规定》第25条规定，违反本规定，安全生产许可证有效期满未办理延期手续，继续从事建筑施工活动的，责令其在建项目停止施工，限期补办延期手续，没收违法所得，并处5万元以上10万元以下的罚款；逾期仍不办理延期手续，继续从事建筑施工活动的，依照本规定第二十四条的规定处罚
3	违法转让及冒用安全生产许可证	《建筑施工企业安全生产许可证管理规定》第26条规定，违反本规定，建筑施工企业转让安全生产许可证的，没收违法所得，处10万元以上50万元以下的罚款，并吊销安全生产许可证；构成犯罪的，依法追究刑事责任；接受转让的，依照本规定第二十四条的规定处罚。

序号	项目	内容
3	违法转让及冒用安全生产许可证	冒用安全生产许可证或者使用伪造的安全生产许可证的，依照本规定第二十四条的规定处罚
4	隐瞒、欺骗、贿赂等情形	《建筑施工企业安全生产许可证管理规定》第27条规定，违反本规定，建筑施工企业隐瞒有关情况或者提供虚假材料申请安全生产许可证的，不予受理或者不予颁发安全生产许可证，并给予警告，1年内不得申请安全生产许可证。 建筑施工企业以欺骗、贿赂等不正当手段取得安全生产许可证的，撤销安全生产许可证，3年内不得再次申请安全生产许可证；构成犯罪的，依法追究刑事责任

第三十二节　建筑起重机械安全监督管理规定

📝 考点1　建筑起重机械的出租、使用

序号	项目	内容
1	资质证书	《建筑起重机械安全监督管理规定》第4条规定，出租单位出租的建筑起重机械和使用单位购置、租赁、使用的建筑起重机械应当具有特种设备制造许可证、产品合格证、制造监督检验证明
2	出租单位的要求	《建筑起重机械安全监督管理规定》第5条规定，出租单位在建筑起重机械首次出租前，自购建筑起重机械的使用单位在建筑起重机械首次安装前，应当持建筑起重机械特种设备制造许可证、产品合格证和制造监督检验证明到本单位工商注册所在地县级以上地方人民政府建设主管部门办理备案。 《建筑起重机械安全监督管理规定》第6条规定，出租单位应当在签订的建筑起重机械租赁合同中，明确租赁双方的安全责任，并出具建筑起重机械特种设备制造许可证、产品合格证、制造监督检验证明、备案证明和自检合格证明，提交安装使用说明书
3	不得出租、使用的情形	《建筑起重机械安全监督管理规定》第7条规定，有下列情形之一的建筑起重机械，不得出租、使用： （1）属国家明令淘汰或者禁止使用的； （2）超过安全技术标准或者制造厂家规定的使用年限的； （3）经检验达不到安全技术标准规定的； （4）没有完整安全技术档案的； （5）没有齐全有效的安全保护装置的

📝 考点2　安装单位、使用单位、施工总承包单位、监理单位的安全职责

序号	项目	内容
1	安装单位	《建筑起重机械安全监督管理规定》第12条规定，安装单位应当履行下列安全职责： （1）按照安全技术标准及建筑起重机械性能要求，编制建筑起重机械安装、拆卸工程专项施工方案，并由本单位技术负责人签字；

续表

序号	项目	内容
1	安装单位	（2）按照安全技术标准及安装使用说明书等检查建筑起重机械及现场施工条件； （3）组织安全施工技术交底并签字确认； （4）制定建筑起重机械安装、拆卸工程生产安全事故应急救援预案； （5）将建筑起重机械安装、拆卸工程专项施工方案，安装、拆卸人员名单，安装、拆卸时间等材料报施工总承包单位和监理单位审核后，告知工程所在地县级以上地方人民政府建设主管部门
2	使用单位	《建筑起重机械安全监督管理规定》第18条规定，使用单位应当履行下列安全职责： （1）根据不同施工阶段、周围环境以及季节、气候的变化，对建筑起重机械采取相应的安全防护措施； （2）制定建筑起重机械生产安全事故应急救援预案； （3）在建筑起重机械活动范围内设置明显的安全警示标志，对集中作业区做好安全防护； （4）设置相应的设备管理机构或者配备专职的设备管理人员； （5）指定专职设备管理人员、专职安全生产管理人员进行现场监督检查； （6）建筑起重机械出现故障或者发生异常情况的，立即停止使用，消除故障和事故隐患后，方可重新投入使用
3	施工总承包单位	《建筑起重机械安全监督管理规定》第21条规定，施工总承包单位应当履行下列安全职责： （1）向安装单位提供拟安装设备位置的基础施工资料，确保建筑起重机械进场安装、拆卸所需的施工条件； （2）审核建筑起重机械的特种设备制造许可证、产品合格证、制造监督检验证明、备案证明等文件； （3）审核安装单位、使用单位的资质证书、安全生产许可证和特种作业人员的特种作业操作资格证书； （4）审核安装单位制定的建筑起重机械安装、拆卸工程专项施工方案和生产安全事故应急救援预案； （5）审核使用单位制定的建筑起重机械生产安全事故应急救援预案； （6）指定专职安全生产管理人员监督检查建筑起重机械安装、拆卸、使用情况； （7）施工现场有多台塔式起重机作业时，应当组织制定并实施防止塔式起重机相互碰撞的安全措施
4	监理单位	《建筑起重机械安全监督管理规定》第22条规定，监理单位应当履行下列安全职责： （1）审核建筑起重机械特种设备制造许可证、产品合格证、制造监督检验证明、备案证明等文件； （2）审核建筑起重机械安装单位、使用单位的资质证书、安全生产许可证和特种作业人员的特种作业操作资格证书； （3）审核建筑起重机械安装、拆卸工程专项施工方案； （4）监督安装单位执行建筑起重机械安装、拆卸工程专项施工方案情况； （5）监督检查建筑起重机械的使用情况； （6）发现存在生产安全事故隐患的，应当要求安装单位、使用单位限期整改，对安装单位、使用单位拒不整改的，及时向建设单位报告

考点3 监督管理

《建筑起重机械安全监督管理规定》第26条规定，建设主管部门履行安全监督检查职责时，有权采取下列措施：

（1）要求被检查的单位提供有关建筑起重机械的文件和资料。

（2）进入被检查单位和被检查单位的施工现场进行检查。

（3）对检查中发现的建筑起重机械生产安全事故隐患，责令立即排除；重大生产安全事故隐患排除前或者排除过程中无法保证安全的，责令从危险区域撤出作业人员或者暂时停止施工。

第三十三节　建筑施工企业主要负责人、项目负责人和专职安全生产管理人员安全生产管理规定

📝 考点1　考核发证

序号	项目		内容
1	申请		"安管人员"应当通过其受聘企业，向企业工商注册地的省、自治区、直辖市人民政府住房城乡建设主管部门（以下简称考核机关）申请安全生产考核，并取得安全生产考核合格证书
2	考核	安全生产知识	安全生产知识考核内容包括：建筑施工安全的法律法规、规章制度、标准规范，建筑施工安全管理基本理论等
		管理能力	安全生产管理能力考核内容包括：建立和落实安全生产管理制度、辨识和监控危险性较大的分部分项工程、发现和消除安全事故隐患、报告和处置生产安全事故等方面的能力
3	颁证		对安全生产考核合格的，考核机关应当在20个工作日内核发安全生产考核合格证书，并予以公告；对不合格的，应当通过"安管人员"所在企业通知本人并说明理由
4	有效期		安全生产考核合格证书有效期为3年
5	延期		安全生产考核合格证书有效期届满需要延续的，"安管人员"应当在有效期届满前3个月内，由本人通过受聘企业向原考核机关申请证书延续。准予证书延续的，证书有效期延续3年
6	变更		"安管人员"变更受聘企业的，应当与原聘用企业解除劳动关系，并通过新聘用企业到考核机关申请办理证书变更手续。考核机关应当在受理变更申请之日起5个工作日内办理完毕

📝 考点2　安全生产责任

序号	项目	内容
1	主要负责人	（1）主要负责人对本企业安全生产工作全面负责，应当建立健全企业安全生产管理体系，设置安全生产管理机构，配备专职安全生产管理人员，保证安全生产投入，督促检查本企业安全生产工作，及时消除安全事故隐患，落实安全生产责任。 （2）主要负责人应当与项目负责人签订安全生产责任书，确定项目安全生产考核目标、奖惩措施，以及企业为项目提供的安全管理和技术保障措施。 （3）主要负责人应当按规定检查企业所承担的工程项目，考核项目负责人安全生产管理能力。发现项目负责人履职不到位的，应当责令其改正；必要时，调整项目负责人。检查情况应当记入企业和项目安全管理档案

序号	项目	内容
2	总承包企业	工程项目实行总承包的，总承包企业应当与分包企业签订安全生产协议，明确双方安全生产责任
3	项目负责人	（1）项目负责人对本项目安全生产管理全面负责，应当建立项目安全生产管理体系，明确项目管理人员安全职责，落实安全生产管理制度，确保项目安全生产费用有效使用。 （2）项目负责人应当按规定实施项目安全生产管理，监控危险性较大分部分项工程，及时排查处理施工现场安全事故隐患，隐患排查处理情况应当记入项目安全管理档案；发生事故时，应当按规定及时报告并开展现场救援
4	企业安全生产管理机构专职安全生产管理人员	企业安全生产管理机构专职安全生产管理人员应当检查在建项目安全生产管理情况，重点检查项目负责人、项目专职安全生产管理人员履责情况，处理在建项目违规违章行为，并记入企业安全管理档案。 项目专职安全生产管理人员应当每天在施工现场开展安全检查，现场监督危险性较大的分部分项工程安全专项施工方案实施。对检查中发现的安全事故隐患，应当立即处理；不能处理的，应当及时报告项目负责人和企业安全生产管理机构。项目负责人应当及时处理。检查及处理情况应当记入项目安全管理档案

考点3　监督管理

（1）县级以上人民政府住房城乡建设主管部门应当依照有关法律法规和《建筑施工企业主要负责人、项目负责人和专职安全生产管理人员安全生产管理规定》，对"安管人员"持证上岗、教育培训和履行职责等情况进行监督检查。

（2）县级以上人民政府住房城乡建设主管部门在实施监督检查时，应当有两名以上监督检查人员参加，不得妨碍企业正常的生产经营活动，不得索取或者收受企业的财物，不得谋取其他利益。

（3）有关企业和个人对依法进行的监督检查应当协助与配合，不得拒绝或者阻挠。

（4）县级以上人民政府住房城乡建设主管部门依法进行监督检查时，发现"安管人员"有违反《建筑施工企业主要负责人、项目负责人和专职安全生产管理人员安全生产管理规定》行为的，应当依法查处并将违法事实、处理结果或者处理建议告知考核机关。

考点4　违反《建筑施工企业主要负责人、项目负责人和专职安全生产管理人员安全生产管理规定》应负的法律责任

序号	项目	内容
1	安管人员	《建筑施工企业主要负责人、项目负责人和专职安全生产管理人员安全生产管理规定》第27条规定，"安管人员"隐瞒有关情况或者提供虚假材料申请安全生产考核的，考核机关不予考核，并给予警告；"安管人员"1年内不得再次申请考核。 "安管人员"以欺骗、贿赂等不正当手段取得安全生产考核合格证书的，由原考核机关撤销安全生产考核合格证书；"安管人员"3年内不得再次申请考核。 《建筑施工企业主要负责人、项目负责人和专职安全生产管理人员安全生产管理规定》第28条规定，"安管人员"涂改、倒卖、出租、出借或者以其他形式非法转让安全生产考核合格证书的，由县级以上地方人民政府住房城乡建设主管部门给予警告，并处1000元以上5000元以下的罚款。

序号	项目	内容
1	安管人员	《建筑施工企业主要负责人、项目负责人和专职安全生产管理人员安全生产管理规定》第31条规定，"安管人员"未按规定办理证书变更的，由县级以上地方人民政府住房城乡建设主管部门责令限期改正，并处1000元以上5000元以下的罚款
2	建筑施工企业	《建筑施工企业主要负责人、项目负责人和专职安全生产管理人员安全生产管理规定》第29条规定，建筑施工企业未按规定开展"安管人员"安全生产教育培训考核，或者未按规定如实将考核情况记入安全生产教育培训档案的，由县级以上地方人民政府住房城乡建设主管部门责令限期改正，并处2万元以下的罚款。 《建筑施工企业主要负责人、项目负责人和专职安全生产管理人员安全生产管理规定》第30条规定，建筑施工企业有下列行为之一的，由县级以上人民政府住房城乡建设主管部门责令限期改正；逾期未改正的，责令停业整顿，并处2万元以下的罚款；导致不具备《安全生产许可证条例》规定的安全生产条件的，应当依法暂扣或者吊销安全生产许可证： （1）未按规定设立安全生产管理机构的； （2）未按规定配备专职安全生产管理人员的； （3）危险性较大的分部分项工程施工时未安排专职安全生产管理人员现场监督的； （4）"安管人员"未取得安全生产考核合格证书的
3	主要负责人、项目负责人	《建筑施工企业主要负责人、项目负责人和专职安全生产管理人员安全生产管理规定》第32条规定，主要负责人、项目负责人未按规定履行安全生产管理职责的，由县级以上人民政府住房城乡建设主管部门责令限期改正；逾期未改正的，责令建筑施工企业停业整顿；造成生产安全事故或者其他严重后果的，按照《生产安全事故报告和调查处理条例》的有关规定，依法暂扣或者吊销安全生产考核合格证书；构成犯罪的，依法追究刑事责任。 主要负责人、项目负责人有前款违法行为，尚不够刑事处罚的，处2万元以上20万元以下的罚款或者按照管理权限给予撤职处分；自刑罚执行完毕或者受处分之日起，5年内不得担任建筑施工企业的主要负责人、项目负责人
4	专职安全生产管理人员	《建筑施工企业主要负责人、项目负责人和专职安全生产管理人员安全生产管理规定》第33条规定，专职安全生产管理人员未按规定履行安全生产管理职责的，由县级以上地方人民政府住房城乡建设主管部门责令限期改正，并处1000元以上5000元以下的罚款；造成生产安全事故或者其他严重后果的，按照《生产安全事故报告和调查处理条例》的有关规定，依法暂扣或者吊销安全生产考核合格证书；构成犯罪的，依法追究刑事责任
5	县级以上人民政府住房城乡建设主管部门及其工作人员	《建筑施工企业主要负责人、项目负责人和专职安全生产管理人员安全生产管理规定》第34条规定，县级以上人民政府住房城乡建设主管部门及其工作人员，有下列情形之一的，由其上级行政机关或者监察机关责令改正，对直接负责的主管人员和其他直接责任人员依法给予处分；构成犯罪的，依法追究刑事责任： （1）向不具备法定条件的"安管人员"核发安全生产考核合格证书的； （2）对符合法定条件的"安管人员"不予核发或者不在法定期限内核发安全生产考核合格证书的； （3）对符合法定条件的申请不予受理或者未在法定期限内办理完毕的； （4）利用职务上的便利，索取或者收受他人财物或者谋取其他利益的； （5）不依法履行监督管理职责，造成严重后果的

第三十四节　危险性较大的分部分项工程安全管理规定

📝 考点 1　前期保障义务

序号	项目	内容
1	建设单位	（1）建设单位应当依法提供真实、准确、完整的工程地质、水文地质和工程周边环境等资料。 （2）建设单位应当组织勘察、设计等单位在施工招标文件中列出危大工程清单，要求施工单位在投标时补充完善危大工程清单并明确相应的安全管理措施。 （3）建设单位应当按照施工合同约定及时支付危大工程施工技术措施费以及相应的安全防护文明施工措施费，保障危大工程施工安全。 （4）建设单位在申请办理施工许可手续时，应当提交危大工程清单及其安全管理措施等资料
2	勘察单位	勘察单位应当根据工程实际及工程周边环境资料，在勘察文件中说明地质条件可能造成的工程风险
3	设计单位	设计单位应当在设计文件中注明涉及危大工程的重点部位和环节，提出保障工程周边环境安全和工程施工安全的意见，必要时进行专项设计

📝 考点 2　专项施工方案

序号	项目	内容
1	编制	（1）施工单位应当在危大工程施工前组织工程技术人员编制专项施工方案。 （2）实行施工总承包的，专项施工方案应当由施工总承包单位组织编制。危大工程实行分包的，专项施工方案可以由相关专业分包单位组织编制
2	实施	（1）专项施工方案应当由施工单位技术负责人审核签字、加盖单位公章，并由总监理工程师审查签字、加盖执业印章后方可实施。 （2）危大工程实行分包并由分包单位编制专项施工方案的，专项施工方案应当由总承包单位技术负责人及分包单位技术负责人共同审核签字并加盖单位公章
3	论证	（1）对于超过一定规模的危大工程，施工单位应当组织召开专家论证会对专项施工方案进行论证。实行施工总承包的，由施工总承包单位组织召开专家论证会。专家论证前专项施工方案应当通过施工单位审核和总监理工程师审查。 （2）专家应当从地方人民政府住房城乡建设主管部门建立的专家库中选取，符合专业要求且人数不得少于 5 名。与本工程有利害关系的人员不得以专家身份参加专家论证会

考点3　现场安全管理

序号	项目		内容
1	施工单位	设置安全警示标志	施工单位应当在施工现场显著位置公告危大工程名称、施工时间和具体责任人员，并在危险区域设置安全警示标志
		方案交底	（1）专项施工方案实施前，编制人员或者项目技术负责人应当向施工现场管理人员进行方案交底。 （2）施工现场管理人员应当向作业人员进行安全技术交底，并由双方和项目专职安全生产管理人员共同签字确认
		按照专项施工方案组织施工	施工单位应当严格按照专项施工方案组织施工，不得擅自修改专项施工方案
		组织验收	对于按照规定需要验收的危大工程，施工单位、监理单位应当组织相关人员进行验收。验收合格的，经施工单位项目技术负责人及总监理工程师签字确认后，方可进入下一道工序
		应急处置	危大工程发生险情或者事故时，施工单位应当立即采取应急处置措施，并报告工程所在地住房城乡建设主管部门
2	建设单位		因规划调整、设计变更等原因确需调整的，修改后的专项施工方案应当按照《危险性较大的分部分项工程安全管理规定》重新审核和论证。涉及资金或者工期调整的，建设单位应当按照约定予以调整
3	监理单位		（1）监理单位应当结合危大工程专项施工方案编制监理实施细则，并对危大工程施工实施专项巡视检查。 （2）监理单位发现施工单位未按照专项施工方案施工的，应当要求其进行整改；情节严重的，应当要求其暂停施工，并及时报告建设单位。施工单位拒不整改或者不停止施工的，监理单位应当及时报告建设单位和工程所在地住房城乡建设主管部门
4	检测单位		（1）监测单位应当编制监测方案。监测方案由监测单位技术负责人审核签字并加盖单位公章，报送监理单位后方可实施。 （2）监测单位应当按照监测方案开展监测，及时向建设单位报送监测成果，并对监测成果负责；发现异常时，及时向建设、设计、施工、监理单位报告，建设单位应当立即组织相关单位采取处置措施

考点4　监督管理

（1）设区的市级以上地方人民政府住房城乡建设主管部门应当建立专家库，制定专家库管理制度，建立专家诚信档案，并向社会公布，接受社会监督。

（2）县级以上地方人民政府住房城乡建设主管部门或者所属施工安全监督机构，应当根据监督工作计划对危大工程进行抽查。

（3）县级以上地方人民政府住房城乡建设主管部门或者所属施工安全监督机构，可以通过政府购买技术服务方式，聘请具有专业技术能力的单位和人员对危大工程进行检查，所需费用向本级财政申请予以保障。

（4）县级以上地方人民政府住房城乡建设主管部门或者所属施工安全监督机构，在监督抽查中发现危大工程存在安全隐患的，应当责令施工单位整改；重大安全事故隐患排除前或者排除过程中无法保证安全的，责令从危险区域内撤出作业人员或者暂时停止施工；对依法应当给予行政处罚的行为，应当依法作出行政处罚决定。

考点 5 　违反《危险性较大的分部分项工程安全管理规定》应负的法律责任

序号	项目	内容
1	建设单位	《危险性较大的分部分项工程安全管理规定》第 29 条规定，建设单位有下列行为之一的，责令限期改正，并处 1 万元以上 3 万元以下的罚款；对直接负责的主管人员和其他直接责任人员处 1000 元以上 5000 元以下的罚款： （1）未按照本规定提供工程周边环境等资料的； （2）未按照本规定在招标文件中列出危大工程清单的； （3）未按照施工合同约定及时支付危大工程施工技术措施费或者相应的安全防护文明施工措施费的； （4）未按照本规定委托具有相应勘察资质的单位进行第三方监测的； （5）未对第三方监测单位报告的异常情况组织采取处置措施的
2	勘察单位	《危险性较大的分部分项工程安全管理规定》第 30 条规定，勘察单位未在勘察文件中说明地质条件可能造成的工程风险的，责令限期改正，依照《建设工程安全生产管理条例》对单位进行处罚；对直接负责的主管人员和其他直接责任人员处 1000 元以上 5000 元以下的罚款
3	设计单位	《危险性较大的分部分项工程安全管理规定》第 31 条规定，设计单位未在设计文件中注明涉及危大工程的重点部位和环节，未提出保障工程周边环境安全和工程施工安全的意见的，责令限期改正，并处 1 万元以上 3 万元以下的罚款；对直接负责的主管人员和其他直接责任人员处 1000 元以上 5000 元以下的罚款
4	施工单位	《危险性较大的分部分项工程安全管理规定》第 32 条规定，施工单位未按照本规定编制并审核危大工程专项施工方案的，依照《建设工程安全生产管理条例》对单位进行处罚，并暂扣安全生产许可证 30 日；对直接负责的主管人员和其他直接责任人员处 1000 元以上 5000 元以下的罚款。 《危险性较大的分部分项工程安全管理规定》第 33 条规定，施工单位有下列行为之一的，依照《中华人民共和国安全生产法》《建设工程安全生产管理条例》对单位和相关责任人员进行处罚： （1）未向施工现场管理人员和作业人员进行方案交底和安全技术交底的； （2）未在施工现场显著位置公告危大工程，并在危险区域设置安全警示标志的； （3）项目专职安全生产管理人员未对专项施工方案实施情况进行现场监督的。 《危险性较大的分部分项工程安全管理规定》第 34 条规定，施工单位有下列行为之一的，责令限期改正，处 1 万元以上 3 万元以下的罚款，并暂扣安全生产许可证 30 日；对直接负责的主管人员和其他直接责任人员处 1000 元以上 5000 元以下的罚款： （1）未对超过一定规模的危大工程专项施工方案进行专家论证的； （2）未根据专家论证报告对超过一定规模的危大工程专项施工方案进行修改，或者未按本规定重新组织专家论证的； （3）未严格按照专项施工方案组织施工，或者擅自修改专项施工方案的。 《危险性较大的分部分项工程安全管理规定》第 35 条规定，施工单位有下列行为之一的，责令限期改正，并处 1 万元以上 3 万元以下的罚款；对直接负责的主管人员和其他直接责任人员处 1000 元以上 5000 元以下的罚款：

序号	项目	内容
4	施工单位	(1) 项目负责人未按照本规定现场履职或者组织限期整改的； (2) 施工单位未按照本规定进行施工监测和安全巡视的； (3) 未按照本规定组织危大工程验收的； (4) 发生险情或者事故时，未采取应急处置措施的； (5) 未按照本规定建立危大工程安全管理档案的
5	监理单位	《危险性较大的分部分项工程安全管理规定》第36条规定，监理单位有下列行为之一的，依照《安全生产法》《建设工程安全生产管理条例》对单位进行处罚；对直接负责的主管人员和其他直接责任人员处1000元以上5000元以下的罚款： (1) 总监理工程师未按照本规定审查危大工程专项施工方案的； (2) 发现施工单位未按照专项施工方案实施，未要求其整改或者停工的； (3) 施工单位拒不整改或者不停止施工时，未向建设单位和工程所在地住房城乡建设主管部门报告的。 《危险性较大的分部分项工程安全管理规定》第37条规定，监理单位有下列行为之一的，责令限期改正，并处1万元以上3万元以下的罚款；对直接负责的主管人员和其他直接责任人员处1000元以上5000元以下的罚款： (1) 未按照本规定编制监理实施细则的； (2) 未对危大工程施工实施专项巡视检查的； (3) 未按照本规定参与组织危大工程验收的； (4) 未按照本规定建立危大工程安全管理档案的
6	监测单位	《危险性较大的分部分项工程安全管理规定》第38条规定，监测单位有下列行为之一的，责令限期改正，并处1万元以上3万元以下的罚款；对直接负责的主管人员和其他直接责任人员处1000元以上5000元以下的罚款： (1) 未取得相应勘察资质从事第三方监测的； (2) 未按照本规定编制监测方案的； (3) 未按照监测方案开展监测的； (4) 发现异常未及时报告的

第三十五节　海洋石油安全生产规定

考点1　安全生产保障

序号	项目	内容
1	作业者和承包者的主要负责人	《海洋石油安全生产规定》第7条规定，作业者和承包者的主要负责人对本单位的安全生产工作全面负责。 作业者和从事物探、钻井、测井、录井、试油、井下作业等活动的承包者及海洋石油生产设施的主要负责人、安全管理人员应当按照原国家安全生产监督管理总局（应急管理部）的规定，经过安全资格培训，具备相应的安全生产知识和管理能力，经考核合格取得安全资格证书
2	安全生产教育和培训	(1) 作业者和承包者应当对从业人员进行安全生产教育和培训，保证从业人员具备必要的安全生产知识，熟悉有关的安全生产规章制度和安全操作规程，掌握本岗位的安全操作技能。

续表

序号	项目	内容
2	安全生产教育和培训	(2) 出海作业人员应当接受海洋石油作业安全救生培训，经考核合格后方可出海作业。临时出海人员应接受必要的安全教育。 (3) 特种作业人员应当按照原国家安全生产监督管理总局（应急管理部）有关规定经专门的安全技术培训，考核合格取得特种作业操作资格证书后方可上岗作业
3	建设项目要求	(1) 海洋石油建设项目在可行性研究阶段或者总体开发方案编制阶段应当进行安全预评价。在设计阶段，海洋石油生产设施的重要设计文件及安全专篇，应当经海洋石油生产设施发证检验机构（以下简称发证检验机构）审查同意。 (2) 海洋石油生产设施试生产前，应当经发证检验机构检验合格，取得最终检验证书或者临时检验证书，并制定试生产的安全措施，于试生产前45日报海油安办有关分部备案。 (3) 海洋石油生产设施试生产正常后，应当由作业者或者承包者负责组织对其安全设施进行竣工验收，并形成书面报告备查。经验收合格并办理安全生产许可证后，方可正式投入生产使用
4	作业现场	《海洋石油安全生产规定》对海洋石油作业现场作出的规定如下： (1) 作业者和承包者应当向作业人员如实告知作业现场和工作岗位存在的危险因素和职业危害因素，以及相应的防范措施和应急措施。 (2) 作业者和承包者应当为作业人员提供符合国家标准或者行业标准的劳动防护用品，并监督、教育作业人员按照使用规则佩戴、使用。 (3) 作业者和承包者应当制定海洋石油作业设施、生产设施及其专业设备的安全检查、维护保养制度，建立安全检查、维护保养档案，并指定专人负责。 (4) 作业者和承包者应当加强防火防爆管理，按照有关规定划分和标明安全区与危险区；在危险区作业时，应当对作业程序和安全措施进行审查。 (5) 作业者和承包者应当加强对易燃、易爆、有毒、腐蚀性等危险物品的管理，按国家有关规定进行装卸、运输、储存、使用和处置。 (6) 作业者和承包者应当保存安全生产的相关资料，主要包括作业人员名册、工作日志、培训记录、事故险情记录、安全设备维修记录、海况和气象情况等
5	海洋石油生产设施的检验	《海洋石油安全生产规定》第25条规定，在海洋石油生产设施的设计、建造、安装以及生产的全过程中，实施发证检验制度。 海洋石油生产设施的发证检验包括建造检验、生产过程中的定期检验和临时检验

考点2 安全生产监督管理

序号	项目	内容
1	监管职责	《海洋石油安全生产规定》第28条规定，海油安办及其各分部对海洋石油安全生产履行以下监督管理职责： (1) 组织起草海洋石油安全生产法规、规章、标准。 (2) 监督检查作业者和承包者安全生产条件、设备设施安全和劳动防护用品使用情况。 (3) 监督检查作业者和承包者安全生产教育培训情况；负责作业者，从事物探、钻井、测井、录井、试油、井下作业等的承包者和海洋石油生产设施的主要负责人、安全管理人员和特种作业人员的安全培训考核工作。 (4) 监督核查海洋石油建设项目生产设施安全竣工验收工作，负责安全生产许可证的发放工作。 (5) 负责海洋石油生产设施发证检验、专业设备检测检验、安全评价、安全培训和安全咨询等社会中介服务机构的资质审查。 (6) 组织生产安全事故的调查处理；协调事故和险情的应急救援工作

续表

序号	项目	内容
2	监督检查职权	《海洋石油安全生产规定》第30条规定，海油安办及其各分部依法对作业者和承包者执行有关安全生产的法律、行政法规和国家标准或者行业标准的情况进行监督检查，行使以下职权： （1）对作业者和承包者进行安全检查，调阅有关资料，向有关单位和人员了解情况。 （2）对检查中发现的安全生产违法行为，当场予以纠正或者要求限期改正。 （3）对检查中发现的事故隐患，应当责令立即排除；重大事故隐患排除前或者排除过程中无法保证安全的，应当责令从危险区域内撤出作业人员，责令暂时停产停业或者停止使用；重大事故隐患排除后，经审查同意，方可恢复生产和使用。 （4）对有根据认为不符合保障安全生产的国家标准或者行业标准的设施、设备、器材予以查封或者扣押，并应当在15日内依法作出处理决定

📝 考点3　应急预案与事故处理

序号	项目		内容
1	应急预案	内容	《海洋石油安全生产规定》第35条规定，应急预案应当包括以下主要内容：作业者和承包者的基本情况、危险特性、可利用的应急救援设备；应急组织机构、职责划分、通讯联络；应急预案启动、应急响应、信息处理、应急状态中止、后续恢复等处置程序；应急演习与训练
		应充分考虑方面	《海洋石油安全生产规定》第36条规定，应急预案应充分考虑作业内容、作业海区的环境条件、作业设施的类型、自救能力和可以获得的外部支援等因素，应能够预防和处置各类突发性事故和可能引发事故的险情，并随实际情况的变化及时修改或者补充。 事故和险情包括以下情况：井喷失控、火灾与爆炸、平台遇险、飞机或者直升机失事、船舶海损、油（气）生产设施与管线破损/泄漏、有毒有害物质泄漏、放射性物质遗散、潜水作业事故；人员重伤、死亡、失踪及暴发性传染病、中毒；溢油事故、自然灾害以及其他紧急情况等
2	事故处理	事故救援与报告	《海洋石油安全生产规定》第37条规定，当发生事故或者出现可能引发事故的险情时，作业者和承包者应当按应急预案的规定实施应急措施，防止事态扩大，减少人员伤亡和财产损失。 当发生应急预案中未规定的事件时，现场工作人员应当及时向主要负责人报告。主要负责人应当及时采取相应的措施
		事故调查	《海洋石油安全生产规定》第40条规定，无人员伤亡事故、轻伤、重伤事故由作业者和承包者负责人或其指定的人员组织生产、技术、安全等有关人员及工会代表参加的事故调查组进行调查